U0353358

中国林业学术论坛

著名林业科学家论著

生态控制系统工程

关君蔚　著

中国林业出版社

图书在版编目（CIP）数据

生态控制系统工程/关君蔚著. —北京：中国林业出版社，2007. 9
（中国林业学术论坛. 著名林业科学家论著）
ISBN 978-7-5038-4930-5

Ⅰ. 生⋯ Ⅱ. 关⋯ Ⅲ. 森林－生态系统－系统工程 Ⅳ. S718. 55

中国版本图书馆 CIP 数据核字（2007）第 141545 号

丛书策划：徐小英 刘先银 沈登峰
责任编辑：徐小英 沈登峰
封面设计：赵 方

出版 中国林业出版社（100009 北京西城区德内大街刘海胡同 7 号）
E-mail：forestbook@163.com 电话：66184477
网址 www. cfph. com. cn
印刷 中国科学院印刷厂
版次 2007 年 9 月第 1 版
印次 2007 年 9 月第 1 次
开本 787mm×1092mm 1/16
印张 22. 5
字数 550 千字
印数 1～2000 册
定价 90. 00 元

知山知水的新探索

——读关君蔚院士新作《生态控制系统工程》有感

中国工程院资深院士关君蔚教授九十华诞之际，他把自己长期对生态控制系统工程的研究成果凝聚成书，奉献后生，意义特殊。

作为我国水土保持学科的奠基人，关君蔚院士始终胸怀绿染祖国大地的理想，坚持奋斗在水土保持教学科研一线；他严谨治学，为中国水土保持学科体系的建立和发展做出了突出的贡献，抒写了浓墨重彩的精彩篇章。与此同时，他带领几代师生不懈奋斗，在北京林业大学创建了世界上第一个水土保持学院，并将其建设成为国内一流、具有重要国际影响的水土保持高等教育和科技创新基地。

"知山知水，树木树人"，是关君蔚院士一生的真实写照，也是他给后辈学子的最深印象。他坚持踏遍青山，深入探索和认知以知山知水为主要内容的自然规律，开展水土保持科学研究，用科学的理论指导水土保持综合治理实践；他矢志追求人与自然的和谐，为可持续发展探索治山治水之道，将精彩的论文写在祖国大地上；他既树木又树人，满腔热忱地履行教书育人的神圣使命，用渊博的知识和高尚的品德为水土保持事业培养高素质优秀人才。

近20年来，关君蔚院士不顾年事已高，依然奋斗在我国生态建设的前沿，亲自参与各种科学考察，以生态脆弱的老少边穷地区为突破口，敏锐地把握现代科学技术的最新动向，在更高层次上发展学术思想，以宏观和微观的多维视角深入探索生态控制系统工程，见解精辟、独到。

《生态控制系统工程》一书就是关先生这些最新研究成果的总结和提炼。这本书的问世，无疑为我国生态建设的理论与实践提供了新的思路和理论支撑。该书用丰富的数据、透彻的辨析，将控制论、混沌理论等前沿科学运用到生态建设研究中，阐述了大量复杂、抽象、深刻的自然科学问题，有着清晰的理论脉络。学习关先生这本理论巨著，有两点感受。

一是学科融合。生态建设是一项复杂的系统工程，涉及到人与人、人与自然、自然与自然之间错综复杂的控制与依赖、竞争与共生、混沌与和谐的关系。生态控制系统工程是自然科学与社会科学的充分交叉和融合，它用系统科学的理论，深入地研究具有生命特征的生物系统，强调了人在生态控制中的作用，并以此作为研究的出发点和最终的目标。生态控制的最终目标是和谐，不论是理论分析，还是实践探索，都透射出作者崇尚和谐的理念。

二是学术创新。书中处处闪烁着创新的思维。作者用创新的思路来研究生态控制系统，用创新的理论来分析生态建设实践，用创新的视角来探索生态控制的发展。从作者对东方思维和延安精神的分析，到生命奥秘和负熵假说；从关氏模式理论和景观生态分析，到动态跟踪和监测预报；从林区和山区建设探索，到沿江和沿海防护林建设无一不体现了关先生创新的观点和思想。书中深刻分析了我国在生态建设中取得的成就和存在的问题，用生态控制的理论来探索生态建设之路，为我国生态建设的理论和实践提出了新的思路。

水土资源和生态环境是人类赖以生存发展的物质基础，在国民经济和社会发展中具有全局性、战略性的地位。实现水土资源的可持续利用和生态环境的可持续维护，加快建设山川秀美的生态文明社会，实现人与自然和谐，成为水土保持和生态建设工作者的重要使命。《生态控制系统工程》凝聚了关君蔚院士对我国生态建设的新思考，总结了他对生态建设多年研究的新思想，提出了我国生态建设的新思路，可以更好地指导我国乃至世界生态建设的理论与实践。

我是关先生的学生，受业于先生，又有幸留在先生身边任教，能够经常直接聆听先生的谆谆教诲；是先生教我知山知水，从而使我逐渐爱山爱水，初步学会治山治水。几十年来，先生的厚德、仁爱、博学、善思，都使我铭记在心；他远离浮躁、淡泊名利，始终抱有一颗矢志不渝追求学术的心，更是令人感佩。

值此先生九十华诞之际，认真学习先生新著，写下一段文字，算是一个学生对先生华诞的纪念，也是学习先生新著的点滴体会。

北京林业大学党委书记 吴斌 教授

2007 年 8 月于北京

序二：

运筹帷幄　青山永驻

——为关君蔚院士《生态控制系统工程》新作写的序

欣悉关君蔚院士九十寿辰之际，拜读他的大作《生态控制系统工程》，令我体会良多。他以九十高龄，仍孜孜不倦，运用现代科学技术理论，超前建立了生态控制系统工程科学的理论与实践。此书的出版，也是年届耄耋之年的关老为我国水土保持学科发展做出的又一重大贡献！

关老是我国水土保持学科的奠基人之一，也是中国水土保持学科的开山者。六十多年来，他始终致力于中国水土保持、防护林体系的教学和科研，为创建具有当代中国特色的水土保持学科体系而努力奋斗；他始终致力于造福生态脆弱的老少边穷地区、改善我国生态环境，用现代科学理论构筑了生态控制系统工程，并卓有建树。关老学识渊博，慎独谦逊，令许多人敬仰尊崇，是我国林业及水土保持学界德隆望尊的学术泰斗。

水土保持是一门与社会经济密切联系、多学科交叉渗透的应用学科。在以关先生为代表的几代水土保持科技教育工作者的共同奋斗下，不仅创建和不断发展完善了具有中国特色的水土保持学科体系，同时也培育出了一代又一代的优秀人才，奉献出大量高水平科技成果，为我国水土保持及生态建设事业提供了强有力的科技支撑和人才保证。

进入新世纪，我国的水土保持科技教育工作者开始了新的实践和探索。关先生更是率先垂范，矢志创新，开拓进取，提出了许多重要的学术理念和观点。他高瞻远瞩，将水土保持科学置于现代科学技术发展的新框架下重新进行审视，运用系统论、控制论等思想，以特有的东方思维，提出了"生态控制系统工程"这一全新的理论，为水土保持学科开拓了新的方向。书中的很多学术观点都具有很强的开创性和前瞻性，值得我们领会和实践。

关先生曾说过：浮生在世一瞬间，来去无踪影，应以探索为怀，三更灯火五更鸡，超前就是创新。这其实是他自己追求学术、不懈探索的生动反映。近年来，关先生虽然年岁已高，但依然耕耘不止，在"崛步居"中著书立说；且坚持深入山区、林区考察生态建设；心系国家，情系百姓，先后就海岸防护林建设和首都山区泥石流防治向国家建言献策，受到国务院领导的重视；坚持教书育人，一直为研究生讲授《生态控制系统工程》专题讲座，以特有的热情参与大学生社会实践和社会公益活动。他潜心科研、忘我奉献的探索精神皆为我辈楷模，他乐观豁达、宁静致远的人格魅力值得我们学习。

我是关老的学生，有幸得到先生的言传身教；后来又在学校一起共事，并参加中国工程院同一学部的活动，从关老的一言一行中充分感受到了一位优秀科学家的风采。新著付梓，正逢关老九十华诞。我作为后辈，仅以一段文字向先生表达景仰之情。

北京林业大学校长
中国工程院院士

2007 年 8 月

目　录

第一部分　绪　论

第二部分　本　论

第三部分　　我国景观生态分区

第四部分 专题探索

第一部分
绪　　论

第1章　生态控制系统工程导论

1.1　"无中生有"是科学的自然规律

"无中生有"是自然规律，宇宙是如此，生物和人类也不例外。人类社会发展到今天，科学技术是第一生产力。

1948 年，Cybernetics 首次被 N·维纳（N. Weiner）用作科学术语。Cybernetics 源出希腊语 kubernetes，原意为"能手"或"内行"，被译为"控制论"（Cybernetics）。其定义是："Science of system of control and cummunications in animals and machines."直译成中文是："研究在动物中和在机器中，调整操纵和信息传递的系统科学。"以其符合于现代科学的脉搏，立即风靡于世。进一步发展成为控制、信息和系统三论，在工矿、企业、交通、通信、军事、宇航等重大开发建设事业上，立下了汗马功劳。但查 N·维纳原著 1948 年第一版，内容分 8 章，1961 年再版时增加为 10 章，除前 3 章分别论述基本理论及其依据外，后 7 章分别讨论和探索应用于神经系统的某些机理、病理学问题、视觉生理的某些问题、精神病理现象、人类社会发展问题、自我繁殖问题和脑电波自我组织等；都属于包括人类自身在内的生物分野。虽然控制论 Cybernetics 在非生物开发建设事业上，取得了实效，而用于生物方面的不多，似有悖于 N·维纳的原意，我们明知力所难及，实感工作需要，试拟求索。

1.2　生物是自然界的"怪物"，人类又是"怪物"中的怪物！

生物也是由地球上早已存在的物质组成的实体；但与已有的其他实体不同，其共同的特点是生物（living things）具有生命（life）。在地球上无中生有出现了生物，即使是极为原始的低等生物，也有生命，也必然服从自然规律，按生老病死的时间进程而消亡。在生和死的瞬间组成这个实体的物质未变，而生命却消失了！进而，所有生物出现之后，老病死之前，都能繁殖后代，且能超需繁殖，亦即所谓"世代更替"；在世代更替过程中，受遗传和环境的塑造，延续不断的变化、进化、突变、衰落和绝灭。所有生物都是随时间的进程，不断进展和变化，属多维的具体事物。

再进一步，生物不论是个体还是群体，都具有明显的边界（细胞膜），但生物所处的环境（光、热、水、营养、空气）则来自宇宙和地球，却无边界可寻。于是生态系统是生物和环境相互影响和制约的综合整体，随时间在空间不断变化的复杂巨系统。尽管人类的直接感知能力，只限三维，而我们探索和研究的对象，生态系统是个多维、开放、动态、变化的系统。

很晚，地球上的生态环境已具备了人类出现的可能；有幸物种进化进程促进高等哺乳动物猿猴突变成猿人，才促成人类登上地球这个历史舞台。早在一百多年前，恩格斯发表过"劳动在从猿到人转变过程中的作用"的系统论著，迄今仍是引人入胜。

直到 50 多万年前，周口店"北京人"世世代代经过千灾万难，未被自然所淘汰；得以自身的能力，开始掌握用火技巧，总算脱离开高等动物的范畴，步入"人类"的新阶段。本来，在地球形成之后，就为生物出现提供前提条件，我们还是相信"优胜劣汰，适者生存"的现实，物种为了自身的延续，种间斗争是极为严酷的。同种个体常依靠同种的群体的力量来保障安全。人类也来源于生物，单就保卫生命安全和繁衍后代的个别功能而言，人类远逊于其他动物、昆虫，甚至微生物；但靠群（集）体的综合力量，就得以占山（领地）为王，开始有别于其他生物群体，但仍未脱离自然环境的奴隶地位。

　　进一步掌握了驯养家畜和农耕技术，才从自然争取到更大的自由。激动之余，狂妄自封为"万物之灵"。当人类开始为了稳妥地解决食物，掌握驯养家畜及其他有用动物和栽种有用植物之后，逐步认识到："万物土里生"，"守土有责，寸土必争"。有幸我国假借"奉天承运之命"，凭借东方思维和民族融合（汉族本身就是民族的复数）的优势，现仍屹立在世界的东方。

　　但在另一方面，自认为是"万物之灵"的人类，登台不久，就有一部分人，开始以杀人为乐，进而发展群体杀人的战争，甚至以祸灭九族为快……于是在生物范畴"人又是怪物中的怪物"了。进而，人杀人的能量和手段日益提高。如果说人类历史上的两次世界大战中，作为万物之灵的人类表演的是人类自己杀自己，伤亡的人数最多。科学发展到今天，多种多样毁灭全人类的科学、技术和手段早已掌握，甚至防不胜防；而保证人类可持续发展的科学、技术和手段才开始探索和研究！这并非耸人听闻，"道高一尺，魔高一丈"之说，古已有之。人类中的绝大多数，都愿安居乐业，正义必然战胜邪恶，但必须克服重重困难去争取，在当前对打扮成美女的白骨精，更要提高警惕。语云："明枪易躲，暗箭难防。"更要注意糖衣炮弹，千万小心上当。

　　远的不说，1996 年突然又遇到"理智圈"。理智圈（NOO sphere）是早年曾在我国工作的法国学者德日近（P. Teilihard de Chardin，1881～1955）首创的名词，原意是指生物圈以外的思想意识圈层，他曾在 1947 年出版的《人类的出现》一书的序言中说："世界上没有绝对真理，智者苦苦探索而得到的看似真理的东西，其实都不可避免地带有某些假设的成分。"在他已离世之后，被维尔纳德斯基篡改为："人类按其意志、兴趣和利益而重新塑造的生物圈，即人类影响和控制的特殊生态系统。"维氏认为在过去，尤其是远古时期人类消耗自然界的能量和物质，和同体积的动物差不多，因而人类对自然界的影响力也与动物相似。但在现阶段，人类已能在局部范围内，建立起完全由人类控制，或强度由人类控制的生态系统；即维尔纳德斯基指出的工业（艺）圈和农业（艺）圈——称之为：人控生态系统，与之相对应的是当前影响较小的，或控制较弱的自然生态系统；也就是尚未被人类开发、改造的生物圈部分。随人类文明的发展，人类对自然的影响和控制力愈来愈大；按照当前的趋势，终将导致理智圈取代生物圈。

　　问题是人类的意志在多大的程度上符合自然规律？人类的意志与自然规律冲突时会造成如何的长远后果？迄今为止人类有意识地改造自然界所取得的成果，是否已经无可挽回地改变了地球的演化方向？当人类在全球建立了理智圈时，人类能否长久管理和维持这个单调、失稳、失衡的巨大系统不致崩溃？当人类不断消灭自然界的生物种的同时，人工又创造新的物种，人类能否协调自然和人造物种综合建立稳定的生态网？

　　如果继续按现时人类的意志和利益改造成为靠大量消耗地球岩石圈储存的太阳能（化石能源），大量转移、消耗某些物质元素，促成元素地球化学循环阻滞、失稳和失衡的人造理智圈，必将导致人类自取灭亡。这是工业革命带来的必然后果，也是自然、社会规律所决定的。哲学的基本命题之一："自然界和人类社会按其自身规律发展，而不以人类意志为转移。"不仅是"人定胜天""人类主宰一切"是荒谬不科学的，主要依靠非生物为研究成果而形成工业革命的科学及其外延的民主和自由，都将葬送在人类自己的手中。要重视观念更新，强调新自然观、盖娅（Gaea）大地女神、人类社会、自然界生物和地球环境在相互作用中协调化；以期建立真正理智的理智圈（不幸张昀学长现已逝世，生前无缘求教，谨志念憾）。

对这些走火入魔的奇谈怪论，以怪对怪，我们除了支持张昀的论点外，特提出："人"不为己天诛地灭，是自然规律！只是这里的"人（Man）"是指人类的整体，而人类的整体就在生态系统之中，力所能及地去影响和控制与人类有关的其他生物和环境条件，向有利于人类的方向发展。尤其是涉及民族兴衰、国家存亡和人类未来的严肃大事，促使我们在从事的学科领域探索这个大问题。

1.3 我们对生态控制系统工程的理解

我们从 1944 年理论物理学家 E·薛定谔（E. Schrodinger, 1887 ~ 1961）提出生物具有"负熵"的假说，尤其是他的《生命是什么？——活细胞的物理面貌》中受到很大教益。

控制论早已风靡于世，但我们直到 1965 年才由日译本得见 N·维纳《控制论》的全貌；将控制论用于处理工业和航天事业，译为"自动控制"，只要有关专家认可，不应再有异议。但用之于生物分野时，因为生物个体和群体、种属之间以及和环境组成的生态系统内部，具有调整适应能力（control in ecosystem）自我控制，如呼吸、脉搏和冬眠等。所以，在将控制论用于生物和环境分野时，首先要搞清楚什么控制什么。

设：A 为人类，B 为人类以外的生物及其生态环境整体

则有：A 控制 A 父或母病故，自己劝自己，要节哀达变，善视后人；

A 控制 B 建立人工气候室，全年进行生物生产；

B 控制 A 调整好定时闹钟，7 点起闹，我起床、吃早点，去上课；

B 控制 B 暴露在地表的岩石要风化。

如上，很明显只有 A 控制 B，才属于生态控制系统（cybernatic ecosystem）。

俄国科学家 A·M·里亚普诺夫（A. M. Liapunov, 1857 ~ 1918）用毕生的精力研究了多维非线性方程的求解方法；他所建立的运动稳定性理论，迄今仍为系统动力学所遵循。

而在另一方面，人类的直接感知能力，只限三维多一点点，对进而随运动和时间变化的事物（都大于三维）被称之为多维。生物，不论是个体还是群体，都具有明显的边界（细胞膜），但生物所处的环境（光、热、水、营养、气）则来自宇宙和地球，却无边界可寻。生态系统是生物和环境相互影响和制约的综合整体，随时间在空间不断变化的复杂巨系统。所以，我们探索和研究的对象，生态系统是个多维、开放、动态、变化中耗散型结构事物的系统。

只就生态系统而言，生物的个体都有明显的边界，而环境则没有明显的边界；这早在 1986 年就被钱学森同志定为"复杂巨系统"，也是国际上亟待解决的难题；1992 年钱老提出"从定性到定量综和集成方法"，在计算机系统和专家群体的支持下；把定性研究有机结合起来；把科学理论和经验知识结合起来，把多种学科结合起来，实现 $1 + 1 > 2$ 的综合集成；把宏观研究和微观研究结合起来。作者深受启迪，在生物和环境相依为" 命"的这两

个方面，在空间和时间上，总是处于动态（dynamic）富于变化（variable）之中。进而，面对已被认定为"复杂巨系统"的生态系统，还要用系统工程的方法，影响和控制它向有利于人类的方向发展；不仅在属性上要包括人类在内，而且必然要深远地涉及到更为复杂宏大的社会系统；这是我们面临而无法回避的现实，也恰是生态控制系统工程科学在其攀登过程中的难点所在！

在环境的分析上，以其涉及宇宙的总体、内容和变化更为复杂，要紧紧围绕与生物和生态系统有关的，面向系统目标进行综合分析。

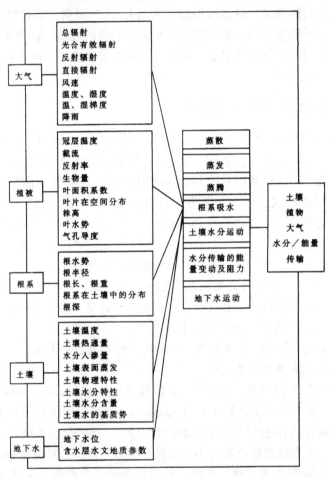

图 1 - 1　SPAS 土壤，植被、大气系统及其所对应的监测要素网

具体而言，就是要在现代的景观生态科学的理论及其应用的基础上，采用 climate-soil-plants complex（CSPC）或 soil-plants-atomosphere contimum（SPAS）等方法综合分析、地理信息系统 GPS 则是关键的背景材料。而对综合分析的理解，应该重点分析影响在事物运动和变化过程中，繁多因素相互之间的因果关系，也常被称为网络工作（net - work）。为了针对厘定的目标，符合于生态控制系统工程的特点，使用了具有特点的"蛛网工作"（spider's web - work）的工作方式。

系统（system）是由相互制约的诸多环节组成的，具有一定功能的整体。而系统工程（system engineering，SE）的核心就要把组成系统内部相互制约的诸多环节之间的因果关系搞清楚（包括单向、双向和多向因果）。对非生物，尤其是工业系统工程使用的有效方法是网式方法（network）。

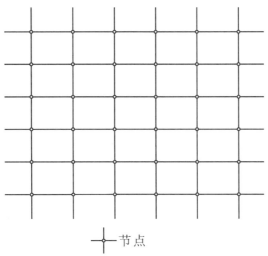

┼节点

图 1 - 2　网络工作法及节点、节点的突变

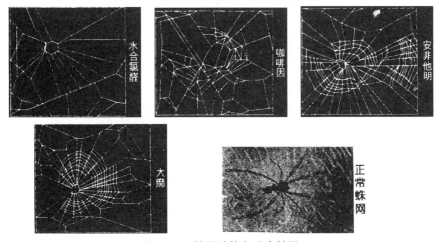

图 1 - 3　蛛网结构和吸毒蛛网

　　而用之于生物分野时，网的纵横交叉（joint）常是生物 network 的关键所在。进一步，更有成效地发挥 1 + 1 > 2 的综合集成的功能。在生态控制系统工程，建议试用仿生式的蛛网方法（spider's network），有似于人工神经网络（Artificial Neural Network，ANN，据 A. Lapedes & R. Farber1987），可以更有实效地发挥专家集体的作用。

　　所以，生态控制系统工程（The Cybernetic Ecosystem Engineering，CESE）是在东方思维的思想指导下，面对人类赖以生存的地球（或祖国），就可再生的水、土和生物等资源及其环境，要以既能满足当代人及其后代的需要，又能保持相对稳定持续发展为目标；伴随科学发展，运用控制论的方法，以系统动力学中运动稳定性（stability of motion）为基础及其推导的方法为依据，经系统分析、研究，进行动态跟踪监测预报，达到控制生物生产和生态系统的动态向稳定持续方向发展的一门综合性系统科学。

1.4　衷心的愿望

　　科学要超前于生产，才能指导生产；但不能纸上谈兵，要把精彩的研究成果，首先绘在祖国的大地上，洒向人间！最近十多年，直接和间接在钱老（钱学森）的启发和教导下，学习和实践证明，首先要正确认识自己，用生态系统的语言来说，就是个体在群体和生态系统中的"层位（niche）"；对要求专家群体支持、多学科结和起来实现 $1+1>2$ 的综合集成有了进一步的认识；这才促使我如实反映以上的心得和体会。祈望在批判中有所前进。也希望由 N. 维纳倡导，而他也从中受益最多的 Seminar 学风能吹遍全国。

　　观念的更新，就某一个人，偶或可以突变；但就家庭、集体、民族、国家以致人类和世界，必将经历一定的时段，而且是跳跃式的前进和发展；科学、文化、教育是装备人类素质，不可分割的有机整体，要发挥牵引作用；从事这方面工作的人，观念更新就必须超前。不找牛顿的支点，也要有"上绞架"的思想准备。要维护人类的未来和昌盛，只能靠人类自身的能力和智慧，向自然夺取生存、繁衍和昌盛。这是在欧洲文艺复兴之后，早已为朴素的科学所证实。而社会发展到今天，总是有这样和那样的原因，存在着不安宁和不稳定的因素，甚至是互相残杀、毁灭人类自身的潜在危险！苏联莫斯科大学已故教授黑梅叶尔，在 1969 年就证明了"旅客同船"模型的数学公式，揭开了帷幕的一角。提出：假定有一群人决定乘一条船渡海到对岸，其中每个人都有个自渡海的不同目的，但渡海却是共同的目的。为了达到这一共同目的，每个人都应付出均等的精力。在数学上是合理的，但人是生物，个体之间差异很大，以等同的要求，对某一个人可能是轻而易举，而对另一人就力所不及。仍用数学的语言来表达，就是要对"人"作质和量的分析，只能由集体折中的方法来决定，强壮的人多出些力，瘦弱的人少出些力，反而提高了实效，并取得"稳定性"的协调。黑梅叶尔教授的学生莫伊谢耶夫（H. Moeceev）接受了他的思想，至迟在 1984 年建立起"宇宙中只有一个地球之船，世界各国、各民族只能同舟共济、和平共处"的理论，并进行了数学推导和证明。

　　进一步，在实践经验的基础上，基于现代科学的新发展，如何就当前实际情况，巧于调动群众、各部门和各级政府的主观能动性是大势所趋，也是当前面对的核心问题。但在国际上，自从联合国成立以来，曾多次作过面向全世界和全人类走向未来的总体规划，用心良苦，但无法实现，只好不了了之。上述"旅客同船"模型在数学上是合理的，就应用技术科学上看，对人力的量化分析也是可行的；只是忽略了人类的社会因素，从而被束之高阁。国际上也不断地总结经验和教训，在 1983 年末联合国组织成立了世界环境与发展委员会，其特点是突破了自然科学和应用技术科学的一统天下，包容了政治和经济科学分野，承认了国家和地区间的差异。经过 10 年不懈的努力，于 1992 年世界环境发展大会上，由各国政府或者官员代表政府签字后才得到较为广泛的接受。

　　我国革命的成功，主要靠老少边穷的革命老根据地农村包围城市，经过艰苦卓绝的革命斗争历程才取得的。自然条件严酷、环境极为脆弱的高原山区、少数民族聚居地区，经济、文化、教育、交通欠发达，例如兴国、井冈山、延安、平山（前建屏）的西柏坡等地建立革命根据地是受当时的形势所迫，但从科学上探讨，却符合于"在最困难的条件下开始起步，是要经过长期的阵痛，却是研究成果可靠性的标志。"**其规律是："在极为困难的条件下可以谋求成功；在较好的条件下，必定成功。"**这也是生态控制系统工程科学中朴素的基本经验。

　　曾经读过金克木的一篇文章，说的是"问题是客观存在的，要确切认识问题的实质，首先在于认识自己"。深受启发，关键在于认清自己的层位（niche）。在我们面临的是科学和文化相互分不开的后工业的知识时代，而在综合国力中承担牵引作用。观念更新必须超前，作用（层位）只限牵引！文章中说："……20 世纪中后期，人类开始进入'大文化阶段'：大文化是集自然文化、人文文化和科学文化的优秀性状于一体，创造以'大科学'和'高技术'为载体的'大文化生态系统'。各种文化相互依存、相互竞争、相互融合，一损俱损，一荣俱荣。"我们认为这只是良好的愿望，还要将相互制约、相互抵制也考虑进去，在此基础上，只能以可持续发展为目标。在宏观控制下，人类总体要高于国家，国家高于地区和民族，地区和民族高于群体，群体要高于个人。每个人各得其所在具体层位，在这个层位之中，个体是平等的。而具体到这个层位的群体（集体）中的个人的一生，都将会是大舒服小不舒服；甚至是跳跃式的舒服和不舒服，也许有几个个体一辈子也没舒服；这决定于自然和社会规律。所以，就个人的一生而言，只要能舒服多于不舒服就可行。这也恰是通过一生的实践，初步理解到民主集中制的科学创新的实质。

参考文献

［1］张昀 . 决定人类命运的理智圈 . 1996. 1. 2，科技日报 2 版 .

第 2 章　东方思维和延安精神

2.1　古老的东方文明

在宇宙和自然的发展历史长河中，怎么会出现人类？到今天仍是众说纷纭。无疑我们的祖先原都是文盲，更不知科学为何物，不同于其他动物的是能用语言来沟通思想感情；借世代相传，就有许多缥缈动人的传说。话说人类出现之前，原是一片混沌，在我国流传下来的是盘古开天辟地，进而演绎成天倾西北，地陷东南……以其远超于个人力量的现实，是不足为据的。早在战国时期的屈原，就在他的《天问》中："曰，遂古之初，谁传道之；上下未形，何由考之？"盘古开天辟地之后，人类也和其他陆生高等动物相似，要找个睡眠安全的地方，在中国就出现了一个伟大的学者叫有巢氏，总结了猿猴类的经验，在树上搭个窝巢最安全，于是就流传下来。但是肚子饿得受不了，于是又出现了一位专家，尊称为神农氏。

从宇宙的时间进程中或只是一闪的瞬间，而就人类的出现和发展而言，则是悠长的历史岁月。北京西山南麓周口店"北京人"遗迹的发现，是珍贵的现代科学物证；经断代是在50 万年前，可证在我国人类掌握用火，当更早于此。"北京人"的祖先应来自黄河以南，只有掌握用火之后，人类才敢于穴居。在传说中曾有过一位伏羲氏，大地湾遗址的发掘结果证明，"他生活活动在甘肃天水一带，距秦安东北 45km……出土许多黍（黄米、黏小米）、油菜的种子、猪骨和'彩陶'，可证早于黄帝 2500 年"。因此，中华民族的文明历史应远于8000 年[1]！

黄帝的出现，当在"北京人"之后，应在尧舜之前；汉族的起源很晚。自古以来，自认是炎黄的后代，既有炎族的子女，也有黄族的儿孙。古代的传说，在涿鹿之野的一场大战，炎帝战败，怒撞不周山而亡；在当时战胜者的黄帝并没把炎帝的子孙当成奴隶，统称之为"炎黄子孙"。迄今桥山脚下的黄帝陵，仍是海内外华裔公认的问祖寻根的所在，备受崇敬。我因工作关系，多次到过黄陵。在几千年来，中华民族经历过难以缕述的改朝换代，天灾人祸，原来的芜芜周原；今天到处是千沟万壑的荒凉面貌。唯独黄帝陵的周边，不仅是古柏森森，而且多代柏林同堂，更喜新柏仍在不断茁壮孳生……应是古老东方文明的骄傲，更是由多民族融和而形成的中华民族的骄傲。缅忆起我国革命最为艰苦的岁月，在极端困难中的少数民族，仍自认是中国的少数民族，能同甘共苦，在生态极为困难的老少边穷地区坚持到今天，不也要归功于古老的东方文明吗？

殷周以前，虽已习惯于封建的皇帝可以假天子之名，独居万人之上（用老百姓的语言是"谁当皇上给谁纳进"）。但对文化人和所谓奇技异能者，尚未出现官大压死人的现象；"达则兼善天下、穷则独善其身"，隐士和宰相都受到人的尊重；直到周朝定鼎之后，伯夷、叔齐耻食周粟也未被处分。开创出古老的东方文明，所谓的"王道"。

2.2　有文字历史为证的……

我国自从仓颉造字以后，甲骨简帛出土之前，就开始有按时序用文字记载的历史，迄今近万年。上起帝尧禅让给舜，舜接班后，洪水滔天，鸟兽之迹，交于中国，老百姓不得安生。于是，舜委派他的助手益和禹，让益去驱除猛兽，益烈山泽而焚之，鸟兽逃匿，百姓大悦！其实，在万年前人类逐水草而居，中外皆然；而帝尧之时，早已困于洪水之灾，曾命鲧去治理，鲧简单地认为水来土挡。从今天来看，也有一定道理，怎奈万年前人力工具有限，未得成功，被尧处死……

人类社会发展的历史进程中，常是一个时代的没落，就会出现一次文化高潮，恰是形成下一个新时代的前奏。1953 年德国哲学家雅斯贝斯（Jaspers Karl, 1883~1969）说："纪元前 800~200 年间在世界上几个古老文明的发源地，不谋而合，但方式各异地经历了'哲学的突破（亦称超越的突破）'。"西方有阴暗时期的雅典苏格拉底（Sucrates，纪元前 470~399）、柏拉图（Plato，纪元前 428~348），在中国也产生了老子（纪元前 571~?）和孔子（纪元前 551~?）。在我国古代春秋战国时期，诸子百家争鸣之际，老子和孔子都有杰出的成就，这是无可非议的。老子姓李名耳字聃，被人称为道家学派，留有《道德经》。道家学派的"道"，在道德经里说得很清楚："道法自然。"是朴素的唯物主义思想。孔丘述而不作的精神也是可贵的。据《史记》，当老子还任周的图书管理人员时，孔丘曾过周登门求教，对老子的学说，心悦诚服，誉之为："吾不能知其乘风云而上天。"从而，在我国奴隶社会日趋没落、新的封建社会尚未成形之前，出现的春秋战国百家争鸣的文化高潮，从科学思想上看，老子起到突出的进步和先导作用。一百多年前，恩格斯就曾说过："没有哪一次巨大的历史灾难，不是以历史进步为补偿。"

孔丘字仲尼，儒家学派的创始人。纪元前 551 年生于山东泗水，晚于老子李耳 20 年，幼而好学，中年开始授徒讲学，并带领弟子周游鲁、齐、卫、宋、陈、蔡、楚各地现场教学，强调启发式教学，"学而不厌，诲人不倦。"当时得到弟子们的尊敬，应是后代人留念的优良传统。但是，孔丘恣意美化尧舜禹汤的复古意图，甚至明知禹的一生不过仅尽力于沟洫，而将其夸大成为根治黄河的神人。儒家的学说在当时被认为是"入世"的，就不同于宗教，所以不称儒教；恰是当时知识分子的向往，吸引了众多的门徒，形成了儒学。

2.3　东方思维的形成和特点

时至今日，为了人类未来的昌盛和幸福，就要求从根本上恢复和健全人性。所谓人类的人性，是由动物的物性进化而来，从而和生物的物性，有着千丝万缕的联系。但毕竟人和其他生物不同，尤其在人类掌握用火（至少有 50 万年）、饲养牲畜和作物栽培技术（至少有 1 万年）之后，就不用全部精力向自然索取食物，逃避天敌；也就有了更多的时间休息和思索，寻求一些精神上的慰藉。首先是自然风光，春花秋月，白云苍狗……这就是文化，已进入人性的范畴了。以其最早出现在亚洲的东方，姑且称之为古老的东方文明。

东方思维产生于古老的东方文明，其特点是：

（1）"以农立国，食为民天"（已有 2000 多年），长期深入民心；是人类靠科学向自然索取食物的突出成就；所谓"杰出"则在于炎黄子孙选定了直接以植物性生产的粮食为主食——即食物链中的第一性消费者，并以杂食性的菜肴，以补足营养的需要。"绿色食物"在 21 世纪和人类的未来，仍将是我国突出的贡献。

（2）渔樵耕读（温饱＋学习）、琴棋书画（艺术＋娱乐），一派田园风光；

（3）"非我者莫取"，"知足者常乐"，"勤俭持家，够用就行"；

（4）对儿孙后代自愿负责到死，甘愿为后代的幸福承担所有苦难；

（5）中华民族经受长期残酷的天灾人祸的考验和锻炼，对自然和社会具有极大的韧性和坚毅的性格，同时也具有容忍和开阔的胸怀；

（6）保护自然，保护、改善土地和湖泊（已有 2500 多年）；在中国古代，风水原是景观和环境的同义语；龙山、园囿、围场……原是古代的自然保护区或保健休养用地。

由上可见，东方思维突出表现在承认人类是自然的产物，是从对生物和环境的探索中，取得巧于向自然作有限的索取，才成为"万物之灵"；是世界上最早而且历史最长，以生物为中心的古代文明。不仅为人类作出过贡献，而且经受了长期天灾人祸的考验和锻炼，进一步发展成为艰苦奋斗自力更生的"延安精神"，创造出了一个新中国。近半个世纪，历经国际风云的变幻，迄今仍屹立在东方；虽仍属发展中国家，国土陆地面积仅占全球陆地面积不足 7%，却承载着 13 亿 以上的人口，正向小康迈进！靠的就是东方思维。就此，对我国的可持续发展和人类的未来，也应引起深思。

虽然工业革命为人类社会带来了进步，但好景不长，到今天险象丛生；A·托夫勒在《第三次浪潮》和《未来的震荡》中已有详细的论述：工业革命、技术治国所追求的只是经济利益，置社会、文化和思想价值于不顾。所谓的科学主宰环境和未来的观念已经破产；人类对理想、信念、奋斗目标丧失了信心；空虚和颓废情绪，笼罩着对未来的思想危机。"斯文扫地"，不仅对"赛先生"是如此，而且把"德先生"也捎带进去了。

2.4　我国古代农学的特色

表 2-1　我国古代历史年表

有巢氏	距今 250 多万年	西晋	265～317 年
燧人氏	距今 100 多万年	东晋	317～420 年
"北京人"	距今 50 多万年	南朝	420～589 年
伏羲氏	距今 5 万多年	隋	581～618 年
神农氏	距今 1 万多年	唐	618～907 年
夏	纪前 2100～1700 年	五代十国	907～997 年
商	纪前 1700～1100 年	北宋	960～1126 年
西周	纪前 1100～0771 年	南宋	1127～1279 年
春秋	纪前 770～476 年	辽	916～1125 年
战国	纪前 475～220 年	西夏	1038～1227 年
秦	纪前 221～206 年	金	1068～1233 年
西汉	纪前 205～8 年	元	1171～1368 年
东汉	25～220 年	明	1368～1644 年
三国	220～265 年	清	1616～1911 年

从我国古代历史研究的诸多侧面看，殊途同归，都在证明我国早在万年前，处于奴隶社会时就已奠定了"以农立国，食为民天"的发展方式。"井田制"就是靠科学向自然索取食物的杰出成就。

图 2 - 1　《禹贡新解》封面

《禹贡》是我国历史进展过程中的一本老书，全文 1194 字，可概括为三个中心内容：

（1）在西周辖区内平治了水土，能够"我疆我理"、从事农作。而且开辟九条山脉中的山区道路。

（2）反映了九州内地理环境因农业的实践，土壤、田赋发生的差异以及植物分布的不同；并记载了九州的特产，如矿产、畜产、农业、手工业品等以供周王朝的享用（贡品）。

（3）反映了周王朝的经济发展，开始创建"九州大一统"的规模。

承辛树帜老学长生前亲赠手批力作《禹贡新解》并受其谆谆教导，得证《论语》中孔子曰"禹尽力乎沟洫……"与民间的传说相符。"历史上研究禹贡者，多注重三江、九河等问题的争执，而对禹贡平治水土（即水土保持）的重要部分则多忽略，而且错误颇多。"早在建国前张老含英学长编译《土壤冲刷与控制》序言中着重指出，平治水土之法，古人言之甚详；均先得我心。仅择其精华略述于下：

（1）我国史前就以农立国，选定以植物性的五谷杂粮为主食，栽培农作物的耕地，就在所必需，超前选好坡平、土厚、块大和便于引水浇地的土地用作耕地最合适，文其名曰

"土宜"。用现代语言应是土壤及其宜农性质。《禹贡》中对土壤的考订甚详,《禹贡新解》
列表见表 2-2。

表 2-2 禹贡所述之古代土壤表

禹贡州名	今省区	禹贡土壤	肥力等级	利用状况
冀州	河北、山西	白壤	厥田惟中中（第五）	厥赋惟上上（第一）
兖州	山东西部	黑坟	田中下（第六）	赋贞作（第九）
青州	山东半岛	白坟、海滨广斥	田上下（第三）	赋中上（第四）
徐州	苏北及皖、鲁边区	赤埴坟	田上中（第二）	赋中中（第五）
扬州	江、浙、皖南	涂泥	田下下（第九）	赋下上（第七）
荆州	湖南、湖北	涂泥	田下中（第八）	赋上下（第三）
豫州	河南	壤、下土坟垆	田中上（第四）	赋上中（第二）
梁州	四川	青、青黎	田下上（第七）	赋下中（第八）
雍州	陕西	黄壤	田上上（第一）	赋中下（第六）

对表中的肥力等级和利用状况,有史以来,众说纷纭,也有些奇谈怪论;表 2-2 是农学
家辛老的研究成果,并经陈恩凤老前辈（水土保持,商务版,万有文库）函证是可信的。

（2）我国古代有关水土保持的文字记载,"禹平水土"始见于《尚书》:"周穆王时（距
今 2957 年）作'吕刑',有禹平水土……"《诗经·小雅·黍苗》:"原湿既平,泉流既
清"。（毛传:土治曰平,水治曰清）。距今 2551 年,即春秋时期鲁襄公的太子晋:"古之长
民者,不堕山,不崇薮,不防川,不窦泽……夫山,土之聚也;薮,物之归也;川,气之导
也;泽,水之钟也。"梯田的正式记载始见于 12 世纪南宋范成大的《骖鸾录》:"袁州仰山岭
阪之间皆田层层而上至顶,曰梯田。"元·王祯的《农书》:"梯田,梯山为田也。夫山多地
少之处除磊石及峭壁,例同不毛。其余所在土山,下自横麓,上至危巅,一体之间,裁作重
磴即可种艺。如土石相半,则必垒石相次,包土成田。又有山势峻极,不可展足,播殖之
际,人则伛偻,蚁沿而上,耨土而种,蹂坡而耘。此山田不等,自下登涉,俱若梯磴,故总
曰梯田……"（遵辛老遗愿补）19 世纪初,有个思想比较开阔的文人梅曾亮,字伯言,写
了一篇《书棚民事》:"余为董文恪公作行状,尽览其奏议,其任安徽巡抚,奏准棚民开山
事甚力。大旨言与棚民相告讦者,多溺于龙脉风水之说,至有以数百亩之山,保一棺之土。
弃典礼,轻地利,不可施行。而棚民能攻苦茹淡于崇山峻岭之间,人迹不可通之地,开种旱
谷,以佐稻粱,人无闲民,地无遗利,于策至便,不可禁止,以启事端,余览其说而信之。
及余来宣城,问诸乡人,皆言未开之山,土坚石固,草树茂密,腐叶积数年,可二三寸,每
天雨,从树至叶,从叶至土石,历土石滴沥成泉,其下水也缓,又水下而土不随其下,水
缓,故下田受之不为灾,而半月不雨,高田犹受其浸溉。今以斧斤童其山,而以锄犁松其
土,一雨未毕,沙石随下,奔流注壑,涧中皆填污不可贮水,毕至洼田中乃止。及洼田竭,
而山田之水无继者。是为开不毛之土,而病有谷之田;利无税之傭,而瘠有税之户也。余亦
是其说而是之……"我国西南岩溶山地早已开山到顶,老玉米长得比山还高;华北山区,年
年修地,一水冲光,修来修去一场空!"开垦了和顺山,冲了榆社的米粮川。"孔丘的老家,
山东的沂蒙山区,不仅早已开山到顶,发展到"叠土"种地,"山水冲了川,逼得人上了
山,叠地再冲光,只好逃荒。"海外华裔历史、分布和人数均以源于山东的最为突出。在山

区选坡平土厚之处，则必垒石相次，包土成田的梯田，应是我国劳动人民杰出的创造，是长期在旧社会的封建统治下逼得穷农民上了山，"穷奔山，富奔川"，明知："开山到顶，人穷绝种"；但为了生存，"宁可绝种，也要开山！"这是旧社会逼出来的结果，不仅养活了世代山区贫苦农民，也不仅在现代科学技术上突破环境容量和土地承载力的局限；更为可贵的是，就在我国革命的艰苦阶段，就是靠贫困山区的老根据地供养、血汗和生命，支援革命，建立起新中国。

（3）淳朴的"天人合一"思想，最早形成了区划和土地利用规划的雏形，生命的出现和物种的形成总是由最合适的地方（中心乡土）开始。人类也不例外，并伴随社会的发展，集聚和扩散同时并举，尽管屡经天灾人祸，总的趋势仍是日益发展和繁荣。基于我国地处亚欧大陆东部，自然环境内部差异悬殊，《禹贡》最早（纪元前 2700 年，王国维、辛树帜）将当时全国土地划分为九大区，即冀、兖、青、徐、扬、荆、豫、梁、雍九州，按辛老所指要达到"九州攸同，四噢既宅，庶土交正"的境界，窃意应是当时因地制宜的生态环境区划的肇始；导致距今 2548 年楚《掩庀赋》（见《左传》）："书土田、度山林、鸠薮泽、辨京陵、表淳卤，町原防、牧湿皋、井衍沃。"才开始具体步入土地利用规划。

（4）平治水土和水土保持已成为同义语（见表 2-3）。

表 2-3　禹贡平治水土表

	水	泽	沱潜	原湿	土	高、平原	丘陵	山狱	治路	与兄弟民族平治水土
冀州	（贾怀底绩）[①]至于横漳恒卫既从	（恒卫既从）大陆既作				既修太原至于岳阳贾怀底绩		既载壶口治梁及岐		
兖州	九河既道（雷夏既泽）沮会同	雷夏既泽			桑土既猪（是降丘宅土）		是降丘宅土			
青州	（嵎夷既略）潍淄其道									嵎夷既略
徐州	淮沂其乂	大野既猪				（大野既猪）东原底平	蒙羽其艺			
扬州	三江既入	彭蠡既猪（阳鸟攸居）。（三江既入）震泽底定。								
荆州	江汉朝宗于海，九江孔殷[②]	（沱潜既道）云土梦作乂	沱潜既道		云土梦作乂					
豫州	伊洛沪涧既入于河	荥波既猪，道菏泽，被孟猪								
梁州			沱潜既道					岷嶓既艺	蔡蒙旅平	和夷底绩

（续）

	水	泽	沱潜	原湿	土	高、平原	丘陵	山狱	治路	与兄弟民族平治水土
雍州	弱水既西泾属渭汭漆沮既从丰水攸同			终南惇物、至于鸟鼠、原隰底绩（至于猪野）				荆　　　岐既旅③	三危既宅三苗丕叙	

在《禹贡新解》中，就"沟洫"还有新的发展，在我国初步掌握农耕技术之后，井田制就成为我国古代的专利，淳朴劳动农民，出于与人为善，也愿意代耕 1/9 的公田；在东亚季风气候的控制下，如何保护安全生产，就要作好耕地周边的沟洫工作。实质上沟洫的创建早于"井田"，辛老能在千百年来，众说纷纭之中，有说服力的论证出"沟洫是农田蓄洪排涝的田间工程"，与张含英老学长有殊途同归、相得益彰之妙；进而致力于陂塘（田间蓄水池塘）和薮泽（沼泽、湿地和盐碱地）的探索，已步入"地尽其利"、现代科学的前沿，防治荒漠化（combat desertifacation）的全部分野。

"风水"一般认为语出晋·郭璞《葬经》："气乘风则散，界水则止，古人聚之使不散，行之使有止，故谓之风水。"实际上，老子曰："道生一，一生二，二生三，三生万物。万物负阴而抱阳，冲气以为和。"是人类在掌握了用火和农耕技术之后，提高了对生死的安全要求而产生的；虽已步入"人为万物之灵"的第一步，毕竟仍处于史前蒙昧阶段，导致西周分化成为两大流派，并分别设官管理，其一是职掌建邦之天神人鬼地祇之礼，其二是以农立国、职掌自然"土宜之法"（周礼）。风水在秦汉封建王朝就已发展成为堪舆家和形法家两大流派（据《汉书》，班固），唐宋以后更形成泾渭分明的理气宗和形势宗两大学派和诸多变种。在我国地理原是风水的别名，亦被称为地学。《周易·系辞上》："易与天地准，故能弥纶天地之道，仰以观天文，俯以察于地理，是故知幽明之故。"称风水为阴阳，始见于《诗经·公刘章》："既景乃岗，相其阴阳。"

20 世纪后半期开始了"3P 危机"，即人口爆炸（population）、环境污染（polution）和资源枯竭（poverty）。当代耗散结构理论创始人 I·普利高津（I. Prigogine）说："西方的科学家和艺术家习惯于从分析的角度和个体的关系来研究现实，而当代演化发展的一个难题恰恰是如何从总体的角度来理解世界多样性的发展。中国传统的学术思想是着重研究整体性和自发性，研究协调和协同。现代科学的发展……更符合中国的哲学思想。"英国科学史家李约瑟（Joseph Needham）认为："……在希腊人和印度发展机械原子论的时候，中国人则发展了有机的宇宙哲学。"[2] 他还说过："……风水理论对于中国人民是有益的"。所以，风水理论不乏迷信内容，实际是地理学、气象学、景观学、生态学、城市建筑学等综合的自然科学。由于风水注重人与自然的有机联系及交互感应，因而注重人与自然种种关系的总体把握，即整体思维，虽然往往有失粗略，却不乏天才直觉。例如风水之注重水、风、土、气，种种有关论述以至其模式化的表达形式，同当代科学注重地球生物圈中水循环、大气循环、土壤岩石圈及动物植被等生态关系以及一些重要概念或理论的模式表达相比较，就表现出惊人的一致，像《日火下降阳气上升图》，就相当典型[3]。

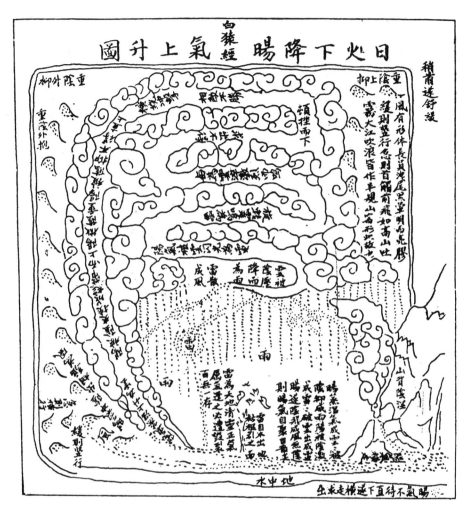

图 2-2　日火下降阳气上升图

"古之风水，原有诸多流派承传，如形势宗和理气宗的分野。比较而言，前者更重自然环境的审辨，包括生态与景观诸多因素的讲究，原其所起，即其所止；专注山川形势及其构成要素的配合，少有无稽拘忌，因而其学较盛，成为风水的主流。目前正值我国大倡改革开放，这所谓'现代风水'，也有沸扬之势，则不能不有所警戒，避免泥沙俱下，鱼龙混杂。对此，古人常有'达者玩之，愚者信之'之说，今之达者……应对其内涵予以重新审视，扬其合理精华，弃其迷信糟粕"[4]。作者深受启迪，因从事应用科学，窃意是"今之达者用之"，是否更符合朱老学长原意。

人与自然是密不可分的有机整体，中国哲学有道和儒两大学派，道家以静入，强调顺其自然；儒家以动入，强调自然和人类融合在一起。其共性则是天人合一。

聚落选址，首先要"聚气"，即聚蕴藏山水之气（a place full of "spirits of mountians and water"），如图 2-3。

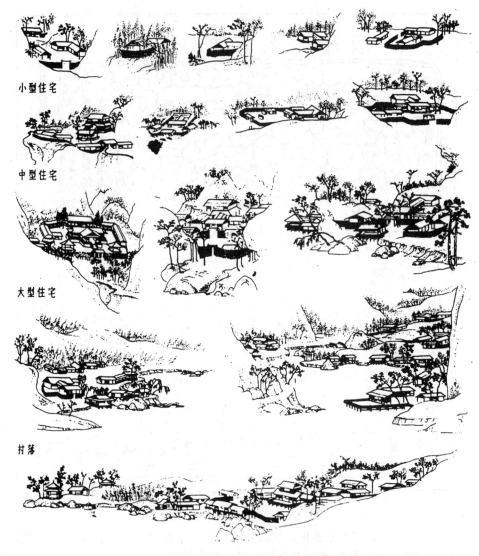

小型住宅

中型住宅

大型住宅

村落

图2-3　宋·王希孟《千里江山图卷》中表现的聚落环境

　　聚落选址的理想模式显示多种因素复杂的相互影响，其中不仅包含传统观念上的要求，而且也包括对于社会、经济、防御生产和地域等多方面的考虑。[3] 作者首先以台湾、恒春为例，据清同治十三年，沈葆桢福建台湾奏折内称："盖自枋寮南至琅峤，居民俱背山靠海，外无屏障。至猴洞，忽山势回环。其主山由左拖趋海岸，而右中廊平埔，周可二十余里，似为全台收局。从海上望之一山横隔，虽有巨炮，力无所施，建城逾于此……"

　　2000年夏，我曾畅游北回归线以南，台湾西南沿海一带，曾过恒春，亲历鹅銮鼻看日出和猫头鼻游热带公园；尤其是亲过关山（我曾用过的笔名），纵览恒春，确与本文所述有同感。文中所举另一实例，安徽、黟县的西递村，历史上是历代儒商的源地，1998年暑假曾专访一天，汇农、商、学于一体，历经沧桑，遗风犹存，并已发展成为旅游休养胜地；更可珍视的是在"三面荷花四面柳，一城春色半城湖"的泉城济南，泉水日趋告急之时，西递村到今天，仍能维护晴耕雨读，经商致富，不忘保护和提高家乡的文化和环境水平，家家清泉流水，户户花香依杨柳，鸟语伴书声！

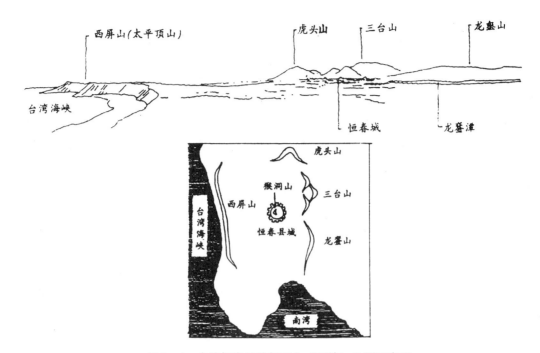

图2-4 台湾恒春县城与四山（四神）位置示意图
据屠继善《恒春县志》，光绪二十年 及 "风水说" 中的心理场因素

暂先不去争论来自生物的本能或进化哪一方面为主，生存和繁育后代是生物的共性；人类也不例外。随人类的进化，掌握用火、饲养家畜和农耕技术自封为 "万物之灵"，建立家庭和安居乐业就成为特殊需要。生在哪里安家，死后在哪里埋葬？于是就出现选址（site se-lection）问题；限于我国古代文化和科学水平，于是才出现了 "风水" 之说。

"龙脉"，指 "来龙去脉"，原是风水家的专门用语。我国西高东低，据《考工记》："凡天下之地势，两山之间必有川焉，大川之上，必有涂焉。" 龙脉之祖以大江大河之源头定。就此，人类的聚居，必将选最适合于人类生活和繁育之处；从风水上看，则是山川格局，龙脉聚结之地。所谓聚结，实指生气。"石为山之骨，土为山之肉，水为山之血脉，草木为山之皮毛……"，要求山或 "龙" 的体质是："紫气如盖，苍烟若浮，云蒸霭霭，四时弥留；皮无崩蚀，色泽油油，草木繁茂，流泉甘冽，土香而腻，石润而明。如是者，气方钟也未休。" 文中 "气方钟也未休" 即开始奠定了可持续发展的基础。我们的祖先毕竟是由森林中走出来的，我国许多少数民族迄今仍世代在林区，生活习惯各不相同，但选居住地址时，背阴朝阳、居高临水、后靠前照、左环右抱的卧牛之地却是一致的。不仅 "来龙去脉" 今天已被衍义为穷究事物原委的成语，后靠的 "靠山" 也被移用于 "靠山吃山"。

"地理之道，山水而已。" 山是静态的，也是相对稳定，不易用人力改变的；所以应是风水的基础。而水是动态变化，又是可见的；所以水为风水之重。

（1）水与生态环境，即所谓 "地气"、"生气" 息息相关；

（2）可载舟，亦可覆舟；交通、设防之要；

（3）防止水土流失、山崩、滑坡、泥石流，河道乱流善徙和沥涝洪水之灾。

大江大河环转回顾之处方是龙脉集聚之处，古称 "奥沕之宅"，亦即 "金城环抱"。（部分引自："古城阆中风水格局：浅释风水理论与古城环境意向"）

　　所谓"聚结"或"龙脉之地"，实指"生气（quality of liveliness）"。聚落选址重复首先要"聚气"，即聚蕴藏山水之气（a place full of "spirits of mountains and water"）。因气属气态，古人早已知其有而无形，空气是生物维护生命的第一需要，其中的氧气，更是人类不可或缺的环境要素，以其只能在运动时被人类察觉为"风"，所以才被称之为："风水"。

　　近两年来"天人合一"又屡见报章，其渊源出于具有辩证唯物主义思想的老子，开阔了后代的思维分野，功不可没。但这是几千年前的云烟往事；其负面影响，更突出表现在害人至为深远的"听天由命"和"靠天吃饭"的阴魂上！在当前，人定胜天，故属狂妄，但靠现代科学成就，巧于向自然获取必需的自然资源，更多地留给儿孙后代，经万千年的实践证明是可能，也是可行的。

2.6　人类和世界的未来

　　为了揭开工业革命和技术建国发展到今天的面貌；实质上是只占总人口2%～3%的人，靠被遗忘和扭曲了80%以上从事农业的人，生产出来的食物和原料，才维持了生命，取得工业革命的成就和有关科学的发展。以高速度贪而无厌地追求经济利益，一意孤行，"货币至上"使整个社会处于失控和动荡之中。食物、能源、资源、环境，战争与和平，理想与未来等重大问题日益突出，甚至有导致人类走向毁灭的危险。这已经是涉及人类未来的安危和存亡，不能等闲视之；对未来的放任自流，就意味着集体自杀。

　　早在本世纪60年代，当时的联合国秘书长吴丹（U. Thant），一位虔诚的佛教徒，基于杂交水稻的成功，说过："……将是一场根本性质的革命变革——也许是最富于革命精神的人们从未经历过的一场变革。这一场变革意味着什么呢？在朦胧中显示的是'绿色革命'。"如果说杂交水稻是前奏曲，生物生产事业的革命，在今天的中国，已揭开朦胧的面纱，显示出她矫健的面貌。1992年 J. Spets WRE, M. Hololgate INCD & M. Tolba UNEP 共同编写的：《生物多样性保护战略》（Global Biodiversity Strategy）中，引用了一张属于古代东方文明的佛教图，如图2-5。

　　但是我们不能靠佛陀、上帝或自然的恩赐，只能靠自己的力量去获取。工业技术革命发展到今天，严重地威胁着人类的未来和自然环境；只要人类还要生存下去，就必须找出符合今后需要的、科学和文明所要求的社会秩序。而这种科学和技术文明只能由人类自己来建造，这就是时代对人类的要求。

　　近年来最令人关注的"可持续发展（sustainable development）"实指全球和全人类；但在当前仍有国家、民族和地区的存在，只能以此为基础；不危害于全球和人类的未来，在全社会或其他国家、地区和民族的同意、承诺、容忍和支援下；可由研讨本国（或民族、地区）的可持续发展开始起步。1992年召开的联合国环境发展大会，就可续持发展取得了共识，但其目标的实现，因各国具体条件不同，还有这样或那样困难；其中发展中国家就更为突出。在我国，势必导致要在旧社会留给新中国的惨痛遗产——疮痍满目、灾害频仍的陆地国土，不仅要把河山妆成锦绣，还要在2050年前将我国的经济赶上中等发达国家的水平。这是我们面临的挑战！

图 2-5 东方佛教中理想境界和生物多样性

2.7 机遇难得，但要提高警惕！

以上，很少涉及人口问题；一方面从技术科学上看，限制和消灭人口，均已可能；而另一方面，在不同时间和地点就不能一概而论。从东方思维的角度来看，人类就在生态系统的整体之中，人类如何向自然索取，环境对人口的容量变化极大；巧于向自然作有限的索取，其中包括开源和节流两个侧面，人口有计划发展也正是节流的主要内容之一。人类的毁灭，世界的消失，地球仍然存在；但是没有自然，没有地球，也就没有人类。当前人类掌握的科学技术，已经具有毁灭人类和世界的能力，无限度追求少数人的利益，也将导致人类的毁灭；这是人类未来危机的实质，与人口没有必然的联系。不然，印度和中国现在拥有将近世界总人口的 1/3，假如说今天闹得世界不得安宁的原因，是人口过多，印中两国就成了罪魁祸首，"黄祸论"将借尸还魂。所以，对人类现实产生的问题，首先需要认识，还要分析清楚。

延安枣园毛主席故居（1954 年自摄）

　　1995 年 3 月，日本《经济往来》月刊 3 月号上，有高崎经济大学教授武井昭的文章《21 世纪的经济秩序和亚洲》，摘要其内容："……亚洲能否不被'20 世纪的经济秩序'的欠债和膨胀的信用贷款所扼杀，成为历史的主角呢？"所谓的"20 世纪的经济秩序"，就是德国、美国、日本三国打破以英国为代表的"19 世纪的经济秩序"——前工业主义的经济秩序。"20 世纪的经济秩序"——后工业主义的经济秩序，则由德国搞起、美国完成、日本补充而形成。当前，追求更大规模经济利益，则有可能导致超过地球承受能力的污染。因此，"20 世纪的经济秩序"，即"后工业主义的经济秩序"不得不宣告结束。

　　"21 世纪的经济秩序"必须是脱离工业主义的秩序，应该由不同于美国、德国和日本的国家去建立，拥有这种资格的国家，很可能是以中国、印度为中心的亚洲国家。在亚洲的一些国家中，有优秀的文化遗产，有素质高的大量勤劳的劳动力资源。但迄今仍是发展中国家，只靠他们自己很难形成新的经济秩序。美元已失去控制作用，相当于金融商品及货币的商品开发，日益复杂化、巨额化；日本的泡沫经济，受害于对土地、股票、货币、黄金和石油等过度投机；墨西哥向发展中国家过多地贷款和直接投资，导致出现严重的问题。美元的彻底崩溃，已成定局；日德也必受严酷打击；将以"国家破产"结束后工业主义的经济秩序！

　　即便说亚洲时代到来，仍难形成取代美元的货币；在一段时间里，美元仍是国际货币；到那时，多种货币将共同起作用，可能监视滥发美元。但是在不能出现取代美元的货币时，巨额的信用货币将到处胡作非为，新的萌芽将被扼杀。亚洲潜在的经济大国若不能吸收这些资金，就可能反过来被吞噬。21 世纪的经济秩序，将是一个难产的产物，要有不被膨胀的信用货币扼杀的先见之明，正确认识亚洲所处的历史环境，才能稳步前进。

　　此处提出 5 年前偶然看到报纸上一篇经济论文，结合这 5 年的变化，证明作者在某些方面确有先见之明，也就在 1997 年的亚洲经济风暴中，波及各国都已登台表演；但经济论点也要经实践考验，对其外延引申的某些论点，还要注视和深省的。

2.8　东方思维的升华——延安精神应是指导思想

　　早在 1978 年在国务院批准"三北"防护林体系建设工程时，就强调指出："我国西北、华北和东北西部，风沙危害和水土流失十分严重，木料、燃料、肥料、饲料俱缺，农业生产低而不稳。大力种树种草，特别是有计划地营造带、片、网相结合的防护林体系，是改变这一地区农牧业生产条件的一项战略措施。"这最后一句是在当时总结国内外自古以来的实践经验和科学成果；20 年来，几代人在旧社会留给我们的老少边穷、缺林少林的干旱山沙地区，创造出延安、榆林、赤峰、吉县和朝阳等初步步入山川秀美的县市，来之不易。和更多的市县组成的"三北"整体，也取得喜人的变化，自应受到珍视。缅忆在起步之初，有幸参与其事，并得在开始几期的研讨班上，和来自内蒙古自治区内的局市盟县旗的领导和同行重点讨论过："有计划地营造带、片、网相结合的防护林体系，是改变这一地区农牧业生产条件的一项战略措施。"初步总结成图 2-6。

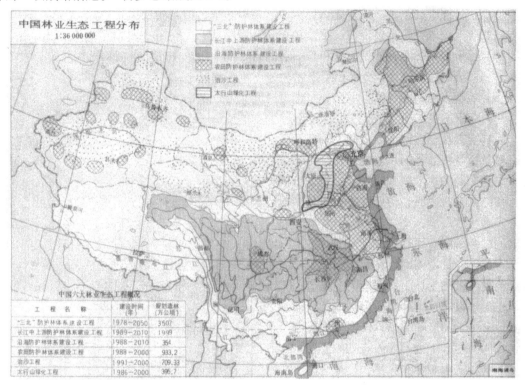

图 2-6　"三北"防护林体系建设工程在内的中国林业生态工程分布图

到 90 年代初，平原绿化、京津周围防护林体系建设工程、长江中上游防护林体系建设工程和沿海防护林体系建设工程相继启动，在世界八大生态系统工程中，我国独占其五。这在经济发达的国家和地区都难于大规模有计划进行和坚持的生态工程，在我国，尤其是从最困难的"三北"防护林体系建设工程起步后 10 多年，不仅没影响粮食生产和畜牧事业的发展，反而取得了相应的以林促牧、以牧支农、农林牧综合发展的实效。凡在认真建设的地方，人们已经生活工作在绿荫环绕之中，荒山秃岭风沙逼人的荒凉面貌，都已取得应有的改善。这个奇迹的出现不仅为举世所关注，也应引起我们的珍视和深思！我们认为在最困难的条件下开始起步，是要经过长期的奋斗，但却是研究成果可靠性的标志。其规律是在极为困难的条件下，可以谋求成功；在较好的条件下，就更易于成功。

我们明显的失误，主要在于局限于广义的农业内部之间的关系（实际上也可以认为是生态系统的范围内），而忽略了与工业、城市、宣传教育、文化艺术、生活休养旅游和医疗保健卫生等方面的关系。值此举世瞩目于人类可持续发展之际，"山川秀美"一声惊雷，震醒我们于昏聩之中，重新唤起遗忘了的"中国的绿色革命"。

现代的绿色革命是在人类发展过程中，远比工业革命更为广泛和深远，既包人类本身在内的生物总体，又涉及人类未来兴衰存亡的又一次大变革。我们深知自己的能力有限，我们的祖国经受长期旧社会的煎熬，以灾荒频仍、疮痍满目的江山留给了新中国，今天仍未脱离发展中国家的行列，已承载着 12 亿以上人口，有 0.8 亿仍未脱贫，估计还有 2 亿 ~ 3 亿人民温饱尚欠稳定……但在东方思维，亦即延安精神的指导下，总结我国古老的农业和文明，尤其是建国以来实践的经验和失败的教训；借助于现代科学的精粹，从生态控制系统工程的探索过程中，逐步理解到，只要能做到以下几点就可取得一定的成功。

(1) 巧于获取够用自然资源，更多地留给儿孙后代；

(2) 巧于协调各级各部门、各单位、各行各业和上下、左右、前后的关系，充分发挥相互支持和促进的有利方面；而将相互抵制和扯皮压缩到最小；

(3) 巧于因地制宜，因害设防，顺势力（利）导，趁时求成；

(4) 巧于选定"突破口"，即"起步点"。

为求实实在在地调动群众的主观能动性，关键在领导。作为战略决策必须是社会效益、生态效益和经济效益同步实现；但在当前实际基础，经济效益、生态效益和社会效益同步实现，作为初期的战术措施起步，应是可行的，也是可取的。

在结束本章之前，请允许我再重复一次，工业技术革命发展到今天，严重地威胁着人类的未来和自然环境；只要人类还要生存下去，就必须找出符合于今后需要的、科学和文明所要求的社会秩序。而这种科学和技术文明只能由人类自己来建造，这就是时代对人类的要求。实践已经证明，即使在我国当时经济条件尚不丰足，地少人多，环境失调，风沙干旱，水土流失严重的土地上，坚持和努力，可以取得粮食生产和多种经营同步，治穷和致富同步，生产建设和改善环境同步实现的成效。

至此科学的融和，已不仅限于现有各学科之间，基础科学、材料科学、技术科学和应用科学之间的融和，也不应限于与社会经济科学相融和；要突破原始科学的樊篱，还要和文化、教育和艺术相融和！多年来深受教导铭记于心的是钱学森写在《科学的艺术与艺术的科学》上的一段话：

(1) 中国的艺人应敏锐发现可以为文艺活动服务的新高技术；

(2) 科学技术与文化艺术携手共进；

(3) 希望文化艺术工作者帮助科学技术者搞好科学普及工作；

(4) 希望文化艺术工作者能发挥科学技术者心中的纷繁多采、复杂奇妙、有序的尚未被人知的世界和分野……

(5) 希望文化艺术工作者用最拿手的艺术表达能力和手法去创造出前所未有的文学艺术。

不是幻想，但像幻想；不是神奇，但很神奇；不是惊险故事，但很惊险。它将把我们引向高处、引向深处、引向远处……

科学与艺术的结合，这或许就是大科学家、大艺术家的智慧之源、创新之路、成功的奥秘！也是我们进行物质文明、精神文明建设之魂！当然还有生前在我国创建林业部。并任首届部长的、已故梁希老学长的谆谆教导："志在黄河流碧水，愿将赤地变青山！"尤其是"既是新中国的林人，也是新中国的艺人"的超前思想，没齿犹新！

在 20 世纪人类的实践证明，宣言一百多年的"民主"和"自由"，已无法自圆其说，科学、经济和艺术相融和将成为大势所趋，将引导我们迈入新时代！

参考文献

［1］任美锷．黄河地理研究的若干问题。科学导报，2002 年 9 月，总 171 期．

［2］王其亨．风水理论研究

［3］梁雪．从聚落选址看中国人的环境观

［4］朱光亚．古今相地异同浅述

第3章 探索对象的整体说明

3.1 系统科学基础

正如前述，我们共同探索的对象是一项复杂而庞大，且具有相应的自我意识，并有内部阻尼和受外部制约，多维非线性，耗散型结构的事物，已属开放的复杂巨系统，钱学森指出："凡是不能用还原论方法处理的或不宜用还原论方法的问题，而要用或宜用新的科学方法处理的问题，都是复杂性问题，复杂巨系统就是这类问题"；"所谓'复杂性'实际是开放的复杂巨系统的动力学，或开放的复杂巨系统学。"我国春秋末年老子强调自然界的统一性，古希腊辩证法奠基人赫拉克利特（Heracleitus），在《论自然界》一书中认为："世界是包括的整体。"系统科学（system science）来源于系统思想（system thought）。

19世纪的自然科学，本质上是整理材料的科学。马克思和恩格斯说："就是在这丰富积累材料的基础上，作为辩证唯物主义者认为物质世界是由无数相互联系、相互依赖、相互制约、相互作用的事物和过程中形成的统一整体。"辩证唯物主义体现的物质世界普遍联系及其整体性的思想，也就是系统思想。从而在19世纪，系统思想已由经验上升为哲学，从思辨进展到定性论述。科学的定量的系统思想，则是在近代科学、技术、文化发展的基础上形成的。比利时物理化学家普利高津（I. Prigogine，1917～）于1969年提出耗散结构理论（dissipative structure theory）。他认为，热力学第二定律以及统计力学所揭示的孤立系统（指与环境没有物质和能量的交换）在平衡态和近平衡态条件下的规律，但在开放并且远离平衡的情况下，系统通过和环境进行物质和能量交换，一旦某个参量变化达到一定的阈值，系统就有可能从原来的无序状态自发转变到时间、空间和功能上的有序状态。普利高津把这种在远离平衡情况下所形成的新有序结构称为"耗散结构"。

也是1969年，德国物理学家H·哈肯（H. Haken，1927～）提出协同学（synergetics）。哈肯发现激光是一种典型的远离平衡态时由无序到有序的现象；但他发现即使在平衡态时也有类似现象，如超导和磁铁现象。这就表明：一个系统从无序转变到有序的关键，并不在于系统是平衡或非平衡，也不在于离平衡态有多远，而是通过系统内部各子系统之间的非线性相互作用，在一定条件下，能自发产生在时间、空间和功能稳定的有序结构，这就是自组织（self - organization）。

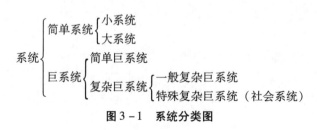

图3-1　系统分类图

可见，我们探索的对象，无疑隶属涉及社会系统的复杂巨系统。

3.2　状态空间，稳定性和耗散结构

状态空间亦称相空间（phase space），空间的每一个点称为相点或状态点。

空间状态的维数（dimension）：一维空间是直线或直线段，二维空间是平面，称为状态（相）平面，三维以下的状态空间可以画出来；四维以上属于抽象空间，无法直观表现。

稳定性（stability）指的是系统的结构、状态、行为的恒定性（即抗干扰能力）。稳定性是系统的一种重要维生机制（起核心作用机制）的作用。

（1）一个系统的状态空间如果没有任何稳定定态，必定是物理上不可实现的；

（2）若从演化上看，一个系统的所有状态，在所有条件下都是稳定的，它就没有变化、发展、创新的可能；

（3）所以，不稳定性在系统演化理论中，具有非常积极的、建设性的作用。

人工制造的机器 = 他组织，系统"自发地"组织起来 = 自组织；……对一个"死"的系统（系统中不包括人）的控制（组织）过程称为控制，主要是工程控制论。**对于包括人的"活"系统，其控制组织过程，称之为管理（managment）。在当前，在人类科学智慧发展到今天，应该承认，管理科学的出现，是人类未来的希望所在。**自组织和他组织是系统状态发生质变的现象，把它看成自组织现象，就用自组织理论来处理，把它看成它组织现象，就用控制理论来处理。

自组织理论（应是生物的特点）、自组织（self-organization）的几种形式：

（1）自创生（self-creation）；

（2）自复制（self-duplication）；

（3）自生长（self-growth）；

（4）自适应（self-adaptation）。

耗散结构形成的条件，普利高津研究了大量系统的自组织（self-organization）过程以后提出，系统形成有序结构需要一定条件：

（1）系统必须开放；

（2）远离平衡态；

（3）非线性相互作用；

（4）涨落现象。

3.3　系统方法论

要把复杂性当作复杂性处理，主要有：

（1）把非线性当作非线性处理；

（2）把远离平衡态当作远离平衡态处理；

（3）把混沌当作混沌处理；

（4）把分形当作分形处理；

（5）把模糊性当作模糊性处理；……

我们不想反对用线性化方法处理非线性化问题，但更欣赏线性化的实质是忽略非线性因

素，而非线性因素正是系统产生多样性、奇异性和复杂性的根源，线性化所"化"掉的恰好是这种根源。

系统方法论的主要内容应该是：

（1）还原论与整体论的结合：古代科学方法论本质上是总体论（holism），近 400 年来科学遵循的方法论，是还原论（reductionism）；

（2）分析方法与综合方法的结合；

（3）定性描述与定量描述的结合；

（4）局部描述与总体描述的结合；

（5）确定性描述与不确定性描述相结合；

（6）静力学描述与动力学描述的结合；

（7）理论方法与经验方法的结合；

（8）精确方法与近似方法的结合；

（9）科学理性与艺术直觉的结合等。

描述系统的数学模型必须以正确认识系统的定性性质为前提；进而简化对象原形前必须先作某些假设，这些假设只能是定性分析的结果；再进一步，描述系统的特征量的选择建立在建模者对系统行为特性的定性认识基础上。这是一切科学共同的方法论原则。进而，系统科学讲的定性与定量相结合还有特别的含义。除极少数简单的系统外，不仅在建立模型必须定性与定量相结合，还要大量使用半定性半定量的模型，甚至完全定性的模型。更进一步，对开放的复杂巨系统，定性与定量相结合，更具有全新的意义。

所谓对开放的复杂巨系统，1986 年春，在钱学森的倡导下组织了系统学讨论班，由钱学森提炼概括出开放的复杂巨系统（open complex giant system）及其研究方法。

3.4　从定性到定量综合集成方法

在 20 世纪 80 年代末，钱学森明确提出，处理开放的复杂巨系统的方法论是"从定性到定量综合集成方法（meta = synthesis）"，简称"综合集成方法"。以社会系统中的决策支持研究为例，说明综合集成方法的应用，用框图表示如图 3-2。

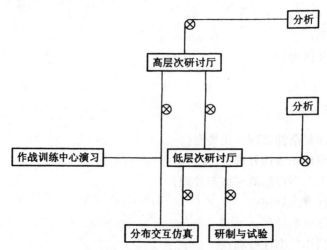

图 3 - 2　综合集成研讨厅体系图（钱学森，1992）

1992 年钱学森提出的综合集成研讨厅体系（Hall for Work Shop of Metasythetic Engieering，HWSME），是把如下实践有成效的经验汇总和升华了：

（1）多年来 seminar 经验；

（2）从定性到定量综合集成法；

（3）CI 作战模拟；

（4）情报信息技术；

（5）人工智能；

（6）灵境（虚拟现实）（virtual reality）技术；

（7）人机结合的智能系统；

（8）系统学；

（9）第 6 次产业革命中的其他技术。

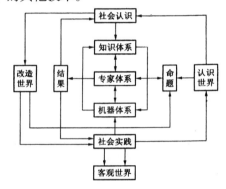

图 3 - 3　研讨厅（HWSME）框图

早在 1969 年美国工程师霍尔（A. D. Hall）提出的三维结构，对系统工程的一般过程作了比较明确的说明，它将系统的整个管理过程，分为前后紧密相连的 6 个阶段和 7 个步骤，并同时考虑到完成这些阶段和步骤的工作所需的各种专业管理技术知识。三维是由时间维、逻辑维和知识维组成，如图 3-4。

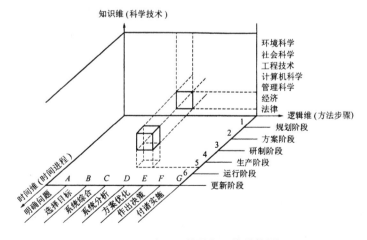

图 3 - 4　系统工程的霍尔三维结构图

第 4 章　生态控制系统工程的文字模型

4.1　指导思想要从三个方面提高

　　首先，从 20 世纪后半期开始："3P 危机"即人口爆炸（population）、环境污染（polution）和资源枯竭（poverty）提上了国际议事日程；当代耗散结构理论创始人普利高津（I. Prigogine）说："西方的科学家和艺术家习惯于从分析的角度和个体的关系来研究现实，而当代演化发展的一个难题恰恰是如何从总体的角度来理解世界多样性的发展。中国传统的学术思想是着重研究整体性和自发性，研究协调和协同。现代科学的发展……更符合中国的哲论的时候，中国人则发展了有机的宇宙哲学。"

　　在今天，提到科学，自应包括社会科学。以无生物为主导的工业革命的兴起和发展，农民、农业和农学也深受其益。生物也被列入基础学科的一个部门，而对农业，一方面认为历史悠久，另一方面从能源、机械、化肥和农药等支持农业，似应无可非议。但以工业革命的模式来强制农业，其结果就扭曲畸变了农业和农学。多年来，"农业就是生产粮食"，"小农业和大农业之争"，"农业现代化"讨论多年，莫衷一是，再加上多方干扰，致使"农为国本，食为民天"的我国——曾在人类发展历史进程中，在农业和世界文明作出贡献——到现在仍有 8 亿多农民的古老大国，反而也弄不清农业是什么了?!

　　在历史的"昨天"已初具规模的所谓农业（暂称之为狭义的农业），其定义基本是："农业是由作物栽培、动物饲养和土壤管理三部分组成。""农学是研究作物栽培、动物饲养和土壤管理，以满足人类生活和繁衍需要的一门应用生物科学。"

　　正因如此，其属性只能是生态农业，从而为工业革命所遗忘。在工业革命进程中，被扭曲畸变也就不足为怪了。缅忆起马克思的名言："资本主义农业技术的进步，不仅为劫夺劳动者的技术的进步，且为劫夺地力的技术进步；在定限时间内增进土壤肥力的方法的进步，结果都成为土壤肥力永久泉源的破坏，是以一国越是以大工业为背景而迈步发展，这些破坏的过程也进行得越迅速。"100 多年前说的话，不幸而言中。

　　过分的自谦就是自卑。或有人曰"对生物和生态系统中国探索较早可以，提到研究未免失实……"；这使我联想到上一世纪初，有位从事神精医学研究的学者弗洛伊德（S. Freud）写过一本书：《图腾与禁忌》，专对乱伦问题写了很多，在世界上影响不小。而事实上人类起码在 1 万年前就已懂得"近亲繁殖，后代常不健全"的科学结论。如果人类真是那样低能，怎么能培育出骡子和犏牛呢？狗、猪、水稻、白菜等的出现，无一不在证明，人类已步入巧于利用自然的生物，按人类的需要，有目的地改造和利用的新阶段了。哪一项内容有愧于科学和研究呢！进而，《农业生态系统概论》的作者、专长于畜牧的农学家 C·R·W·斯佩丁教授，将园艺和美化自然的活动排除在农业之外，把林业摆在农业的遗弃儿或童养媳的地位；设想一下，如果地球上没有生物、没有人，斯佩丁先生指定的农作物和家畜，又是从哪里来的呢？我毫无对上述学者，或就其所专攻的科学分野，孜孜以求取得的成果怀有点滴恶意。只是当前我国农业发展的急需，再一次提出，今后我国的农业，从广义上看（习惯上也称之为大农业）其内容应不仅限于作物，而应包括所有生物，而土壤管理也相应要扩展到土地管理。正因如此，其属性应是以有生命的生物生产事业为主，因而只能是生态（大）农业，或针对以无生物为主的工业，应称之为生物的生产事业。

其次是在人类发展历史上第二次大变革中，创建起的农业和文明的故乡；正值举世在第三次浪潮的震荡之中，后期工业主义经济体系步入穷途末路之时；人类历史上的"第二次农业革命"，尤其是包括人类在内涉及生物整体的大变革，称之为"绿色革命"，或"景观生态系统的革命"就更贴切，并已超前起步在祖国的大地上了。科学的发展和进步是人类的共同财富，但如何来接受和使用这笔共同的财富，却取决于时代、社会、国家、地区，因人而异的。一方面是因为科学本身就受制于人类的感知能力和期望达到的目的；另一方面，则是学科带头人的导向，"科学私有"，潜移默化，影响年轻科学工作者趋向于去解决或完善一个已知的问题；以致缺乏研究全新问题的激情。但实践证明，围绕着新问题的大量未被开发的领域，有时候正是藏有解决老问题的钥匙。如果说这是上一世纪，举世在科学发展过程中的共同失误；后起之秀的美国抢占了这方面的超前优势！当前仍风靡于世的控制论，是起源于 1948 年出版、1961 增订再版，美国的 N. 维纳的名著《控制论》。

科学发展到今天，继续深入去探索，仍属至要的同时，科学要"横断"、"融合"，早已从多方面提出过交叉科学、边缘科学和系统科学的研究就更突出；从而首先要正确认识自己，用生态系统的语言来说，就是个体在群体和生态系统中的"层位（niche）"；但是，正确完整如实认识自己是不可能的。每个人也都将如此，都将靠自己的主观能动性，更要勇于承受千灾万难，稳步求成，由生到死，多次循环；个人一生，只能前进若干步；人类总体，也难登顶。个人的一生，也只有不懈的攀登，在攀登中逐步认识自己；活到老，学到老，改造到老，到死也不能完全正确如实认识自己。标榜个人自由登峰造极的美国，对当代科学的发展，已经远非个人力所能及；必须针对明确具体的目标，将有关方面的科学专家组成 Project（集体），共同进行工作，已经成为最优途径；我们也到了放弃"文人相轻"和"同行是冤家"的时候了。所以科学发展到今天，远非一个"天才"，或现有那一门科学所能承担；必定要面向明确具体的目标，靠相应有关各学科的专家，经过接触、争论、竞争、碰撞、砥砺和磨合；在这一过程中，就每个参与的专家来说常是磨难大于舒畅，但只有如此才能求得科学融合的大舒畅，才能形成有序的专家集体（水泥、沙子和石子混在一起仍是散土，也只有加上水，被拌搅的昏头涨脑，被碰撞、磨合得体无完肤，才能支撑住高楼大厦）。

第三则是要把东方思维升华到延安精神，作为今后工作的指导思想。我们的突出的失误，主要在于局限于广义的农业内部之间的关系实际上也可以认为是生态系统（ecosystem）的范围内，而忽略了与工业、城市、宣传教育、文化艺术、生活休养旅游和医疗保健卫生等方面的关系。值此举世瞩目于人类可持续发展之际，"山川秀美"一声惊雷，震醒我们于昏聩之中，重新唤起遗忘了的"中国的绿色革命"。

4.2　基本理论的阶段发展

人类的直接感知能力三维多一点点，而探索的对象是生物，各具独特的本能、基因、适应、自我调整多维耗散型结构的事物。1997 年偶然得读 E·N·洛伦兹著《混沌的本质》的中译本，并参照译者们的专著《非线性大气动力学》的有关部分，受益实多。E·N·洛伦兹是当代世界知名的动力气象学家，是混沌理论的少有的几位开创者之一，也常被誉为"混沌之父"，长期从事于天气预报的研究工作；深感天气的变化缺乏周期性。这和他的前辈希尔和庞加莱的研究结果，结论都是预测是不可能的。但他能进一步引申出空气动力系统的混沌，常是下一时段相对稳定的预兆；虽然其表现的形式、地域也是重要的，但在当前还不能确定。对尚不能直接感知的事物，"没有"和"没能找到"截然不同；促成他从混沌出发之路的前进过程中，超前走出一步，就有所创新，就作出卓越的贡献。他对庞加莱用圆锥体的顶端向下立在平面上的简单具体的例证，来说明不稳定的平衡；这个圆锥向哪个方向倒下去？是他的名言："预测是不可能的……"洛伦兹补充说："在圆锥倒下时，它处于一个瞬间的过渡状态；在瞬间的影响停止以后，圆锥将横躺在平面上，处在下一个稳定的平衡状态……"我们也想补充，如为三角锥体，其稳定性将会更大，但始终未脱离开静态稳定；从动态相对稳定上看，陀螺（top）和陀螺仪（gyroscope）单点稳定度最大，自行车是双点动态稳定，三点接地等于对地固定，推向生物意味着静止等于死亡。我们认为洛伦兹的补充，毫未削弱庞加莱在数学上的较高造诣，反而提高了庞加莱对混沌理论的贡献。而我们的补充，更是一家之言，表达学习心得而已；倘若万一也有正确的一个侧面，都应有利于科学的发展。

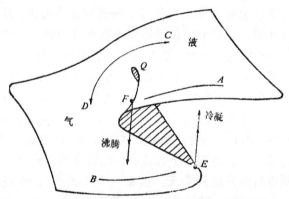

图 4-1　水的相变 S 曲线（属尖点突变）

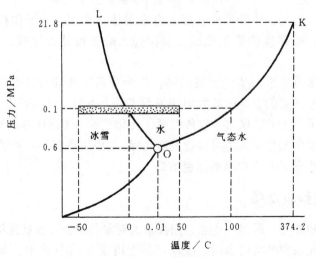

图 4-2　水的相图

　　非线性力学系统在控制参数发生变化时，会出现突变。在生物科学中，本能和进化、渐变和突变，也涉及到人的神经系统与量变质变的哲学问题，是我们今天无法回避的科学问题。长期以来，多认为突变仍认为是偶发事件，无规律可循。在动力系统（dynamical system）中，表达阻尼力与外力之间的数学关系，被称为梯度系统，其平衡点是位势的临界点或称为驻点，最常见的是折叠突变。而我是由尖点突变开始不自觉地上了混沌的这条"贼船"。1978 年以后，接触水的分子结构和水的相图才一发而不可收拾的掉进 S 曲线、尖点突变的泥沼！回想起来，"一石激起千重浪，半生灯火我自知"。

　　我从事的教学工作，限于所学，侧重于泥石流（德 Murgang 曾译为石洪），多年积累的结果是："在土石山区较为脆弱的生态环境下，由于人类不合理使用山区土地，引起水土流失发展到极为严重阶段，所形成的突然爆发，具有巨大能量，造成的毁灭性灾害。"在实践的摸索中，理解到："泥石流不是不可抗拒的自然灾害，它不仅可以治理，也是可以预见的。"但多年来仍还延用在 20 世纪初，起源于欧洲阿尔卑斯山的石洪的起动公式，对在地形陡峭山地，集中湍乱溪流中石洪的起动公式，仍是以平均等速流为基础推导而来，虽就砾石为主的固体径流物质，通过含量和形状系数加以调整在当前早已是建筑在沙滩的理论基础![1]

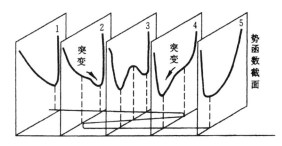

图 4 - 3　势函数垂直截面（Y）的突变，其在水平面上投影呈反 S 曲线图

　　正如图 4-3 所示，势函数按时间系列排列（垂直）时；其在水平面上的投影，则是一条反 S 型曲线。

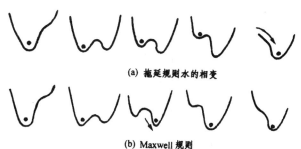

(a) *拖延规则水的相变*

(b) **Maxwell 规则**

图 4 - 4　尖点突变的两种规则

（a）拖延规则：水的相变　　（b）Maxwell 规则

〔1〕　见：水土保持原理 p. 23 - 24 关君蔚 1994

4.3　泥石流是可以预见、预测、预报和防治的灾害

从事实说起，1950 年北京市门头沟区清水河流域（永定河山峡地段的一个较大支流）在 8 月 1 日、2 日、3 日连下三天雨，地被层已为雨水浸透，用当地群众的说法是"沟沟汊汊到处都出水"。8 月 4 日凌晨又开始下了一场暴雨，群众说是"瓢泼大雨"；晨 7 时前后，集中在斋堂、清水的南北山发生了很多稀性泥石流。在全流域面积 450km² 的范围内，由泥石流冲出的块石就达 4500 万 m³。仅就当时受害严重的 80 个村统计，损失耕地 23332 亩[①]，占该流域范围内耕地总面积的 48.2%。达磨庄、灵岳寺、大三里和田寺等村，村庄房屋被冲毁，并有人员伤亡。

前后进行了几次调查，确定了田寺作为泥石流治理的重点。当时的理由是，田寺村不仅是此次泥石流受灾严重，而且继续发生泥石流的危险突出，一旦再次发生，规模将更大，全部村庄仍处于危险之中。此次由火烧峪开始到泥石流过村的时间只有 10 分钟左右。泥石流过后调查：倒塌梯田埂（石笼）1000 多处，彻底冲毁耕地 150 亩，占总耕地面积的 33%。因多系沟道好地，当年减产 55%，冲走羊一群，碾盘四座，桥两座，半条街（有十几户人家），受灾群众生产情绪低落。

灾害发生后，政府采取了一系列措施。以工代赈，国家补助 10 万斤小米，就靠群众的智慧和力量，一斤水泥也没用，通过封山育林，退耕还林，修建了 12 座拦沙坝和两条护村堤，不仅取得山川秀美，也根治了泥石流。

2008 年奥运会中心在北京，我们当然不希望首都受到沙暴或尘暴的袭击；但奥运会的举行、已定选在夏季；所以直接威胁 2008 年奥运会的实为北京市山区的泥石流。北京市已有多年预警预报经验，万一遇有超强暴雨，偶或发生泥石流，也能保证不会伤人，为祖国在防灾科学上争光。

增殖和突变——稳定的破坏中也蕴藏着珍宝！尽管从严推敲，泥石流的起动及其运动规律，仍在继续深入探索之中；而尖点突变已从理论上证明泥石流的起动是可以预见、预测和预报的。应用于实践已取得实效，总算"从混沌出发之路"向前迈出一步。此类正反 S 型曲线，常是尖点型突变模型的特征。巧于运用这个特征，不仅从理论上将控制泥石流起动机理及其预测预报纳入科学的轨道；进而可以运用其发生和运动规律，变害为利；"水坠筑坝"、"引水拉沙"、"引洪漫地"都已在生产上取得实效；展望未来，将在休养、保健、风景和旅游等资源上的发展潜力，有助于老少边穷地区赶上全国步入新时代的步伐。

是否可以再向前迈进一步呢？当然，这是我们共同的良好愿望，作为问题提供讨论。在岷江上游有个世界闻名风景区——九寨沟，就是长期原始森林的自然演替进程和地震、泥石流共同形成的；长征途中，大渡河源头刘伯承老将军和彝族领袖小叶丹结盟旧址——冕宁的小海子，当前已是西昌的风景胜地，完全是由泥石流形成的，其周围森林和山地草原只是背景而已。就国家和人类的需要而言，除害兴利，势在必行；而在我国当前变害为利，靠科学就能技高一等，应可以再向前迈进一步。

进而在运动中分析生态系统的发展趋势；根据系统动力学原理，可以得出：稳定，趋向稳定，趋向振荡和振荡等四种运动趋势；这就是动态跟监测取得的成果，也是预报和采用控

---

① 1 亩 = 667m²。

制措施的依据。当监测的趋势接近最后一个稳定趋势时；按常规，控制不引起振荡，其增益最大，应是最优方案，在开放和竞争的形势下，是难得的机遇。但机遇和风险总是孪生的，为了抓住机遇，回避风险。实践证明，运用势函数曲线上出现"双凹"为依据，可以判断动态发展的趋势是质变，而不是崩溃！随多种学科相互影响和渗透，必将导致生物生产高效稳产，和防灾减灾纳入现代科学的轨道。

4.4　可持续发展的——动态跟踪监测预工作（DPT）的文字模型

普查是过去的总结，是今后 DTP 的基础，可以也只能"厚今薄古"；关键在于随时随地不停止地进行连续清查，才能通过动态监测，并预报以指导生产。所以，普查是一次性工作。经过普查就具备了建立 DTP. CESE 模型的基本条件：

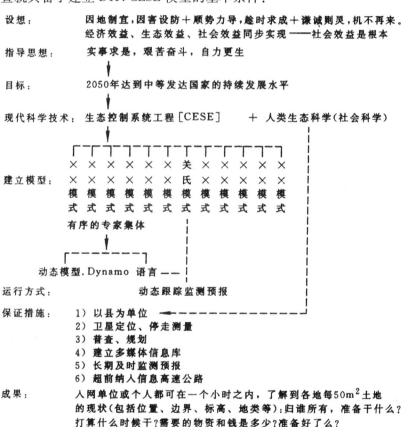

图 4 - 5　DTP. CESE 的文字模型（2005）

于是就能作到个人、家庭、村、乡、县、市、省，地方和国家；上下左右，各行各业对分散居住在 960 万 km² 的 10 亿农民和各级领导都心中有数，将激发出来的主观能动作用，有序地集成起来；就能促使生物生产事业、生态系统、环境和持续发展超前迈入现代科学的新阶段。

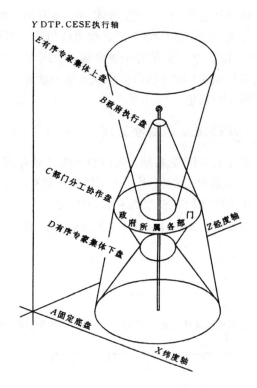

图 4-6　DTP. CESE 的三维图解

4.5　旅客同船和人的主观能动作用

　　科学发展到今天，世界上每个角落都在变化；信息社会早已超越了东方和西方。1988年 11 月 4 日前苏联《真理报》发表一篇文章《统一世界里的对话》，说的是美国哈佛大学教授 J·K·加尔布雷思（J. K. Calbraith，经济学家，资本主义理论权威）和前苏联的经济学家 S·梅尼希科夫，是以分析西方国家社会经济的知名学者，在 1986 年共同出版了《资本主义，社会主义和平共处》一书，其结论是："……只有和平共处，别无他路。"其实早在1969 年莫斯科大学教授黑梅叶尔等人就已证明了"旅客同船"数学模型公式，所谓"旅客同船"是指上船的人各有不同的目的，但乘船到彼岸则是共同的目的；每一个人又都不能把船划到彼岸；用我们的语言来表达，就必需"同舟共济"。黑梅叶尔教授的学生莫伊谢也夫听过老师讲完这个定理之后，将地球比喻成航船，人类就是同船的旅客，尽管在旅客之间，存在着这样和那样矛盾和冲突；但人类的未来，是约束同船旅客切身利益的共同指数——坚实的必要性——为核心；于是就可以把人类的未来纳入"旅客同船"数学模型的轨道；进而促成世界各国人民只能和平共存的数学理论基础。

　　我们曾明确提出生态控制系统工程是以人类为中心，人类虽具有生物属性，但早已进化成为万物之灵，是唯一具有主观能动社会性的生物；于是就不可能脱离开现代的人类生态学，我们是在充实和加强人类生态学的内容和地位；殷切希望人类生态学的发展不要遗忘或抛弃了风雨同舟的生态控制系统工程。我们根据实际工作需要，强调了"县"是基础，是核心，是关键；是着眼于我国，"县"是代表国家和省政府；直接面向全县人民的权力机构，也是通过乡、镇、村、直接为全县人民服务的国家基层单位；因而就必须根据现代的人类生态学的基本原理，结合本县的实际情况，用现代科学的蓬勃生机，较为有序的调动，并组织起全县人民依照社会、国家的要求和他们自己的要求，以求充分发挥其主观能动作用！

　　人类生态学（Human's ecology）创始于 20 世纪 30 年代，后曾一度消沉。70 年代复苏，80 年代又取得飞跃发展的人类生态学，就人类的社会组成——个人、家庭、居民点、乡镇、城市、地区、国家和全人类——的组成层次，运用控制论方法，动力学机制和工程学手段；依靠现代科学的蓬勃生机，调动谋求生存和发展的巨大潜力。无疑，在理论上是正确的，但在可行和实现上，却是困难重重；对无机物质的声和光的有序化，雷达和激光是人类经过千辛万苦才掌握了的，现在提出人不但要有序化自己，还要有序化全人类，迄今仍常被认为，只能是良好的愿望。就此，从 1978 年起开始探索，1983 年集中精力，尤其是有 1992 年有幸得以参加广西老少边穷地区的扶贫工作，深刻理解了"富县不富民的项目不能办，而富民不富县的项目办不成！"的现实情况。回顾建国以来几十年的实践证明，在老少边穷、生态脆弱地区，不论是哪一级政府或哪个部门倡导和支持，殊途同归，都是由县认真对待，具体领导、组织，不论是区域规划、流域治理等，都是在以县为基础，核心和关键的前提下取得的，在我国当前和可见的未来，仍必将如此。如图 4-7。

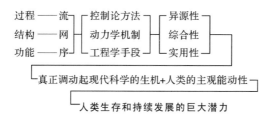

图 4-7　充分调动群众潜力的综合示意图

参考文献

［1］梁雪．从聚落选址看中国人的环境观．

［2］关君蔚．水土保持原理．北京：中国林业出版社，1994

第二部分
本　论

第5章　生命的奥秘和负熵假说

5.1　生命－生物

生物突出的特点是有生命。宇宙无穷容或是事实；物质不灭却局限于人类的认识，更只限于无生物。生物虽也是由无机物质所组成，但它必须在一定条件下，将取得的无机物质重新组织，才能获得生命，生命是"无中生有"出来的。进而有生就有死，在生死瞬间的前后，按无机元素而言是"物质不灭"，而从生命上说却是 1 = 0，有中生无，是耗散结构（disspative structure）的事物。

生命是什么？在现代科学上仍未搞清楚。幸而奥地利物理学家 E·薛定谔被公认是量子力学的奠基人，他的经典著作《生命是什么？——活细胞的物理面貌》（*What is life*）一书，1944 年出版之后，掀起了科学界的新浪潮，不仅为分子生物学、遗传工程学奠基，也为生物能将太阳的光和热能，有序地存储于机体之中提供了有力地说明；进而熵（entropy）和负熵、无序和有序等概念，被有效地应用于人类生态学（Human's ecology）、人体工程学和其他有关的生物和社会科学；尤其是负熵的假说，早已是生态控制系统工程学依据的重要理论基础。

但就在他的这本书的结论里，涉及到"我"的难题；就此在 20 世纪 30 年代，物理学者理查德·费因曼（Richard Feynman）还是美国麻省理工学院的学生时，就在思考："我的思想在我入睡时是突然停止了，还是活动得越来越慢？还是别的怎么样了？"促使他决定研究他自己入睡。他观察到："思想还存在，不过它们之间的联系越来越缺乏逻辑性的联系，直到你问自己'是什么使我想到这儿的？'然后，你试图回想这个过程，但往往不会记起是什么鬼使神差使你想到这儿的。"（其实，此时费因曼已经醒了！本文作者注）费因曼的结论是："尽管观察自己的入睡是可能的，但我并不真正知道，要是我不观察我自己的话，入睡是什么样子的。""我"怎样才能观察"我"呢？当我们在镜子中盯住自己眼睛深处时，到底看见了什么？

就"我"的难题，其突出的特点是："意识从未被以复数形式体验过，只能以单数的形式被体验。"意识分裂、双重人格、梦中……都不能同时表现而被体验。薛定谔书中，关于意识问题，明确地提出两个前提：

（1）我的身体纯粹地按自然法则所规定的机制运转；

（2）我通过确凿的直接经验还知道，我指挥着身体的运动、预测的效果。这些效果可能是决定性的和极为重要的。我感觉到这一点并为之负全责。

"我——如果存在的话，就是那个按自然法则控制着'原子运动'的人。"这一段文字中的"我"都指薛定谔本人，与关君蔚无关，因被我引用过多次，特明确指出，以防误导。实际上可以暗示出，"我就是万能的上帝"。这不仅触怒了神学家，被讥为"渎神的疯狂"，甚至他的好友和科学战友 A·爱因斯坦，也从未同意他的观点。因为爱因斯坦从未接受以量子论作为自然的基础性描述，对爱因斯坦来说，自然必须与人类无关。我们到今天还是坚信自然规律是客观存在，不以人类意志为转移的；但是信息传递科学技术发展到今天，早已超出每一个人的接受能力，何况信息的真伪，尤其是化装成美女的白骨精，稍一疏忽，就会上当受骗的教训中，理解到"意识从未被以复数形式体验过，只能以单数的形式被体验"，必须经过实验和实践验证之后的感知，就更为安全可靠。

缅忆起 1995 年阿尔文·斯科特（Arwyn Scott）《通向心灵的阶梯》一书中："……相信由过去的事实决定未来的一切的万物至理（Theory of Everthing）。然而 90 年代通过多个领域中的技术进步，为大脑研究带来提高灵敏度和多样的技术手段；导致科学将能实证的研究身心关系、这一古老问题；现正吸引物理、数学、计算机科学、化学、生物、遗传、心理、精神病、哲学、语言、人类学家和神学，甚至神秘主义者，现在都以更新了的观念相互倾听。但仍不能解释我们'自省'的神秘，只能是已开始沿此方向前进了……"

1999 年 7 月在德国召开的"弦论 99"年会，会址离爱因斯坦原夏季住所不远。所谓弦论，是一些科学家希望用它能把物理学上的广义相对论和量子理论合二为一，即证实"由过去的事实决定未来的一切的万物至理（Theory of Everthing）"。国际上这方面的权威 S·霍金在 20 年前曾经说过在 20 世纪末可以证实的可能性为 50%。现在 20 年已经过去了，他也垂垂老矣，坐着轮椅在会议上说："……实现这个目标，可能还需 20 年"；接着他说："也许根本不存在能够同时适用于不同答案的理论…… 我们不了解宇宙的起源，不了解我们为什么会在这儿？一个完整的统一理论可能不会带来很多实际好处，但是它将回答那个古老问题。"愿他长命百岁，这段话是由衷之言，深受教益。[2]（2004 年霍金曾坐轮椅来到中国，受到相映成趣的礼遇；就这一问题，无奈地表达过，仍需再等 20 年，或根本就没有万物至理）

由上可见，几十年前爱因斯坦和薛定谔（也包括量子力学理论以波尔为代表的哥本哈根学派），在当时都对物理科学作出过杰出的贡献，尽管在学术上他们之间的争论十分激烈；但在个人之间的友情和相互关怀上，也为我们留下了榜样。科学在人类中出现之后，就是靠忘我的勤奋，探索追求，实事求是和在百家争鸣中，不断深化和提高的。但限于"意识只能一单数的形式被体验"，薛定谔的"负熵"假说，迄今虽仍未取得实证，但他的结论前提明确，对生命原委的超前探索之功不可没！

科技日报在 2001 年 11 月 2 日 9 版登载了访问中国科学院生物武器物理研究所汪云九研究员，关于《探索人脑黑箱＝意识》的文章，主要内容说的是"人工智能"。20 世纪中叶提上了议事日程，有人断言，思维、情感、创造和意识不可能从物理和计算的角度加以解决。但是，现在一些新的实验仪器，如：正电子发射断面图（PET）、功能性核磁共振（IM-RI）等无损伤性的技术的发明和改进，可以探测正常情况下人脑的精神活动。从而将意识问题的研究提上了议事日程。关于"意识"，历来就是哲学家十分关注的问题；心理学从哲学中分化出来以后一时成为研究的主流，但由于缺少深入研究的方法而陷入停顿状态。而真正实实在在的神经科学家，往往讳言自己的研究与意识问题有关，只有当他们功成名就之后，才会对此发表一些议论。弗朗西斯和埃克尔斯等人都是在他们获得诺贝尔奖之后，才出书论述自己对意识问题的看法……弗朗西斯、克里克大胆提出："人的精神活动完全由神经细胞、胶质细胞的行为和构成及影响它们的原子、离子和分子的性质所决定。"这个观点和对研究意识问题提出的心理学、解剖学和神经科学的实验手段和方法，在近代科学史上也具有特别重要的意义。这一点值得学术界深思，促使我缅忆起早在 1986 年 12 月 25 日的人民日报在国内和海外版，同时发布了"世界上首次提出经络实体模型——确有物质和信息沿典型的经络路线传播"。适值 1987 年大兴安岭特大火灾，未得深入学习和探求，但终未释怀；此次得读《挑战医学"哥德巴赫猜想"——记核物理学家吴善龄教授和他的"气血运行论"》，恰中下怀。(苑广仕 北京科技报 1999.4.23 日 1 版)

自封为"万物之灵"的人类对"人"的探索和研究，一方面是对环境的适应和需求，除必须及时保质保量地得到光、热、水、营养物质和氧气的供应外，在人体内部还要依靠对外部环境的感知能力和神经系统，维护和依靠血液循环系统、消化系统和呼吸系统，这些属于人体内部的自我调节功能（self-regulation）才能维持生命的延续。除此之外，是否还有其他的，尤其是在它们之间的调节功能系统？对此，气血运行论从现代科学上，就经络实体的存在和经络系统的功能，作出了有说服力的回答。

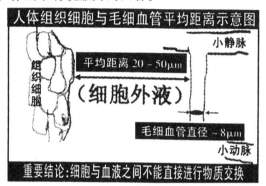

图 5-1 人体组织细胞与毛细血管平均距离示意图

运用现代科学技术的原子示踪方法，本来都能得到经络实体确实存在的结论。但问题在于将用于示踪的同位素注射到静脉血管里，是血液循环的示踪，除非经络系统的动态与血液同轨同步，否则就不能用血液代替经络。令人激动的是，中国原子能研究院的科学家们，巧妙地将大颗粒明胶分子标记上了放出 γ 射线的 198Au 同位素，把它注射到典型的经络位置后，人体内直径只有 8μm 的毛细血管吸收不了大颗粒明胶分子，因而也就不能进入静脉血管向心流动了。这一实验证实了示踪原子沿经络运动的轨迹，不单纯是在血管内流动，人体经络自有其独立的通道及运动方向。

由图 5-1 可以看出毛细血管与组织细胞之间，其平均距离为 20~50μm，毛细血管直径只有 8μm。两者之间充满了细胞外液、各种纤维、结缔组织。显然，血液和细胞之间是不可能直接进行物质交换的。实验证明：毛细血管是与细胞外液之间进行物质交换，细胞外液再通过细胞膜与细胞进行物质交换，细胞才能获得生活"必需品"的供应和倾倒自己的生活"垃圾"。这个细胞外液，正是充满人体整个内环境而又研究很不够的内容。就此，吴善龄教授的实验证明，所谓"气血运行"，实质上是指血管内的"血"与血管外的"气"（细胞外液）相互作用，实现人体总体水平的物质能量交换。

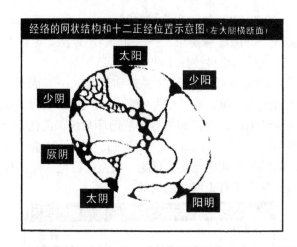

图 5 - 2　经络的网状结构和十二正经位置示意图（左大腿骨横断面）

《黄帝内经》中的"素问、气穴论"："肉之大会为谷，肉之小会为溪，肉分之间，溪谷之会，以行荣卫，以会大气。"

吴善龄教授提出经络实体的定义是："经络实体是位于肌肉之间，神经、血管之外，以结缔组织构成的筋膜和体液、毛细血管为主体，二维平面构成的三维网络结构。它是独立于人体其他结构而单独存在的一个系统。经络系统的主要功能是在神经中枢调控下和肌肉系统影响下，完成气血运行，即完成气与血的相互作用，实现物质、能量的传递，以维持生命的继续。"在此，生命是指人的生命；"气"也是特指自古以来源于东方思维的浩然正气、生气、泄气，或气血运行的"气"，就不同于喜氧生物赖以生存的氧气的"气"。

我们是以敬佩的心情，得以初步了解气血运行论，这个来之不易的科学研究成果；但因从事的工作分野不同，自身能力所限，不可能进一步共同探索某些新问题。但是科学发展到今天，各学科之间的相互影响、交叉、渗透和融合的重要性就更突出。为此，愿就受到启迪至深的所在，略陈一二。在生物范畴，人类是由杂食性、陆生、温血的哺乳动物进化而来；而陆生、温血的哺乳动物已经是生物进化的高级阶段了，高等植物和其他许多动物就不具备完整的心血循环系统；它们靠什么机制来调控生命内部的正常运行，进而还要适应外界条件，并汲取各种该生物生长、繁衍所必需的光热和营养物质；再一次调控生物机体内部机构，加工制造，以维护生命正常运行的需要，排除废物？至于微生物，体液将具有更广泛的重要性。

由上可见，我们之所以怀有敬佩的心情，是因为这一关于人体"气血运行"的科学实践，不仅限于人类和医学范畴，就生物，尤其是生命奥秘的探索，也将有所借鉴。在无生物的范畴内，"永动机"是不能实现的；看似向左向右不停摆动的钟摆，没有能源的补给，必然以停摆告终；被称之为耗散结构。生物的出现，即使是原始的低等生物，因其具有生命，它们就能汲取环境中的无机物质，转化为生物能源，不仅供养自身生长发育和繁育后代的需要，甚至能超需繁殖，为生物链的稳定运转，提供生物能源。基于生物内部的自我调节功能（self - regulation），使生物不仅是耗散结构，而且是具有内部阻尼的耗散结构。

5.2　生物的主要特点

如上，尽管在当前对生命是什么尚未彻底搞清楚，但生命是所有生物共同的突出特点，却为我们所接受。就个体而言，有生就有死，即：

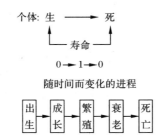

随时间而变化的进程

同种生物的群体的第二个特点是能繁殖，而且能超需繁殖。
世代更替：

$$0 \quad n_1 \quad 0 \quad \text{第一代}$$
$$0 \quad n_2 \quad 0 \quad \text{第二代}$$
$$0 \quad n_3 \quad 0 \quad \text{第三代}$$
$$\cdots\cdots\cdots\cdots \quad \cdots\cdots$$
$$0 \quad n_k \quad 0 \quad \text{第 k 代}$$

$$0 \quad +n_1 \quad +n_2 \quad +n_3 +\cdots\cdots\cdots\cdots\cdots +n_k \longrightarrow$$

所以，生物是靠世代更替来维护种群持续存在的。

第三个特点是在世代更替同时，具有塑性、弹性和变性；就此，二次世界大战后，科学上取得长足的进展；遗传工程仍处于锐意研究之中，并已开始涉及到"人"，而在实际应用于微生物和植物方面，已陆续取得实效；但从长远和整体上看，仍不能掉以轻心。"克隆"哺乳动物虽已引起器喧的议论，但在生产上仍未取得明确可行的结论。

我有幸较早地参与了有关生物的科学研究工作。从 1934 年开始在东北老家的日系满铁下属的熊岳城农事试验场，作为最年轻的成员，参与到渡边柳藏博士主持的"苹果栽培中 C/N 率与产量的研究"，1937 年需要计算一棵管理正常 25 年生的国光苹果大树的总叶面积。当时能供使用的工具，只有手摇计算机和方格纸，通过将每片树叶拓印在方格纸上，经重复繁琐的叠加，用两个多月总算求出几万个叶片的总面积，初步体会到科学研究工作的实质，也是平凡认真劳动的积累；开始从兴趣出发，曾注意过叶片的数目，随工作的深入，理解到叶片总面积的重要，导致求得叶片总面积之后，反而忘掉了叶片的总数；进一步认识到科学研究工作是要针对研究目的的需要，进行平凡认真劳动积累，取得的成果。但也就在这一段：

平凡认真劳动的积累的过程中，只从叶片的面积和外形轮廓（这两项都能在拓印上直接可以测定的）来说，在同一棵树上生长的几万个叶片里，没有两个叶片是一样的。这一亲自实践取得的结果，是我从意识深处已初具规模的同种生物的个体，即使是同卵双胞胎也不一样的认识基础上，发展到生物个体的实践证明，在同一个体内，其组成的部件，或功能单元，呈单数时，随时序不同，呈复数（手、脚、眼、肾等）或多数（指、趾、发、白血球等）时，即使在同一瞬间也各不相同。

早从上一世纪就已认知，在世代更替的同时具有塑性、弹性和变性；但对塑性、弹性和变性的内涵和实质，随科学的进步，日益深入和扩展。我们由衷怀念法国的昆虫学家 J·H

·法布尔和与他同时代的 C·达尔文。其实我们并未系统完整地通读过《昆虫记》和《物种起源》，我们之所以对他们怀念，主要在于他们能在一百年前，就从不同的基础、经历、处境和科学分野，以毕生的精力，孜孜以求，探索和追求生命的奥秘；在于他们都能克服难于想像的困难，以亲身直接取得的现实为依据，阐述他们的研究成果；更在于法布尔坚持生物的存在和延续主要依赖于生物本身具有的本能；而达尔文则主张以环境的塑造，即物竞天择——适者生存（包括超需繁殖），主要是外因环境的作用。这在当时科学界是争论的热点问题，迄今仍未停止。诚如中华读书报记者马建波（1998）指出："自 1859 年，那部震撼世界的《物种起源》问世以来，围绕达尔文和他的进化论的是几乎一样多的赞美和诋毁。"1900 年前后，正值法布尔贫困潦倒之时，曾接到当时已功成名就、显赫于世的达尔文给他的一封回信："……承您惠赠《昆虫记》已确收到……我正在写的《本能的进化》中将引用您所研究取得的成果……真正珍视您的研究成果，我相信在欧洲再无他人！"西方文明创建初期学者间的学术探讨、争论和相互尊重、爱护的学风，仍值得怀念[3]。[注：译自：J. H. 法布尔：《昆虫记》日译本一卷 369 – 378 页 法布尔传略 岩波书店]虽然达尔文逝世前《本能的进化》并未写成，但人类掌握的科学发展到今天，已能直接感知到具有生命的生物，在其世代更替的同时具有塑性、弹性和变性，不仅来自生物内部的自我有序调整（self-regulation）功能，也受同种生物个体之间、多种生物之间以及其周围环境的影响和制约，从而形成针对外因引起的生物的自我防御（self-control）功能和自我维护（self-maintenance）功能，共同促成生物个体的塑性、弹性和变性，于是在自然界生物就成为既受外部制约，又具有内部阻尼的耗散结构的事物。

1998 年由科学出版社印行的《生物进化控制论》，著者裴新澍在序言中提出："'优胜劣败，弱肉强食'是因为达尔文是英国人，否则就不会把这个人格化的概念推广到整个生物界；我并未有同感……"，接下来："生物的进化是一个与环境密切联系的有规律的演变过程，它既不是由偶然性变异支配的，也不是以环境为主体，生物只是被动通过获得性遗传而表现的现象。要充分利用近代科学的最新成就，如平衡自动调节理论（即自稳定调节 homeostasis）、生物控制论和信息论，对于遗传性产生变异的原因和生物进化的机理，提出新的理论体系，使生物进化问题得到合理的解决。"正如著者所述，问题起源于 19 世纪的拉马克（J. B. Lamarck, 1744 ~ 1829）和达尔文；进入 20 世纪初期，随 G·J·孟德尔遗传法则的重新发现、德弗里斯（H. Devries, 1901 ~ 1903）的突变论和约翰生（W. L. Johannsen, 1903）的纯系学说呈三足鼎立之势。到 20 世纪末，学术界对生物进化机制，可以归纳为两种：一种是杜布赞斯基（T. Dobzhansky）倡导的"综合理论"，亦称"现代达尔文主义"；另一种是日本学者木村资生（Motoo Kimura）等的"中性突变遗传漂变学说（neutral mutation random drift hypothesis）"。裴新澍试图从另一途径探索，是可取的。如何追究"突变"的机理，应是问题的核心所在！裴氏认为："在科学上，早就有自动调节原理。"1911 年柯斯马斯（L. Kosmos）："每一个自然系统（物质系统、生物系统、思想系统）的平衡状态为外力所扰乱时，该体系内部即产生一种自动调整活动，以降低外界力量的压力，以达到原来的平衡或新的平衡。"最早可追溯到 1862 年，H·斯宾塞（H. Spencer）："任何外界因素作用于生物体时，它就产生一种内部改变，以抵消外界刺激的扰乱。经过或多或少的波动后，即达到一个适当的状态（First Principle）。"凯南（W. B. Cannan）1932 称之为"生理自动调节（physiological homeostasis）"；继之，勒纳（L. M. Lerner）1954 建立遗传自动调节学说

（genetical homeostasis），生命对环境的塑性和弹性的形成，起源于适应性，而感应性是生物适应环境的生理基础；平衡自动调节原理 = 自稳定原理（principle of homeostasis）。导致卡洛（P. Calow）：《生物机器——研究生命的控制论途经》（*Biologicl Machines—— A Cybernetic Approach to Life*）（汪云九等，1982 年译）序言中指出："倘若我们没有忘记有机体……是'有组织的物质'……把物理 - 化学过程组织在一个有条不紊的系统中，该系统又能模拟出在生物整体中所观察到的现象。我突出了自动控制机器与生物体行为的相似性，进而引进了控制论和信息论"。

　　生物的生活是离不开环境的。所以生物与环境乃组成一个系统。由于其中子系统的相互作用和自动调节，于是保持了它们的稳定结构。但是环境条件经常是要改变的，所以生物的结构和生活习性也不得不随之发生变异。这样，生物适应环境的关系，也会由一个系统工程的稳定结构一次又一次发展到另一个系统的稳定结构，这样就形成了生物的进化。对本能的起源，达尔文认为本能是动物不经任何教育、训练或经验，而先天能够完成的一种活动和行为。昆虫学家法布尔："本能——这一串先后继承的动作，不是胡乱排列的；第一个动作，作为个刺激，引起第二个动作；第二个动作，它又作为个刺激，引起第三个动作。这样继续下去，直到完成一个本能的周期为止。"[4]（《昆虫的共产主义》，1926，法文版本，178 页）可见在科学的探索过程中也常出现交叉或沟通的脉络。

5.3　生命是什么？

　　在当前，生物有别于无生物，突出表现在它具有生命！生命是什么？据《生命科学导论》：

　　（1）从构成生物的化学元素和生物大分子的生物化学成分看，不同生物之间，有很大的同一性。C、H、O、N、P、S、Ca、K、Fe 等元素，构成了生物特有的基础生物大分子，包括 4 种核苷酸、20 种氨基酸以及糖类和脂肪等；这些成分是生物构建和一切生命活动赖以进行的基础。

　　（2）无论从结构还是生命活动看，生命都表现出严密的组织和高度的秩序性。例如：细胞内部各结构成分的精确定位和生命活动的严格程序方式，其中 DNA - RNA - 蛋白质秩序是生命有序的基础与核心。生命基本秩序的崩解之时，也就是生物或生命系统死亡、瓦解之日。

　　（3）所有生物体都处在与外界不断进行物质和能量交换状态中，这就是新陈代谢（metabolism）现象，其中关键的方程式是以三羧酸循环和氧化磷酸化为中心的生物物质和高能键的生成和转换机制，它是生命存在和生命活动赖以进行的基础。

　　（4）生物在其新陈代谢过程中不断地扩展着自己，即表现出生长的特性。例如，一个细胞在分裂期间的长大，多细胞生物更具有一个生长发育的过程，如一粒种子萌发长成参天大树，一个动物受精卵发育为成体生物。

　　（5）所有生物都产生后代，使之得以代代不断延续的能力，称之为生物的繁殖现象。生物的繁殖表现出高度的遗传特性，即亲代的各种结构、性状被精确地传给下一代，获得重现。但在同时，也常发生"突变"，生物的遗传和突变，主要是受基因的控制和基因改变的影响。

　　（6）生物对环境有应激（irritability）的能力，例如：动物寻觅食物、逃避追捕，植物茎尖趋光生长等。外界环境有较大变化，生物具有相应的稳定，称之为生物的稳态性（ho-moostasis），它表现在生态系统的各个层次上，是要重视的特性。

（7）历史上，生物表现出明确的不断演变和进化的趋势，这是生命的又一特征。生命的存在有时向性，即就总体而言，生命表现出的是一种不可逆转的物质运动现象。

现代科学历史进展所推动，达尔文进化论的发展——现代综合论（the modern synthe-sis），1942年由 J·S·赫胥黎（J. S. Huxley）汇总定名。进而从哲学的视野上看，除来自外界的自然选择之外，在生命的内部存在有更深层次的、自身进化的选择手段和机制，那么它的选择原则是什么呢？如果生物可以"自己对自己进行选择"，从根本上讲，是环境造就的这一切，还是环境提供了这一切发生的可能条件？已故张昀在他所著的《生物进化》中，"1969年普利高津提出耗散结构理论，终于使物理科学承认自然界存在的最大量的过程是随机的，不可逆的和有方向的过程。系统论的建立和发展，特别是动力学系统自组织、超循环结构、分形几何理论的建立以及混沌和混沌背后秩序性的发现是人类20世纪最伟大的成就之一。它最早由生命现象启发而提出，也必将引导生命科学的发展走向新的辉煌。"

由上可见，关于人类对生物在其随时间动态发展的探索和研究过程中，在生物具有塑性、弹性和变性有关分野，尤其在由外因引起的自我防御功能和自我维护功能，也能促成生物的进化，取得划阶段性质的深入和提高。我虽自幼喜欢生物，但受工作所限，不能全力研究生物和生态科学，阐述至此，仍感言犹未尽，幸得读医学家、生物学家刘易斯·托马斯（Lewis Tomas）的《生命在于生长》一书中的几段话：

"生命之所以为生命，在于有自我协调能力，能够以对自己有利的方式生长。我们的平滑肌细胞生来带有全套指令，一点也不需要我们的帮助，按照自己的计划工作着，调节血管的口径，把食物移到肠道，根据整个系统的开启或关闭管道；分泌细胞秘密地制造着他们的产品；心脏收缩、扩张、荷尔蒙被发送出去，跟细胞膜不声不响地进行反应……这是一个万无一失的机制。

"把人体描绘得一碰就倒（很脆弱），总是要修修补补，防患堵漏，力求在延长生命的痛苦之中，这是歪曲和对自己的忘恩负义。"［见：水母、保健制度］

"要以平视的目光看待大小不同的生物，相信它们有自己的智慧。白蚁的智慧会随群体的增大而增加；随着越来越多的白蚁加入，似乎达到了某种质量和法定数，于是思维开始了。它们把土粒和木屑叠放起来，霎时间树立起一根根的柱子，造成一个个弯度对称的美丽的拱券。一个个穹顶小室组成的晶状建筑出现了。［见："细胞：作为生物的社会"］

"……我不要知道关于水獭和河狸的呼吸生理，……我也用不着把它们想像成是一些细胞的集合。我所要的，唯有那完整的、毫发无损、此时此刻在我眼前的那些水獭和河狸——丰满健壮、毛茸茸、活泼泼的整个复杂机体。［见："水母、图森动物园"］

文中所述平滑肌细胞、水母、白蚁、水獭和河狸都是我曾经不同程度直接接触过的生物，或我本身就有的部件；他所提出的结论中，有一段："这已不能用本能和遗传来理解了，只能承认是在世世代代与环境的严酷磨练中形成的智慧或意识；并非自认是万物之灵的人类所特有。"先得我心，深受启发，并愿以此结束本章。

参考文献

［1］引自《中华读书报》1997.11.12 月 12 版（科技资讯）详见《意识：科学的内部战线》，及说鲁，罗宾逊著．刘亚新译．

［2］引自因特网，英国广播公司 1979.7.21 日参考消息．1999.7.24 日 7 版 2004 年覆金曾坐轮椅来到中国，爱到相映，成趣的礼遇，就这一问题，无奈表达过，仍需西等 20 年，或根本就没有万物至理（The-ony of Everything）

［3］译自：J. H. 法布尔《昆虫记》日译本港 369—378 页，法布尔传略，岩波书店

［4］昆虫的共产主义 1926 年法文版本 178 页，可见有科学的探索过程中边常出现交叉或沟通的国家络可等。

第6章 自然景观和满洲植物区系

6.1 开始亲自调查满洲森林植物区系

我们确无能力将世界群系型与气候的格式和全球的自然景观之间的关系说明清楚，就是中国西南局部的"生物王国"也力所难及。只能就接触时间较长、环境较为严酷、物种较为简单但已有资料较为充足的满族的老家，以长白山为中心的我国东北东部天然林区为例，力求表明个人的理解，以供参考。

1939年已就读于日本农工大学，借搜集论文之需，到东北林区实地考察。同年暑假开始，离东京回沈阳，先到沈阳的东陵，重温旧梦；按计划北上满洲里、扎兰屯、齐齐哈尔，住哈尔滨，初步整理阿穆尔植物区系的材料。当时，东北林区内仍是抗日义勇军、地方抗日力量、木把、猎户和参客的活动天地；经长春到吉林，终于在吉林省立图书馆找到寻觅已久的柯马洛夫的《满洲植物志》，是1935年据德文译本转译的日译本。用一周时间精读译记，并就近到龙潭山印证。柯马洛夫求实的科学态度，让我深受启迪。无怪他的同班同学、国际知名的植物学者玛克希莫维奇由衷表述："柯马洛夫不幸早亡，如他在世，我实望尘莫及！"联系到早已读过的帝俄流亡作家拜阔夫《虎》的影响，确立起深入一步，探索以长白山为中心的长白山区独具特色的满洲植（生）物区系的基础和信心。

以长白山为中心的东北东部林区，是以独特的满洲区系植（生）物组成的林区；虽地处高寒，远优于内外兴安岭、前苏联远东（海参崴除外），具有得天独厚的特殊资源优势。作为一个弱小、文明又滞后的少数民族，仅靠"棒打獐子瓢舀〔音〕鱼，野鸡飞进饭锅里"的资源优势，经历天灾人祸，民族兴衰，千辛万苦繁衍延续到今天。满族信奉萨满教，崇拜自然，多以生物为图腾；相信多神论，并常将神、人、鬼用木头作成大小傀儡，是远在旧石器时代的中期产生的原始宗教信仰；《满洲实录》首记"武皇帝（即布库里雍顺）俱以鹊为祖（即图腾）"[1]。

据《满洲实录》："布库里雍顺数世后子孙暴虐，被杀；幼儿凡察脱走，逃至旷野，会有神鹊（应为林鸦），栖儿头上，追兵疑为枯木桩，遂回。"据《东三省古迹遗闻》相传："努尔哈赤'辽阳之难'赖群鸦相救，得免，以此为报。"其地名叫野（山）老刮滩；另据传说："……努尔哈赤自明将李成梁家逃归，至辽阳野老刮滩，乌鸦群集努尔哈赤身上，乃得免于难。"又见于姚元之的《竹叶亭杂记》："……盖我祖为明兵追至，匿于野，群乌复之，追者以为乌止处必无人，用是得脱……"同书中："……故祭神时必饲之，每一置饲，乌鹊必即来共食，鹰鹫从未敢下，是一奇也。"观察正确可贵，但从生态系统科学上看是正常而不足为奇的。林鸦的特性，成群行动，早出晚归，定向飞行，这与乌鸦相似，可作为山地林区定向的指标；喜肉食但不吃未死动物。其特点是在山区遇有狍鹿獐，雉鸡兔等时，盘旋鸣叫，向虎豹豺狼鹰鹫示踪，而林鸦则待其被扑食后，始啄食其残尸。林鸦更常在已饱食

---

① "鹊"为误释，应是林鸦——山老鸹。

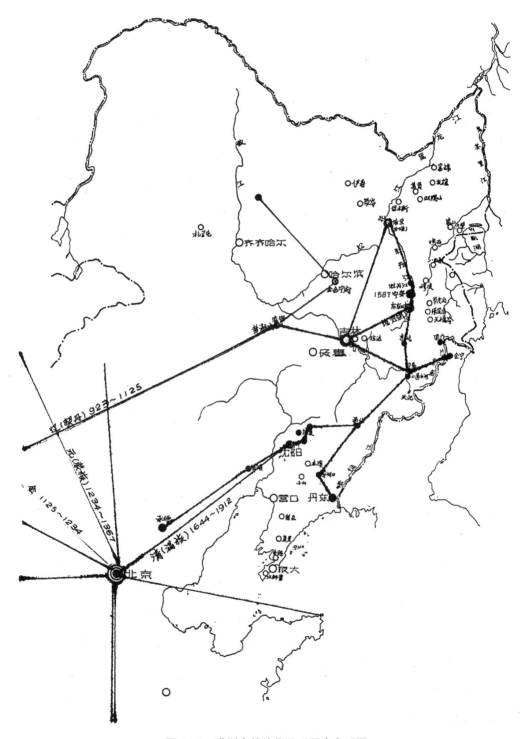

图 6-1 满洲森林植物区系历史变迁图

后，将其肠肚皮肉叼回，高挂在高大乔木顶梢，似备再食或供同类享用，但有时也将林蛙、绳索以至破鞋叼挂在树梢。林鸦和乌鸦盘旋爬高飞行能力，大于鹰鹫，同时盘旋，常是合作捕食，虎豹豺狼鹰鹫争食其肉后，林鸦才屡食其剩余。

满洲森林植（生）物区系是我国东北东部独特的森林景观；并被称为"白山黑水的林海雪原"、"窝集"、"林海"……与人类关系密切的生物种，主要乔木有：红松、臭松、鱼鳞松、长白落叶松（黄花松）、黄波罗、色木、紫椴、糠椴、花曲柳、水曲柳、核桃楸、山槐、大叶波罗（辽东柞）、暴马丁香、白桦、枫桦、黑桦、春榆、东北赤杨、香杨等（长白松、紫杉、天女木兰等出现于鸭绿江两岸，疑是溯源分布种?）。伴生的森林植物有：榛子、毛榛、岳桦、稠李、刺五加、山葡萄、柳条（灌木柳）、笃斯越橘、兴安杜鹃、小叶樟、人参等……森林动物有：满洲虎（东北虎）、黑熊（狗熊）、梅花鹿、马鹿、原麝（獐子）、狍子、紫貂（黑貂）、赤狐、沙狐、灰鼠、花鼠飞鼠（飞龙）、猞猁、草原旱獭、水獭、雉鸡（野鸡）、林鸦（山老鸹）、林蛙（哈什马）、黑龙江林蛙、中国林蛙、蝮蛇（毒）、虎斑游蛇（野鸡脖子、半毒）、香长虫（无毒）及各种江鱼、珍珠贝等。昆虫种属更为繁多，常见并与人类生活关系密切的有：角翅粉蝶（山蝴蝶、类群）、柞蚕、中国蜜蜂（土蜜蜂）、毛足原衲（小咬）、蜱螨（草爬子）、森林蜱（日本血蜱、康辛血蜱等）等。①

6.2 景观单元的组成

由林木为主体及其伴生的绿色植物群体，即植被（vegetation），虽随时间而演变，但其个体却终生定居不动；所谓"景观"（landscape）主要是在地形骨架上，由包括绿色植物群体在内的许多"斑块"，密接镶嵌而组成。在东北东部林区层峦叠翠的林海，是以森林为主体的植被类型，其内部基于地形——如标高、坡度、坡向、坡位、沟边、沟底及微域地面起伏的变化，常影响和制约其上生长和繁育的植被类型、种属组成和有关其他微生物、昆虫和飞禽走兽。为了有利于反映原始满洲森林植物区系，内部差异的基本面貌，暂称之为"斑块"，也尽量使用30年代当地惯用名称。

相对稳定的斑块有：

（1）清膛林子：是以沙松、臭松、鱼鳞松为主，相对稳定（极盛相）；多代更新，伴生树种不多的"暗针叶林"。

（2）混膛林子：以红松、辽东柞为主；黄波罗、色木、椴木、白桦、杵榆（坚桦）、暴马丁香、刺五加、榛子、人参为特征；富于植物种属多样性（也恰是生物总体的多样性），应是满洲森林植物区系年生物量和总生物量最高的斑块；我认为混膛林子应是满洲森林植物区系的代表林相。多数混膛林子中混生有群团状的沙松、鱼鳞松，并在立地条件较为肥润之处常被更替为沙松、鱼鳞松为为主的森林；但不能更替全部混膛林子。

（3）五花草塘：遥远的地质年代所形成的山前洪积台地，土层深厚，排水通畅，多分布在缓倾斜的分水线附近，尤其在海拔较高处，土层较厚，但土壤水分亏缺，且风力强劲；乔木不易成林，多种抗风灌木和更为多样种属的草本植物组成的"五花草塘"，也常成为原始林区相对稳定的斑块。分水岭（线）是林区民族的主要交通路线，其背风向阳的一侧，常是在满族生活繁衍、定居、瞭望、定向的基地，即"窝棚"的所在地。

（4）臭松湃子：密集分布于缓倾斜的高位沼泽湿地，典型的暗针叶林，是林蛙的集中产地。其北部及海拔较高处，其林相与萨哈林岛中部湿地的暗针叶林相似。

（5）羊肠子河和塔头甸（淀）子、柳条通：如果说，清膛林子、混膛林子和臭松湃子

---

① 上述生物种属，绝大部分均承东北林业大学多位学长悉心审核并为厘定学名，由衷感谢。在此从略。

是林海，在长白山区内川、滩平地，冬季就是爬犁畅通无阻的雪原，夏天则是按自然规律镶嵌着密丛草塘和沼泽化的塔头甸子；迂回曲转于其间的柳条通，夹持在柳条通内的则是羊肠子河，交通实难于蜀道，尤其春秋解冻结冻季节则几成禁区。

由林海雪原，顺羊肠子河汇流成江，号称海无边、江无底（指深邃）；铜帮铁底的黑龙、松花、牡丹、鸭绿和图们等江，除春暖开江，桃花汛期，江水微涨之外，滚滚江流终年不变。镜泊湖边残留的水位遗痕是自然历史的依据。

而长春郊区的净月潭和小丰水库就是现代的物证。所以，只有山青，才能水秀；山有多高，林有多高，有林才有生物赖以生存，人类赖以维护持续发展的淡水资源。

（6）石磊子和王八炕：点点裸露的基岩和史前冰川或石洪留下的漂砾碓（王八炕），是生长繁衍于此林区的满族选取石材的主要来源。20 世纪 40 年代，用火镰艾绒和火柴取火，仍是林区主要取火方式。

景观随时间不停地在变化。上述的几种斑块只是相对稳定一些而已。不仅由林木为主体及其伴生的绿色植物群体，随时间而不停地变化；更因我能接触到的满洲森林植（生）物区系，已经是晡育满族万千年；又遭近百年来，清季开禁，几经摧残和破坏的森林；诸多已是次生和加速变化的班块。主要有：

（7）榛柴岗子：集中分布于沿江河、道虑市乡村周边的漫冈、丘陵和低山，原应是红松为主的混膛林子，长期反复"破坏"而形成的相对稳定的斑块；基本上已不具有自然恢复成混膛林子的条件，其实就当前经济建设和可持续发展而言，也无必要全部恢复成红松林；用作人参、烧柴、柞蚕、鼠类的繁育基地，就更合适。

（8）黄花松甸子：在缓平的山前台地和沿河高岸上，时而出现新绿欲滴（夏季）的黄花松纯林。登高瞭望，星星点点，或多或少到处都有黄花松的分布；稍行接触，就会发现它是在林海雪原中最不安宁的活动分子而引人入胜。首先是在整齐高大，新绿欲滴的黄花松纯林下，更新出来的却是不同龄级成丛生长的云冷杉；终将导致高大挺拔的黄花松，成为清塘林子的枯朽倒木。只要在满洲森林植物区系中转上 2～3 天，就能看到更替全过程中各阶段的林相。如果说落叶松是所谓阳性先锋树种，必然为云冷杉所更替；而在满洲森林植物区系中真正的黄花松甸子，却是和塔头甸子联系在一起，反而能让黄花松稳定一段时间。沼泽地生长的塔头逐年加高，积累到一定高度，黄花松得以发芽生长；成林后林地排水能力稍有利于黄花松生长，但云冷杉仍无侵入条件，致使黄花松甸子可以相对稳定存在。如上，在封冻融雪前后通过沼泽地有些困难；在必需时，选有杆材林龄以上的臭松湃子或真正的黄花松甸子，带把砍刀，慎重从事，可以过到对岸。

6.3　近期历史上变化的物证

进一步，满洲森林植物区系的动态斑块和活动分子的黄花松的关系还不止于此。据中国科学院沈阳林业土壤研究所赵大昌（1980）的研究成果：长白山是休火山，从历史文献查得，1597、1668、1702、1900 年都有有关爆发的记载；在天池周边仍有火山灰残存的物证。而火山爆发对原始森林的影响，则将以陆续发现的炭化木为证。关于炭化木，在文献中见之最早的是 1911 年刘建封等著《长白山灵迹全影》中的"神炭窑"——"木石河下游两岸皆峭壁，高 7～8 丈，其下自然木炭大者合抱，长或数十丈，燃之有硫磺气，土人呼为神窑炭。"1980 年，赵大昌在长白山北坡奶头山中的一个沟谷和西坡松江河谷发现了大量炭化木，经郭德荣木材组织鉴定为红松、鱼鳞松、沙松、黄花松、紫椴、枫桦、水曲柳和稠李等6个树种。经中国科学院古脊椎动物与古人类研究所用同位素碳十四测定地质年代为 1050 ± 70 - 1120 ±70。即约在 1100 年前，一次火山爆发毁灭了周围 50 ~ 100km 为半径的原始森林。其中松江河地区的炭化木发现地的现状是：黄花松 1979 年已被采伐，伐根直径 50 ~ 70cm 推定树龄为 160 ~ 210 年，即在 1769 ~ 1819 年间形成的黄花松林。现有林相是由红松、臭松、色木、紫椴等组成，径级仅为 10 ~ 40cm 左右，可证明在长白山火山爆发后，是经过由先锋树种——黄花松林过渡，再次形成典型的红松、阔叶混交林——混膛林子。这一过程，在自然界需要数百年。

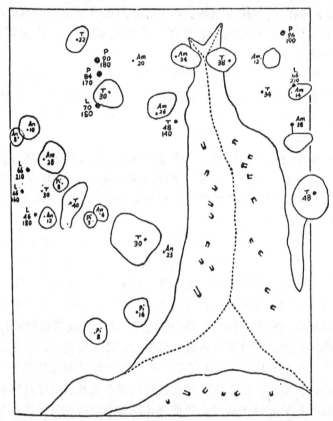

图 6-2 松江河地区炭化木采集地——炭化木沟及其植被现状图（据赵大昌，1980）

由上可见，满洲森林植（生）物区系就其所占据的地理的地带性而言，既称林海 、窝集、兀狄、萨尔浒（树厨），当然是森林地带。应以森林植被为主；但在整体，不论从静态和动态上看，都是由不同物相的斑块所组成；其中既有不同林相的林地斑块，也有不同草相的草地斑块，还有不同物相的水面、沙石碴子和王八炕；而且恰是这些不同斑块有机的综合，在动态变化的相互影响中，才形成具有突出特色的满洲森林植（生）物区系。

就东方思维（oriental thought）而言是"一方水土养一方人"或"故土难离"；从当代科学的发展上看，改为"一方光热水气，养一方生物；这一方水土和这一方生物群体，才能养这一方人"就更贴切。

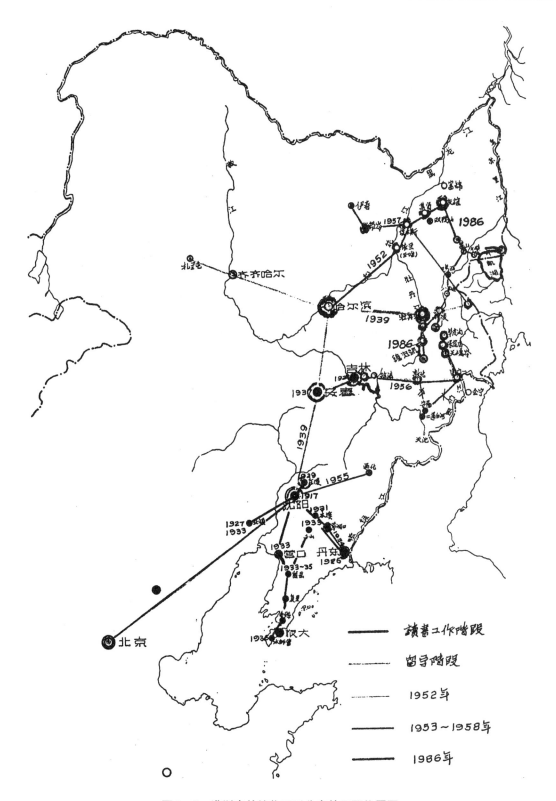

图 6-3　满洲森林植物区系分布的平面位置图

于是就有：

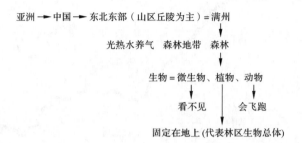

由相关的诸多斑块，有机的综合起来，在动态变化的相互影响中，形成占据相应面积的地球表面积，具有突出特色的以人类为中心的生物系统区系。

综括起来，称之为："满洲森林植物区系"（借用 20 世纪 30 年代生态学中的原术语，1995 年的关氏涵意）。其内涵实指与此森林植物伴生的其他生物在一起的生物总体的生物区系，只是基于其他生物，多数非必需一生固定在土地上生长，称之为满洲森林植物区系，更为具体而已。因而，满洲森林植物区系所占有的空间，上以白头山顶为界，扩至无限苍穹，下临渤海为界；而北与原苏联的"暗针叶林"，西与阿穆尔，南与华北森林植物区系，就在相互影响和制约之中，常是逐渐过渡，没有明显的分界。

第7章 景观生态系统分析方法
——一方水土养一方"人"

7.1 地球上正在进行着一场怪物大战

1992年召开的世界环境发展大会，就可续持发展（sustainable development）取得了共识，但其实现，虽因各国具体条件不同，都有这样或那样困难；其中发展中国家就更为突出。而在我国，势必导致要把旧社会留给新中国的惨痛遗产——疮痍满目、灾害频仍的960多万平方公里的陆地国土，不仅要把河山装成锦绣，还要在2050年前将我国的经济基础赶上中等发达国家的水平。这是我们面临的挑战！展望可见的未来，问题已很明确；作为战略思想是要社会效益、生态效益和经济效益同步实现；但从我国的实际情况，在战术措施上只能是经济效益、生态效益和社会效益同步实现。俗谚云："既要驴子跑，又要驴子不吃草。"等于无中生有，是空想？还是良好的愿望？

我国西倚欧亚大陆中心，东南沿海，在大陆性和东亚季风气候的控制下，干旱、季节性干旱和土壤水分亏缺等淡水资源的不足是涉及全国的突出问题。国土陆地总面积960多万平方公里，承载着12亿人口。其中，崎岖不平，被切割破碎的高原和山地丘陵占60%以上，极端干旱的戈壁和沙漠约占10%，而赖以生产粮棉的耕地，也只占10%，按人平均仅有0.08hm²（1.2亩）。我国有着悠久的文化历史，但在新中国成立前夕，和世界上其他古老的国家相似，干旱风沙、水土流失、盐碱沥涝、冰雹霜冻、荒山秃岭、千沟万壑，生态灾难频仍、是受荒漠化严重威胁的国家之一，这是旧社会留给我们的惨痛遗产。新中国成立后，虽也几经迂回和困惑，但实践证明，我们在只占世界陆地面积的7.1%，承载着全球总人口的21.8%，即12亿人，基本上取得了"温饱"，正向小康迈进，引起举世瞩目；但积重难返，经济基础仍未脱离发展中国家的行列。根据国家长远规划，2050年希望达到经济发达国家的中等水平。农业是国家建设和人民生活的基础，其关键是7亿~8亿在可见的未来尚不能离土离乡的农民；尤其老少边穷地区，更是生态脆弱、荒漠化威胁严重、生物生产事业难于稳定的地区。

1996年5月，有幸到"丝绸之路"，甘肃省河西走廊，以武威为中心，从祁连山，顺石羊河，经武威，出长城，过红崖山水库再访民勤，直抵巴旦吉林沙漠的边缘。民勤县地处石羊河尾闾，是穴居于巴旦吉林、腾格里和乌兰布和沙漠之间的一片绿洲；自古曾是河西走廊丝绸之路的要冲之地，孕育过"沙井文化"；几经改朝换代，历史上兴衰轮替，始终是沙进人退，早已成为一片废墟，供后人凭吊；但与旧社会不同，由20世纪40年代后期开始，迄今半个多世纪，前后几代科技工作者和当地群众在一起，艰苦奋斗，肯定了"黏土沙障，林草先行，以水定产"是符合当地特点、行之有效的基本经验。因我曾先后多次到过民勤，目睹和体验过沙进人退的旧貌，也更激动于来之不易的，在多年平均降水只有100mm的民勤，取得了"人进沙退"的实效，出现了塞外江南的新景观。出现新面貌之所以引人入胜，突出表现在，早年为沙进人退所迫，背井离乡外逃谋生的人们以及他们的后代，其中一部分已在他乡安居乐业多年，落叶归根，也纷纷返回朝夕怀恋故土难离自己的家乡！就靠这一点可贵的执著精神和已有的科学技术，经实践证明：已能在"人进沙退"的同时，求得稳定的温饱，奔向小康；而在土地承载力或环境容量上，尚有逐步增强的余力。

是否只是个别现象呢？据1996年10月10日中国林业报记者刘伟成的报道，说的是："江西、赣南的革命老根据地的兴国县，由于山荒水劣，水土流失严重，曾被称为'江南沙漠'，到九十年代初，部分农民迫于生计，纷纷举家迁往外县落户，仅在1980年统计就有四百多户迁居他乡。我曾多次到过现地，深知全县上下艰苦奋战十几年，在荒山秃岭上工程造林200万亩，基本消灭了宜林荒山，森林覆盖率提高了二十多个百分点，有效地治理了水土流失，先后被评为全国绿化和水土保持先进单位。山已变绿，水已变清，唤起了外迁游子思归之情，迄今已有108户，又迁回原籍安家落户！"实践证明，老少边穷地区，7亿～8亿还不能离土离乡的农民，以及全国的社会效益、生态效益和经济效益能否求得同步实现？结论应该是："非不能也。"

人类社会从农业时代（以占有土地和牲畜为特征）走向工业时代（以占有资本为特征），亦即所谓"工业革命"的兴起，确为人类社会带来了进步；但好景不长，早已险象丛生。A·托夫勒的《第三次浪潮》和《未来的震荡》中分析得很中肯和有说服力："工业革命、技术治国所追求的只是经济利益，置社会、文化和思想价值于不顾。所谓的科学主宰环境和未来的观念已经破产；人类对理想、信念和奋斗目标丧失了信心，世纪末的空虚和颓废情绪，笼罩着对未来的思想危机。"举世的大势所趋，人心所向，都瞩目于后工业时代。但什么是后工业时代？经半个多世纪的研讨，其主流趋向于"知识时代（以占有知识为特征）"。我们有幸从1995年开始参与学习和讨论，我国以占有知识为特征的知识时代，经过多年反复慎重地研讨和提炼，导致"近30年来，由于物质科学、生命科学和信息科学的进展，在材料、信息和生物技术的不断取得突破，正在经历着一场伟大的革命"，"现代科学技术……也不只是有了一般意义上的进步和改革，而是几乎各门科学技术领域都发生了深刻的变化，出现了新的飞跃，产生了并且正在继续产生一系列新兴科学技术[1]"。"并以空前的规模和速度，应用于生产，影响着日常生活，改变着人类社会的生产方式、流通方式、生活方式、思维方式和社会结构"[2]，在我国被厘定为"知识经济时代"。

在当今的世界，和平与发展，竞争与合作，已经成为时代的主流，越来越多的发展中国家坚定地走上了现代化之路。展现在世人面前的21世纪将是一个更富挑战性和具有更多机会的新时代。

"人不为己，天诛地灭"（这里的"人"指"人类"），面对人类的未来，举世议论纷纷。科学自其诞生以来，要超前指导生产，实践证明行之有效的，首先是创造性的思维方式，不论爱因斯坦的"翻草垛"和将光的能量、质量和速度相综合而创建了相对论，还是天天有创新成就的爱迪生以及孟德尔将生物的遗传特性纳入数学的轨道而建起经典的遗传学，达·芬奇从铃声和投石入水，联想到音波传播理论，F·凯库勒从蛇咬尾巴的启示解决了有机化合物中环状分子结构。我更愿意推荐从对立的角度思考问题！N·玻尔和爱因斯坦关于"波和粒子"之争，尤其是我们从达尔文的自然选择学说和昆虫学家法布尔的生物遗传本能的争论中受益很多。

直到今天，地球仍属唯一有生物的星球，而生物，即使是同种的生物，也没有两个完全相同的个体，人类也不例外。虽然如此，但绝大多数的人，都愿意安居乐业，希望人类能持续发展下去；对少数精神病患者和畸残老弱，都能自觉自愿地提供力所能及的温暖和照顾。但从人类社会形成和发展不久，就出现极少数生理正常，狂妄的追求，在使他人的痛苦和灾难为乐，甚至以杀死别人为乐的"特殊人"。当前消灭全人类的科学技术能力，早已从多种途境过关，从氰化钾（钠）的产量、置人于死命的毒气和病菌等微生物，进而靠科学提高到鸦片、吗啡、海洛因等毒品，诱使他人在迷幻中自取灭亡，这已经都是科学前进的历史陈迹。值此面对 21 世纪，更富挑战性和更多机会的知识经济为核心的新时代，激动之余，也要警惕假借科学发展之名，谋求达到不可告人的隐私目的。仅据我们所知，近十年来，就曾出现过借麸酸钠（味精）对人体有毒的"捏造科学"，谋求达到在全世界上，摧毁我国的食品加工和烹调技术。以保护野生动物为名，反对杀熊取胆，谋求彻底摧毁世界全人类所必需的，特效生物制剂———东北林区狗熊的胆汁；幸靠简单的，但是真正的科学技术，即并不杀熊，而是抽取胆汁以救人，战胜了别有目的的胡说。从而我们面临的是在工业革命进程中，被扭曲、冷落、遗忘和顾不上的，有生命的生物（怪物）科学，正在地球上进行着一场怪物大战！

系统（system）是由相互制约的诸多环节组成的，具有一定功能的整体。而系统工程 system engineering （SE）的核心就要把组成系统内部相互制约的诸多环节之间的因果关系搞清楚（包括单向、双向和多向因果）。

在当前和可见的未来，人类还无力改变星际的相对位置和它们的运动规律，地球能接受来自太阳的光和热，必将随春夏秋冬、昼夜、阴晴而有规律的变化。具体到地球表面的某一点，以其所在的经度、纬度和海拔高度的不同，所能接受到的光和热就各不相同，而其内部的分异性很大，所谓"十里不同天"。在云贵高原横断山脉一带，更常遇有"十步不同天"的现实情况。所以，即使在地球上的某一部分，具备生物所必需的，各自相应的水、营养物质和空气（主要是氧、氮和二氧化碳），如果不具备各自相应的光热条件，也难于取得维护各种生物的生长、发育、繁衍、世代更替、遗传和进化。极寒的两极和雪线以上的高山，容或有微生物的痕迹，也远非高等生物的领地。

在生物出现之前，悠长的地质年代，在涉及地球内、外引力作用下，已为生物的出现提供了地面形状的轮廓和基地。幸而从地球的整体上看，其所能接收到的光热条件，可以满足具有生命的原始生物的需要；再加上维护具有生命生物所必需的，水、营养物质和空气（主要是二氧化碳），地球都可以供应。在此基础上，由化性微生物开始，尤其是陆地定居绿色植物的出现，多代的世代更替过程中，逐步在空气增加游离的氧气，促使喜氧生物的出现、繁育和物种进化的同时；就以原始地面形状的轮廓为基地，塑造铺贴上相应厚度，对高等植物群体而言，具有自然肥力的土壤。最鲜明确切地表达陆地区域景观特点的是其上固定生长的植被（也必须包括伴生的微生物和动物），**实质上在静态是陆地生物区系，在动态则是生态系统。在人类出现以前，地球上早已为海洋、沙漠戈壁、荒漠、半荒漠草原、疏林草原、草原、川滩湖泊、极地雪原和高山冰川积雪、极地和高山冻土苔原、极地和高山湿地灌丛、高寒云冷杉林、针阔叶混交林、常绿阔叶混交林、季雨性热带雨林、热带雨林等。就其丰富多彩的外貌而言，是自然景观（natural landscape），就其内涵来说则是生态系统（ecosystem）。简而言之，就是一方水土养一方生物群体。但也恰因如此，才为人类出现提供了一个丰富多彩的历史舞台！**

　　如何来表达如上丰富多彩的自然景观和维护各种生物的生长、发育、繁衍、世代更替、遗传和进化的综合环境条件？在环境的分析上，以其涉及宇宙的总体，内容和变化更为复杂；要紧紧围绕与生物和生态系统有关的，面向系统目标，进行综合分析；早于生物出现在地球上之前，基于内外营力的影响，地球表面的外部形态已基本形成；并遵循无穷宇宙间的自然规律，随时仍在运动和变化之中。一旦地球上出现了生物，它所选择出现的具体地点，首先是接受来自太阳的光和热，可以满足它生存和繁衍的需要；尤其是具有终生定居的陆生绿色植物，受光热条件的制约更为敏感，于是在包括海岸滩涂在内的陆地上，基于光热条件的不同，就形成人类直接可以感知的丰富多彩的自然景观。

　　20 世纪 30 年代，我虽因探索满洲森林植物区系的需要，对其周边的阿穆尔、华北、山东等森林植物区系作过一般性的调查，用作分区的主要依据。就此几次到过华北的京津一带和山东部分地区。1942 年突为意外的形势所驱使，竟只能在当时的北京大学农学院森林系任教，又限于具体条件，不能深入山区；迟至 1949 年受聘于河北农学院森林系任教后，得以用 3 年时间，基本上跑遍了华北森林植物区系的整体及其周边各区系的一般情况和主要的分异特点。1952 年院系调整并入北京林学院，当时的院址在北京西山的大觉寺、秀峰寺、消债寺、响堂和金山一带。积累多年的愿望得偿，立即进入角色；发挥教学单位的优势，先后结合教学的需要，调动几个年级的同学，并亲自参与，就妙峰山及其周边，选定四百多块标准地，进行了地貌部位、土地利用现状、土壤和植被的综和调查。进而辅之以残次生林、现有人工林、主要树种等专题调查和必要的线路调查。尽管使用的主要是低水平的常规手段；不但为当时生产上急需的"荒山造林"，提供了适地适树的初步理论基础；更使我们欣慰的是奠定了"华北森林植物区系"的存在和它的基本面貌。在此我们之所以不厌其烦地，缕述半个世纪以前的老话，目的实在于根据生产的需要，迫使我们超前使用了综合调查和综合分析的方法；具体而言，就是要在现代的景观生态科学的理论的基础上，采用气候－土壤－生物络合体（climate－soil－plants complex，CSPC）综合调查分析方法。其实在具体内容和方法上虽有所不同，还有广泛应用于生产的：土壤－生物－气圈统一体（soil－plants－atomosphere continum，SPAC），而在突出强调综合调查分析是一致的。

　　　而对综合分析的理解，应该重点分析影响在事物运动和变化过程中，繁多因素相互之间的因果关系，也常被称为"网络工作"（net－work）。而用之于生物分野时，网的纵横交叉的节点（joint）常是生物 network 的关键所在。进一步，更有成效地发挥 1＋1＞2 的综合集成的功能。在生态控制系统工程，建议试用仿生式的蛛网（spider's web）结构，有似于人工神经网络（Artificial Neural Network，ANN，据 A. Lapedes & R. Farber，1987），可以更有实效地发挥"专家集体"的作用。为了针对厘定的目标，更符合于具有生命特点的生物（怪物），使用"蛛网式工作方法"（spider's web network）就更为合适，其实质是赋予网式工作以生物的烙印。常见的蜘蛛不论其大小，都要辛辛苦苦，努力织结成多边形的蛛网。目的实在于粘捕其他昆虫为食，以求维持自身的生长和繁衍后代；因而，为了自身的安全，也为诱骗其他昆虫；一般在网成之后，蜘蛛反而躲在既成蛛网附近，不易被其他动物发现的阴暗角落里，坐待其他昆虫自投上网。请您也躲在一旁，稍有耐心地观察，会见蚊、蝇粘网，挣扎难逃之时，蜘蛛急速赶到并用蛛丝将猎物捆牢停当之后，才开始巡视周围；如无异状，再悠然自得地将猎物抱回到它原来隐避的角落里去享受。如再有猎物触网，它仍会立即以最近的途径，赶到现场，再次表演一番。用很细的蛛丝结成的网，其他较大的动物（如雀或

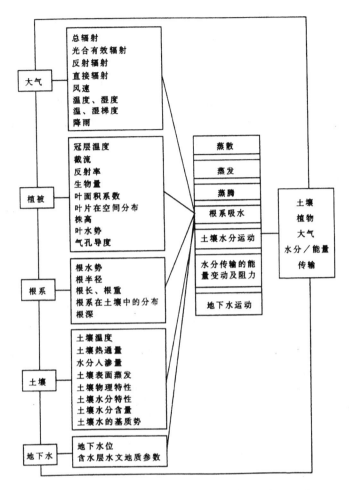

图 7-1 土壤-植被-大气系统及其所对应的监测要素图

引自：土壤-作物-大气系统的研究 刘昌明 于沪宁 1997 气象出版社

鼠等）也会触网使精彩的蛛网被撞破一片，网被振荡的信息，同样传递给蜘蛛；躲在隐避的角落里的蜘蛛，如你目力能及，会看到它表现惊愕，瞬即躲进暗处装死，就是不出来。振荡平稳之后经几分钟，它才敢悄悄地爬出来，试探着查看网被破坏的究竟；如无异常它就开始补网，这早已被人类形容为"结网劳蛛"。蜘蛛结网的丝是源自体内的生物"不干胶体"所组成，能粘其他小昆虫，取以为食；但这只是前提条件和基础，蜘蛛还必须熟悉、了解被粘取捕食的猎物，挣扎脱网，甚至反捕的能量。当较大的猎物（如蝶、蛾等）投网后，蜘蛛也立即赶至，但距猎物稍远即停，伺机跃起就猎物周围纵横结网以防挣脱的同时，猎物挣扎满身全为不干胶性质的蛛丝所粘结，越动越束丝自缚，终于奄奄一息，任蜘蛛享用了。

单就生态系统的自然规律而言，从生物进化的时序上看，低等生物是多靠超需繁殖，幸而求得未被捕食的个体，得以维护物种的繁衍，但从而唐突地提出"弱肉强食"就是自然规律，则要充分慎重；炭疽、结核菌、艾滋等低等生物都能致死高等动物或人。蜘蛛是我们生活中常见的，比较平凡的昆虫，观察也比较容易；以其善于发挥自身的优势，又善于度量自己的能力，脱避意外灾难；都是依靠它结成的蛛网，传递来的信息而完成的。用线状体的物质编结成网，目的在于获得生物猎物时，首先就要将用线状体的物质纵横交叉安排好，再将多个交叉点（即节点），用打结的方法固定起来，形成一个平铺的网面，这只是第一步。目的在于获得生物猎物的网（例如渔网），还要根据猎取鱼的大小，来确定网眼的大小；而更突出重要的是确切及时获得生物猎物入网的信息，迅速地把入网的猎物捆紧获取到手，在渔网则是要能提纲挈领把整个的渔网拉出水面，蜘蛛则是另结小网捆住猎物，各有巧妙不同，但殊途同归，既是生态系统的特点所在；节点（joint）的重要，和在当前的生态控制系统工程，也只能用蛛网式工作方法（spider's web network）。

7.3　景观分异性特点

土地是在地球表面的陆地上，占有固定、唯一和不能重复的位置；可由纬度、经度和高度三维因子来确定。但在一般情况下，土地都要有一定面积，常用的单位是平方米、亩或公顷、平方公里；大小虽有不同，在纬度，经度和高度上都需占有相应的跨度，而且具有一定形状的边界线，特称之为"地块"。分水线、海岸线、村界、乡界、市县界、省界和国境线都是规定形状的边界线。所以地块具有一定面积，相互之间不能重叠，又不能留有空白，只能镶嵌！所以，地球上的陆地，各大洲，岛屿，山脉，流域，国家，地区，省，市县，乡，村等都是由地块镶嵌组成的。

陆地上接受到来自太阳的光和热，基于所处的经纬度和海拔高度的不同，地域性的分异悬殊，长期以来就形成包括人类在内的生物区系。区系的范围远大于地块，从林业经营的角度为例，可以理解地块相当于"小班"，于是"林班"就是小班的集合，称之为小区，是指立地条件不同，或经营方式有异，但均适用于林业的地块的集合。更多的地块组成众多的小区，而且土地利用方式多样，只限于具有相近似的气候条件，植被和土壤类型的众多小区的集合，称之为分区，最后集成为生物区系。在地球的生物圈内，生物区系是有地域性的，历史和现实证明，迄今为止并不是所有的生物区系都能满足人类生活和繁育的需要；但从另一方面，凡是可以维护人类生活和繁育的地方，必须有相应的生物群体组成的生物区系为前提条件；这就是：这一方的光热水土和生物群体养这一方"人"。进而，人类能善于和巧于依靠和运用所在的由生物群体所组成的生物区系，它能承担人类的承载力和容量是可以增加和提高的。这正是生态控制系统工程的目的所在！

善于和巧于依靠和运用所在的由生物群体所组成的生物区系，它能承担人类的承载力和容量是可以增加和提高的。为求达到这个目的的难度，实比登天还难！其所以如此，首先是处理的对象，和你我一样都是有生命又随时在变化的生物；我们到一起，相聚一段时间，容或可以取得更多的共识，但也不能完全一致；更何况你我和环境又都随时间在变化？所以只能循序渐进，不能急于求成。

既然承认这一方水土和生物群体养这一方"人"；"故土难离"是我国不忘本的优良传统，在同时受这一方水土和生物群体和这一方"人"的熏陶渐染，就不可避免的具有局限的地域性。前面我们在解释蛛网式工作方法中，选作例证的蜘蛛，就是用北方，尤其是在辽宁城乡常见的一种较大型的黑蜘蛛，仅是全球多种蜘蛛中的一种而已。进而对循序渐进，不可能急于求成的理解，根本没有要把所在地区的所有生物都研究透彻之后，再去控制它们，这是因为既无必要，也不可能；严格而论，也是背离科学的。我们从事科学研究的目的在于维护人类的可持续发展；但在当前急需我们分担解决的实际问题，却是多种多样；前述在20

世纪 50 年代当时生产上急需解决荒山造林的适地适树问题，于是就局限于：① 区域内各种土地的宜林性质；② 区域内各种树木的适生土地。

这就可以通过，包括地貌部位、土地利用现状、土壤和植被的综合调查，划分出立地条件类型；辅之以残次生林、现有人工林、主要树种等专题调查和必要的线路调查。尽管使用的主要是低水平的常规手段，但推动我国在无林和少林地区的林业工作，在科学上迈进了一步。本来，这是仅限于一百多平方公里局部的研究成果，恰逢当时生产的急需，仓促就被推广到华北和全国，我们力求跟踪，也难于求全。尽管在推广过程中，失误颇多，而我们却从中汲取收益很大。突出的是"人"，更在于当地的专业技术人员和世居的老农，在他们的支持下，通过直接感知所得，现场论证，生态对比方法可以发挥出专家系统的威力和实效。例如在树种调查中，尤其是主要造林树种的确定上，我们到树种生长着的地方（自然生长的和树令大的优先），先围观一周，然后就生长势分五级，即特壮、健壮、正常、衰弱和趋死。主要根据每个人过去在他处见到的同龄级的同种树相比较，然后提出定级意见，暂不表决，如无病朽，暂记正常。用材树在未达壮龄林级前目测树高和和近 3 年的每年新枝长；进入成熟龄林级后，手绘树形并目测树高和冠幅；如为特用和干鲜果树时更须查询记清近 3 年产量。这些都是补充满足初步确定生长势所需要的，而生长势却是在主要造林树种排队和取舍上，起决定性作用。这是因为人毕竟也是有生命的生物，就与其他生物有相似的生物的共性；如：经人介绍一位从未见过的生人，一眼就能确定这位生人是男是女，是老是少，是健壮还是瘦弱等；对动物也是一见，就知是牛是马，是小鸡雏还是老母鸡，进一步也能分清是肥壮的牛，还是皮包骨的老马等；对植物也是一样，对自己所在地区，与自己生活关系密切的植物都有相应的了解，但和与自己无关的"人"和动物一样，并不需要都去详细了解。但当地的人对当地的树木，虽不像年年反复要种的庄稼那样熟悉，但世世代代生活在一起，稍加注意，单凭直接感知，就能有个"生长势"的概括基础，再多找几同种的个体，参证一番，加以比较，就能得出特壮、健壮、正常、衰弱和趋死的数量级的初步定论。这就是生态对比法。

主要的教训出现在急于求成上，而且是在已经认识到不能急于求成的基础上，等于"明知故犯"就更为沉痛。

也正由于华北地区在我国悠长的历史过程中，遭受到的摧残和破坏，最为严重。到处是荒山秃岭，土薄石多，原始面貌，荡然不存。从而，恰似要从半桶泔水的残羹剩饭去复原一万多年前的一场丰盛的宴席；即使允许逐步接近目标，也不是几步就能接近的。尽管如此，我们能得到生产和广大群众的支持和接纳，是在于我们敢于知难而进的一点点执著精神所感染；他们愿意和我们在一起探索前进。迄今已几十年，成功的经验不多，失败的教训不少，但都在祖国的大地上经过实践所取得的现实。这些现实都在证明"非不能也"。虽离目标尚远，总算接近目标一步。在极为困难的条件下取得的成果（也包括失败的教训），常是推广应用中，更值得珍视的基础。

参考文献

[1] 邓小平. 邓小平文选. 北京：人民出版社
[2] 路甬祥. 创新与未来. 北京：人民出版社

第8章 我国水土保持学科的出现

8.1 背景、基础和问题

当前人类还只有一个地球，表面积5.1亿 km^2 ，其中71%为海洋，陆地仅占29%，为1.5亿 km^2 ，承载着60多亿人口（2000年）。我国地势西高东低，西倚世界屋脊的珠穆朗玛峰（8844.43m）与尼泊尔为邻，国内最低处在新疆维吾尔自治区吐鲁番的艾丁湖（-155m）。国内黄河和长江源远流长，水、土和生物等可再生资源，得天独厚；使我国得以"以农立国"，形成人类社会发展悠长的文化历史。

但在新中国成立前夕，和世界上其他古老的国家相似，干旱风沙，水土流失，盐碱沥涝，冰雹霜冻，荒山秃岭，千沟万壑；生态灾难频仍，是受荒漠化严重威胁的国家之一。我国水土保持作为一门综合性学科的出现，是20世纪初我国老一代科学家，在多灾多难的旧中国，以忘我执著求实的毅力兴建起来的；并早在20世纪30年代就已引起国际上的瞩目。我出生较迟，幸得从教水土保持学科的机遇，深受老一代多位学长的教益，试图摸索作些承上启下的学科建设工作。半个世纪来，水土保持日益受到重视和发展，陆续获得出乎意料的荣誉，实应与国内外老一代学长们所共享。在实践中，基于半个世纪以来几代人辛勤的努力，凡是经过治理的地方，虽都取得相应的实效，而从整体上看，迄今仍是治理的速度赶不上破坏的速度，处于恶性循环之中！

1978年科学大会开过之后，在改革开放的东风吹袭下，得从学术交流和互访；尤其是参与多层次百科全书有关部分的编写，开始察觉到这个问题也是举世步入后工业时代的核心问题所在。也恰在此时，自认是土壤保持（Soil Conservation）权威的英籍人士赫德逊先生，由衷悲鸣："……土壤保持技术今后仍应继续提高，但制约土壤保持工作发展，起决定作用的是社会因素。"失望之余，进而提出："土壤保持科学已步入十字路口，要么取消，要么另起炉灶。"激愤之情，溢于言表。退而求诸己，科学本身就是动态发展的，面对时代进展的要求，导致从1979年起，作为研究生的一门指定选修课，试图能赶得上时代步伐，力求稍有超前性质的"生态控制系统工程（The Cybernetic Ecosystem Engineering，CESE）"。开设以来，持续将近20年，其涵义初步归纳为："面向人类赖以生存的地球，针对可再生的水、土和生物等资源及其环境，要以既能满足当代人及其后代的需要，又要保持相对稳定持续发展为目标；在现代科学发展的基础上，运用控制论的方法，以系统动力学中运动稳定性（stability of motion）的基本理论及其推导的方法为依据，从微观和宏观上作系统分析、研究，并进行动态跟踪监测预报（Dynamic Tacking Predictor，DTP），据以控制生物生产和生态系统的动态向稳定持续发展的一门综合性系统科学（1999年）。"由上可见，我们面对的是当前我国，也是涉及人类整体未来的大问题，远非某一个人或某几个人，某一学科或某几个学科，某一个部门或某几个部门所能解决；但就身历建国以来半个世纪的实际基础，又逢举世大势所趋，试写了一本《从生态控制系统工程谈起》。出版之后，引起先后共同工作过，尤其在逆境中仍能共同坚持探索工作的旧友新知极大兴趣，都愿将各自实践过程中取得的点滴成就，更多的失误教训，留给同行和后来人。

8.2　水土保持学科在我国的现实要求

早在上个世纪 30 年代，因我僻居东北，文化科学滞后，得到机会出国留学，奋发图强。但在刻苦学习过程中，也曾察觉到，有些玄虚之处。因受"儒学流毒"感染较深、故弄玄虚可获暂时高深莫测之利；萧规曹随，误人害己。受日本技术立国的感染，广泛涉猎，1940 年毕业后，辗转到北京；得到当时的北京大学农学院森林系任副教授，主讲森林理水沙防工学和测树学。1949 年被介绍到河北农学院森林系，报到后和同学们一起走进了河北省的革命老区；第一次接触村干部，他说："看得出来，你们参加工作不久，但能不辞辛苦，爬山越岭，来帮助我们工作，我们从心里高兴！"1950 年 12 月，由前政务院发布了《加强革命老根据地工作的指示》；延续到 1960 年，在开始承担主编水土保持原理教材时，虽力求更新，但积重难返，又苦于无国际成果可资借鉴；1965 年底总算编出并经审查修改后，交出版社付印，恰逢"文化大革命"，不仅未得发行，而且丢失了原稿。1973 年，其时原北京林学院已改成云南林学院，借面向全国招生的机遇，得以南北两栖，广泛粹取各地的精华；尤以被指名参与了 1978 年的全国科学大会，开阔了眼界；进而承担中国大百科全书农业工程卷水土保持分支和农业大百科全书水土保持部分的编审工作，得以根据学习和实践的所得，对水土保持科学做了进一步的探索。

我国文化历史悠长，自古以农立国；"平治水土"，古人言之甚详，见之于文献最早的应是《国语》（公元前 550 年）。在欧洲围绕阿尔卑斯山区森林的破坏、导致山洪泥石流灾害严重，1884 年在奥地利维也纳农业大学建立起荒溪治理学科（Wildbachverbaoung）。日本早在 7 世纪经遣唐僧受我国"治水在治山"的深远影响；明治维新后曾向欧洲学习，建立起森林理水沙防工学。美国立国后肆意开垦西部各州土地，导致 1934 年爆发了举世震惊的"黑尘暴（Blackduster）"，首次科学报道的学者是我国熟知的罗德明（M. K. Lowdermilk）。他曾被聘为我国金陵大学教授，参与了我国水土保持学科创建工作，他的铜像仍矗立在天水水土保持实验站；回国后被任命为美国农业部水土保持局副局长，但正局长 H. H. Bennett 坚持用"土壤保持学（Soil Conservation）"。我国在我出生之前，黄河流域的水土流失问题，早已被我国老一代学长所重视，这些学者建国后仍有多位健在。建国初期，在学习前苏联的热潮中，正值"斯大林改造大自然计划"问世，其理论依据是继承了 В·В·杜库恰也夫、Р·А·柯斯特切夫和 В·Р·威廉士成就的基础上建立起来的。新中国建国后迎来前苏联专家普列奥布拉仁斯基教授来北京，我陪他由东北林区经西北黄土高原，直到东南沿海等现地考察和研究，他由衷同意并支持：中国文化历史悠久，长期困于旧社会，尤其在近百年来，内忧外患不绝，致使旧社会留给新中国的荒山秃岭、破碎山河的荒凉面貌，情况复杂，治理难度很大，只能靠本国科技人员的努力谋求解决，从而要立即创建符合于中国特点的水土保持学科。在 1957 年学习苏联成立森林改良土壤教研组，得到这位苏联老学长的支持主编出版了我国高等林业院校交流教材《水土保持学》。

到 1952 年北京林学院建立后，水土保持已成为农林水利院校的重点专业课，我们开始为全国培养水土保持师资研究生，并一同到黄土高原和西北风沙地区实地考察，同时讨论和研究存在的问题。那时我们已对华北山、沙地区旱涝灾害情况有一定的理解，尤其是 1950 年发生在京西原宛平县清水河山洪爆发的重灾区，以工代赈进行田寺东沟石洪治理工程，没用一斤水泥,取得高质量的工程!世世代代积累蕴藏在山区农民中珍贵的潜力,使我深受教育和启发。迄今已半个多世纪,以工代赈田寺东沟石洪治理工程又前后经历三次相似暴雨的考验,安然无恙!

早在1955年召开的全国第一次水土保持会议,就当时我国学术界水土保持是不是一门科学的争论,在竺可桢老学长又一次亲去西北黄土高原考察研究之后,代表中国科学院的报告中,专有一段指出,水土保持就是和水土流失作斗争的科学。1956年,聂荣臻在党中央和邓小平的安排下,出任国务院副总理,主管共和国的科学技术工作;不久又兼任国务院科学技术委员会主任,曾在会议上提出:"我国人民应该有一个远大的规划,要在几十年内,努力改变我国在经济上和科学文化上的落后状况,迅速达到世界上的先进水平。"几天后,周恩来总理在政协二届二次全体会议上,发出了"向现代化科学技术大进军"的号召。

1958年北京林学院被指定成立了水土保持专业,1962年3月我成为由国务院谭震林副总理亲自主持的国家重点攻关项目"山地利用和水土保持"的专家组成员,除分工组织和主持华北、西北地区山地利用和水土保持课题外,在由中国科学院南京土壤研究所承担组织和主持的山地利用和水土保持理论研究课题中,由我分担了"泥石流运动机理及其预测预报的研究"专项研究。在十年动乱中,不仅取得意外的成果,还得到在西南横断山脉的广泛印证,为1978年全国科学大会上获奖奠定了基础。同年12月由中央批准北京林学院返京复校。早于1952年就联合几位同行并建议成立中国水土保持学会,几经周折,也最终于1986年经中国科学技术协会批准正式成立。1995年作为1961年以后在我国水土保持学科发展的小结,全国高等林业院校试用教材《水土保持原理》再次交印。

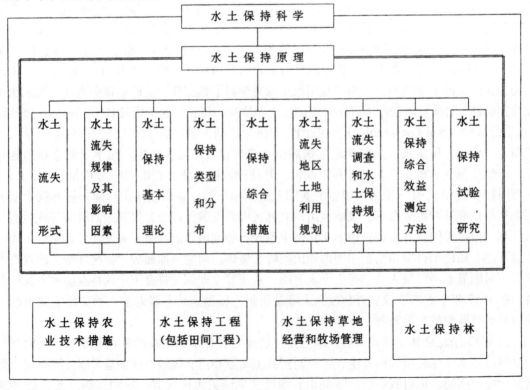

图 8-1　水土保持学科体系图示

8.3　水土保持创始于中国，水土保持科学应是中国的专利

我国凭借水、土和生物等可再生资源的优势，占据黄河和长江下游广阔大陆的中原大地，自古以来就以农立国，井田沟洫，平治水土（水土保持的前身），古人言之甚详（据张含英）。20 世纪 30 年代初美国林学家罗德明（M. K. Lowdermilk）在我国与当时的有关学者共同倡导水土保持（water and soil conservation）学科。新中国建国伊始政务院就曾发布：《加强老革命根据地工作》的指示，开始"以工代赈"，常年持续抗旱治沙的水土保持工作。1952 年末政务院又发布了：《关于发动群众继续开展防旱抗旱运动并大力推行水土保持保持工作》的指示。1955 年冬召开了第一次全国水土保持工作会议，中国科学院副院长竺可桢老学长亲身到实地调查 3 次，又经反复研讨，精辟指出："……科学起源于实践，水土保持就是和自然界的水土流失现象作斗争。"约定俗成，在我国厘定"水土流失"成为科学术语。1957 年夏第二次全国水土保持工作会议上我被指定在北京林学院建立水土保持专业并负责统编教材，1966 年经多次讨论通过："水土流失是在陆地表面由外营力引起的水土资源和土地生产力的损失和破坏。"与之相应的："水土保持学是研究水土流失形成、发生的原因和规律，阐明水土保护的基本原理；据以制定规划，并组织运用综合措施，防治水土流失、保护、改良和合理利用水土资源，维护和提高土地生产力；为发展农业生产、治理江河与风沙，建立良好的生态环境服务的一门应用技术科学。"

至此，基于人类可持续发展的需要，在我国"水土保持"已经从一门可有可无的选修课，随新中国的发展，从重点专业课到水土保持专业、水土保持系、水土保持重点学科、水土保持重点开放实验室到水土保持学院的成立，已取得应有的发展；但随当代科学的迅猛开展，水土保持科学确也存在着不可回避的深层次的问题。

8.4　深层次的问题和展望

很明显，在我国旧社会不论生态灾难如何严重，也要靠我们自己求得恢复、改善和提高。建国后半个世纪我亲自参与实践并证明，看似"既要驴子跑，又要驴子不吃草"是无理要求，但实践证明，可以做到"社会效益、生态效益和经济效益同步实现"。但是，50 多年来，延续治理到今天，从严要求，治理的速度仍赶不上破坏的速度。这就是我们面对的现实问题所在。为了有利于解决这个问题：

（1）破除科学上和对"天才"的迷信，中学毕业（18～19 岁）已长大成人，要独立思考，锻炼通过实践，自负盈亏，承担责任的能力。

（2）在上一世纪，习惯于衡量一个国家或地区，2/3 的人口靠工业和第三产业生活，1/3 的人口靠农业生活就成为被纳入发达国家的条件之一；但事实证明，城市，尤其是大都市的扩展是有其极限的。我国（也包括发展中国家或全人类）在 21 世纪，应有 50% 的人口居住生活、工作在乡村，这已被广泛接受。

（3）在如上的前提下，以水利工程中惯用的平均等速流用加乘系数的方法，估算乱流；以所谓风沙流的理论去涵盖扬尘等基本理论上的误导、纠正和重建，应是当务之急。

（4）在生命、生物，也包括人类在内，和其所在地的环境，具有密切不可分割的关系，从而形成"一方水土养一方人"的自然规律，当前我们已经掌握的科学技术：土壤能用人工合成；控制无效蒸发水分的消耗；每公顷土地，限用 7500 方农业用水，部分多层次循环利

用，维持全年生物生产；要维持 15 亿人，能生活在小康以上水平。

（5）从现在开始这已成为全党全国人民的宏伟事业，尤其是老少边穷生态脆弱地区的县镇一级行政领导，责无旁贷，全力担当统筹科学管理责任。

（6）我们重点追求和探索的只是其中的一小部分，如果将这一部分称之为专家系统，在生物和环境领域的特点，就必然要以地方为主。

当前第一步是要在当地政府的直接领导下，共同作出规划，实现在祖国的大地上，在此过程中形成一个有国家、省、市上级科技人员参加和县领导、科技人员、生产能手和知识青年组成的工作队伍；不同于处理无生物的工业或文体艺术队伍这种具有国家级、地方级和民间级的严格差别，水土保持从中央到地方，一竿子插到底，面对全县整体的具体情况、环境、条件组成的有序的专家集体；从形式上看县领导是主要权威，而实质上是通过实际工作，培育当地青年成为掌握现代科学技术为建设自己秀美家乡的接班人。从现在开始起步，找几个不同类型地区开始试点。以往的经验证明，3~5 年都可取得实效，用 17~18 年的时间，最近两年出生的娃娃都已长大成人，只要能培养出 4000 个（每县 2 人）"永久牌"愿意又掌握现代科学技术建设所在的秀美家乡；到那时（2020 年）分散居住在 960 多万平方公里的 6~7 亿国民和各级领导都心中有数，将激发出来的主观能动作用、有序地集成起来；必能促使生物生产事业、生态系统、环境和可持续发展，超前迈入现代科学的新阶段。

表 8-1　我国水土流失形式一览表

2007 年 5 月修订

土体的损失和破坏	侵蚀动力	水土流失形式	
	水的损失	旱风	
		土地干旱	（1）
		径流损失	（2）
		土地水分亏损	
		土地龟裂	（3）
		冷浸田	
		岩溶侵蚀	
		泻溜	（4）
		土体营养物质损失	（5）
	水蚀	溅蚀	
		片蚀	（6）
		沙砾化面蚀	（7）——①
		鳞片状面蚀	（7）——②
		细沟侵蚀	（8）
		原生沟蚀	（9）
	水蚀	次生沟蚀	（10）
		荒废山溪	（11）
		沙石压地	（12）
	重力侵蚀	边岸冲塌	（13）
		坠石	（14）
		山制皮	（15）
		陷穴	（16）
		坐塌	（17）
		山崩	（18）
		崩岗	（19）
		滑坡	（20）
		地行	（21）
	水力，重力混合侵蚀	堰塞侵蚀	（22）
		泥流	（23）
		石洪	（24）
		水石流	
	风力侵蚀	风蚀残丘	（25）
		流动沙丘	（26）
		沙暴	（27）
		积沙	（28）
		尘暴	（29）
		白毛风	（30）
		高山颓雪	

水土流失形式：土地干旱

水土流失形式：径流损失

水土保持形式：土地龟裂

过度放牧形式：土砂流泻山腹

水土流失形式：土壤营养物质损失

水土流失形式：片蚀

水土流失形式：沙砾化面蚀

水土流失形式：细沟侵蚀

水土流失形式：鳞片状面蚀

水土流失形式：原生沟蚀

水土流失形式：次生沟蚀

水土流失形式：边岸冲塌

水土流失形式：沙石压地

荒废山溪：河北邢台

水土流失形式：燧石

水土流失形式：山剥皮

水土流失形式：陷穴

水土流失形式：坐塌

水土流失形式：山崩

水土流失形式：崩岗

水土流失形式：滑坡

水土流失形式：地匍行

水土流失形式：堰塞湖

泥石流水土流失形式：典型石洪——小北沟石洪

水土流失形式：泥石流

水土流失形式：风蚀残丘

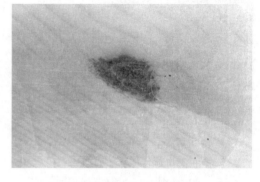

水土流失形式：流动沙丘

水土流失形式：陕西榆林 1992 年"沙暴"

水土流失形式：积沙

水土流失形式：尘暴

水土流失形式：白毛风

第9章　生态系统和景观科学

9.1　绪　言

　　有生命的生物个体必然要死亡，只能依靠世代更替繁衍下去，但受生命内部的驱使和来自外部的影响；不仅同种生物没有两个相同的个体，即使同种生物中的变种、栽培用种和爱玩用种，甚至同一个体内部也没有两个相同的部件。其实，每一个细胞都随时间和所处的内外条件在变化；因而，就我们当前掌握的科学技术水平，具有生命的生物个体已经属于多维非线性，甚至具有相应的自我意识，并有内部阻尼和受外部制约的耗散型结构的事物。

　　从简单说起，松叶牡丹（*Poriulaca grandiflora* Hook.）俗称"死不了"，也叫马齿苋花。是我自幼喜欢栽培过的贴地生长的一年生草花。1987年受当时境遇所触动，家庭生活要有个安闲舒适的环境，总还要有点花鸟虫鱼等添些生气。没有生命的塑料花，或会动的玩具，再好也不会变化和长大，对儿女就更突出，如果他（她）们只在水泥、塑料、纺织、乳制品和食物中，出生到长大，偶尔看见几个苍蝇和蟑螂，不接触自然界丰富多彩、千变万化的有生命的生物，不了解牛奶、蜂蜜、白菜和粮食是怎么来的，我们要把家庭、国家甚至人类的未来交给他（她）们多不放心！好在房前就有一小块空地，种些松叶牡丹，当年就看到繁花似锦，一家人都很高兴，左邻右舍也常来欣赏。陆续搞到1998年，被动员搬住楼上，被迫停止。亲身接触它十几年，仅只运用简单的选择手段，就取得年年缤纷杂陈，千变万化，永无重复，每年都有新意和收获。因而不仅能为家庭增添些欣欣向荣的生机，能让后代早日接触和人类具有共性的生物，对他（她）们将有深远的影响。

松叶牡丹之1

松叶牡丹之2

9.2　生物多样性

　　生物多样性早已就是生物科学中令人感兴趣并长期探索的问题。由于起源于欧洲的现代科学技术的进步，促成以非生物开发利用为主体的所谓工业革命的畸形发展；致使全球的生物日益遭受严重的摧残和破坏，甚至涉及人类未来的生死存亡的大问题，提上了国际议事日程。影响所及，在我国也逐渐成为热点问题，在此首先愿引用《生物多样性保护战略》（Global Biodiversity Strategy）一书的序言进行说明：

地球上所有生命都是相互依存的宏巨系统的组成部分；大气、海洋、陆地水面、岩石土壤等要素，也是相互依赖和影响而存在。人类是构成这个生命共同体——生物圈的一部分，因而也只能依赖这个整体而生存。远古时期人类的活动屈居于宏大的自然面前，尚属微不足道。时至今日，人类对地球这个行星已能产生很大影响。举出二氧化碳的递增和臭氧的减少，都是世界规模的环境污染问题，就足以证明。

发展必须以人类为中心，同时也必须以环境保护为基础。如果我们人类不能和其他生物相依为命，保全世界自然系统的结构、机能及其多样性；则必将导致发展的停滞。要以地球资源可以持续的姿态，小心谨慎地使用，否则将导致人类的毁灭。发展不能以后代的牺牲为代价，也不能威胁其他生物的生存。

生物多样性的保护是促使发展成功的基本。正如《生物多样性保护战略》中所述，不应仅限于保护"保护区域"内的野生生物，而应遵循维持我们生命装备的地球的自然系统。即：保护水质清洁，促进氧和碳等基本元素的循环，谋求维护地力，从土地、陆地和水域、海洋取得食品和医药；进而坚持不懈地守护改良农作物和家畜的丰富的遗传因子。

晚近，关于世界的状况和人们应如何对待，发表了许多重要的研究成果。十年前的"世界保护战略"中曾提出的"保护和开发不能分离"引起广泛关注，"可能持续"的概念，日趋重要。"关于环境和开发世界委员会 UNCED"，即"地球最高级会议 Earth Summit"的研究报告中"坚护地球的未来"提出持续发展的必要性，深入世界人心。联合国环境计划署 UNEP 召开了政府间的协议会，讨论了："2000 年及其以后环境展望"，在持续发展上，取得了一致意见，而且见之于行动。隔年刊《世界资源和环境》、《环境信息》，以及每年由 UNEP 发表的"环境状况报告书"，基于地球现状核实的资料，时而发表尖锐的论点。最近出版了《世界保护战略》的续篇，并补充刊行了《珍视唯一的地球，新的世界环境保护战略》、其中对抑制浪费，保护地上生物，在地球收容能力之内活动等，提出了要求；并对世界政体提出重新修改政策的必要……①

以其涉及全球的生物多样性自知远非我们力所能及，幸而得见 H. A. Mooney 和 R. J. Hobbs 合著的《生物圈机能的遥感技术》，这是一本关于在全球的环境问题中，有全球增温随臭氧层破坏引起的紫外线加强、热带森林破坏、荒漠化、酸雨等，其影响最为显著（突出）的是生物圈。研究表明其影响和评价方法的开发，已成为国际地圈、生物圈协作研究计划（International Geosphere – Bio – sphere Program，IGBP）和国际关于气候变化政府间的研讨会（IPCC）的重点研究课题。1988 年在夏威夷，美国和澳大利亚的研究人员以实际工作经验讨论会为基础，汇编成书，1990 年日译后为 Springer – Verlage 的生态研究系列丛书，第 79 卷。概括了有关控制生物圈机能的生物学方法、生物体系的化学特性、大气与生物圈间气体交换等的遥感技术方面，最尖端的科学信息。不论在我国，还是在世界上，都是首次关于生物圈机能遥感技术的择要书。

---

① 引自：生物多样性保护战略 Global Biodiversity Strategy 序言，作者：J. Spets WRE, M. Hololgate INCD & M. Tolba UNEP，关君蔚译

　　该书在绪论的开始就提出："当前由人类活动引起的地球表面和大气的变化日益成为主要问题，其影响实堪忧虑。此种变化，特别是气圈的变化可能破坏生物生存的地球环境。为了说明和理解此种变化，促成前所未有的地圈、生物圈国际协同研究计划（IGBP）开始工作。在地球规模的研究计划中要求控制全球系统，将物理的和生物的相互作用从全球规模进行观测……进而还要求确切理解生物圈变化的内涵。对生物圈的影响，包括从全球到区域的内容，涉及空间的所有比例尺。进而指出为理解全球规模变化的影响，可用卫星图像；从而实现对生物圈机能要超前彻底探讨连续远距离观测的可能性。其起步是定向和逐步逼近（approch）的方法，当前已经完成。"从目录上看第 2 章全章就是用生态学者的实用的观点——陆地生态系统的构造和遥感技术，确实对生物多样性的重要性和当前问题的严重性，摆在很突出的位置。如表 9-1。

表 9 - 1　按主要分类单位，已见之于记载的种数表

　　据：Wheeler，Quentin D. 1990. Insect diversity and cladistic constraints. Annals of zhe Enyomologial Society of America Vol. 83. pp. 1031 – 1047

分 类 单 位	已见之于记载的种数
1. 原核菌类（细菌、蓝藻类）	4760
2. 真菌类	46 983
3. 藻类	26900
4. 植物（多细胞植物）	248428
5. 原生动物	30800
6. 海绵动物	5000
7. 腔肠动物	9000
8. 扁形动物	12200
9. 线虫	12000
10. 环形动物（蚯蚓等）	12000
11. 软体动物	50000
12. 棘皮动物	6100
13. 昆虫类	751000
14. 昆虫以外的节足动物（壁虱、蜘蛛、甲壳类等）	123161
15. 鱼类	19056
16. 两栖类	4184
17. 爬虫类	6300
18. 鸟类	9040
19. 哺乳类	4000

　　如将表 9-1 形象化，则如图 9-1 所示。

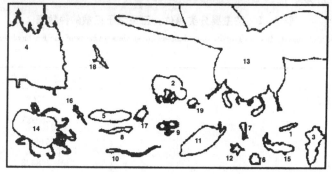

图 9 – 1　按分类单位，已头记载种数的比较示意图

引自："Species – scape"由 Frances Fawcett 绘制

　　读后，我颇受教益，集中精力，续读下去，内容却限一般性质，实出乎预想之外；随后就以一张佛教图（如图9-2），结束生物多样性的描述。

　　这是早在上一世纪 60 年代，当时联合国秘书长吴丹（U. Thant），一位虔诚的佛教徒，基于杂交水稻的成功，说过："……将是一场根本性质的革命变革——也许是最富于革命精神的人们从未经历过的一场变革。这一场变革意味着什么呢？在朦胧中显示的是'绿色革命'……"。

　　失望之余，回味颇多。首先生物多样性（biodiversity）这一科学术语，传入我国后，也有相应不同的理解；为了有利表达一家之言，以上力求将当前国际上通用的涵义说明清楚。就我们的体会，国际上的生物多样性（biodiversity）是以生物种及其变种、栽培用种和爱玩用种为基础，并不包括同种个体间的差异，甚至同一个体内部也没有两个相同的部件。其实，每一个细胞都随时间和所处的内外条件在变化，正因如此，原想就全球的生物多样性，能取得简单概括的了解；即使以种属为基础，甚而仅限于中国，"皓首可以穷经"，长命百岁也认不完全国的生物。从懒汉思想出发，"万物静观皆自得"，理解到对用"佛教图"来结束生物多样性，反而独得其妙！**进而，促使我们能用更多的精力去探求生物多样性和环境的相互关系。**

　　地球上出现生物之时，生态系统就已存在。研究生物与环境之间相互依存的科学被称之为生态学（ecology）。发展到 20 世纪 30 年代，参与由许多而相互具有密切关系的生物群系，在此群系中生物间有机综合及其相互作用称之为 ecosystem（Tansley，1935）。在我国多被译为生态系，本书为行文方便译作生态系统。Tansley 的可贵在于将生物科学（应属对自然的

图 9 - 2　表达古代东方文明的佛教图

认识）有说服力地纳入相互影响和制约，在运动的过程中不停变化的轨道。推动了生物和生态科学，半个多世纪以来，得到跨阶段的发展。

　　维持生态系统的正常运转，需要不断地有能量和物质的输入，能量的光和热主要来自太阳；物质的来源，则主要靠地球的最外层——生物圈来供应。

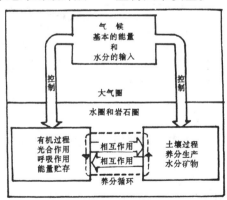

图 9 - 3　气候在生命层的环境形成过程中的作用示意图

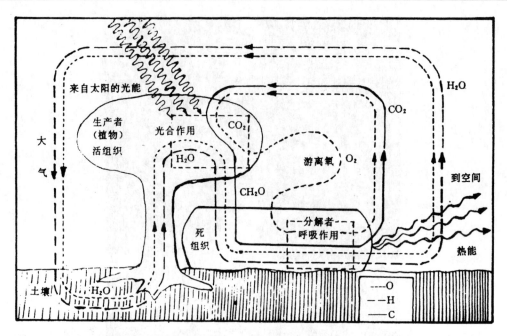

图9-4　光合作用和呼吸作用中基本成分的简化流动示意图

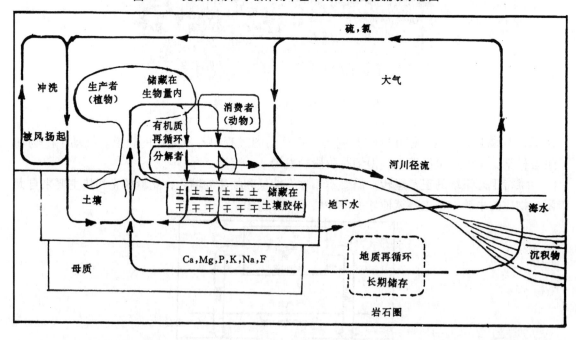

图9-5　在生物圈内部和其外部——岩石圈、水圈和大气圈组成的无机界范围内物质循环中矿物部分（略去大气中的氢、碳、氧和氮）的流动图

　　就整个地球而言，光和热——能量的流动是地球与地球以外的太阳和宇宙之间的流动，多称之为"能流"或"能量流"。而其他物质的流程则多限于地球的范畴之内，称之为"物质流"；与水相结合则是营养物质流。如果将生物群系的遗传、本能、进化、突变和自我调控功能，进一步和生物对环境的适应及其自我防御和维护功能结合在一起，以其共性均属信息传递为核心，称之为信息流；则有如图 9-6 所示。

$$→前一时段环境条件→\begin{bmatrix}能量流\\营养流\\信息流\end{bmatrix}→现在环境条件→\begin{bmatrix}能量流\\营养流\\信息流\end{bmatrix}→下一时段环境条件→$$

图 9-6　生态系统动态进程变化示意框图

来自太阳的光和热和依赖地球本身水分循环所产生的淡水，在陆生生物出现之前早已具备。但动物所必需的氧气，却来自其他生物，主要是绿色植物；动物是生物发展的次生产物。在动物内部，因受遗传特性的制约，哺乳动物要摄取有机物质为营养，虽有草食和肉食之分，而其营养物质的绝大部分都直接或间接取自绿色植物；人类属杂食性，被鲁迅誉为"敢吃螃蟹的勇士"，没有生物为食，也必然要饿死。所以，没有原始生物就没有植物，没有原始生物就没有动物，也就没有哺乳动物，也就没有人类。可见在自然界的生物总体中，所有生物都是相互依存，又是相互影响和制约的。

阐述至此，在有关生态系统的论著和研究成果日新月异之际，我们更钟情于 R·H·霍梯克（Dr. R. H. Whittaker）的成就，虽与我们孤陋寡闻有关，其实更在于他们提出的一系列生物总量、生物、总通量等，尤其是 NPP（net primary product），即净第一性生产量，已经在前述 H. A. Mooney 和 R. J. Hobbs 合著的《生物圈机能的遥感技术》，第 4 章中专门论述了遥感技术和生态系统模拟（simulation）相结合，推定陆地植被的净一次生产力（EPP），并经大面积的现地实践，研究成果证明是有效的，也是可行的。

为了表达地球上生物有机体的总量，用生物总量（以重量单位）表示。表达一定时间生物总量的变化进程，则称之为生物总通量（单位是重量/时间）。在自然界单就某一局部的生物而言，在单位面积上生产有机物质的重量，称之为生物量，而在人为有目的经营时，亦称生产量（农作物包括秸秆和根系，家畜则包括粪便等）。在生态系统中森林的生物量最大，草地次之，陆地上的水面和海洋生物量最小；这是因为陆地表面直接接触空气，有充分淡水水源供应时，就意味着高生产力；而海洋一望无际是水，但只有能被太阳照射所及的表层，才具有第一性生产力（primary product）的条件。

表 9-2　各种生态系统的净第一性生产力（据 A，M，Strahier）

	平均数（g/年·m²）	一般变幅（g/年·m²）
陆地		
赤道带的雨林	2000	1000～5000
淡水沼泽和沼泽湿地	2000	800～4000
中纬度森林	1300	600～2500
中纬度草地	500	150～1500
农地	650	100～4000
湖泊和河流	500	100～1500
极端荒漠	3	0～10
海洋		
河口湾	2000	500～4000
大陆架	350	200～600
开阔海洋	125	1～400

　　正因生物量或生产量其来源都直接或间接来自光光合作用，以此为基础称之为第一性生产量；扣除其本身呼吸作用的消耗，称之为净第一性生产力，都是以重量/面积（或单体）为单位。为表达系统流程，各自都有与其对应的生产率（productivity）。

　　导致我们钟情于R·H·霍梯克的成就的在于具体推动以食物链为核心的生物链，这一有实效的科学成果，应用于指导生产。在自然界，生物的种间关系中，既有相互依存的关系，也有相互制约的关系。猫吃老鼠，但猫和老鼠可以长期共存。"大鱼吃小鱼，小鱼吃虾米，虾米吃籽泥（微生物）"，在自然界也是长期共存的，从而引申出以食物链为核心的，生物种间关系的生物链，开始探索生物种间能量和物质的功能及其动态流程。

　　在食物链上环扣的数目是可变的，一般为3~5个：

　　第一级有机体：是基层，是生产者，是营光合作用的植物；

　　第二级有机体：是食草动物，是以植物为食的动物，亦称第一性消费者；

　　第三级有机体：是以草食动物为食的第一级食肉动物亦称第二性消费者，例如食肉动物、寄生生物或食腐动物；

　　第四级有机体：是以前者为食的第二级食肉动物，亦称第三性消费者；

　　第五级有机体：第三级食肉动物。

　　食物链上的这些位置叫营养级（trophic levels）。尽管各级边界并不明显，很多动物吃的是大小和其他特征适合的任何食物，因而它们从不只从一个营养级中获取食物。浮游动物的生产力小于浮游植物的生产力导致这种情况出现必然不只一种原因。只有第一性产量的一部分，即植物呼吸作用之后所剩余的净第一性产量才能被收获。如果动物不过度获取以致破坏它们自己的食物来源的话，这种净第一性产量之中，也只有一部分能够被动物获得。被动物吃下的植物只有一部分会被消化和同化。对大多数动物来说，硅藻的硅质壁和陆生植物的纤维素壁，即使后者是有机质，也都不能用作食物。由于这些原因，第二营养级的产量，即食草动物，通常等于或小于第一营养级植物产量的1/10。同理第一级食肉动物的产量必然小于食草动物的产量，第二级食肉动物的产量必然小于第一级食肉动物的产量。R·H·霍梯克为了证实如上结论，亲自用低养分的浅实验池，作了实验，结果如图9-7。

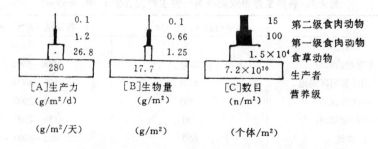

图9-7　一个低养分的浅实验池的群落金字塔（据R. H. 霍梯克）

　　顺营养级序列向上，产量必然要急剧地，梯级般地递减；因而形成生产力的金字塔（pyramid of productivity）（图9-7中的A），而其他两个金字塔（图中的B、C），也作为必然的结果出现。有机体的个体数目一般顺营养级序列向上递减而构成数目金字塔形（pyramid of numbers）（图中的C）。然而，当许多小有机体靠吃某一较低一级的大有机体生活，像成千昆虫以一棵树为生，或者成百寄生虫为一个寄主为生时，数目金字塔形就发生颠倒。营养级的生物量也顺序列向上递减（图中的B）。生物量金字塔（biomass pyramid）则不常颠倒，但在浮游生物群中动物的质量时常超过植物。所以，生产力的金字塔具有重大意义，而数目金字塔和生物量金字塔由它得出的不怎么重要和不怎么可靠的结果。

表 9 - 3　主要生态系统和地球表面的净第一性生产量和植物生物量

据 R・H・霍梯克和 G. E. Likens 用 1963 ~ 1968 资料汇编

	面积 10^6 km^2	每单位面积净第一性生产率（kg/年・m^2）		世界净第一性生产量 19'千吨/年	每单位面积积生物量（kg/m^2）		世界生物量 10'千 t
		正常范围	平均		正常范围	平均	
湖泊和河流	2	100 ~ 1500	500	1.0	0 ~ 0.1	0.02	0.04
沼泽	2	800 ~ 4000	2000	4.0	3 ~ 50	12	24
热带森林	20	1000 ~ 500	2000	40.0	6 ~ 80	45	900
温带森林	18	600 ~ 3000	1300	23.4	6 ~ 200	30	540
北方森林	12	400 ~ 2000	800	9.6	6 ~ 40	20	240
疏林和灌丛	7	200 ~ 1200	600	4.2	2 ~ 20	6	42
热带稀树草原	15	200 ~ 2000	700	10.5	0.2 ~ 1 5	4	60
温带草地	9	150 ~ 1500	500	4.5	0.2 ~ 5	1.5	14
冻原和高山	8	10 ~ 400	140	1.1	0.1 ~ 3	0.6	5
荒漠灌丛	1 8	10 ~ 250	70	1.3	0.1 ~ 4	0.7	13
极端荒漠、岩石和冰川	24	0 ~ 10	3	0.07	0 ~ 0.2	0.02	0.5
农地	14	100 ~ 4000	650	9.1	0.4 ~ 12	1	14
全部陆地	149		730	109		12.5	1852
大洋	332	2 ~ 400	1 25	41.5	0 ~ 0.005	0.003	1.0
陆地	27	200 ~ 600	350	9.5	0.001 ~ 0.04	0.01	0.3
附生海藻和河口湾	2	500 ~ 4000	2000	4.0	0.14 ~ 4	1	2.0
全部大洋	361		155	55		0.009	3.3
整个地球表面	510		320	164		3.6	1855

*由著者和 G. E. Likens 根据不同来源（参阅 Bowen 1966，Rodint Bazilevich 1968，Ryther 1963，Strickland 1965）估算作出

在陆生群落中，净第一性生产量的 99% 未被获取，而是作为活植物组织留下，第一性生产量只有作为死的组织才能被腐生生物和两栖动物利用。在陆生群落中，腐生生物在分解死组织成为无机物质的过程中比动物起着更大更重要的作用。在大多数陆生群落中，还原者所生产和第二性生产量应该超过消费者所生产的产量，尽管前者比后者更难以测定。还原者的生物量，由于它们的微小细胞和丝状物嵌进了食物源，也难以测定。然而还原者的生物量相对于它们的生产力和对于群落的意义来说是小的。这些有机体像群落中的酶一样起作用，由少量的还原者（由于与死亡率相平衡的迅速生长和繁殖的结果所形成的高生产量）通过一系列的反应将巨大数量的有机物质转换为无机残余物。

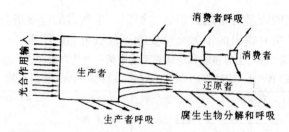

图9-8　自然群落中的能流（据 R. H. 霍梯克）

在这种情况下，还原者将它们所分解的有机化合物中的光合作用能分散返回到环境中。因而它们在生态系统中最普遍的特性之一是在能流方面占有重要的地位。图9-8 以简化而概括的方式说明能流状态。一个群落，像一个有机体一样是一个开放的能量系统。能量通过光合作用不断地输入，因呼吸作用和生物学活动逸散到环境中，同时该系统不至于停止，通过自由能的损失，而达到最大熵。如果能量输入超过能量散佚，群落中有机结合的生物学上有用的能库随群落生物量的增加而增加，于是群落就发展了。如果能量散佚超过输入，群落必定在某种意义上逆行演替。如果能量输入与散佚相平衡，则有机物质能库呈相对稳定状态。如图9-9 处于稳定状态的群落中，从左方输入的光合能与向右方散逸返回环境中的能相平衡，群落之内的有机化合物的能库保持恒量。

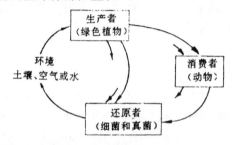

图9-9　在一个生态系统中，环境和有机体之间的物质循环简图（据 R. H. 霍梯克）

还原者在生态系统的第二个最普遍的特征中，即群落和环境之间的物质循环中具有决定性的作用。三种功能性的界与这种循环的联系情况，以最概括的形式示于图9-9。有机物质被还原者（分解者）分解，作为包括养分在内的无机物质，释放到环境中（土壤或水中），从而可以被植物吸收，并且通过群落再循环。第一性生产者保存太阳能量，并使它可以用来供养食物链中高一级的消费性有机体。但要记住，在食物链里每上升一级能量都有损失，所以级别的数目是有限的。通常一个级别中储存在有机物质中的能量大约有 10%～50% 可以经过食物链上升到其上一级。并且，在食物链中的级别越高，能量的损失也越多，因此级别的数目很快达到一个限度。消费者的级别数目限度通常大约是四级。如图9-10。

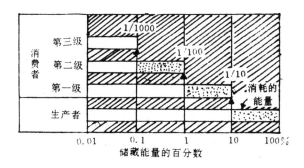

图 9 – 10　向上通过食物链各级的能量百分数，假定每一级损失能量 90%（据 R. H. 霍梯克）

　　上图是一个条带图，它表明由下向上食物链的能量只有 10% 的能量由一个级转移到其上一级。水平比尺表示各次乘方。在陆地生态系统中生物量也随着食物链每上升一级而有减少。消费性动物的个体数目也随着每上升一级而有减少。

　　由上可见，1961 年 R. H. 霍梯克只是用一个低养分的浅实验池做的这个并不复杂的实验，早已（1931 年）见诸旧高一理科的生物学，也是更早常为高小学生夏天玩过的把戏。而其所得出关于"金字塔"的结论，也只限于趋势和数量级的范畴，有时还反常（例如"倒金字塔"）。其所以引人入胜，恰在于他们的研究成果，从生物总量、净第一次生产力、生物链、食物链、营养级到群落金字塔，已将我们共同探索的对象——复杂而庞大，且具有相应的自我意识，并有内部阻尼和外部制约，多维非线性、耗散型结构的事物，开始纳入当代科学的轨道。**阐述至此，愿与读者同步进入景观生态科学的新领域。**

9.3　自然景观和景观生态系统工程

　　地球是宇宙中现在确知存在着具有生命的唯一星体，而我们又相信地球上先具备了出现生物的条件之后，才出现生物。地球的历史演绎到今天，并非地球到处都有生物存在，都适合高等生物生存和繁衍。辽阔的海洋和渥寒的两极、常年积雪的高山，虽有生物的踪迹，但远非陆生，更不是高等生物得以定居和繁衍之地。所以，在人类出现之前，基于地球上局部之间能为生物提供的环境条件的差异，从而形成生物群体集聚和分布的分异。

　　地球是一个平均半径约为 6400km 的近似球体的实体。从地心向外约为 3500km 的球体称之为地核。地核的外部具有流体的特征，但其核心可能仍是固体。核外面由地幔包围着，地幔厚约 3000km，由超铁镁岩浆岩组成的矿物橄榄石为主。地壳是地球表面最薄的一层，其厚约 16 ~ 40km，与地幔分界明显，主要由岩浆岩组成，下层是延续分布的玄武岩类，上层多分布在大陆，呈不连续状态分布着花岗岩类。

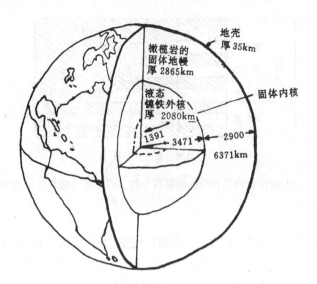

图 9-11　构成地球内部的同心圆带（引自《自然地理
学》，北京大学地理系等编，1978）

　　在宇宙空间中，地球只是太阳系的行星，在引力的作用下，除按一定的轨道和速度，环
绕着太阳旋转之外，地球还附托着水体和空气以一定的速度在自转。迄今按宇宙的历史推算
为 170～189 亿年，地球的形成约超过 46 亿年。如此漫长的地质岁月中，在宇宙，尤其是太
阳的控制下，万物始终处于运动和不断变化之中，地球也是个处在运动和变化的星体，而在
今后也必然仍处于不停地运动、变化和相互影响和制约之中。当前地球表面形态正是长期地
质年代运动和变化的综合结果，也是今后继续运动和变化的基础。

　　地球表面的起伏不平，首先是构造活动的结果。所谓构造活动是指地壳岩层在地球内力
的作用下发生的弯曲或断裂，也包括火山的作用。具有一定宽度的地壳块体当其受到压力挤
压（compression）时则引起褶皱作用；当受到强力拉伸（spreading）时则被拖断，称之为断
层作用，而断裂本身则称之为断层。火山活动也是内力作用，但从构造活动来看则是局部现
象。火山是由熔岩及其所含气体从地球表面一个有限的出口喷发而成圆锥或隆起的构造地
形。高温的岩浆从地下深处经过狭窄的管状通道上升到地面以熔岩流的形式流出；也可能在
被封闭气体压力下作为固体碎质喷出地面。其喷的固体碎质物质，包括火山灰、火山弹等，
统称为火山喷出物（tephra）。火山 多是突然爆发，在短时间改变地形，但仅局限于小范围。

　　其实，在地球陆地范围内，表面起伏，尤其是大面积山地丘陵和崎岖不平的高原，其形
成于构造活动的活动造山带，具有世界规模的只有两条，其一是阿尔卑斯造山带，西起中欧
阿尔卑斯山，东抵环太平洋山带。其二则是欧亚——美拉尼西亚带，西起北非的阿特拉斯山
脉向东过伊朗直与喜马拉雅山脉相连，延续过南亚，进入印度尼西亚后与环太平洋山带呈
"丁"字相接。因而可见活动造山带只占大陆地壳的一小部分，而构成陆地表面骨架的基础，
其绝大部是由地盾和山根所组成。地盾是一般相对位置较低的陆面，下伏多属前寒武纪的古
老岩浆岩、变质岩，具有十分复杂的地质历史变化，除某些特殊例外，多数地盾出露地表，
长达数亿年的地质年代中其上深厚的岩层被夷平，只存根基而已。虽然早在 19 世纪末，已
有人提出，南北美洲、欧洲、非洲、澳大利亚、南美洲和南亚次大陆以及马达加斯加都起源
于被称为泛古陆的同一超级大陆。在大约距今 2 亿年前的中生代，泛古陆开始裂开。各部分

缓慢分离，而且也发生了某些水平方向的转动，即大陆漂移假说，到 1960 年得到了地壳确实在张开的确凿事实之后，并使之与地球板块构造理论相吻合。在此，我们简略地复述这一方面科学发展的历史过程，其目的在于对岩石循环可以提出新的见解，而更重要的则是在过去大于 30 亿年的地质历史过程中，岩石循环始终不停地进行。地壳矿物质的再循环是通过板块构造的机制而发生。通过俯冲带产生的花岗岩的堆积，大陆的范围逐渐变大，这应是地球表面形态的突出特点。据此，活动的构造带（包括火山）尽管所占面积比例不大，却是当代大陆的主要环境特征。新形成的高大山脉不断地出现对环境有重要影响，例如对地形性降水的增加，同时也产生雨影地区干旱的影响等。断层作用和火山作用以及伴随这些作用而产生的地震对其影响所及范围的生产和生活也带来了灾难，而且其形成的地形无疑也是十分重要的。然而，大陆表面的大部分地区是由古老而相对稳定的地盾和山根等截然不同的历史过程所形成的地形所组成，是地面物质的组成及其变化的基础，也是陆生生物（包括人类在内）定居、生活和繁衍后代基地的基础。

岩石圈，或称固体矿物部分，对于生物而言是生命过程中极其重要的营养储藏库。而处于地球表面的岩石则是维护生命所需的营养物质的原始来源。如果将岩石圈称之为地球物质，处于地壳外层—地面，尤其是陆地表面的固体矿物部分是陆上生命的基地。而在大陆表面形成了被称之为地貌多样性的外表状态，强烈地影响着生物群体的分布，甚至对其活动范围起着控制作用。对这一层的固体矿物部分我们特称之为地面物质。从地球形成之后，暴露在地面的岩石，就开始受到来自太阳的光和热的影响以及由此引起的水分循环和空气流动的影响，这些影响起源于地球外部，为了与构造活动和造山活动等内营力相区别，称之为外营力。主要有：

（1）释荷（unloading）：埋藏在地面以下的岩石以及处于受挤压状态的岩石，一旦暴露地面或解除挤压条件，其体积略有膨胀，整个岩层由于局部胀缩不均，于是形成裂隙而脱离母体，此种作用在花岗岩类和大理岩类表现最为突出。隧道或矿洞顶岩突然开裂，即所谓岩爆，就是释荷作用的结果。

（2）细碎：除了火山灰、白垩、高岭土等少数未胶结的岩石外，岩石是以具有大块性为其特点的。但当其暴露在地面后，温度的变化引起的胀缩作用，使岩石的块体变小。尤其当有水分参加，且在冰点上下变动时，引起的冻融作用，也会导致类似现象发生。在干旱地区盐类的溶解和失水形成晶体，这些晶体产生的力足以使砂岩细碎。

（3）蚀变（altenation）：亦称换质，是指岩体开始受到物理和化学的风化作用，在细碎的过程中，形成丰富的裂隙，可以使空气和水侵入，但岩体中细碎颗粒的相对位置仍基本维持原状，是风化作用的前期阶段，特称之为蚀变。蚀变的岩石，则常被称之为换质岩石（altenate rock）。岩石的细碎是物理作用的结果，而细碎了的岩石，其表面积增加，与空气和水接触面积也增大。接触地面的水中含有溶解于水的氧气，可以使接触面上的矿物氧化。同时，水中也溶解有二氧化碳形成碳酸，在石灰岩和大理岩类内，此种溶解作用表现的最为明显，当然岩盐、硫酸镁（菱苦土）、石膏等均可直接溶解于水。突出的却是岩浆岩中的硅酸盐类的化学蚀变（chemical altenation），一方面岩浆岩的形成过程中以其高温从未接触常（液）态的水为特征，于是其所形成的矿物对水有较大的活性，而在另一方面则在于液体的水本身所具有的水解作用，两者通过化学变化，产生了和原来不同的化合物和次生矿物，水解作用的产物在常态条件下是不可逆的，于是水解作用的产物是稳定和持久的。钾长石水解后形成高岭石（亦称高岭土、瓷土），是一种白色有滑腻感的矿物，被水湿润后，成为可塑体。在高温多雨的热带和亚热带，长石的蚀变矿物也能形成与水结合的氧化铝，称之为铝土或铝土矿，是一种异常稳定化合物，但与高岭石不同，其形成只限于地表不深的土层中，并且是成岩块状的铝土层。伊利石是长石和云母的蚀变产物，是含有铝钾的硅酸盐，是具有胶体性质的微粒，多呈片状存在。蒙脱石则是由长石、铁镁矿物或火山灰蚀变而成，褐铁矿则是铁镁矿物蚀变的主要产物。以上高岭石、铝土、伊利石、蒙脱石和褐铁矿等均属颗粒微小的次生矿物，统称之为黏土矿物，是在湿润时具有可塑性的矿物，其粒径在 $0.1\mu m$ 以下，在水中可以呈悬浮状态，而且具有电离性质，是胶体的组成部分，能吸附阳离子。这是通过蚀变而形成的新矿物，已具备了由水和风等外力轻而易举运到远方的条件。综上所述，虽然由于释荷、细碎和蚀变作用，在地面上已经形成了和原来岩石不同的疏松细碎物质，但基本上限于就地残存的范围。

（4）物质坡移（mass wasting）：是指岩石及其释荷、细碎和蚀变产物在重力的影响下向低处移动（位移）的现象。我们为了与换质岩石相对应，认为将岩石的细碎和蚀变产物经过位移、堆积后的物质称为风化土沙；这是因为如果细碎蚀变物质覆盖在母岩表面不动，外力的作用则随深度的增加迅速削弱，只有在重力作用下将细碎和蚀变物质坡移之后，基岩又重新暴露在外力作用之中，继续释荷、细碎和蚀变，其产物又被坡移，循环不已，其整个过程则是风化作用。由于重力作用形成物质坡移的坡面则是风化土沙的堆积物与其关系密切的母岩，常称之为原积疏松母质（residual regolith）。当风化土沙为水和风力剥蚀、搬运之后，也常将携带的风化土沙堆积在其他原始岩石之上，有时长期不受扰动，但还是与下伏岩层没有任何联系，则称之为运积疏松母质（transported regolith）。

由上可见，地球表面形态的形成是在太阳系的控制之中，地球本身所具有的内外营力相互作用的历史产物，自始至终处于不断运动和变化之中。在此历史变化过程中，在生物出现之前，外力只限于来自太阳的光和热以及重力、水和空气的作用，这一阶段的外力作用则被称为夷平作用。在地球已经有 30 亿年的运动变化之后，才具备了生物出现的条件。即使在今天，人类掌握的科学技术水平尚不能显著大规模改变地面形态，因而当前的地球表面，仍可表达生物出现之前，地表形态的轮廓（或骨架）。

不仅大陆和海洋的形成，远不能受人力的支配，就是我国的版图之内，青藏高原、黄土高原、四川盆地和华北平原，也都是在地质年代内外营力相互促进和制约中不断运动和变化形成的。所以，华北平原的次生堆积是由西北和上游经过剥蚀运搬而来，而黄土高原的黄土也不是原积产物。尽管这些作用今天仍在进行，但也只是研究生物、生态系统和景观的基础和背景材料而已。就此，1960 年开始，我们曾对长江上游作了一些探索。青藏高原尤其是喜马拉雅山区，从地质年代上看，实属最年轻的造山活动非常激烈的地方，迄今仍在人力控制的范围之外。而就生物的历史而言，它的形成却改变了全球，尤其是周围生物出现进化和演替的环境条件。

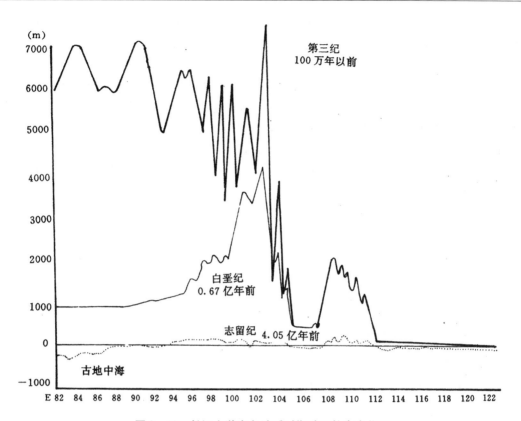

图 9-12　长江上游在各地质时期地面轮廓变化图

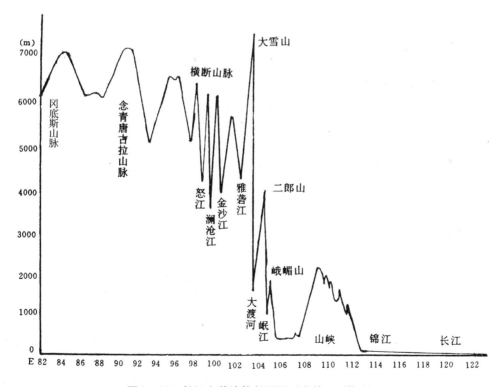

图 9-13　长江上游地势断面图（北纬 30°附近）

已经形成的地表轮廓上，尤其是在这造山活动非常激烈的喜马拉雅山区，形成了"世界的屋脊"；不仅改变了其周围，甚至全球的气候条件，其内部由于拔海高度、坡向、坡度、坡位和微域地形的不同，就促进了环境的复杂化，为生物提供了丰富多彩的环境基础。进而就在这块基地和基础上，出现了生物，直到陆生的高等植物群体的出现并经多世代的繁衍，早在人类登上地球这个历史舞台之前，就已经形成由生物多样装点起来的锦绣江山。尽管在旧社会受到摧残和破坏，迄今仍在国际上被誉为"植物王国"和"生物王国"，不仅是我国的珍贵资源，也是世界和人类未来的希望所在。如何完整全面综合反映这一片具有突出特点的锦绣江山，在当代科学中，举世公认应属景观（landscape）科学范畴，而在人类出现之前则称之为自然景观（natural landscapes）。

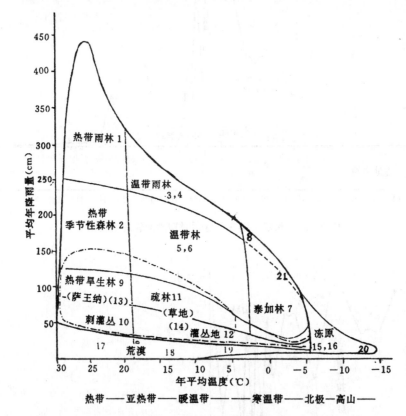

图9-14　世界生物群系型与气候（温度和湿度）的关系格式图（据 R. H. 霍梯克）

我们无能力将世界群系型与气候的格式同全球的自然景观之间的关系说明清楚，即使是中国西南局部的"生物王国"也力所难及。

在我国东北，历史上遗留下来的原始森林较多，东部犹依稀可见满洲森林植物区系的原始面貌。东北西部的大兴安岭林区，属阿穆尔森林植物区系；是以樟子松、兴安落叶松和白桦为主的林区；1987年，由人为活动引起的林区特大火灾、使世世代代居住在这里鄂伦春族和来自五湖四海的大兴安岭人，立即面对一片焦土！以其发生在新中国，不仅未受饿冻之灾，可遇而不可求的火烧木救了燃眉之急；当时西林吉局的小材大用，克一河林场的一厘钱精神，都取得安定团结和自力更生的实效。1996年复查，火烧迹地都已恢复成林；人工营造的速生丰产林更蔚然茁壮成长！山川已重见秀美。

干旱风沙逼人和千沟万壑的西北风沙地区和黄土高原的治理是难中之难；但今天陕北的榆林和延安都已作出了值得珍视的榜样，将旧社会留给新中国的疮痍满目，支离破碎的旧山河，装点成为可持续发展的秀美河山。我有幸多次去新疆维吾尔自治区，遍历"三山夹两盆"之中，环绕黑（石油）白（棉花）的绿洲在扩展，城乡、场矿、道路、渠系、农田都在绿荫的防护之中，取得恍如隔世、欣欣向荣的变化；尤其是开发较早的北疆玛纳斯河流域，主要靠农业，体现多层次，发挥出三代人的努力和多民族融和的潜在能量，不仅使农民步入小康，进而已经建成无愧于现代化的石河子市；全市城乡人民来自五湖四海，民族和习惯各不相同，但在前进的步伐上，早已融和成为新一代的石河子人。

我国西南横断山脉，高山峻岭仍处于地壳活动之中，但以光、热、水、氧气充沛，形成举世瞩目、物种丰富多彩的高产原始森林；就哺育着更多的依赖于林区生活繁育的少数民族；而且这里又是水能、矿产资源的"金三角"，难于上青天的蜀道已变为通途。正如前述，地处祖国东北边陲的、环境较为严酷、物种较为简单的东北东部天然林区，在新中国建国后，百废待兴，需用木材激增，和西南林区一样，首当其冲；限于条件和当时的技术水平，工作中有一定的失误，但支援了国家建设，功不可没；而其结果确实导致木材资源的枯竭！但有突出特色的满洲森林植物区系的环境仍在，其生物多样性的老根据地仍在，"星星之火，可以燎原"，只要封育经营得当，其恢复、再建和升华，仍大有希望，都能取得实效。以横断山脉为中心的西南林区得天独厚，就在这块基地和基础上，出现了生物，直到陆生的高等植物群体的出现并经多世代的繁衍，早在人类登上地球这个历史舞台之前，就已经形成由生物多样装点起来的，迄今仍在国际上被誉为"植物王国"和"生物王国"。尽管在旧社会受到摧残和破坏，其恢复和重建锦绣江山，理应超前实现。

祖国的山川秀美，不仅是中华民族的骄傲，也是举世可持续发展和全人类未来的共同的资源和希望所在。这是我们的希望，如何完整全面综合反映基于全球范围内部对生物提供环境条件的分异性，亦即形成各具突出特点的秀美山川，在当代科学中，举世公认应属于景观（landscape）科学范畴，而在人类出现之前，则称之为自然景观（natural landscapes），即是装点秀美山川的基地，也是探索生态控制系统工程的基础。

结论是"一方水土养一方人""事在人为"！以人类为中心的可持续发展是当代科学的趋势和潜力。这就是信心所在！

参考文献

[1] J. Spets WRE，M. Hologate INCD & M. Tolba UNEP. 生物多样性保护战略. 关君蔚译.

第 10 章 生态控制系统工程的现代科学基础

10.1 前言

就自然生态系统而言，只有那些能适应于环境变化，甚至是灾难性的变化，仍可以维持该物种的生存和繁育后代的生物才能被保留在今天的自然生态系统之中。人类也必须服从于这一宏观的自然生态系统规律。就抵御灾难性的天灾人祸而言，中华民族历经上万年的文明历史，东方思维的形成，进而发展成的延安精神，就是来自我国劳动人民实践经验的宝贵财富。

伴随人类科学和文化的发展，人类从自然获得更多的自由，促使人类社会的进步。但其负面作用，也日益增加。于是人类影响生态系统的能力就越来越大，对自然资源无节制的浪费和挥霍，土地生产力的损耗和破坏，环境的污染等；紊乱和干扰自然生态系统正常运行和进展，必将导致难于挽回的生态灾难。更何况人类作为"超级生物"其内部存在着自身也难于理解的"人杀人"、"战争怪物"，歪讲"真理"，"公平"和"人 权"……单就技术科学而言，置活人于死地，毁灭人类整体的技术早已过关；但把死人治活，保证人类还能平安无事地繁衍一个世纪的科学技术并未实现！宇宙中的星体已撞过木星，今天的科学技术还无力保证地球能避免被其他星体碰撞；但无论如何也不能让人类用自己的双手，把人类自己掐死的愚昧惨剧登上现代的世界舞台这就是人类面临但又无法回避的实际问题。

面对涉及祖国和民族兴衰存亡的大问题，远非某一个或某几个人（即使甘愿投入毕生的精力）所能解决的，我们只能根据过去探索和经历的所得，作为提出问题的基础。本章内容应是本书的核心，很明显恰又都是我们的短项，只好勉为其难。希望读者能克服困难，浏览式的通读一遍，估计能从我们引用的材料中，得到些启发；更希望能从您的批评中，得到触及要害的收获。

10.2 熵和负熵

我们学习了冯端、冯少彤著的《溯源探幽 熵的世界》，得知熵是一个极其重要的物理量。

R·克劳修士（R. Clausius）将此物理量定名为德文，转译为英文 entropy，意在与 energy 相对应。1923 年由我国知名物理学家首次意译为"熵"。为了将熵这一在热力学中常被用以说明系统混乱度的习惯表达确切，就要从无序对有序的相互关系中探索。实际上熵（entropy）和能（energy）在物理学上的确切关系，简单说起来就是能量是有序结构的支柱，而熵则是无序结构的靠山。

玻尔兹曼（L. Bolttzmann，1844～1905）是和达尔文同时代的物理学者，稍较年青，但对达尔文推崇备至。玻尔兹曼的一项重大贡献在于利用分子动力论来论证分子向平衡态的演化。1872 年玻尔兹曼发表了《再论气体分子的热平衡》，导出有名的玻尔兹曼方程；他希望

$$TdS = （dQ）_{可逆}$$

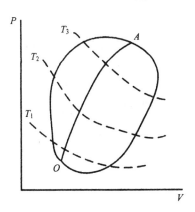

图 10 - 1　　TdS ＝ （dQ） 可逆

在物理学的领域中完成类似于达尔文的丰功伟绩。

从表面上看，熵作为热力学的第二定律：能量随时间的进展，不停地在贬值，是从有组织的宏观动能转化为无规的热能。所以热力学第二定律是指向一个逐渐均匀的未来，这是一种从有序到无序的变化！但就生物的进化而言，截然不同指向由简单到复杂多样的相反方向。宇宙中天体演化从原始火球到星团、星系的形成，也是由简单均匀向复杂多样相反方向发展的现实事实。

在 19 世纪热力学研究的重点是可逆变化过程，这基本上是平衡态热力学。它为大量的物理、化学现象提供了一个令人满意的解释。平衡态反映了大量微观粒子活动的统计规律性。按定义，它们在整体水平上是稳定的，因而它们也是"永存"的。一旦形成，就会被孤立起来并无限地保持下去，而不会与环境进一步发生相互作用。然而平衡态的概念又是否够全面到足以包打天下呢？答案显然是否定的。

当研究一个生物细胞或一个城市时，情况就十分不同了：这些系统不仅是开放的，并且它们的存在是靠着从外界交往物质和能量的流来维持的，如果切断了它们与外界联系的纽带，则无异于切断它们的生命线（这一段是物理学家说明生物和环境，也包括人类社会的语言；尽管与我们惯用的表达方式不同，我们也由衷感激）。这就是"开放系统"等于与外界环境有相互作用，有物质、能量（和信息）交换的系统。这样一个开放的世界，对物理学来说，是一个挑战。放眼看去，看到的是一个充满多样性和发明创造的自然界。

希尔的工作激发了庞加莱（1854～1912）丰富的创造力，他证明了希尔的简化方程是无法求出其通解的；进而再考虑更加一般三体问题，断定三体问题为不可积的问题（求不出解析解）；转而致力于方程组的定性研究，从而建立了动力系统理论，开创拓扑学这一新的数学分支。庞加莱通过定性的数学推理，揭开了现代混沌理论的先河。

生命是什么？不可逆性在生命过程中具有重要的意义，甚至可以这样说没有不可逆过程就不可能有生命。从某种意义上说，生命系统就像一个组织精良、分工微妙的工厂；一方面，它们是各式各样的物理现象、化学反应与生物过程出现的场所；另一方面，它们又提供了一个极不寻常的空－时组织，其生物化学物质的分布乃是极不均匀的。今天，我们知道，无论整个生物圈，还是它的组成部分（活的或死的），都存在于远离平衡态。在这个意义上，生命正是自组织过程的最高表现。既有候鸟的秋去春来，心脏的节拍起搏，反映生物世界有节奏、有规律的行为；另一方面，生物现象呈现许多令人惊讶的不可预测性与随机性。有序与无序错综复杂地交织在一起，构成了一环套一环的生命网。

我们生长和栖身的地球，其表层习惯上被称为"生物圈"，实际上就是一个与对流系统十分相似的开放系统。吸收太阳照来的热辐射，由太阳获得熵；然后，地球又辐射出所吸收到的一部分太阳的热量，将其扩散到太空去。对于地球而言，这无异构成一个减熵的环境，而这一环境显然有利于地球上生物的进化。也很明显，生命正是用这么一种奇特的方式，隐喻着我们地球生物圈得以寄身的某些条件，这其中当然包括非线性及开放的远离平衡等条件。

再从整个生物圈缩小到单个生物，例如人体，情况亦颇相似。它同样是一个开放体系。人体基本上是摄入食物，吸取热量，消化，然后再排泄出去。即不仅与环境有能交换，物质上也有交换（吸进、再排除）。但这基本上是一个相对稳定的体系，所接受的与所输出的，接近于相等。因此，人体可以保持一定的体温，与外界有一温度差，造成熵减少体系，构成人类工作、发展的基本条件。

事实上，一个使熵减少的体系，对于生物进化是至关重要的。现代文明实际上就是千方百计想出各种方法，在不违背自然规律的情况下，减少系统的熵，而不是使熵增加。从而随时间的进展，热力学中熵增加与生物世代更替、进化所具有的使熵减少的体系，在现代科学上应是相互补充的。

10.3　生命、熵和信息

1943年奥地利科学家 E·薛定谔（E. Schrodinger）创见性地提出："生命赖负熵为生。"一语道破个中奥秘。

我们到今天还是坚信自然规律是客观存在，不以人类意志为转移的；但是信息传递科学技术发展到今天，早已超出每一个人的接受能力，何况信息的真伪，尤其对化装成美女的白骨精，稍一疏忽，人们就会上当受骗。这种教训让我们理解到"意识从未被以复数形式体验过，只能以单数的形式被体验"，必须经过实验和实践验证之后的感知，才更为安全可靠。

体力劳动推动人类成为万物之灵。在长期的实践过程中，我察觉到人类可以模仿自然规律（春种秋收、驯育动物），尤其是人类掌握用火，得以熟食之后，就能更有效取得负熵，改善生活。在近代的物理科学上，曾被 J·G·麦克斯韦（J. G. Maxwell, 1831~1879）称之为"妖精"的，实际上就是其后当代科学时代，人类已经开始掌握的信息。正如在《溯源探幽 熵的世界》一书中，指出在今天的人类社会中，信息与物质、能量一样，有其重要的地位，是人类赖以生存和发展的基本要素。信息是一种相对的概念：它自身不能单独存在，必须依附于一定的载体，而且也还要和接收者以及它所要达到的目的相联系，这才开始成为信息。正如维纳（N. Wiener）所说："信息就是信息，不是物质，也不是能量。不承认这一点唯物论今天就不能存在下去。"当然，信息的传递离不开物质载体，对它进行处理、传输和操作，必然要消耗能量。

10.4　由狼羊共存谈起——里亚普诺夫的函数法

"狼羊共存?"——即设在四面环海,在一定面积的孤岛上,引入一定数量的狼和羊,其后果如何? 早在 18 世纪,就已将极为简单的生态问题,提交给数学家求解,其结果需要用四维差分方程,可以求出多个合理解。俄国科学家 A·M·里亚普诺夫 (A. M. Liapunov) 用毕生的精力,研究了多维非线性方程的求解方法;他所建立的运动稳定性理论,迄今仍为各国所遵循。在方法上,基于人类直接感知能力限于三维,他所创建的里亚普诺夫函数法,就更为直观有效。

"开巴鹿"的故事,说的是在美国北纬 36.30° 西经 112.15° 有一块开巴高原 (Kaibab Plateau),面积约 470km^2。1907 年时有 4000 头鹿生活在这里,同时也有以鹿为食的狼和狮子。1924 年为了保护鹿,人们开始猎杀狼和狮子;随狼和狮子的减少,甚至绝灭,鹿的数量迅速增加到 10 万头,它们吃光并彻底破坏了当地的森林,最终饿死了大量的鹿,以致剩下的鹿比原来的还少! 好心办了一件坏事,事与愿违,是失败的教训;但从另一方面,却在说明人类有能力改变生态系统的运动过程和方向。

欧洲国家在说明和分析生态系统时,常用的原野实例是老鼠、蛇、三叶草和土蜂组成生态系统。当老鼠较多,土蜂的窝就过多地被老鼠破坏,土蜂减少就不利于传播三叶草的花粉,导致三叶草的减少,进而恶化蛇的生活繁育条件,促成蛇的减少。因为蛇是老鼠的天敌,其结果有利于老鼠的繁殖,不利于人类。在如上自然界的生态系统中,人类有意识地引进猫来,必然促使老鼠的减少,土蜂窝少受破坏,土蜂增加,三叶草繁昌;蛇能安居繁育,扭转原来的生态系统向有利于人类的方向发展。这才从理论和实践的检验,证明了生态控制系统工程的科学性的实质。

10.5　系统动力学和动态稳定性

生态系统运动和变化的高度概括有 4 种状态,即:
(1) 生态系统处于相对稳定状态;
(2) 生态系统由相对稳定状态转变到另一种相对稳定状态;
(3) 生态系统处于失调,振荡或崩溃状态;
(4) 生态系统处于即将消失状态。
以最简单、但相互关系极为密切的两个生物种的数量消长变化为例,如图 10-2:

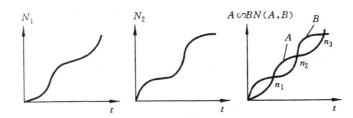

图 10-2　捕食者 A 和被捕食者 B,个体数变化趋势图

图中 N_2 状态点在生态系统分析上,有突出的重要性! 因为在系统受到干扰时;只靠系统内部的自我调整,就可以恢复到稳定状态。这是一个很重要的结论。

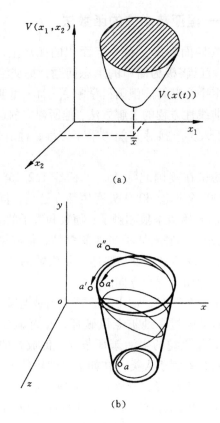

图 10 – 3　a. 里亚普诺夫函数法三维图解

b. 稳定性分析示意图

　　为了控制老鼠过多而引入的猫，应该是能抓老鼠的猫。但是生物的多样性，和人类驯育的负面影响已经出现：当前娇生惯养的波斯猫，已经是和老鼠和平共处，甚至是怕老鼠的猫，这将促使老鼠猖狂，其后果将与人类的预期相反，甚或促使这一生态系统步入崩溃！崩溃在此仅意味着脱离控制，不等于毁灭。其中包括有：

　　（1）脱离原系统或进入新系统；

　　（2）引起系统的质变；

　　（3）引起系统的失控等。

　　其中，质变是生态控制系统工程科学分野中的一个热点所在！而失控的出现，又常孕育着生态控制系统工程科学更上一层楼的机遇。

10.6　用势函数三维曲面分析生态控制系统的动态稳定

　　势函数和稳定性，势能（potential energy）物体和系统由于位置或位形而具有的能（energy），单位是焦耳。重力侵蚀和泥石流的起动中，位于沟底，迎冲顶溜的巨石常成为起动的关键。

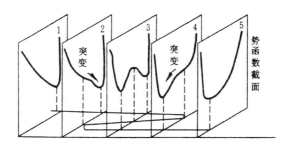

图 10 - 4　势函数垂直截面 [Y] 的突变，其在水平面上投影成反 S 曲线图

正如图 10 - 4 所示，势函数按时间系列排立（垂直）时，其在水平面上的投影是一条反 S 型曲线。此类正反 S 型曲线，常是尖点型突变模型的特征；其势函数类型是：

G 公式：$G = \frac{1}{2}x^4 - \frac{1}{2}a_1 x^2 - a_2 x$

在运动中及时分析生态系统的发展趋势，根据系统动力学原理，可以得出稳定、趋向稳定、趋向振荡和振荡等四种运动趋势。这就是动态跟监测取得的成果，也是预报和采用控制措施的依据。当监测的趋势接近最后一个稳定趋势时，按常规，控制不引起振荡，其增益最大，应是最优方案；在开放和竞争的形势下，是难得的机遇。但机遇和风险总是孪生的，为了抓住机遇，回避风险。实践证明，以势函数曲线上出现"双凹"为依据，可以判断动态发展的趋势是质变，而不是崩溃！这已在暴发性灾害——泥石流的动态跟踪监测预报中试用，取得了成效。足证随多种学科相互影响和渗透，必将导致生物生产高效稳产，和防灾减灾纳入现代科学的轨道。

10.7　系统的科学分析方法

技术经济政策研究所用的基本科学方法，从自然辩证法的角度看有两个，一是归纳法，二是演绎法。这两种方法适用于一切科学的研究，包括社会科学、技术科学和自然科学。归纳法是在实践的基础上，从众多的特殊事例中，总结出一般性规律的科学方法，即从特殊到一般；演绎法是在摸清楚各项有关的一般性规律之后，据以对某一特殊事物进行分析和推论的科学方法，即从一般到特殊。这两种方法相辅相成，互为表里，缺一不可。只归纳而不演绎，对解决在特殊情况和特殊条件下的特殊问题，就找不到有实效的解决方案；突出表现是："别人能行，我们也能行！"只演绎而不归纳，就会脱离实际，主观臆断，事与愿违；突出表现是："瞎指挥！"在生态环境和经济建设的持续发展中，内涵和外延也是两种相辅相成，互为表里的。但在我国当前只能以内涵为主，因为在系统科学上，外延的风险骤增，即真理外延一步，常是误谬。就在我国工业建设上，经长期细致的研究，结论是主要应当靠"内涵"。而在涉及生物生产，生态系统和环境的持续发展方面，就更应如此。根据我们初步探索的结果，在生态系统的运动过程中，就运动稳定性而言，当其再次越过相对稳定点之后，外延一步，趋向不稳定的机遇占 50%。所谓"不稳定"包括质变和破坏！所以，更应以"内涵"为主。

1982 年，由杨纪珂提出实践（Shijian）→归纳（Guina）→理想（Lixiang）→演绎（Yanyi）循环（SGLY circulation）。这个循环继续不断地进展，使得实践经验归纳而为理想开辟新的境界；而演绎出来的方案，再经实践的对照和检验，使之在近期和远期的经济效益上都达到最优，而且在技术又属可行和可靠的境界。应用于安徽省及其他地区经济发展的对策取得了实效。时值钱学森倡导农业系统工程学，得到安徽省的支持，杨纪珂牵头承担，并组织多学科的研究人员，以六安地区为基地，用 SGLY 循环的科学方法，进行了研究工作[1]。

确切详实的经济社会的实际情况，科学技术试验研究的数据，资料的收集、归纳、分析和总结，成为各项事业经营、管理和决策的关键性工作。为了充分考虑到生物及其生产事业的特点，一般在决定方针政策之后，就可以制定计划（地点、时间），组织人力（人），筹措资金（钱），准备原料和器材（物），规定措施（事），就可开始工作。但是经常由决策所形成的方针未必十全十美，采用的措施也未必充分有效，何况周围事物不停地变化，从而必须自始至终随时随事随地予以检查。检查其经济效益和技术指标是否与原来的设想相符或更好，研究有无使政策、方针更为完善，使人、物、钱、地、时间的有效利用、使措施是否更为有效。

如果要求将归纳分析的结果反馈回去，就可以充实、提高、修改方针政策和相应的措施，有利于技术和经济工作向良性循环发展。即所谓的动态跟踪监测预报（dynamic tracking predictr, DTP），进一步，根据归纳出来的一般规律，结合当时当地的实际情况，为解决问题，要参照大量的成功案例苦思冥想，出谋划策，才是高层次的脑力劳动。计算机是以其能迅速无误处理浩瀚繁多数据和处理复杂问题为特点的现代化设备，而它的属性依旧是个工具。但利用计算机运算的特点，恰好能将演绎纳入运筹科学的轨道。

10.8 动态的运筹方法——瞎子爬山

科学技术是第一生产力。只要目标明确方法科学，就应该在指导生产实践上取得实效！即使在人力、设备、投入不变的情况下，靠挖掘发挥生产潜力就能提高实效。靠运筹科学理论挖掘潜力的方法很多，众所周知的"黄金分割"（Golden section，即矩形短边与长边之比，等于长边与长短两边和之比；短边：长边 =1：1.618≈0.618）早已应用于运筹科学之中。将黄金分割用于选优，只是运筹科学的起步。迄今选优的方法早已层出不穷，由静态对比向动态研究的趋势，日益突出；而且从我们探索和研究的需要上看，就更亲切；就此，只扼要介绍一个可以挖掘现有设备潜力的运筹方法，叫作进展运筹法——美其名曰"瞎子爬山"法。这种方法创始于美国的鲍克斯教授，迅速推广应用于美国各工厂，取得很大经济效益，现已成为常规应用的运筹方法。其特点是寓实验于生产之中。现从简单实例加以说明；在一个以化工为主体的单元过程中，其主要的可控制因素（变量）是反应器中的温度和压力。随温度和压力的变化而变化的技术指标有日产量、原料中主成分的回收率。通过对它们的测定和从经济核算的成本系数，就可以建立起一个核算成本或经济效益的方程。目的是要效益达到最高。但在当前只能在操作规范所规定的温度和压力范围内工作；而在此条件下生产的产品，其经济效益是否最高则不得而知。如果能找出它的最高点位于温度和压力坐标水平面的哪个方向，在技术上就好决策了。这种探索经常是在较小的范围中进行，可以把效益最高看作山顶，工作就好像一个瞎子，手拿竹杖，对周围点点触触，测度高低；寻求最陡的斜坡方向，迈上一步，反复进行，终于爬上了山顶！如图 10-5。

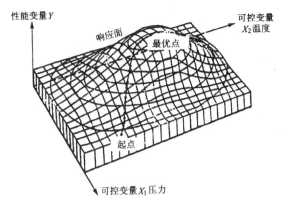

图 10 – 5　"瞎字爬山"图

环境保护和持续发展的重点在于资源的综合利用。自然资源，尤其是生物资源，以其具有生命，在时空上运动和变化的繁杂，就无法与非生物相比较；而且生物又是与其周围环境组成相互影响和制约的综合体，生物本身具有适应，和自我调节能力；进而所有物种都具有强烈的繁育后代的本能，这是自然规律。但在科学方法上，运动运筹法不但对解决多维非线性方程的图解方法有很大支持，更为突出的是生物的生命个体和世代更替的时段较长。尽管人类的感知能力有限，毕竟仍属生物范畴，有一定程度的共性可以遵循。所以，借助于系统工程 $1+1 \geqslant 2$ 的综和集成，SGLY 循环和核算运筹选优等科学方法，使用日益提高的计算机为工具，善于利用生物周期和反应滞后的时间差。尽管人类对其他生物的可感知能力很小，控制和改变其他生物的能力更为有限，但也能在相应程度上，控制生物生产和生态环境，向有利于人类持续发展的方向前进！

10.9　电象空间和虚拟实在（代结语）

1961 年 D・N・麦考尔（D. N. Michael）创造了一个新词 Cybernation（电子计算机和自动化控制，据英华大词典）之后，又出现了 Cyberculture（用以描述计算机的应用对社会、文化和制度产生的影响）。

1984 年威廉・吉卜生（Willian Gibson）在其科幻著作 *Neuromancer*（《神经幻想者》，关译。据英华大词典）里，诞生了一种被称为 Cyberpunk（不务正业）的新文体，由文学家们即兴拈来之词 Cyberspace，Cyber-cafes（Cyber 茶馆，关译。据英华大词典）却在不知不觉之中得到广泛认同，成为具有特定涵义的专门用语了。

另有一个新词 virtual reality（VR）译为"虚拟实在[2]"。在我国对 Cyberspace 和 virtual reality 两个新词的译法也有不同意见。

CESE 中使用的电象空间（Cyberspace）的涵义：电象空间是指用户利用计算机和调制解调器，进入以互联网络为中心，进行信息的索取和交流（包括人类的诸多感知媒体的变化）；建立不需要物理工作场所的虚拟实在（VR）；理解和学习将取得的"效应实在"。在线服务网络是构造电象的物理基础，而电象则是展现（虚拟实在）VR 的空间。于是，电象空间（Cyberspace）就成为支持生态控制系统工程的有效手段。还不仅只于此，缅忆 1995 年中国工程院成立大会上，得亲听汪成为院士的报告，尤其是看过示范演示后；在朦胧中看到它很可能成为推动我们步入新阶段的一线曙光！

参考文献:

［1］ 杨纪珂 . 对策与战略 . 合肥:安徽科学技术出版社,1986

［2］ 王可 . 关于 Cyberspace 与 Virtual reality 的译法 . 科技日报 1997. 1. 15 日 7 版

第11章 黑箱理论和关氏模式

11.1 前　言

人类只有一个地球，而人类又是陆栖生物，当前土地概念已向纵深发展，虽同源于地心，但"一块地对一块天"。就国土而言，就要包括领海和领空；就地块而言，也将扩展到无限的苍穹。因而，占有一定地球表面面积的地块，虽然主要是由无机物质组成的，但对人类已具有惰性有机体的关系了。在国家和地区依然存在的条件下，"非我者莫取"是我国传统的美德，但守土有责、寸土必争，则是举国上下义不容辞的职守所在。

11.2　黑箱理论

生物在不断地进化，人类也在不断进化。就某一时段而言，人类认识到的真理，也应是相对的，它取决于人在自然界所处的位置和人类控制自然界的能力。科学的中心是人类本身，而出发点则是人类所具有和掌握的控制能力以及可能控制的诸多变量。从这个出发点开始，一层一层剥开并发展下去，伸向远方；科学的光辉，将照亮黑暗的宇宙；而这个光辉的源泉就是人类自己。生物本身的独特之处就在于能养活自己和繁衍后代，否则早已被自然所淘汰。在当前，人类则已自封为"万物之灵"，那么，当然就不仅要养活自己，生儿育女，而且要繁育后代，长大成人；尤其在我国，上万年的文化历史的积淀，更要管孙男孙女，才得以屹立到今天！但这个现实不是凭嘴说出来的，也不是凭耳朵听出来的，全是一点一滴辛勤思索和劳动干出来的。真正的科学研究工作，更是如此。如果能用一亩荒地，每年用600立方米的水，养活一口人，在科教兴国的今天，正如前述，只要能把人的主观能动性调动出来，就能实现，"非不能也"。E·N·洛伦兹用很大精力，克服重重困惑，取得为混沌论奠基的 Lorenz 吸引子，其在被简化为3维，在 Y、Z 轴的平面上，X 运行轨道有似于蝴蝶，被定名为"蝴蝶"图，虽引起议论纷纭，迄今仍未停止，但毫未损及 Lorenz 吸引子的存在和洛伦兹为混沌论奠基之功。

毕竟洛伦兹是专攻空气动力学的，承他能从混沌科学上指出，对有生命的生物和生态系统，尤其在人口和环境问题的探索中，将更为复杂，但也将更为有用。我们只能以对洛伦兹感激的心情，面对生命这个怪物的挑战。**任何一种方法论，都对应着与其相适应的认识论，与控制论方法相对应的认识论是黑箱理论。控制论将人类认识和改造的对象看作"黑箱"。**

本来，从认识论的基础出发，认识"黑箱"有两种方法；一种是直接打开"黑箱"的方法，有利于具体了解其内容；但对生物，尤其是具有生命的有机体，传统上打开此种"黑箱"使用的仍是极为低级粗糙的解剖方法。即使"黑箱"能被打开，不可避免机体受到严重破坏，不仅难于观察，更不能深入研究机体内部结构，尤其是正常的动态。更进一步，从生态上研究，总是把生物和环境作为一个有机整体，在其相互影响之中进行研究，一旦打开"黑箱"，必然破坏其间的正常关系；所以在生态控制工程中，更多的是使用另一种方法，即

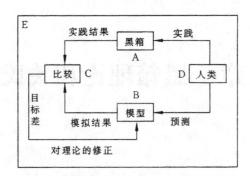

图 11 – 1　黑箱理论（Blackbox theory）**模式图**

图中：A. 客观存在，即"黑箱"

　　　　B. 主观认识，即模型——知识系统

　　　　C. 将实践结果与模拟（预期）结果相比较——鉴别系统

　　　　D. 人类认识的能动精神——根据反馈调节目标差，逼近客观实体

　　　＊ 在控制论中能动精神是具体的

不打开"黑箱"的方法。而从更为宏观的角度来观察，人类虽与其他生物有本质的不同，但毕竟仍属生物范畴，从而人类是和其他生物在一起，处于更大的"黑箱"（E）之中，其内部不仅变量繁多，而且其间的相互关系，更为错综复杂，采用不打开"黑箱"的方法，反而更有利于从总体和综合方面考察、分析和研究问题。

　　但毫不意味着在 CESE 的工作中，不用利用直接打开"黑箱"的方法；毕竟打开"黑箱"、能让我们直接观察和接触机体内部，更何况随着当前科学技术的进步，已经可进行分子数量级的生物工程。即以使用不破坏生物机体的分层扫描技术，也能在被测者心平气和的自然状态下进行。在医学上即使是使用相对而言"极为低级粗糙的解剖方法"，必要时，在人类（或其他试验动物）自身具有愈合恢复能力的极限内，也能取得妙手回春之效。因而这两种不同的认识形式，始终应该是相互依存，同等重要的。

　　由上可见，通过观察（observation）测定（measure）取得定性和定量的依据，是分析（analysis）的基础，是系统分析基础的基础。系统分析取决于系统工程的目标，观察和分析、则取决于系统分析的需要。人类的单项感知能力低于动物，但综合感知和思维能力，远高于所有动物。所以就人类而言，观察和分析是可感知的综合体，还不仅如此，人类的感知还要包括"可以试一试"。对非生物可用物理测定和化学分析，而对生物，因为它们既有生命，又有感觉和感情，于是人类只能主动去接触它们，了解它们，建立感情，交流思想。只有如此，我们才能按照系统工程规定的目标，巧于控制它们从而为人类服务。尽管如此，人和人之间相互了解，沟通思想，建立感情，已属不易；人类和其他生物之间，建立感情就更为困难，这也正是生态控制系统工程这门科学引人入胜，愈陷愈深，乐而忘返的情结所在。

　　人类对其他生物的感知能力不大，其中又含有很多是无用或无效的成分在内，例如栽植的苗木枯死，人类可以感知，但无法挽回，又如马感染了炭疽病，人类也可以感知，但在当前仍无药可医等，都是人类可以感知但是无用的。所以人类对其他生物的感知能力不高，其中有效部分，才能成为可感知变量；而人类面对的多不胜数，没有两个一样的，是所谓"生物多样性"，远非某一个人或某几个人就能掌握的有效的可感知变量。"专家系统"的必要性也正在此，尤其是专家系统的综合集成尤为重要。而这个专家系统，也与处理非生物为主的专家系统不同，不能全按工程师、研究员和教授的级别来选定。在当前，正如前述，一方水土养一方人的特点，还必须有有经验的老农和在地方工作多年科技人员的参与；甚至到可预见的未来，在未能培养出合格的"永久牌"的地方科技人才之前，有知识的从事生物生产、加工、运销的能手和老农，仍将是专家系统的骨干力量。

进而提到控制，基于人类感知能力不强，力求充分发挥思维优势和科学来扩展感知分野，但要十分谨慎。可控制变量包括对环境因素的可控制能力和对生物的可控制能力，人类对环境因素的可控制能力，可以说是微不足道；人类对生物的可控制能力，生物也具有各自相应的感知能力。当其受到外界环境（包括人类在内）的干扰或控制时，在形态或行动上，也会有所反映（如逃跑、枯萎等），但生物的所有这些反应，却只有在能被人类感知的条件下，才有被控制的可能。缅忆起侯学煜老学长，早期致力于指示植物的研究，我们在 20 世纪 70 年代初用之于指示云南昆阳磷肥厂的空气污染，深受教益并取得成效。但侯老早已步入群体和植被群落（社会）的研究之中，而今天又已发展到内容更为复杂综合的景观生态科学的新阶段。但是，万变不离其宗，归根到底是要提高人类对生物和生态系统的感知能力，力求掌握更多的可控制变量。

这是从事生物科学工作的人们义不容辞必须承担的历史使命。借用 1993 年 3 月 3 日美国世界观察研究所的《世界情况报告》中的观点："……这是一场令人望而却步的挑战，中国已准备好迎接这场挑战！中国容或超越西方，并向它指明持续发展经济的道路。如果中国成功了，它可成为光辉的榜样，让世界其他国家尊重和效仿。如果它失败了，我们都将为之付出代价。"中华民族在地球上生活超过万年，屡经失误，甚至是炼狱式的熬煎，都靠东方思维，自力更生、艰苦奋斗的延安精神闯过来了；我们力争成功，也准备遇有失误；即使屡败，坚持再战，直到取得最后胜利。

11.3 与生态系统相适应的模型

就自然生态系统而言，只有那些能适应于环境变化，甚至是灾难性的变化，仍可以维持该物种的生存和繁育后代的生物。只有如此，这个物种，才能被保留在今天的自然生态系统之中。人类也必须服从这一宏观的自然生态系统规律，其中就抵御天灾人祸而言，中华民族历经上万年的文明历史，东方思维、延安精神，就是来自总结经验的宝贵财富。系统理论从形成开始，就认为众多的现象，随时随地千变万化，但都遵守共同的系统规律，例如：静止和运动、渐变和突变、相互促进和相互制约、自变和因变、正负反馈、消失和振荡等，都可以应用于各个科学领域。

系统分析（system analysis）的目的，首先就要对研究对象的系统有个明确的认识。所谓明确的认识，不是静态或现状的说明，而是集中要求明确在各种已知条件下，从系统的现状出发，分析探求维护和提高的途径，并进一步分析此系统的运动进程及其后果。不可否认，系统分析就是为了建立模型（model），力求以简单的模型来表达真实系统。通过对实在系统观察、测定和分析，取得定性和定量的依据，以人类能掌握的可感知变量和可控制变量，针对厘定的系统工程的目标开始进行系统分析工作，其成果应是系统分析的文字模型。文字模型是系统工程的核心，表明工作的质量和水平，进而经数学、逻辑的公式化（math. /logical formalization），建立的数学模型（mathematical model），只是为了可以用计算机模拟（computer simulation）的手段而已。

11.4 生态系统的控制理论基础

生态控制理论在用于处理非生物时，再一次指出必须是人类控制人类以外的生物及其生态环境整体才属于生态控制系统（cybernatic ecosystem）。所以，人类在生态系统之中，控制它向有利于人类的方向发展。

问题是客观存在的，关键在于能否被人类认识以及如何来认识。一般认识事物的过程，可以归纳为如下程式：

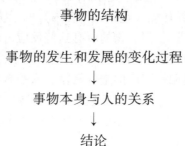

事物的结构
↓
事物的发生和发展的变化过程
↓
事物本身与人的关系
↓
结论

问题相同，机遇均等，但结论悬殊。其原因则在于内因起主导作用。将每个人的主观能动作用（非常具体的）充分发挥出来，进一步组成有序的群体，常能取得出乎意外的成就，达到预期的目标。仍以认识事物的过程为例：

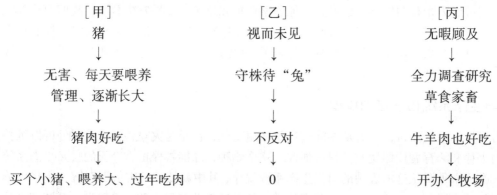

［甲］	［乙］	［丙］
猪	视而未见	无暇顾及
↓	↓	↓
无害、每天要喂养管理、逐渐长大	守株待"兔"	全力调查研究草食家畜
↓	↓	↓
猪肉好吃	不反对	牛羊肉也好吃
↓	↓	↓
买个小猪、喂养大、过年吃肉	0	开办个牧场

对系统科学中综合集成的理解，系统科学应该系统、信息、控制、运筹和优选的融合，针对系统的目标而形成的决策，是 Cybernetics 的综合集成。所以，目标不同，内容迥异；但工作方法、手段和过程的理论基础，则是一致的。很明显，［丙］优于［甲］，但仍属人体工程内的自我有序调整（self-regulation）。

进一步，培育出吃草的猪、保证产肉又产奶的牛、［丁］、［戊］……才开始步入生态控制系统工程学（CESE）的新天地。但必须充分注意当人类不断消灭自然界的生物种的同时，人工也在创造新的物种，人类能否协调自然和人造物种，综合建立稳定的生态网。基于人的努力，取得新的成就。切记"满招损"，高兴之余，及时蹩出来看看，冷静地思考一番，真理向前再迈一步，常是荒谬的深渊，其后果将导致"发展"的损失和失败。要以地球资源可以持续的姿态，小心谨慎地使用，否则将导致人类的毁灭。发展不能以后代的牺牲为代价，也不能威胁其他生物的生存。

11.5　关氏模式

鉴于研究对象极为庞大复杂，又处于运动和变化之中，1979 年提出，又屡经变动和补充的生态控制系统瞬时截面（Δt section）关氏模式（Guan's model）框图如图 11-3。

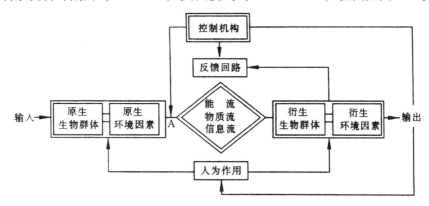

图 11 - 3　CESE 的瞬时 △t 关氏截面模式框图（原图）1979 - 1998

乍一看上面的框图，会联想到电报、电话、收音机和电视，但希望注意，唯有在处理具有生命的生物及其环境时，A 点才是直接连通的。这不仅是框图上的特点，更意味着在瞬时有生命的生物及其环境所组成的生态系统，是随时间在变化和发展的。所以，如图 11 - 4 所示，将无限的 △t 截面模式框图连接起来，就从一个侧面，表达出生态控制系统工程（CESE）总体的科学面貌。

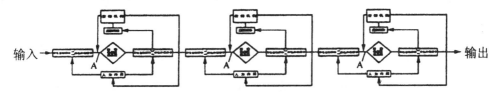

图 11 - 4　CESE 随时间在变化和动态进展的示意框图

于是就能据以运用人类掌握的可控制变量，影响和迫使生态系统进展过程有所变化，然后取得可感知变量的信息，在运动中及时分析生态系统的发展趋势。根据系统动力学原理，可以得出：稳定、趋向稳定、趋向振荡和振荡等四种运动趋势，就是动态跟监测取得的成果，也是预报和采用控制措施的依据，更是指导生物生产高效稳产，将预防和减免灾害纳入现代科学的轨道。因而，生态控制系统工程学也是涉及可持续发展，迫切需要的应用技术科学。

11.6　以预测北京、黄土高原、西南资源金三角为例，结束本章

我们是从 1978 年科学大会开过之后，在积累多年的有关资料和对水土流失，尤其是泥石流的监测预报的原有基础上，开始有意识地就我们能理解到的国家建设的需要和保护生态环境的重要性，开始生态控制系统探索工作的。1980 年就我们多年熟悉的北京市和西北黄土高原（包括陕甘宁晋的风沙区），做出了 1980～2020 年农业开发与建设的动态跟踪监测预报。因需时间的考验，1995 年末有幸参与了中国工程院"西南资源金三角地区农业开发与

建设"的研讨工作，受到启发和教育，并得以补充 1998～2020 年的动态跟踪监测预报的内容。如图 11－5。

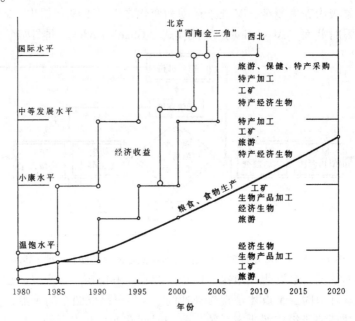

图 11－5　北京市、西北地区和西南资源金三角地区
1980～2020 年农业开发与建设的动态跟踪监测预报图

附录：学习"西南资源金三角"农业发展战略与对策研究综合报告的体会和建议
（1998. 7. 20）

"西南资源金三角"地区位于云南、贵州、四川三省的接壤地带，总面积 25.82 万 km²（折 3.87 亿亩），约占我国国土面积的 2.7%，承载着 4577.1 万人口，约占全国人口的 3.81%。其中包括云南金沙江流域区（迪庆、丽江、大理、楚雄、昆明、曲靖、东川、昭通 8 个地市州的 45 个县），贵州黔西南区（六盘水、毕节、黔西南、安顺 4 个地市州的 26 个县），四川攀西川南区（攀枝花、凉山、宜宾、泸州、乐山 5 个地市州的 39 个县），共计 17 个地市州 110 个县（市区）。

加速"西南资源金三角"地区农业开发与建设的总体思路，从整体上看，"西南资源金三角"地区农业开发与农村经济发展是开发我国西南地区的重要组成部分。所谓"金三角"，实指云、贵、川三省相邻地区，以其能源、矿产与农业资源高度密集，组合配套，互为补充，相互依存的特点，必将成为 21 世纪三省大规模经济建设和社会发展的主战场。区内新兴工业基地的建设和高新技术的发展，必将促进高产、优质、高效农业和农产品加工业的发展；直接就是与该地区工业和社会发展建设协调配套所亟须的支柱产业。进而善于运用中、东部发达地区的人才、信息、技术和市场优势，长江中下游地区和东南沿海地区经济建设和持续发展的后劲，促进整体资源优势配置和生产力的合理布局，对逐步缩小地区发展差距、实现共同富裕、保持社会稳定具有十分重要的战略意义。面对当前具体的现实基础，如何起步，有生产、生活、生存和生态等四个问题需要解决。进一步提出，加速"西南资源金三角"地区农业开发与建设的 5 大工程，即治水改土工程、粮食与食物发展工程、增加食物总量建设工程、草山草坡畜牧业工程、干热河谷开发工程和生态环境治理工程建设。

初步学习后的建议，即：综合报告的特点，表达了这一地区得天独厚，资源丰沛，是增强国力的物质基础，但地壳不稳，生态脆弱，长期遭受旧社会的严重摧残和破坏；建设发展的难度很大，只能下定决心，迎难而上。超前提出以提高综合国力和持续发展为基础的，跨省区，跨流域的农业（大农业）可行的总体设想和规划是属突破性的创新，应得到各级领导的重视。在战略思想上应是：社会效益、生态效益和经济效益同步实现。但在当前，作为我国的特点，在战术措施上，应由经济效益、生态效益和社会效益同步实现起步；其次是能从粮食生产，扩展到粮食作物生产，到利用生物生产，紧密面向开发和持续发展的总体上，来论证农业；突破了就粮食或就农业论农业的习惯及其局限性。

就生态环境治理工程建设上提出的建议是要靠科学，当然也要包括社会科学，生物科学难于非生物科学。一方水土养一方人，人必须天天喝水，土只是陆生生物立足和安居之地，但并不吃土。土之所以重要，在于有水喝之后，来自太阳的光和热，万物土里生的矿藏和繁衍的多样性的生物群体，尤其是绿色植物不仅为人类持续不断地提供动物和人类（包括喜氧微生物）必需的氧气，进而通过适应于所在地区生长繁衍的生物群体，突出的是人工栽培的食物、特用作物和饲养的家畜。用现代的科学语言来说："一方水土，养一方生物群体；一方水土和这一方生物群体，养这一方的人。"单就粮食生产而言，蒲松龄："地无唇，饿死人。"用大寨人的话来说："要把跑土、跑水和跑肥的'三跑田'，改造成为保土、保水和保肥的'三保田'。"米易和攀枝花的实践也充分证明，在有坡的土地上，进行耕作栽培时，首先就要改土造地，作好水土保持田间和蓄水工程。在生物生产事业范围内，一般是要超前或同步进行；如耕地先于播种，田间工程和蓄水要先于耕地等。在应用科学范畴内巧干就是科学。与科学发展相适应，水土保持科学，就要巧于从以下四个方面提高和升华，步入一个新阶段：

（1）巧于从行之有效"因地制宜，因害设防"的静态基础，提高到"顺势力（利）导，趁时求成"的动态阶段。

（2）巧于协调上下左右，各级领导，各有关部门，各学科和各行各业的关系；力求相互抵消和制约能达最小，而使相互影响和促进发挥到最大。实质上是要把包括人类在内的复杂系统导向有序化的科学轨道。这是难上加难的课题，但在我国多年来，诸多部门的实践证明，凡是取得显著实效的，关键都是当地县（市、区）委领导起了决定作用。

（3）巧于选定突破口（脚踏实地的起步点），是非常具体而现实的，但以其不仅是全县，而且涉及镇、乡、村、户，甚至具体到某一个人，当前生活、工作和前途的，重大复杂的大事情（和工人不同，农民既不能退休，也不能下岗和开除），进而随时间在变化（扶贫、养老、救灾、助残、教幼将是长期不断的工作），从而只能在纷繁的百花争艳、层出不穷的变化中，引导调动自发的主观能动性的主流向有序的方向发展，包括人类在内的，有生命的生物生产事业的建设和发展。既不能"一刀切"，更不可"包办代替"或"拔苗助长"；但能持之以恒，这样在农业上我们将为人类作出更大的贡献。

（4）巧于抓住机遇，贵在超前起动，做好前期准备。既然"一方水土，养一方生物群体；一方水土和这一方生物群体，养这一方的人"，因而，"西南资源金三角"农业发展战略与对策研究的对象，主要在老少边穷地区。当地定居从事农业（生物生产事业）的农民应是农业（生物生产事业）的主人，更应该是农业科学和生物科学的主人。

第 12 章　动态跟踪监测预报

12.1　问题的提起

问题是客观存在的，关键在于认识。做事不预则不立；作好规划早已尽人皆知，是理所当然的事情了。但建国以后，将近半个世纪，老少边穷生态脆弱的山沙地区，大大小小，前前后后作过很多规划；但这些规划都不成功。究竟原因何在？经过总结，是我们对"规划"这一客观事物的认识上出了毛病！本来，我们今天作出的规划只是总结了过去的经验，面对我们的理想和要求经过归纳，系统分析，运筹优选而形成的初步方案，只能是指导今后工作的基础，也要随客观事物的发展和变化而补充、修改和提高。

12.2　"旅客同船"数学模型求解

科学发展到今天，世界上每个角落都在变化；信息社会早已超越了东方和西方。1988年 11 月 4 日前苏联真理报发表一篇《统一世界里的对话》，说的是美国哈佛大学教授 J・K・加尔布雷思（J. K. Calbraith）（经济学家，资本主义理论权威）和前苏联的经济学家 S・梅尼希科夫，是以分析西方国家社会经济的知名学者，在 1986 年共同出版了《资本主义，社会主义和平共处》一书，其结论是"……只有和平共处，别无他路"，它导致 1988 年里根和戈尔巴乔夫终于见了面。其实早在 1969 年莫斯科大学教授黑梅叶尔等人就已证明了"旅客同船"数学模型公式，所谓"旅客同船"是指上船的人各有不同的目的，但乘船到彼岸则是共同的目的而每一个人又都不能把船划到彼岸；用我们的语言来表达，就必需"同舟共济"。黑梅叶尔教授的学生莫伊谢也夫听过老师讲完这个定理之后，提出将地球比喻成航船，人类就是同船的旅客，尽管在旅客之间，存在着这样和那样的矛盾和冲突，但人类的未来，是约束同船旅客切身利益的共同指数——坚实的必要性——为核心，于是就可以把人类的未来纳入旅客同船数学模型的轨道，进而促成世界各国人民只能和平共存的数学理论基础。

12.3　无序和有序——"人"的主观能动作用

我们曾明确提出生态控制系统工程是以人类为中心，人类虽具有生物属性，但早已进化成为万物之灵，是具有较其他生物更为优越的主观能动社会性。根据实际工作需要，强调了"县"是基础，是核心；是关键；是着眼于我国，"县"是代表国家，省直接面向全县人民的权力机构，也是通过乡，镇，村直接为全县人民服务的国家基层的单位，因而就必须根据现代的人类生态学的基本原理，结合本县的实际情况，用现代科学的蓬勃生机，较为有序的调动并组织起全县人民依照社会，国家，省，地及县的要求和他们自己的要求；充分发挥其主观能动作用！

12.4　停行动态测量方法

停行动态测量方法（stop and go kinematic surveying）采用全球定位系统（GPS），内容包括速度和时间在内，多维的动态定位，时间和速度起决定性作用。如果将动态定位理解为用 GPS 接收机测定运动物体的运动轨迹，可分为：低动态、中动态和高动态。

我们广泛使用的限于低动态速度在每秒几十米以下；就动态定位的一般使用方法，都是将 GPS 接收机装备在运动中的载体上，如车船、飞机、航天飞行器和导弹等；在载体上跟踪卫星的过程中，相对地球而运动，接收机实时测得载体的状态参数；又要及时快速定位，辅助观测量小，从而精度低，不能满足我们的要求。而低动态，虽在时间和速度上层次不高，反而在精度上可以提高，甚至可以重复或调整。恰似用磅秤来称黄金不符科学的要求；反之，用精密天平来称煤球，也不正常。

12.5　普查和动态跟踪监预测的应用

运用普查和动态跟踪监测预报（dynamic tracking predictor，DTP）时，要充分利用 GPS 低动态特点，将静态定位可达"米级"的精度和可重复性的优势为基础；对动态效应缓慢（几米到几十米/秒）和间隔（几分钟到一年）抽样长期定位的对象，如地面和坝坡的失稳、沉陷，景观生态、自然资源、生物产量的连续清查及其动态跟踪监测预报等方面。都会取得初步实效。这是一项既有科学意义，又有经济和社会效益的工作，有非常广阔的应用领域和前途。特称为：准动态卫星定位方法。

早在 1985 年，B·W·罗曼蒂等提出"停行动态测量"方法，几年来已发展成为载波相位实用的短程定位方法，广泛应用于工程控制测量、路线测量，断面测量和地籍测量，取得了快速满意的成效。但这只限于定位的精度上，是在我们工作中必要和坚实的基础；因为它能充分满足（甚至超需）以地块为单位的持续发展区域规划、国土整治、土地利用、环境保护、农林牧特等生物生产事业的需要，随时空千变万化的动态过程，奠定了现代科学的定位基础，使困扰我们多年的"地块"找不到，边界不清"守土有责"无法落实，"寸土必争"没完没了，"地块"不能重复定位，连续清查找不到定位标准地之类的问题迎刃而解！停行动态测量使我们从困境中解脱出来；动态跟踪监测预报，这一良好的愿望，看到了解决这个难题的前景。

所以当前 GPS 接收机向兼用型发展，在硬件上以小而轻，接收、跟踪、处理和测量一体化为目标；而在软件方面，则集中力量增强综合处理功能，以满足不同用户的要求；仍属通用型卫星定位仪表，只能是动态跟踪监测预报坚实可靠的基础，也只能是促进进动态跟踪监测预报工作迈入一个新阶段的开端。应该选 2~5 个有条件的，不同类型的，尤其是生态脆弱、灾难严重的老少边穷地区，以"县"为单位，并以县为主展开以持续发展为目标，将培训人才，发展生产和科学实验相结合，较为有序的将全县组织起来；超前试点，逐步推广和提高，以求能将人才、经济收益和景观都能达到小康水平。

12.6　有序的专家集体和"秋后算账"

停行动态测量，对我们恰似搭成了一座"桥"，总算过了河，而走到目的地，还有一段崎岖和许多岔道的路程，仍需进一步靠当代科学的新成就来引导。因为我们面对的是个庞大又复杂，有生命多样生物组成的生态系统。正如前述，不仅要能巧于把定性和定量联系在一起，进而还要和专家集体联系起来，才能谋得 $1+1>2$ 的实效。于是，首先就要根据厘定明确的目标，把有关的专家聚集在一起，在百家争鸣之中，认清自己在既定目标的层位。在此愿重复第 6 章中的一段话："……远非某一个人或某几个人就能掌握全部有效的可感知变量"，"专家系统"的必要性也正在此，尤其是专家系统的综合集成尤为重要。而这个专家系统与处理非生物为主的专家系统不同，不能全按工程师、研究员和教授的级别来选定；在当前，正如前述一方水土养一方人的特点，还必须有有经验的老农和在地方工作多年的科技人员参与；甚至到可见的未来，在未能培养出合格的地方科技人才之前，有知识的从事生物生产加工运销的能手和老农，仍将是专家系统的骨干力量。在此，毫未忽视上级、外来的、甚至国际上的专家、学者和学术权威的主观能动性，实质上是由一方水土养一方人的特点所决定的。在讨论过程中成员应能处于平等地位，瞄准目标，就所在的层位，畅所欲言；遇有不同意见，尤其是对立的意见，常是科学阶段性创新的前奏，应特别珍视；因而就能促进形成瞄准目标的多种方案，提供领导决策。

专家集体是用科学牵引和推动工作的前进和发展，提出的多种方案，都是供领导决策的依据，但不能多种方案同时并举，尤其是对立的方案，作为我国的特点，只能用民主集中制来决定。

在我们探索的这门科学，突出的美妙之处，却在于即使领导的决策偏颇于某一方案，由于基于一方水土养一方人的特点，执行的结果，也必然是千差万别，没有两个地块，也没有两个家庭是一样的。从彼此之间的差别中，既可检验领导决策是否有所偏颇，也可以检验其他方案是否更有可取之处，融会贯通；实际上恰是动态跟踪监策预报的精华所在！

再进一步，多种方案在建设机场、铁路、工厂上，只能实施一个最优方案；而在生物生产，生态系统和环境方面，其实在基础就是一个，庞大又复杂，有生命多样生物组成的生态系统；领导决策是势在必行，如果能网开一面支持多种方案，尤其是对立的方案小规模进行试点，不但可以调动专家们的能动性，就能做到有序的专家集体，而领导也就自觉或不自觉地成为有序的专家集体的骨干成员。所谓的"秋后算账"不是专家和专家、专家和领导算账，而是在"秋收后"领导和专家在一起，和生态控制系统工程的动态跟踪监测预报进行总结，进而制定下一年的动态跟踪监测预报。这是否能成为我国农村，尤其是老少边穷地区，通向未来的光明大道？只能靠读者们评说。

第 13 章　学习《系统科学》札记

13.1　前　言

《系统科学》是指 2000 年 9 月由上海科技教育出版社出版发行，许志国、顾基发、车宏安等人编著的一本有关系统科学的著作。该书在绪论开篇就提出："系统概念来源于古代人类（社会）实践经验"，"……今天，当人们对自然研究的结果，只要辩证地从它们自身的联系进行考查，就可以制成一个在我们这个时代是令人满意的自然体系的时候，当这种联系的辩证性质，甚至违背自然研究者的意志，使他们受过形而上学训练的头脑不得不承认的时候，自然哲学就最终被排除了。"

19 世纪的自然科学，本质上是整理材料的科学。作为辩证唯物主义者马克思和恩格斯就是在丰富积累材料的基础上，认为物质世界是由无数相互联系、相互依赖、相互制约、相互作用的事物和过程形成的统一整体。辩证唯物主义体现的物质世界普遍联系及其整体性的思想，也就是系统思想。从而在 19 世纪，系统思想已由经验上升为哲学，从思辨进展到定性论述。

科学的定量的系统思想，则是在近代科学、技术、文化发展的基础上形成的。科学的定量的系统思想的形成，从根本上来源于社会实践的需要；而现代科学技术和文化发展，在思想方法上提供两方面的贡献，其一是使系统思想定量化，成为一套具有数学理论，能够定量处理系统各组成部分相互联系的科学方法；其二是提供了强而有力的计算工具——电子计算机。一旦取得数学表达方式和计算工具，就会促使系统思想方法就从一种哲学思维发展成为专门科学。

人类对客观世界的认识和改造，从总体到局部，再到总体；从分析到综合，再分析，再综合，不断地螺旋式地向更广更深发展。提出量子论的 M·普朗克说："科学是内在的整体，他被分解为单独的部门不是取决于事物的本质，而是取决于人类认识能力的局限性。实际上存在着由物理到化学，通过生物学和人类学到社会科学的连续的链条，这是一个任何一处都不能打断的链条。"

20 世纪初，以量子论和相对论的创立为标志，开始了人类历史上最伟大的科学革命。1943 年量子力学创始人 E·薛定谔在爱尔兰的都柏林三一学院作了题为《生命是什么？——活细胞的物理学观》的演讲（1944 年出版）。

二次世界大战后，横跨自然科学、社会科学和工程技术，从系统的结构和功能（包括协调、控制和演化）角度研究客观世界的系统科学就应运而生了。一般公认以贝塔朗菲（Von Bertalanffy）提出"一般系统论"（general system theory）概念为标志，20 世纪 40 年代出现的系统论、运筹学、控制论、信息论是早期的系统科学理论，系统工程、系统分析、管理科学则是系统科学的工程应用。

贝塔朗菲（Von Bertalanffy）认为一般系统论是从生物和人的问题出发的。他也认为对这类问题不能沿用讨论无机界问题常用的机械论的分析方法，导致 20 世纪 50 年代初一般系统论开始形成为国际性新科学。

运筹学（operational research）：20 世纪 30 年代末

控制论（cybernetics）：N·维纳 20 世纪 30～40 年代

信息学（informatics, information）：C·E·香农的信息论（information theory）＋电子计算机

系统科学理论：1948 冯·诺伊曼的电子计算机是智能物化的伟大起点

系统工程（system engineering）：在 20 世纪 40 年代美国贝尔公司首先使用，1957 年美国 A·H·古德（A. E. Goode）和 R·E·麦考耳（R. E. Machal）合写《系统工程》

系统分析（system analysis）：二战后由美兰德公司倡导

管理科学（management science）：F·W·泰勒（F. W. Taylor, 1856～1915）

比利时物理化学家普利高津于 1969 年提出耗散结构理论（dissipative structure theory）。他认为，热力学第二定率以及统计力学所揭示的是孤立系统（指与环境没有物质和能量的交换）在平衡态和近平衡态条件下的规律，但在开放并且远离平衡的情况下，系统通过和环境进行物质和能量交换，一旦某个参量变化达到一定的阈值，系统就有可能从原来的无序状态自发转变到时间、空间和功能上的有序状态。普利高津把这种在远离平衡情况下所形成的新有序结构称为耗散结构。

同年，即 1969 年，德国物理学家哈肯提出协同学（synergetics）。H·哈肯发现激光是一种典型的远离平衡态时由无序到有序的现象，但他发现即使在平衡态时也有类似现象，如超导和磁铁现象。这就表明：一个系统从无序转变到有序的关键，并不在于系统是平衡或非平衡，也不在于离平衡态有多远，而是通过系统内部各子系统之间的非线性相互作用，在一定条件下，能自发产生在世间、空间和功能稳定的有序结构，这就是自组织（self - organization）。

R·托姆（R. Thom）1972 年发表了《结构稳定性与形态发生学》，对突变现象及其理论作出了系统深入的阐述。

M·艾根（M. Eigen）于 1979 年发表了《超循环理论（hypercycle theory）》。

20 世纪 80 年代以来非线性科学（nonlinear science）和复杂性研究（complexity study）的兴起对系统科学的发展起了很大的推动作用，国际学术界掀起研究非线性系统的热潮 世界上一切事物，从根本上说都是相互作用体，处于相互作用过程。非线性是数学概念，是相互作用的数学表达。一个系统不仅是其部分的总和，在数学上说就是非线性，这意味着叠加原理失效。一切事物作为系统，无论是系统内部结构和外显的系统功能，还是系统演化过程都是相互作用的显示，因而也都是非线性的。特殊地说，系统科学特别关心一个系统的性能怎样随时间变化，有没有稳定的终态（相应于贝塔朗菲的用语 finality）；这在非线性动力学中就是有没有稳定的正常状态（stable steady state，稳定定态或稳态）和分岔（bifurcation）问题。非线性动力学中讨论的稳态大体有平衡（不动点）、振荡（极限环）和混沌，（周期解可认为是振荡的组合）。可以说非线性科学的进展推动了 20 世纪 80 年代后期复杂性研究的兴起。1984 年美国新墨西哥州成立了以研究复杂性为宗旨的圣菲研究所（Santa Fe Institute），把经济、生态、免疫系统、胚胎、神经系统和计算机网络等称为复杂适应系统（complex adaptive system）。我国在 1986 年钱学森亲自指导的"系统学讨论班"，开始逐步形成以

简单系统、简单巨系统和复杂巨系统为主线的系统学（systematology）提纲和主要内容。协同论的创始人 H·哈肯说："系统科学的概念是由中国学者较早提出的，在推动其发展方面是十分重要的。"

13.2　关于系统的基本概念

该书在第二章关于系统的基本概念与方法中首先提出冯·贝塔朗菲"系统（system）是相互作用的多元素的复合体"。进而：

（1）系统是多样性的统一。组分的多样性和差异性是系统生命力的重要源泉，存在有差别的多个事物，能在一定条件下出现整合成为一个系统的要求；系统中所有元素和组分都是相互依存、相互作用、相互激励、相互补充、相互制约的，不存在与其他元素无关的孤立元素和组分。所以系统是整合起来的多样性，兼具多样性和统一性两个特点。

S =（A，R）　式中：S——系统 A——元素集 R——关系集

（2）结构与子系统　元素——组分——子系统

框架结构与运行结构

空间结构（spatial structure）+时间结构（temporral structure）=时空结构（spacetime structure）

（3）整体和涌现性　整体性（wholenness）涌现性（或突现性，whole emergence）

整体大于部分之和

即：W > Epi

式中：W…整体 E…加和符号 pi……系统第 i 个部分

物质系统整体的质量等于各部分的质量之和，例如工资…所以，系统性是加和性和非加和性的统一；所有涌现性都属整体性，但整体性不一定是涌现性。

（4）层次（hierarchy）涌现性的另一种解释是高层次具有，而低层次没有的特性；但只限元素层，部分以上各层次都可以有各自相应涌现性。层次是系统科学的基本概念之一，是认识系统结构的重要工具，层次分析是结构分析的重要方面。

（5）系统的分类

按系统规模　小系统（little system）

大系统（large system）

巨系统（giant system）

按系统结构　简单系统（simple system）

复杂系统（complex syatem）

- 系统
  - 简单系统
    - 小系统
    - 大系统
  - 巨系统
    - 简单巨系统
    - 复杂巨系统
      - 一般复杂巨系统
      - 特殊复杂巨系统（社会系统）

图 3-1　系统分类图

从无到有是生物和生命科学最基本的自然规律；从简单到复杂小到大，从大到"巨"，应不仅限于量的增加，更应包括质的深入和扩展在内。当前我们面对的现实就是 特殊复杂

巨系统社会系统。

系统的环境：一个系统之外的一切与它具有不可忽略关联的事物构成的集合，称之为该系统的环境（environment）。文中"不可忽略"一词是属模糊用语，所有系统都在其相应的环境中运行、延续、演化，不存在没有环境的系统。

系统的边界（boundary）：把系统和环境分开的东西，称之为系统的边界。从空间上看是把系统与环境分开来的所有"点"的集合（曲线、曲面或超曲面）。从逻辑上看，边界是系统的形成关系从起作用到不起作用的界限，规定了系统组分之间特有的关联方式起作用的最大范围。

（1）边界是客观存在的；

（2）系统和边界是对立的，但有时有事不明显（社会中的经济、教育和文化艺术等难以给出明显的边界）；

（3）系统和环境的划分具有确定性，但有程度上的差异，于是就具有其相对性。

开放性（openness）和封闭性（closeness）：系统与环境的相互联系、相互作用是通过交换物质、能量、信息实现的。系统能够同环境进行交换的属性称之为开放性，系统阻止自身同环境进行交换的属性称为封闭性。系统科学是关于开放系统的科学，基本不涉及封闭系统。

系统的行为（behavior）：系统相对于它的环境表现出来的任何变化，或者说，系统可以从外部探知的一切变化，称为系统的行为。行为属于系统自身的变化，但又同环境有关，反映环境对系统的作用和影响。维生行为、学习行为、适应行为、演化行为、自组织行为、平衡行为、不平衡行为、局部行为、整体行为、稳定行为、不稳定行为、临界行为、非临界行为等都可以说：系统科学是研究系统行为的科学。（关注：人类对自然局限于感知能力，靠科学可以扩大感知能力，但只能步步为营，十分谨慎）。

系统的功能（fuction）：是刻画系统行为，特别是系统与环境关系的重要概念。系统的任何行为都会对环境产生影响。系统行为所引起的有利于环境中某些事物乃至整个环境存续与发展的作用，称为系统的功能。功能有别于性能（performance）。水是液体，可以流动，是它的性能；利用水的这种性能，浮舟运船，水力发电才是它的功能。有了功能的概念，就可以从一个新的角度给系统下定义："所谓系统，是由相互制约的各个部分组成的具有一定功能的整体。"[1]

13.3　系统方法论摘要

就原书第 2 章中的系统方法论，仅作摘要整理如下。

系统科学是在适应科学方法论的变革基础上而产生的新学科，就不应把自然科学和社会科学现有方法简单套用于系统研究；又不能凭空（捏）创造，只能是在对现有方法加以吸收、提炼、改造的基础上创建出来。推陈出新（包括破旧立新在内）等于历史的传承，过去历史上原有的科学方法论和当前我们要探求的新的科学方法论有多方面的联系，注意这些联系，区别哪些可以传承，哪些需要进一步提高，哪些必须摒弃。思想上有了这种创新精神，才易于掌握系统科学方法。

任何方法论都有它的哲学基础。系统科学的开创，肇始于贝塔朗菲的系统论，经与维纳、阿什比（W. Ashby）的控制论、韦弗（W. Weaver）的信息论以及丘奇曼

（C. W. Churchman）的运筹学等相互影响而不断发展，20 世纪 60 年代以来更受普利高津的耗散结构理论、哈肯的协同论、托姆的突变论、埃根的超循环论、费根保姆（M. J. Feigenbaum）等人的混沌学、芒德布罗（B. Mandelblot）的分形学的影响，发展了由钱学森提出的系统学，殊途同归，都宣扬、支持、默认、不反对唯物辩证法！辩证法的核心是对立的统一，所以：

（1）还原论与整体论的结合 古代科学方法论本质上是总体论（holism），近 400 年来科学遵循的方法论，是还原论（reductionism）；

（2）分析方法与综合方法的结合；

（3）定性描述与定量描述的结合；

（4）局部描述与总体描述的结合；

（5）确定性描述与不确定性描述相结合；

（6）静力学描述与动力学描述的结合；

（7）理论方法与经验方法的结合；

（8）精确方法与近似方法的结合。

（9）科学理性与艺术直觉的结合等。

这些结合应是系统论方法的精髓所在！

13.4　关于系统方法的模型

将探索对象实体必要地简化，用适当的表现形式或规则把它的主要特征描绘出来，这样得到的模仿品成为模型。标度模型要求与原型有相同或相似的结构，但尺度得以大大地缩小，如飞机模型等。地图模型（map model）要求具有与原型相同的拓扑结构。

构造模型——实物模型

符号模型——概念模型

逻辑模型

数学模型

以上各种模型都被用于系统科学，但最重要的是数学模型。

如按功能划分：

解释模型 + 预测模型 + 规范模型

所谓系统的数学模型，指的是描述元素之间、子系统之间、层次之间相互作用以及系统与环境相互作用的数学表达式。原则上讲，现代数学所提供的一切数学表达形式，包括几何图形、代数结构、拓扑结构、序结构分析表达式等，都可以作为一定系统的数学模型。

用数学形式表示的输出对输入的影响关系，就是广泛使用的一种定量分析模型。

数学模型同样可以作为定性描述系统的工具，对于描述系统演化现象来说，人们关心的主要是系统性质的改变与否，因而定性分析是更基本的。定理描述系统的数学模型必须以正确认识系统的性质为前提。简化对象原型必须先作某些假设，这些假设只能是定性分析的结果。描述系统的特征量的选择建立在建模者对系统行为特性的定性认识基础上。这是一切科学共同的方法论原则。进而，系统科学讲的定性与定量相结合还有特殊的含义。除极少数简单的系统外，不仅在建立模型时必须定性与定量相结合，还要大量使用半定性半定量的模型，甚至完全定性的模型。更进一步，对开放的复杂巨系统，定性与定量相结合，更具有全新的意义。

13.4　系统稳定性

系统稳定性指的是系统的结构、状态、行为的恒定性（即抗干扰能力）。

稳定性是系统的一种重要维生机制（起核心作用机制）的作用。

（1）一个系统的状态空间如果没有任何稳定定态，必定是物理上不可实现的；

（2）若从演化上看，一个系统的所有状态，在所有条件下都是稳定的，它就没有变化、发展、创新的可能；

（3）所以，不稳定性在系统演化理论中，具有非常积极的、建设性的作用。

现实的动态系统不可避免要承受来自环境或系统自身的扰动。扰动一般会使系统的结构、状态和行为有所偏离，出现偏离后系统能否恢复原样，就是稳定性研究要回答的基本问题。

在逐步学习过程中，我们从事探索的客观事物已被厘定隶属于开放的复杂巨系统，对原书第 4 章以后，仅能对有关我们探索对象关系密切问题摘要学习。例如，对离散动态系统（discrete dynamic system）通过 1 维逻辑斯谛方程，得知可用简单的非线性方程推导出丰富的复杂性结果，证明简单性和复杂性的统一重要结论。第 5 章系统的随机性（stochastity of systems）中的有关部分，尤其是随机涨落部分。

我们着重学习原书第 6 章系统的自组织（self – organization in system）部分：

（1）组织结构相对于组织前的状态而言，其有序程度增加；

（2）组织过程是系统发生质变的过程

人工制造的机器＝他组织，系统"自发地"组织起来＝自组织；……对一个"死"的系统（系统中不包括人）的控制（组织）过程称为控制，主要是工程控制论。对于包括人的"活"系统，其控制（组织）过程称为管理。

自组织和他组织是系统状态发生质变的现象，把它看成自组织现象，就用自组织理论来处理，把它看成它组织现象，就用控制理论来处理。

自组织理论：耗散结构形成的条件，普利高津研究了大量系统的自组织过程以后，提出了系统形成有序结构需要一定条件。

（1）系统必须开放；

（2）远离平衡态；

（3）非线性相互作用；

（4）涨落现象。

自组织的几种形式：

（1）自创生（self – creation）；

（2）自复制（self – duplication）；

（3）自生长（self – growth）；

（4）自适应（self – adaptation）。

13.5　开放的复杂巨系统和综合集成方法的应用

原书第 9 章以后三章是我们学习的另一个重点部分。关于复杂性（on complexity）以其建立在多样性和差异性之上，因而从一开始就具有多种不同涵义。20 世纪 90 年代在众说纷纭之中。鲜明地提出："凡是不能用还原论方法处理的，或不宜用还原论方法处理的问题，而要用或宜用新的科学方法处理的问题，都是复杂性问题，复杂巨系统就是这类问题。"

进一步，又在复杂巨系统的基础上提高到开放的复杂巨系统（open complex giant system，OCGS），首先赋予系统新的内涵，使其具有主动适应和进化涵义。通过主动行为，获得信息，具有一定的预见性。"开放的"还意味着在分析、设计或使用系统时，要重视系统行为对环境的影响，把系统行为和环境保护结合起来。"开放的"还意味着系统不是既定的、不变的、已完成的，而是动态的和发展变化的，不断出现新现象、新问题，系统科学要求研究者必须以开放的心态对待问题。

13.6　系统工程的评价与决策

系统工程的评价是系统工程中一项重要的基础工作，此项工作顺利完成后，系统决策也就顺理成章，水到渠成。但就当前的现实情况，一般仍认为评价是技术性工作，因而决策只能在系统分析工作者的帮助下由领导来决定。

该书第 11 章曾举出洞庭湖治理问题的研究实例，受到启迪教育很大。内容主要就：

（1）系统存在的问题；

（2）系统研究目标；

（3）系统分析结果：① 系统结构分析；② 系统行为分析；③ 洞庭湖治沙战略实例。

本来系统评价是决策的主要依据，但有时并不如此，尤其是在重大问题的决策上，看不到系统评价应起到的作用。西蒙（H. Simon）有句名言："管理就是决策。"当代科学的发展，必将迫使人类不停顿的观念更新，尤其对年轻一代，祖国必将在他（她）们的科学、管理和决策中，走向美好和富强；为全人类的未来作出应有的贡献。

参考文献

［1］钱学森．工序控制论．北京：科学出版社，1983

［2］见后"分型"

［3］见原书 P80 – 84 页

［4］原书第 9 章。

第14章 从混沌出发之路
——代本论部分的结束语

14.1 前 言

1917年5月下旬，我揭开历史的帷幕，步入地球舞台，开始了人生的旅程；先天不足，后天羸弱，发育滞后；虽也经历过天灾人祸，七劫八难，但侥幸生活始终未离开城市；现已届垂暮之年，到底什么是我选定与灾害频繁生态环境脆弱的老少边穷地区同舟共济，把探索生物和生态系统作为人生之旅的终点站，而且能高高兴兴地活到今天的动态因果和脉络？

当前仍未彻底从贫困滞后解脱出来的，灾害频繁生态环境脆弱的老少边穷地区的亿万农民，能否依靠自己的力量，求得社会效益、生态效益和经济效益同步实现，赶上祖国的建设的步伐？而我们从事的对象又是生物和生态系统，生物的特点，没有两个完全相同叶片，花朵，蝴蝶，小猫……人类也是一样，加以有思想，又自认为是"万物之灵"，所以就更复杂。在多年盲人摸象式的探索和实践之中，逐步认识到，这是上万年从事生物生产的劳动人民（农民），在东方思维的指导下，世世代代实践积累的珍贵经验；如能用现代的科学（当然包括社会科学）技术武装起来，如上的良好愿望就必定可以实现。

正因如此，这一点点的诚心，博得早我几代的老学长的教导和鼓励；但更内疚于心的是长期忝为人师，在我的影响下，几代人都能全力以赴，克服重重困难，甚至是难以想像的魔障，仍坚持工作在生态脆弱，灾害频仍的老少边穷地区，早期参加工作的也已垂垂老矣！幸遇此良机，得如实一吐为快。

综如上述，本书第一、二部分是由人类日常生活中接触较多的生物和生态系统开始，作为一家之言，突出其特点论述了就在我国现有的社会、经济和科学技术水平，一亩土地面积（非指耕地），可以养活一口人的理论基础。实践证明还可进一步深化和提高其生产潜力：这恰是全国，也涉及人类整体未来的大问题，远非某一个人或几个人，某一学科或几个学科所能解决。

14.2 关于混沌

据我所知，最晚在上一世纪初，从数学上就提出过"混沌"；1933年读高中二年级时问过高等数学老师，被告知应是在数学中，高于微积分，属于拓扑分野的组成部分。因这位老师是全国的名教师，我也就深信不疑；导致多年来，视混沌而不见，而我们也毕竟用更多的精力，忙于解决其他问题，混沌成了被遗忘的角落。直到1997年偶然读到 E·N·洛伦兹著《混沌的本质》的中译本，译文确切流畅，受益实多；并参照译者们的专著《非线性大气动力学》的有关部分，除引用于本书的有关章节外，为表达受到启发教导的感激之情，愿再提出几点体会，留供读者参考。

首先，E·N·洛伦兹是当代世界知名的动力气象学家，是混沌理论的少有的几位开创者之一，也常被誉为"混沌之父"，长期从事于天气预报的研究工作。到 1991 年末，国际上为了作好天气预报，已将全球经纬网格点增加到 45000 个，高度层次 31 层，包括 500 万个变量的由 500 万个方程所组成的方程组，但仍有人会认为每个点仍占有多于 1 万 km²，足以漏掉一个雷暴！洛伦兹从另一途径，最初选定的简化气象方程组带有 14 个变量→13 个→12 个（1959）→7 个（1961）→后来又精简到 3 个变量，得出的结论是天气的变化缺乏周期性。在 19 世纪，海王星是先通过计算求得其存在和位置，然后才用望远镜找到的。这是计算数学值得骄傲的一件大事。促使"三体问题"研究的开始，时在 1864 年，30 年后到 1894 年美天文学家和数学家 G·W·希尔将三体问题简化成由 4 个方程所组成的方程组，4 个变量代表平面上两个小天体的位置和速度。这个方程组，看上去很简单，但仍无通解！这件事激发了法国知名数学家 H·庞加莱的热情，虽然他花费了很大精力，和他以前的科学家一样，解方程组失败了。但 E·N·洛伦兹认为他和其他科学家不同，他很实际地解决了该问题，虽然他证明了希尔的简化方程是无法求解，但 H·庞加莱指出这个方程确实具有通解，只是我们没能找到它。

我们常说："给孩子洗完澡，泼水时要把孩子留下。"这是直接可感知的事物。问题是对尚不能直接感知的事物，"没有"和"没能找到"，是截然不同的；H·庞加莱比 G·W·希尔棋高一步，而在天气预报上，庞加莱的预测是不可能的，和 E·N·洛伦兹的天气的变化缺乏周期性也都是探索失败的结论；但 E·N·洛伦兹能进一步引申出，空气动力系统的混沌常是下一时段相对稳定的征兆；虽然其表现的形态、地域和时段都难掌握，而其趋势是必然的。于是对未知领域的探索，就我今天的理解，可以说是"摸着石头过河"。这也是我在"三北"防护林体系建设一期工程经验总结会中说过的一句"怪"话"一场混战取得伟大的胜利"找到的科学依据。进而也开始理解到，在生命及其环境保护的科学分野中"防胜于治"，在某些学科体系上合理，但在实践中"防治并举，以防为主，治也同等重要"！从混沌出发之路前进过程中，走出一步就是有所创新；就更接近目的一步，就是贡献。从而就要认清个人的层位和力量。

是否由于我的低能，促使我低估了个人的力量和能动性呢？还是用科学的发展规律来回答这个问题。如果没有里亚普诺夫和 H·庞加莱以及上面提到的诸多学者们所作出的前期工作，也就没有 E·N·洛伦兹的《混沌的本质》。在他的书中更多地引用了 H·庞加莱的成就，尤其是庞加莱截面（Poincare' section）和庞加莱映射（Poincare'mapping）。

庞加莱截面是与许多或大多数轨道相交的一个流的相空间的横截面。而庞加莱映射是指某一映射的相空间是一个流的相空间的一个庞加莱截面，并且其中的一个点的依次映像乃是在流中的一个轨道与庞加莱截面的依次相交。解曲线与截面相交的一个点就完全决定了解曲线的其他部分，包括解曲线下一次和截面相交的点。因此，我们可以集中研究截面上交点的序列来代替研究整个解曲线的性质。然后 H·庞加莱指出了渐近解的可能性。一个渐近解曲线是当时间增加时愈来愈接近某个周期解曲线的解，所以渐近解与截面相交的交点序列收敛到一个不动点。另一种解也是渐近的，即如果时间的方向颠倒，截面交点的序列看起来是从不动点出发的。最后还有双渐近解，它是在时间的两各方向上都渐近它。一个从不动点出发，然后收敛到同样的不动点的序列叫同宿的，即同宿到原来的不动点。同宿点的存在就意味着存在着无数的有不同周期的序列，也存在无数的非周期序列。

E·N·洛伦兹认为，H·庞加莱通过定性的数学推理所发现就是混沌，至少是有限混沌；他根据许多解对初始条件的敏感依赖性和非周期性，来识别完全的混沌现象。但对他用圆锥体的顶端向下立在平面上的简单具体的例证，来说明不稳定的平衡，就是这个圆锥向那个方向倒下去？是他的名言："预测是不可能的……" E·N·洛伦兹补充说："在圆锥倒下，它处于一各瞬间的过渡状态；在瞬间的影响停止以后，圆锥将横躺在平面上，处在一个稳定的平衡状态……"。我们也想补充，如为三角锥体，其稳定性将会更大，但毕竟未脱离静态稳定；从动态相对稳定上看，陀螺仪单点稳定度最大，自行车是双点动态稳定，三点接地等于对地固定，推向生物意味着静止＝死亡。我们认为 E. N. 洛伦兹补充，毫未削弱 H·庞加莱在数学上造诣之深，反而提高了 H·庞加莱对混沌理论的贡献。而我们的补充，更是一家之言，表达学习心得而已；但都应有利于科学的发展。

　　非线性动力系统隋着其中控制参数（Parameter）的变化，动力系统的形态如平衡点的稳定性、平衡点的数目或拓扑轨道在一定的数值处也发生变化，这就是分岔（bifurcation）。在常微分方程（differential equation）动力系统中，其自变量（公式右侧）都不明显与时间 t 有关，则为自治系统，否则为非自治系统；系统的解称之为轨道（orbit）。而与我们关系更为密切的生物及其环境的分野，也更多在差分方程（difference equation）动力系统。作为分岔的三种原型是叉式分岔、Hopf 分岔和切分岔（鞍结分岔），叉式分岔是最基本、典型的分叉形式，即从 1 分为 2 开始，按 2 - 4 - 8……不断地增加（繁殖）下去。这有似于单一生物种靠种内繁殖的自然规律，进而按生物所具有的超需繁殖的特点，则地球将为某几种昆虫所霸占而全虫绝灭！即使脱离开外界环境和种外生物的影响和制约，仅就同种内部的个体，正如前述有生命的生物也没有两个完全一样的个体，从而叉式分岔只是最基本、典型的分叉形式而已。幸而得到有关许多数学家的热心钻研，进一步在较为复杂的分岔，即有缺陷、有滞后的分岔和整体分岔的成果，反而对我们的工作更有教益。

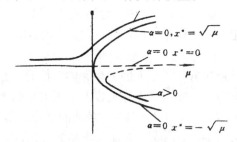

图 14 - 1　有缺陷的分岔

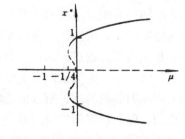

图 14 - 2　有滞后的分岔

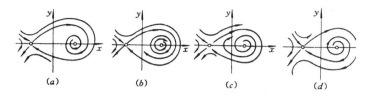

图 14－3　再进一步是整体分岔

我们忘不了 H. 庞加莱的名言："这个方程确实具有通解，但是我们没能找到它。"实际上，到此已经又一次进入了混沌的范畴（见图 14-4），在生物科学的分野中近亲繁殖只限于三代；与混沌的特点的敏感的初始条件和所谓的"周期三"，是运动中和世代更替中的变化，量变和质变，生物的进化、突变和绝灭。

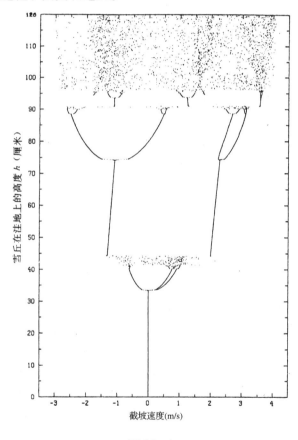

图 14－4

非线性力学系统在控制参数发生变化时，会出现突变。在生物科学中，本能和进化，渐变和突变，也涉及到人的神经系统和量变与质变的哲学问题，是我们今天无法回避的科学问题。在本书愿就生物和生态环境，提出些新的探索，用以进一步引起读者们的兴趣。早在 20 世纪 30 年代我身在国外，还不知恩格斯是何许人也就读过他的《自然辩证法》的日译本，从猿变人和人类胡作非为要受到自然的惩罚中，因与我从事的专业有关，深受教益；但在当时我能接受的，仍只能限于常规的生物进化和渐变过程，对突变仍认为是偶然发生的事件，无规律可循。前面引用了许多读者们可能接触较少，或尚未接触的数学公式，其目的主要在表明，我们提出的一些问题在基础科学上的依据。其实，只要读者们读过本书的第一章，和我们一样，就早已不自觉地进入了混沌的世界；我们仅是盲人摸象式的摸索，能写出这本书，期待于读者的能把全书看完。

在动力系统中，表达阻尼力与外力之间的数学关系，常被称为梯度系统，其平衡点是位势的临界点或称之为驻点，它的稳定性最常见的是折叠突变：我们是由尖点突变开始，不自觉的上了混沌的这条"贼船"，如果说我们早已注意到与我们工作相关密切的"狼羊共存"的里亚普诺夫函数法，那仍只限于生物和生态环境的需要；1978 年以后，开始参与一系列百科全书的编审工作，接触水的分子结构和水的相图才一发而不可收拾的掉进"S 曲线"、"尖点突变"的泥沼！回想起来，"一石激起千重浪，半生灯火我自知"。

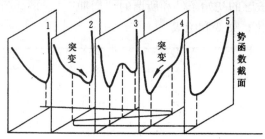

图 14 – 5　势函数垂直截面 [Y] 的突变，其在水平面上投影成反 S 曲线图（据金观涛、毕国凡，1986 年改绘）

在此有必要再一重复用势函数三维曲面分析生态控制系统的动态稳定中曾指出"势函数和稳定性取决于势能"，所谓势能是物体和系统由于位置或位形而具有的能，单位是焦耳。正如上图所示，势函数按时间系列排立（垂直）时，其在水平面上的投影，则是一条反 S 型曲线。此类正反 S 型曲线，常是尖点型突变模型的特征；其势函数类型是：

$$G = \frac{1}{2}x^4 - \frac{1}{2}a_1 x^2 - a_2 x$$

在运动中及时分析生态系统的发展趋势，根据系统动力学原理，可以得出 稳定，趋向稳定，趋向"振荡"和"振荡"等四种运动趋势，这就是动态跟监测取得的成果，也是预报和采用控制措施的依据。当监测的趋势接近最后一个稳定趋势时，按常规控制不引起振荡，其增益最大，应是最优方案，在开放和竞争的形势下，是难得的机遇。但机遇和风险总是孪生的，为了抓住机遇，回避风险，实践证明，运用势函数曲线上出现"双凹"为依据，可以判断动态发展的趋势是质变，而不是崩溃！随多种学科相互影响和渗透，必将导致生物生产高效稳产和防灾减灾纳入现代科学的轨道。

14.3　在泥石流的探索中受到的启迪

我们从事的教学工作，涉及的范围很广，较为系统地探索过的问题为数不多，尤其是我出生较早，又限于所学，侧重于泥石流。多年积累的成果是："在土石山区较为脆弱的生态环境下，由于人类不合理使用山区土地，引起水土流失发展到极为严重阶段，所形成的突然爆发，具有巨大能量，造成的毁灭性灾害。不仅可以治理，也是可以预见的。"继而作为国家重点科研项目，到 1984 年提出了泥石流的发生不仅可以预测，也是可以预报的。尽管已广泛引起有关方面的注意，并已推广应用于生产且已取得成效，多年来已用于北京市的全部山区，1993 年长江新滩大滑坡（应是泥石流）的预测预报，已堪称举世一绝，突出之处是敢于把观测站就设在泥石流流路中的一个孤立的由历史上借泥石流冲淤而来的大块巨石而形成的小丘上，泥石流过后，周围被摧毁成连片的碎石滩，而观测站是中流砥柱，毫发未损！同年我亲自看过，兴山滑坡（应是泥石流），3 个人只用插钎定位，超前巡查，蹲点预报，流过区下是采石场，不仅未伤人，在泥石流起动 1 分钟前，还让监视工人将一辆手推车抢运出危险区。实践证明，难道还会认为泥石流是不能预测和预报的吗？滇东北的小江流域，是世界有名的泥石流多发和频发地区，1998 年长江洪水第五次洪峰过武汉前我在东川，暴雨不多，曾发生较大滑塌一处，某日夜遇较大暴雨，黎明前实验站的蒋家沟开始暴发泥石流，频率逐渐增强。天大亮后，我亲自录像就有数十阵次，但原比蒋家沟更为活跃的其他泥石流沟道，已被治理得绿荫满沟，甚至稻麦相连。某日离东川时过水电站得悉，小江仍无浑水流入金沙江。今后也保证小江流域根除了泥石流的灾害，经过治理可以减少和减轻灾害，应该得到同情吧。但科学上是不能建筑在同情上的；以其始终未能脱离开人类可以直接感知的三维阶段；从而在起动机理上，不能从科学上有力地说服，泥石流是不可抗拒的自然灾害。重力侵蚀和泥石流的起动中，位于山区的凹地和沟底，迎冲顶溜的巨石（或大泥砾）常成为起动的关键，在土层已为水饱和后，处于湿息角和超塑限含水量时，整个土体已处于不稳定状态，某一巨石（或大泥砾）引起整个土体依重力规律向下运动，形成毁灭性灾害。图 14－6 就是用本世纪初，起源于欧洲阿尔卑斯山的石洪的起动公式：

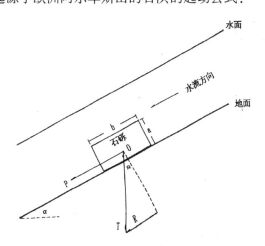

图 14－6　股流对石砾的冲力解析图

$$V = C \cdot \sqrt{R \cdot J} \tag{14-1}$$

式中：V——流速（m/s）；

　　　R——流水平均深（径深）$= \dfrac{F}{C}$；

　　　F——过水断面积（m^2）；

　　　C——过水周长（m）；

　　　J——$\tan\alpha$；

　　　α——坡度（度）。

设清水的流速为 V，当其侵蚀并携流一定数量的土沙石砾等固体径流物质的混水流速为

V'；γ 为清水比重，γ' 为土沙砾的比重，α 为单位时间通过一定断面土沙石砾的容积与清水容积之比。根据能量守恒则有：

$$V \cdot \gamma = \frac{\gamma}{\gamma + a \ (\gamma' - \gamma)} \cdot V' \qquad (14-2)$$

式中：$\gamma' - \gamma$ 经常是正值，$\gamma + a \cdot (r' - \gamma) > 1$。

∴　$V' < V$　在其他条件不变时，混水流速小于原来的清水流速。

如图 14-7，设流水的冲力为 P，由被冲石砾重量所形成的平行于水流方向的分力为 T，被冲石砾的抵抗力为 R。当 $P + T > R$ 时，则石砾将被冲走。首先：

$$P = \frac{k + k_1}{2g} \cdot \gamma \cdot a^2 \cdot V^2 \qquad (14-3)$$

式中：$k + k_1$——形状系数；

　　　γ——流水的比重；

　　　a——被冲沙砾迎冲面的边长；

　　　a^2——迎冲面面积；

　　　V——流水的流速。

其次：

$$T = r' \cdot b \cdot a^2 \cdot \sin \alpha$$

式中：b——被冲石砾的顺水流方向的边长，$b \cdot a^2 =$ 石砾的体积；

　　　r'——石砾的比重；

　　　α——溪底倾斜角。

而：

$$R = f \cdot r' \cdot b \cdot a^2 \cdot \cos\alpha$$

式中：f——摩擦系数。

代入：

$$P + T > R$$

则有：

$$\frac{k + k_1}{2g} \cdot \gamma \cdot a^2 \cdot V^2 + r^2 \cdot b \cdot d^2 \cdot \sin \alpha > f \cdot r' \cdot b \cdot a^2 \cdot \cos \alpha。$$

按流速 V 进行整理，并设 $\dfrac{2g}{k + k_1} = \beta$，则有：

$$V > \sqrt{\frac{\beta \cdot b \cdot (r' - r) \cdot (f \cdot \cos \alpha - \sin \alpha)}{\gamma}} \qquad (14-4)$$

由上可见，集中股流的流速仍是以平均等速流为基础推导而来，与山地沟箐河川的湍乱溪是截然不同的。所以从严推敲，泥石流的起动及其运动规律，仍在继续深入探索之中，而实践证明泥石流的预见、预测、预报及其防治已取得实效。总算"从混沌出发之路"向前迈出一步。

14.4　是否可以再向前迈进一步呢？

当然，这是我们共同的良好愿望，作为问题提供讨论。在岷江上有个世界闻名的九寨沟风景区，就是长期原始森林的自然演替进程和地震、泥石流共同形成的；长征途中，大渡河源头刘伯承和彝族领袖小叶丹结盟的地方小海子，当前已是西昌的风景胜地，更完全是由泥石流建造的，其周围森林和山地草原只是背景而已。就国家和人类的需要而言，除害兴利，势在必行；而在我国当前变害为利，靠科学就能技高一筹，应可以再向前迈进一步。

既然我们已经不自觉的走进混沌，其特征可以归纳为：

（1）敏感的初始条件；

（2）伸长与折叠；

（3）具有丰富的层次和自相似的结构；

（4）非线性系统中存在着混沌吸引子。

以生物多样性为基础的生态系统本身已经就是具有庞大繁复层次和结构的实体，其总体已经是具有内部阻尼、外部强迫耗散的多维非线性系统；在此基础上，人类又基于可持续发展的需要，力求依靠自身的能量，利用内部阻尼和外部强迫，迫使以生物多样性为基础的生态系统，向有利于人类的方向进展。这就是生态控制系统工程（CESE）的目的所在。迄今的科学进展和实践证明，靠科学首先就要靠混沌论，这也恰是由 18 世纪伴随现代科学的兴起，推动了以无生物为主体的工业革命突飞猛进之时，具有生命的生物却引起基础科学有成就的学者厚爱和追求的原因；如前述的德日近、理论物理学家薛定锷、数学家、庞加莱和里亚普诺夫等，都是从基础学科出发热心研究具有生命的生物（或具有生物烙印的无机物质水）的研究，又各自取得令人瞩目的新成就。就是在这些已有成就的基础上，才出现维纳和洛伦兹。维纳的可贵之处，是在他已功成名就之后，作为从事科学的人，在他晚年离世之前，《控制论》再版之时，不但书名未变，而内容依旧侧重于如何将控制论用于生物，尤其是动物（animal）和人类的领域。而在学习洛伦兹《混沌的本质》一书时，不仅从"从混沌出发之路"中受到启发，而更在他的书中将前人已取得的成就，为建立混沌论立下的功劳，能如实甚至有些过誉的缕述清楚；对同代人的研究成果更能在充分理解的基础上，才摆出自己实实在在探索过程和取得的结果，然后才表达自己的意见，共同探讨，谦逊慎重的学风，深受教益。尤其是在 20 世纪中期较长一段时间，在混沌上的低迷徘徊之际，他能意味深长的指出："在该领域的学术带头人，也有相应的责任；有意或无意的引导和影响下一代年轻人，去深入研究已知问题是得到赏识和奖励的保险和速成的方法。对新的问题，是有一定风险，但确有大量未被开发的领域，却常被忽略！"在今天，在我国仍值得深思。尽管是在前人的基础上，洛伦兹身体力行，敢于冒一定风险，瞄准未被开发的领域，探索新的问题，突出的贡献就是发现并证明了洛伦兹（Lorenz）吸引子。

我国今天已经步入知识经济时代。人类社会从以占有土地为基础的农业（主要是牲畜饲养和粮菜生产）时代，经以占有资本为基础的工业时代（主要是无生物的制造加工）之后，才走入以占有知识为基础（主要是新材料、信息、生物、生态系统和环境）的知识经济时代。面对当今的世界，和平与发展，竞争与合作，已经成为时代的主流，越来越多的发展中国家坚定地走上了现代化之路。展现在世人面前的 21 世纪是一个更富挑战性和具有更多机会的新时代。

但从另一方面，实践证明，在全人类中，除极少数神经病患者和"天才"外，智愚之间的差异微小而不显著。因而，只要能在自己成长实践经历中，认真总结成败的经验和教训，都能为人类作出应有的贡献。本来，人的感知能力就极为有限，神经系统的思维能力优于其他生物，但承担不了时时刻刻、永续不断而来的感知信息，对此表现最突出的是工作和生活一段时间之后就要睡眠。即使在醒时，也常是"可以明察秋毫之末，而未见鸿鹄"！这并不是失常，而是保护脑力、自我调节的必要功能。因此，首先就要控制避免能动和时间的

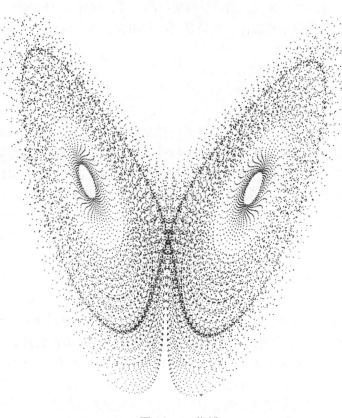

图 14 – 7　蝴蝶

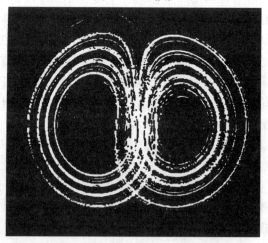

图 14 – 8　洛伦兹吸引子的投影图

"虚功"和浪费，也就是经常提到"有所为和有所不为"，如果能对精心选定的目标，敢于大刀阔斧的清除不为，在工作初期，更有利于集中经力于有所为，常收事半功倍之益，巩固基础、根深叶茂，多次扩展，精炼深入，终会有所突破。取得成就之后，基于人的感知能力的局限，一定要审慎对待，E. N. 洛伦兹提出的"反手结"，在从事于生物和生态系统工作中，更要提高警惕。

图 14 - 9 洛伦兹的"反手结"

在科学的探索过程中,失败的挫伤常大于成功的喜悦;因为成功只表达在科学上前进一步,而失败则意味着前功尽弃。其实不然。语云:"失败是成功之母。"这不是解嘲之词,而是朴素的真理。"吃一堑,长一智。"诚哉,斯言也! 前述在解"三体求解"的难题中,庞加莱花费了很大精力,和他以前的科学家一样,他解方程组失败了。但洛伦兹认为他和其他科学家不同,他很实际地解决了该问题;虽然他证明了希尔的简化方程是无法求解;但庞加莱指出这个方程确实具有通解,但是我们不能找到它。这不仅是混沌论的基础,也为生态控制系统工程的预见、预测和预报上奠定了理论基础。很明显,这是 庞加莱生前作梦也不会想到的后果,其所以如此,恰是科学的横断,学科的交叉、重叠和融和的必然结果;只有如此,才能体验到"科学是人类共同财富"的温暖。

14.5 浮想连翩和希望

以上只是学习混沌论的初步体会,正如 E·N·洛伦兹多次交代,最近在科学上混沌论取得很大进展,但这只是开始,很多问题仍在继续探索和充实之中。诚如德日进 1947 年在《人类的出现》序言中的一段名言:"世界上没有绝对真理,智者苦苦探索而得到的看似真理的东西,其实都不可避免地带有某些假设的成分。"实际上我们已经进入不能直接感知的多维和相空间的领域;将极为复杂的事物,靠当代科学的新成就,常可找到简化的捷径;但时刻要注意提防,稍一疏忽,就会陷入"差之毫厘、谬之千里"的困境。请看图 14 - 4,是清晰地表现出叉式分岔和几代后进入混沌的过程,但从图的左右并不对称上与典型的岔式分岔,仍有一定的差距。被后人公认的庞加莱截面是庞加莱的突出成就,以其是在动态的轨道上截取,映射出来的截面,其始终仍有极微小,但不等于零的时间上的差距。即使在以点(粒子)为基础的非线形力学中,混沌论立下了汗马功劳;而在另一方面,非线性波动系统也是非线性大气动力学同等重要的理论基础。何况在知识爆炸的今天,有关科学的信息,风起云涌、铺天盖地而来,本书中提到的一些科学家受到毁誉参半的指责或支持。科学上的争论——百家争鸣,是促进科学进步和正常发展的必要手段,但用之于我们的生活和生产、国家建设以及人类的可持续发展上,首先就要紧紧盯住我们为之奋斗终身、共同而又具体的目标,进而认清自己的层位,通过实践的检验来决定取舍。

还不应仅止于此,从多年工作的实践中,直接体验到主观能动性是现实而具体的,而智慧和灵感(inspiration)也是一样,但就是说不清楚。几年前在科技日报上看过杜乐天写的一篇文章,记得一开头,就提出"智慧是存在的",虽然当前还说不清……思维领域的事在现代科学发展水平,还帮不上多大忙;如何将脑子动得高明,再高明? 这可以做到,但说不清也写不清楚,即使用图象可以表达的更清楚一步;要做到还必须通过自己的体验。在科学研究上,智慧和能力的较量,也是如此;就我国当前的具体条件,更应以主观能动性的现实为基础，促使智慧和灵感的具体提高上多下工夫，把研究工作做得更聪明、更巧妙一些。但仍未能表达清楚。突然联想到"庖丁解牛，游刃有余"，始悟真功夫的来源，在实践中的勤奋和熟练。于是在科学上，纵使既成事实是"屡战屡败"，也要下决心改写成"屡败屡战"，锲而不舍，再战取胜。人是出生之后，就是如此才学会走路的。

　　从我们在生态脆弱的老少边穷地区，从事于生物生产和防治减免灾害的实践过程中，也是由"因地制宜，因害设防"的静态开始，逐步进入"顺势力导，趁时求成"的动态阶段，而驱使我们敢于班门弄斧，写出这本书，实在于痛感面临的挑战，既紧迫而又艰巨，只能靠现代科学的精粹和新的起点出发，才能谋得"巧取智胜，妙在超前"。就我们献身于科学教育的人，实践证明、勤奋是主观能动性具体化的生长点，从而积累形成的智慧和灵感的敏锐性，才能抓住机遇，有所创新。新中国成立后我们这2~3代人都可以走出几小步，读者们，尤其是跨世纪年青一代，必定青出于蓝，应是不可抗拒的必然规律。

第三部分
我国景观生态分区

第 15 章　我国景观生态分区[*]

15.1　基本情况

我国位于亚欧大陆东部,陆地国土总面积约 960 万 km²。疆域南起曾母暗沙,北至漠河附近的黑龙江主航道中心线,西自帕米尔高原,东到乌苏里江与黑龙江汇流处。我国是世界上经济文化发展古老的国家之一,文物古迹可证在万年以上,有文字可查就有 5000 多年。地势西高东低,地形复杂多样,山地、丘陵和地面崎岖破碎的高原占全国总面积的 2/3,青藏高原被称为世界屋脊,尼中边界上的珠穆朗玛峰 (8844.43 米) 是举世的"高极"。而位于我国新疆维吾尔自治区的艾丁湖低于海平面 155m,成为地球陆地上的"低极"。习惯上常按高度的变化,自西而东分为三级阶梯,第一阶梯为青藏高原,平均海拔 4000m 以上;青藏高原以东和以北是第二阶梯,包括塔里木、准噶尔和吐鲁番盆地和内蒙古、黄土和云贵川高原为第二阶梯;大兴安岭、太行山和云贵川东缘及其以东则为第三阶梯。祖国大陆东南分布着我国内海和边缘海黄海、东海和南海;漫长的海岸线外有宽广的大陆架;辽阔的海面上,星罗棋布 5000 多个岛屿,台湾岛的面积最大,其次是海南岛。

我国北起寒带,南已进入热带;大部分在北温带和亚热带,属雨热同期的东亚季风气候;但如上述地形复杂导致气候多样性的变化,不仅黑龙江北部渥寒,局部长年冻土,海南岛长夏无冬;青藏高原西部终年积雪,云贵高原南部则四季如春!北方冬季屡受西北寒流侵袭,而夏季长江下游武汉南京湿热和东疆吐鲁番的燥热同样难熬。

我国经济文化历史悠长,掌握农耕技术有物证可查的将近万年。但近百多年来,晚清闭关自守,1840 年鸦片战争后沦为半殖民地半封建社会。经历上百年艰苦卓绝的革命斗争,最终在 1949 年中华人民共和国成立!40 年后,到 1989 年在东部,尤其是城镇、交通和工矿建设取得了突飞猛进的发展,相对而言农业、农村和农民并未得到同步提高,而且我国山沙地区面积占国土总面积的 80% 以上。当前我国人口已超出 12 亿,有 55 个少数民族,都分散居住在山沙地区,形成多元文化的聚积地。但也毋庸讳言,改革开放后,每当乘飞机从国外归来,得见一片荒沙秃岭,立即感知已进入祖国!我国广大山沙地区的荒凉面貌,这是旧社会留给新中国的惨痛遗产。同时也基于区位、交通等原因,迄今山沙地区的贫困范围仍比较大,贫困程度也比较深;全国 592 个国家确定的贫困县全在山沙地区!其中包括许多是我国革命的根据地。

---

* 本章是以 1989 年夏在北京召开的第四届国际河流泥沙学术会议 (4th International Symposium on River Sedimentation) 上宣读的《中国水土保持类型和特点的研究》(A Study on the Types and Characteristics of Soil and Water Conservation in China) 论文为基础补充修改而成。被评为该次会议重点论文 (Keynote)。

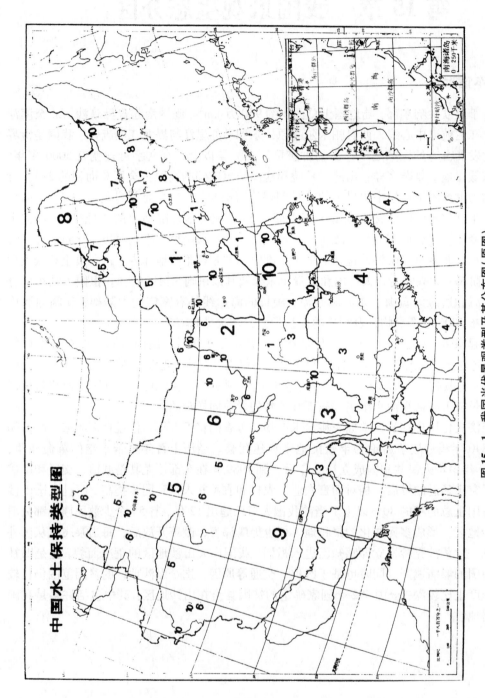

图 15－1　我国当代景观类型及其分布图（原图）

1. 北方土石山地丘陵　2. 西北黄土高原丘陵　3. 西南峡谷高中山地　4. 西南丘陵山地　5. 南方丘陵山地　6. 西北干旱山地丘陵
7. 东北漫岗丘陵山地　8. 东北内蒙古林区　9. 青藏高原　10. 平原、盆地和绿州

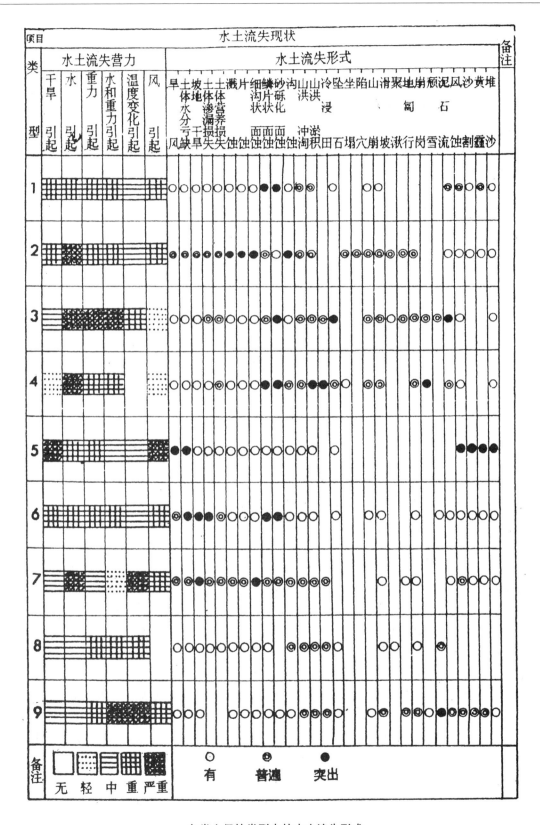

各类土保持类型内的水土流失形式

15.2   景观是在当前综合反映生物和生态系统有效的方法

景观生态科学是当前世界的热点，有关各学科、学派的研究成果和有关的调查、规划、经营管理的资料和成就，铺天盖地，层出不穷。就此愿诚心表明我们的实用倾向，这就是将景观生态科学当成工具，为我们所用。为了消除误解，在此引用 1964 年 W. R. Ashby 写在《控制论导论（Introduction to Cybernetics）》中的两个论点，即：

（1）控制论（Cybernetics）不回答"这件事是什么（What is this thing）？"但它回答"它能做些什么（What does it do）？"

（2）控制论是人类大船舵手的技巧（艺术）（The art of steermanship）。

虽然对控制论局部内容的某些具体问题的理解，不尽相同；但对以上论点实有同感。我们衷情于 R·H·霍梯克的成就，更在于具体推动以食物链为核心的生物链这一有实效的科学成果应用于指导生产。在自然界，生物的种间关系中，既有相互依存的关系，也有相互制约的关系，从而引伸出以食物链为核心的生物种间关系的生物链。开始探索生物种间能量和物质的功能及其动态流程，进而 1961 年 R·H·霍梯克只是用一个低养分的浅实验池，亲自作了个并不复杂的实验。其所以引人入胜，恰在于他们的研究成果，从生物总通量、净第一次生产力、生物链、食物链、营养级到群落金字塔，已将我们共同探索的对象——复杂而庞大，且具有相应的自我意识，并有内部阻尼和受外部制约，多维非线性，耗散型结构的事物开始纳入当代科学的轨道。

15.3   景观生态系统是综合反映全球景观内部分异性的有效工具

生物多样性，和主要由光、热、水、营养物质和空气所组成的环境条件，在其相互影响和制约的过程中形成的所谓生物圈（biosphere）；生物圈随时间的进展不停地运动和变化，它在时间上的瞬时截面就是对人类可以直接感知的"景观"，进而可以联系到生物、环境的综合反映；既不下海抓虎，也不缘木求鱼。当代科学要更深入一步，要从时间的动态和变化中，即从过去到现在的发展过程中，力求预见未来。

自然景观是基础也是基地，原始的自然景观在欧洲已荡然无存，全球也所剩无几，热带雨林，南北美洲和其他各地也日益缩小。自然景观是基础，不是目的。基础是指从过去到现在的发展过程；而目的工具在于预见未来，使景观向有利于人类可持续发展 。进而基地则不仅是由这一方水土养这一方生物群系，所形成的生物总通量的主要基地；也是隶属于陆生生物范畴，我们人类赖以生存和发展的永久基地。

"一方水土养一方人"，"万物土里生"，都是我国历史上留下来的老话。在今天要加以补充，这里的"土"指"土地"。本来从生态系统上看，应该是确切完整的，无奈我国自古以来就以农立国，"耕者有其田"，提到田就是耕地；反而，以游牧为主的地区和民族，以及得天稍厚，更原始的，可以靠林区或水边得以采摘渔猎就可以维护生活和繁育的地区和民族，其所占有的领地、林地、草场，却与"土地"的涵义相符合。而从景观生态上看，在陆地（包括耕地在内）是包括我们人类在内的生态系统赖以生存和发展的永久基地。恰因如此，自然就赋予"土地"两个特点：

（1）在地球表面占据固定的位置，具有一定的形状和面积，同源于地心，上至无限的苍穹；

（2）在地面上土地是相互不可入的（即土地的不可入性），只能镶嵌，不能重叠。

是 R·H·霍梯克用他们的研究成果，有力地论证了景观生态系统可以综合反映全球景观内部分异性。

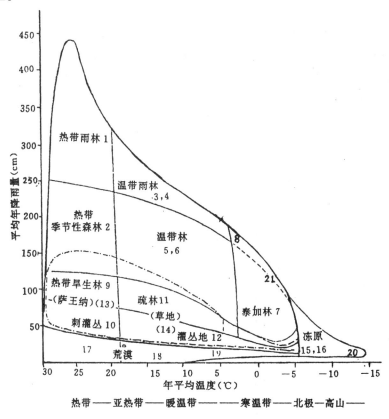

图 15-2　世界群系型与气候（温度、湿度）的关系格式图

从严要求，地球表面没有两块土地是一样的，尤其在山区就更复杂。于是有将我们共同探索的对象——复杂而庞大，且具有相应的自我意识，并有内部阻尼和受外部制约、多维非线性、耗散型结构的事物，基于景观生态系统内部的分异性，导致地球表面的分布就更为复杂。针对 R·H·霍梯克和我们相近似的目的，是在于预见未来，期望它能向有利于人类可持续的方向发展。

从地球的地质年代上看，人类是新生事物。从生物进化的历史上看，人类也是最后才登上地球舞台表演的最高一级的"有生命的生物"；初期和其他高等动物相似，在自然界、或生物界处于可有可无，微不足道的地位；但截然和其他生物不同，确是靠人类自身的力量，从自然、生物界夺取到更大的自由，自封为"万物之灵"。甚至随人类掌握的科学技术的进步，已经察觉到有毁灭人类本身的可能，于是人类的可持续发展才成为举世瞩目的热点问题。首先集中于生态系统和人类的关系，在众说纷纭、百家争鸣之中，我们选取了德国科学家 H·爱棱贝尔格（H. Ellenberg）的材料，来说明某一完整的生态系统和人类的关系。

我们认为在图 15-2 说明某生态系统的内在关系不仅较为完整，而且脉络清楚，进而指出于系统外部要受到人类和其他生态系统的影响，但不能完全满足我们要探索生态系统整体和人类关系的需要。

在信息的联结（conpling）方面大家公认反馈联结（feedback conpling）是突出重要的。而在系统的分类上，生命系统迟至1975年才始见于 J·G·米勒（J. G. Miller）1978年在纽约出版的《生命系统（Living Systems）》一书。

Z. Navehhe 和 A. S. Lieberman 继承 R·H·霍梯克的科学事业，面对导致全球整体规划在国家或地区的不同，无法同步实行的教训——其实这也正是当时举世共知的科学上的新热点，吸取同时期的各家所长，着重在政治、经济体制，文化、教育和历史习惯上的差异，巩固了 R·H·霍梯克科学事业的优势，并有所发展和创新：集中反映在1987年出版的《景观生态的理论和应用（Landscape Ecology——Theory and Application）》，并在卷首特页标明："This book is dedicated to the memory of Dr. R. E. Whittaker—The great ecologist and human being."

其突出成果反映在图15-3，是用生物系统和生态系统的技巧，调整能量、物质和信息的输入，使图中图中的纵向各线（柱子），左右达到一个新的平衡，其结果将能取得符合目的的新景观生态效果。

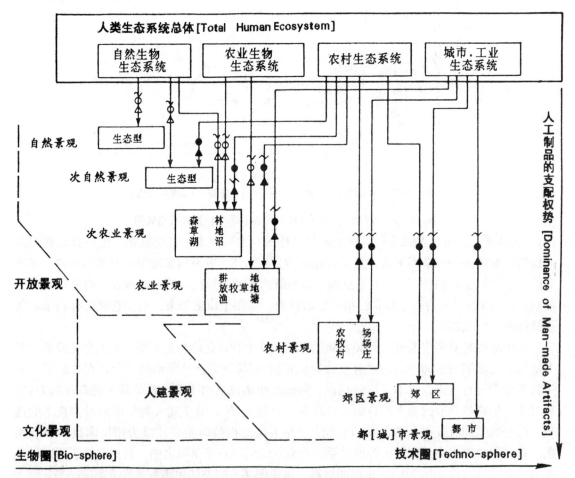

图15-3 用生物系统和生态系统的技巧，调整能量、物质和信息的输入；图中纵向各线（柱子），左右达到一个新的平衡，其结果将能取得符合目的的新景观生态效果的示意图（据 Z. Naveh，1980）

在 R·H·霍梯克的生物总通量的启迪下，我们排除生物出现后由于自然条件的变化，引起的生物总量的波动后，试作了图 15－4，用以宏观概略地论证没有低等生物，就没有绿色植物，没有植物就没有动物，没有这些生物也就没有人类存在的最基本的科学道理。并请注意图中"人类的影响"（用粗实线表示），这根粗线在 2000 年后用抬升向上的线表示，意在表达我们对生态控制系统工程科学的信心和对未来的愿望。

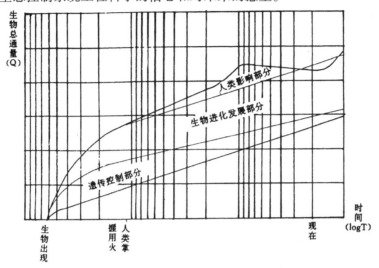

图 15－4　地球上生物总通量（Q）的流程示意图（1982）

15.4　在其影响下我国和我们做过哪些工作

我是在 1949 年应聘到河北农学院，因山区建设工作的需要，被省派往太行山区工作，在北沙河的上游现平山县的再上游的山区还有个建屏县（纪念烈士周建屏），是我第一次接触到老革命根据地，"一年糠菜少见粮"，家徒四壁，靠一铺热炕度日；但就是他们确实是倾其所有，甚至鲜血和生命，支援和参加了革命，但在建国前夕，他们确是穷的出奇。新中国成立后，同年冬为"以工代赈"，再次到建屏，原拟在年前赶回保定，遇大雪提前封山，无法出山，只好就地过春节。当时山区的习惯仍是以春节为大年，我仍轮流在各家吃"派饭"，借机会帮他们写春联，都是"远山高山松柏山，近山低山花果山，沟道修成米粮川，幸福生活万万年"。迄今我仍在为此而努力，但横披因水平过低，当时都写成"儿孙满堂"，应该是"儿女万代"。旧历腊月廿三灶王爷上天上供的每年只吃一次的白面馒头和猪头（有的家是半个或一块咸肉），提前加热，作为派饭给我；他们的儿孙，一个个小胖墩看着我；赶紧抢着到锅里，盛一碗小米酸汤，吃两个山药蛋。开始提出 50 年前的老话，毫无怀旧，也不敢"忆苦思甜"，但确有应该怎么干，才能得到更甜的愿望。

迄今半个多世纪，我们生活和职业始终未离开首都北京，但工作总和老少边穷地区搅在一起。三年困难时期以及十年文革时期，几乎跑遍了全国的老少边穷地区，增长了见识。太行山区的贫困，比不上陕北，比不上宁南和定西，比不上赣南、百色，比不上横断山脉，更比不上青藏高原。半个世纪以来，与建国当时相比较，到处都有翻天覆地的变化；但从速度和局部差异上看，全国的老少边穷地区，仍处于滞后状态。我国的贫困县，虽已陆续脱贫，但始终仍集中在这一地区（1999 年 8 月 31 日北京晚报：年收入不足 300 元人民币的农民，仍有 4200 万人）；当前恰值举国上下对我国西部的建设已被提上议事日程之际，愿就工作所得，有经验也有教训，留供参考。

上述太行山里的老建屏县穷得出奇并不是个别现象。当时仍属河北省的宛平县，1950年下了一场暴雨，以京西斋堂为中心的清水河流域，多处暴发了"龙扒"，即泥石流或称石洪；不仅形成毁灭性灾害，而且死伤多人。于是从此开始，这里就成为我们的探索基地。清水河上游南岸有座百花山，20 世纪 50 年代还剩几小片华北落叶松残林，山的西坡海拔1400m 的地方，有个村庄——黄安坨，在村周围达四十多华里的范围内，当时居住着 135 户人家，共有四百多口人。

其中没有一户是当地人，都是在外地穷得没办法，所谓"穷奔山"才逃到这里来的，在旧社会仍未逃出地主的魔掌。据当时老人们的回忆，40 年前逃到这里时，要交地主一枚银圆，才能取得居住权；每年全村还要被逼去 24 000 斤粮食的地租。抗日战争时期，原宛平县首当其冲，据不完全的统计，山区共有 185 个村，被日寇烧过的就有 142 个。黄安坨曾在 20 天内被烧 7 次；被抢走的大牲畜 8 097 匹，猪羊 74 500 头，鸡 3.6 万支，蜜蜂 850 箱；烧毁衣物，粮食折米 6 890 万斤，这几乎是所有的生产和生活的依靠。因其地处高寒，斋堂南大山的分水岭附近，虽同遇暴雨，幸未成大灾；其下大、小南沟、达磨沟、马栏沟和田寺东沟，均遭受到毁灭性灾害；而在北大山的黄草梁以下，则更为严重。灾后就全县灾情严重的 80 个村统计，冲毁耕地 1.1550 万亩，石砂压耕地 0.8106 万亩，合计 1.9606 万亩，占当时全县总耕地面积的 18%。减产占全县的 25%。"十年修地一水冲，修来修去一场空"。

黄安坨不仅幸免于难，当年又获丰收。以当时的村长任承隆为代表的许多山区老农民，给我们讲清楚了"穷奔山"的原因，实在于土地辽阔，回环的余地多，资源丰富，多种经营的潜力大。为了急救灾情，就集中在养羊——还只能养山羊，而所谓"林牧矛盾"又是山区建设中的突出问题，逼得我心里再急也只好和老羊倌一起生活了三天，头天他找个近处轻松的过了一天，晚饭时他得知我还要和他在一起，他说附近的草不好，明天要到远处去放。我说恰好我也正想看看好的草场。第二天早晨早饭时他夹一个椴树叶包上的"菜团子"，扔到我饭碗里，我咬开一看，却是咸椴树叶包上的"蒸糕"，我一愣，他说了一句，今天路远，吃饱！久住城里的我，第一次吃到最暖于心的"蒸糕"，而他们自己碗里却是"菜团子"。本来山区羊倌是吃百家饭，要卧百家地＝送粪到地的；他下矿挖煤，患上哮喘（矽肺），老两口就住在羊圈旁边，自己起伙，由各户供粮和菜。赶羊走到大山里，确是一片缓坡大草场，这群羊撒欢跑进草场；我们坐到一棵大树下，反而无事可干。他突然不在意的问我："你大老远从北京来我们这里救灾，要和我一块放几天羊，总是会有些什么事问我吧？"我将担心的林牧矛盾问题，如实相告，他反而笑了！接着他说，昨天的草地没什么草可吃，旁边就是老玉米地，比草好吃的多，羊怎么不去吃啊？经他一说，事实确是如此，真是怪事！他却严肃地和我说，山里的羊倌什么事也管不了，但总是羊的"官"吗，就能把羊管好。一字千金，振聋发聩，豁然开朗。我笑着拍了一下他的肩膀说，我的问题解决了，我要回去，咱们再见了！他也笑了，就地嘱咐我，顺沟走，别错路……

归途中，青山环抱，蓝天白云，丰收在望，浮想联翩，终于找到了林牧矛盾的根源！我国文化历史悠长，一贯倡导"以农立国，食为民天"，长期深入民心，耕地或农田既是生活的依靠，也是财富的象征；于是"耕者有其田"的田就和平均地权，土地改革的地混为同义语。在旧社会穷奔到大山里，要交地主的银圆是买的居住和开荒权，修成耕地后，却归地主所有，由地主年年收租；土改后农民取得"耕者有其田"，自然就心满意足，由衷感激党和新中国。但未开垦的荒山荒地都模糊地认为是公有，但对公有自然村、村、乡、县的认识也常有分歧。结果，当各有关生产部门分别号召发展本部门的事业时，农林、农牧，尤其是林牧之间的矛盾，就更为突出。虽然早已强调全面规划的重要，以其未触及到问题的实质，必然会引发重重矛盾。其实从理论上和实践的证实，必须具体明确落实在土地上，要和耕地一样，守土有责，寸土必争，是半点也模糊不得的。

当然我们首先就要用在亟待治理的石洪暴发的重灾区，且有再次暴发石洪危险的田寺东沟。将村后的孩儿港划为近牧区和集中管理的棚圈地，而把村外可通百花山的田寺西沟，面积大而沟道长，水草丰美，划作主牧场，并引进小尾巴绵羊。一句话就得到全村通过，到2006 年始终未变，今后在田寺东沟也不会出现林牧矛盾。

由上可见，本来我承担的任务是治理石洪的，我也自认我在国外学过，在国内大专院系也教过这门专业课。面对我国的现实，时势所迫，要从落实到"地块"的山区土地利用搞起，虽出乎意料之外，但有幸通过实践，就在上下相连的两个村，内部的分异突出；进而蕴蓄山区群众中的智慧和主观能动性是非常具体而生动的。不仅没用一点水泥，除工具外，没用一根钢筋，只用 10 万斤小米，就治理了一条亟待治理的石洪暴发的重灾区和有再次暴发石洪危险的田寺东沟。而更有幸促使我们从此开始，探索落实到"地块"的山区土地利用规划问题，简称之为"山区农林牧区的划分和生产规划"，得到了推广和应用。

坡度 \ 土壤	平坦 <3°	缓坡 3～15°	斜坡 15～25°	陡坡 25～35°	险坡 35°
风化　土沙 细土层厚 <0.15m	牧	牧	林牧，阴林阳牧	林	野生资源
薄土 细土层厚 0.15～0.30m	牧	牧	林牧阴林阳牧	林	野生资源
中土 细土层厚 0.30～0.50m	农果，高农低果 阴农阳果 下农上果	农果 高农低果 阴农阳果 下农上果	农果，高农低果 阴农阳果 下农上果	林果，高林低果 阴林阳果	野生资源
厚土 细土层厚 >0.50m	农	农	农果高农低果 阴农阳果 下农上果	林果高林低果 阴林阳果	野生资源

图 15－5　我国山区土地利用方向图

引自："山地利用和农林牧区的划分" 1954 林业科学 No.2 中国林学会

源于：国际上通用的土地生产潜力分级 8 级制

岳飞迄今仍是被人怀念的，中华民族的英雄人物，原籍河南汤阴，他生前的豪言壮语"踏破贺兰山阙…还我大好河山！"一派黄河流域，北方大平原的景观形象。而形容江南风光的，则常用"锦绣江山"，是能表达山区生态环境的脆弱和多样性；但从"治水在治源，治源在治山，治山在治穷"，或许受我从事专业的影响，"山川秀美"，首次改为"山前川后"，深受启发，因为只有山青，才能水秀，只要山清水秀，我国山区不仅是我国可持续发展的基础，也为发展中国家和全人类作出应有的贡献。

15.5　山区建设规划中的指标体系的探索

毕竟我们学习和工作在林业部门，当时又重点在华北，确属无林或少林地区。作为前提的需要，尤其在山区，是要由合理利用土地开始，经过落实到"地块"的确切划定农林牧区，才能奠定山区生产建设的基础。在当时是对山区生产建设起到某些促进作用，但也有两个方面的失误。其一是局限于广义的农业生产和初步加工，已被朱德在全国的会议上作过"水土保持是山区生产的生命线"的报告；我还"得寸进尺"，想争取提高到"山区建设的生命线"；其二更是私心作祟，是以"划分农林牧区"为手段，而更直接的目的的是在于划定林区，才有"土地"进行封山、育林和造林。

地块是具有相近似的环境条件,能为人类提供可再生的生物资源,能形成相近似的植被（vegetation）和依赖于这个地块为主,生存和繁衍的多样性生物,尤其是一生要定居此地块上的绿色植物(生物链中的第一级有机体——生产者)。因而它就要在地球地面上占据一定位置,维持高度相近似的环境条件,但具有明确边界面积,成为组成土地的最小的基础单元。

我们的指标体系是以地块为基础和核心的。首先是地面定位，要求作到经、纬度、地面标高（海拔高度）、面积和形状、水平投影面积（精度 $< 16m^2$，实际精度可达 $1 m^2$ 或更小）。继之是行政定位，省、市、县、镇、乡、村、自然村、户、人的定位，定位到归谁使用，这是基础的基础。在地块定位的基础上，结合现有的土地利用状况，称之为土地类型。将依赖于这一地块生存和繁衍的生物链，就要养活占有这个地块的具体人（men）落到了实处，也为规划的实现奠定了坚实的基础。

以地块为基础的现有土地利用状况，是反映在地球上出现这个地块之后，经长期地质的、气候的、生物的，以及相对近期人为活动的综合结果；进而根据调查当时人类掌握的社会、经济和科学文化水平的可能，尤其是可行的需要；在现地规划这块土地利用方向，这就是过去我们对落实因地制宜的理解。将规划后的土地利用方向和现有土地利用状况相比较，从积极方面看，必然取得土地利用率和土地利用质量的提高；但从另一方面看，为了保证这个提高的实现，必然要对这块土地进行加工和防预灾害。"保障生产，防治灾害"也好，"因害设防"也好，如果脱离开具体"编织"在一起的人和地块，不过是置之四海而皆准的空话！反之，将地块落实到"人"，基于人类的可持续发展，只能靠人类自身去争取和建造。科学合理地利用土地，决定于"人"，决定于"人"的主观能动性。立即就能具体落实有关土地加工、保护生产和防治灾害等必要措施的投入（劳力、物资、资本……）等具体逐项解决，根据实际情况，厘定完成的时段和步骤，用以保证完后的逐年效益。

至此，以地块为核心和基础，通过定位到地块，我们已经把具体占有这个地块的具体"人"，编织到一起了。根据"一方水土和这一方生物"养这一方"人"的要求上看，通过如上的具体的指标体系，将依赖于这一地块生存和繁衍的生物链，就要养活占有这个地块的具体人落到了实处，也为规划的实现奠定了坚实的基础。

第16章 内蒙古东部林区
——阿木尔森林植物区系

早在1939年为深入现地汇集东北东部长白山区原始森林的毕业设计论文，曾过哈尔滨、齐齐哈尔和扎兰屯，仅得初步了解嫩江上游的森林草原的基本面貌，未能深入到大兴安岭林区。

1987年5月6日至6月3日，我国大兴安岭北部地区发生了一场历史上罕见的特大森林火灾。这场大火约在我国境内北纬52°线以北，绝大部分面积在黑龙江的一级支流——呼玛河、盘古河和阿木尔河流域范围内。从行政单位看，这次特大森林火灾发生在林业部直属大兴安岭加格达奇林管局的西林吉、图强、阿木尔和塔河四个林业局内，其中前三个林业局被称之为"北三局"。这次特大森林火灾的过火面积达133万hm²，过火范围内的木材蓄积量达1.05亿m³。过火面积和过火范围内的木材蓄积量分别占大兴安岭加格达奇林管局总面积何其总木材蓄积量的15.7%和20%。过火面积为大兴安岭加格达奇林管局自1964年开发以来采伐面积的1.7倍，过火木材蓄积为其开发以来的2.4倍。大兴安岭林区火灾区位置见图16-1[1]。

16.1 火灾区的自然概况

就整个大兴安岭山地来说，他是一古老的褶皱断块山，经长期剥蚀、侵蚀过程，呈现出老年期化地貌。山顶浑圆、坦荡且多数不相互衔接，除局部阳坡陡峻外，坡度多较平缓。15度以内的缓坡约占80%，谷地一般都很宽而平坦。由于受间歇性隆起的影响，较大河流两侧普遍有2~4级阶地。

大兴安岭山地主轴走向为北北东，其北部支脉伊勒呼里山大致为东西走向，并与小兴安岭相连，这次特大森林火灾即发生在伊勒呼里山以北的区域。大兴安岭北部的山地相对高差都较小，靠近河谷处约高出谷底100~150m，最高分水岭山顶的相对高差一般在700~800m以下。

大兴安岭东沿尚有一北北东走向的深大断裂，第三纪以来受间歇性翘起上升的影响，皱情东陡降峪，西坡平缓。北部除靠近伊勒呼里山一带较高外，其余多为被河流分割破碎且面积不大的丘陵。其岩石多为花岗岩，某些河谷地区有新生代的玄武岩。

大兴安岭地区的河网密布，不对称的槽形谷地十分宽坦，河流都具有树枝状水系，流水的侧向侵蚀比纵向侵蚀强烈，所以河曲明显，河谷中牛轭湖普遍分布，多形成沼泽地。北坡直接流入黑龙江的呼玛河（长520km），阿木尔河（长600km）、盘古河（长225km）囊括了整个这次特大森林火灾的范围。

大兴安岭地区属寒温带季风区。冬季漫长少雪，春、秋季较短，夏季更短或没有夏天，年温差较大。年平均气温为－20~30℃，极端最低温在漠河为－52.3℃，7月平均气温为17~20℃，极端最高温在漠河为35.1℃，全年降水量为350~500mm，5~8月约占全年雨量的

70%以上。生长期仅为 80 ~ 120 天。尤其是在大兴安岭北部地区，有岛状分布的永冻层。该地区虽然气候严寒，植物生长期又短，但生长期内恰是雨季和长日照阶段，对植物的生长非常有利，但在较高海拔地区，生长期内仍有霜冻威胁。

在大兴安岭地区面积最大的显域土壤为棕色针叶林土，广泛分布于兴安落叶松（*Larix qmelin*）、樟子松（*Pinus sylvestris var. monglica*）和次生的白桦（*Betula platyphylia*）林下。

16.2　特大森林火灾后水土流失现状

大兴安岭地区特大森林火灾，不仅毁坏了大面积森林、烧毁了相当数量的林场建筑设施，使人民的生命和财产遭到巨大的损失，同时对大兴安岭地区的生态环境在不同方面也产生了不同程度的影响。尤其是特大森林火灾后的水土流失问题，已经引起了各界广泛的关注。

16.2.1　地表裸露的陡坡是发生水土流失的主要地段

特大森林火灾后，火烧严重地段，尤其是在 15°以上的坡面，立木几乎全被烧死，地表的枯落物层亦被烧毁。一方面，土壤裸露；另一方面，立木被火烧后失去了树冠原有截持降水缓冲其动能的作用。地表开始出现了不连续的片状侵蚀。在草类恢复生长较好的地段，地面侵蚀轻微或没有，在草类恢复较差或没有草类生长的局部，地表土壤因雨滴击溅和地表径流的冲刷而产生片蚀。由于片蚀的发展，在部分坡面上已经开始出现了细沟状侵蚀。在阿木尔林业局，我们见到了火灾后经两次小规模降雨，在 20°的坡面上就出现了宽深分别为 30cm 和 20cm 的细沟侵蚀。另外，坡面上的倒木腐烂后，也为侵蚀沟的形成和发展创造了微地形条件。

在考察中我们还发现，由于该地区的土壤层下很多地方存有较厚的碎石、岩屑，如果地形条件合适，就为不同规模重力侵蚀发生打下基础。大于 25°的坡面上，几十平方米甚至数百平方米的碎石坡，随时就可以见到，如阿木尔林业局的伊西林场、图强林业局的兴安林场等。此种现象一经发生，其表面几乎寸草不生，从水土保持和恢复植被的角度来看，应是一种非常危险的信号。

16.2.2　不合理的生产活动方式是导致水土流失发生的最重要原因之一

随着大兴安岭林区的开发和建设，修筑公路是生产建设所必需的，木材生产中各种地形条件下的集材道也是必不可少的。但是，如果这些活动不合理，就可能要导致或加剧水土流失的发生或发展。

在林区修建公路时，不可避免地要开挖坡脚。如果不同时采取相应的防护措施，就会使原来自然形成的、相对稳定的自然坡面基部失去支撑，而造成不同规模的崩塌，即工程上所谓的塌方。开挖面高或被开挖坡面坡度较陡时，其崩塌规模就大，反之则较小轻微，就本次考察所到的大兴安岭地区，无论是干线还是林区支线公路，此种崩塌基本上都能见到。

另一种更为普遍存在、涉及面更广泛的水土流失现象是由于集材拖拉机作业时对地面的碾压而造成的。拖拉机在集材过程中，一方面使其所过之处的地被遭到破坏，表土或底土直接暴露于地表，下雨时沿集材道发生带状面蚀。另一方面由于集材机械的碾压，使被压过的地面相对的要比其两侧低，这种状况为地表径流大量迅速集中、形成冲刷力较大的股流创造了局部条件。再加之集材道内表土裸露，其抵抗冲蚀的能力必然较有植被的地表要低得多。在此地形基础上就形成了具有林区特点的侵蚀沟。

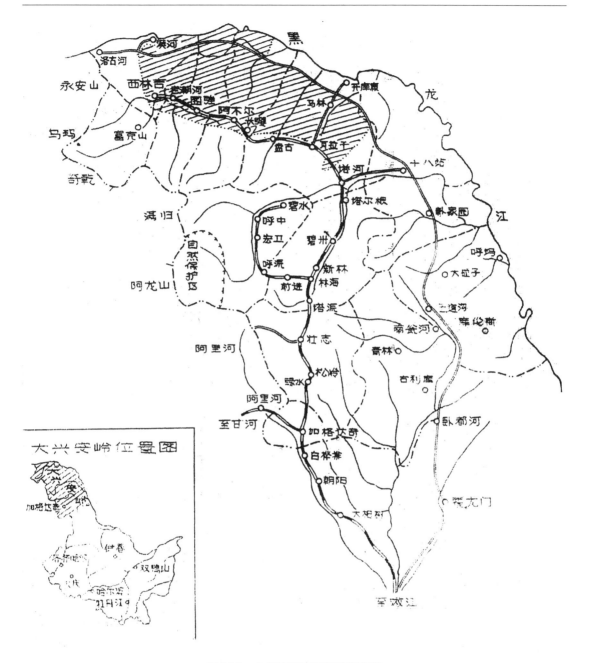

图 16-1　大兴安岭森林调查规划院

　　凡此由于林区修路和集材而导致地面种种水土流失现象，已被越来越多的林区工人所认识，可见在开发和建设大兴安岭林区的同时，也必须对此予以足够的重视，并采取相应的防治措施。

16.3　水土流失潜在危险性不容忽视

　　就整个林区来看，各种水土流失形式无论从规模上还是从面积上，都还处于初始阶段（极陡破地段发生的水土流失形式除外），从过火范围内两条主要河流的侵蚀模数可见一斑

（见表16-1）。但是决不能因此忽视它们今后发生潜在危险性而掉以轻心。

应该指出，表16-1中所列出的数字，仅仅是指被水流运搬至黑龙江内的那一部分泥沙，并没有包括那些从原地面被水流冲走而沉积在沟道或河床内的土壤颗粒、细砂和砾石等。

表16-1　大兴安岭北部地区土层厚度表

坡面号	地　点	地形	坡向	坡度	海拔（m）	林型	土壤种类	土壤厚度（cm）	备注
1	阿木尔林业局伊西林场	低山中部	N15E	5°	480	杜鹃-落叶松林	棕色针叶林土	25	
2	阿木尔林业局伊西林场	低山中部	S40E	30°	490	樟子松纯林	棕色针叶林土	30.5	地表有岩屑
3	阿木尔林业局伊西林场	低山顶部	—	0°	500	杜鹃-落叶松林	棕色针叶林土	29	
4	阿木尔林业局伊西林场	低山上部	S20W	30°	620	樟子松纯林	棕色针叶林土	29.5	有片状侵蚀
5	阿木尔林业局东山	低山中部	S30W	26°	640	杜鹃-落叶松林	棕色针叶林土	36	
6	图强林业局北山	低山中部	S50W	22°	530	杜鹃-落叶松林	棕色针叶林土	24	
7	图强林业局图强林场	低山上部	S	35°		樟子松纯林	棕色针叶林土	34.5	
8	图强林业局	低山上部	N30E	22°	760	杜香-落叶松林	棕色针叶林土	29	
9	西林吉林业局河东林场	沟谷缓坡	W	5°	500	草类-落叶松林	棕色针叶林土	27	
10	西林吉林业局漠河林场	低山下部	E	15°	330	草类-落叶松林	棕色针叶林土	18	
11	西林吉林业局金沟林场	低山中部	N70W	3°	720	草类-白桦林	棕色针叶林土	34	
12	西林吉林业局前哨林场	低山下部	E	3°	480	落叶松林	棕色针叶林土	28	

表16-2　过火范围内两条主要流域侵蚀模数表

流域名称	流域面积（km²）	侵蚀模数（t/年·km²）	
		多年平均	最大年
呼玛河	10510	5.49	13.9
阿木尔河	15405	3.66	13.6

发生水土流失的潜在危险性在于，在大兴安岭地区尤其是在这次特大森林火灾范围内具有发生水土流失的条件。尽管大于15°的陡坡所占面积比重不是很大，但是存在的。这部分坡面的植被一旦被破坏又不能及时恢复时，就极易发生面蚀及沟蚀。尤其是在大于25°的坡面上，还很可能发生重力侵蚀。这次考察所到之处，所见到的面积大小不等的碎石破，不正是以前发生的重力侵蚀的证据吗？火灾区的坡面情况见表16-3。

表16-3　火灾区坡面坡度分级表

坡度	<15°	15~25°	>25°
所占面积比重	61%	34%	5%

发生水土流失的潜在危险性还在于，大兴安岭地区的土壤层非常浅薄，多在30cm左右，陡坡上的土壤层仅10~20cm（见表16-3）。且多为粗骨性的石砾土，土层瘠薄，并有岛状永冻层分布。一旦发生水土流失，这层土壤很快就会被冲刷掉，形成碎石、基岩裸露地表的状况。此时高等绿色植物很难在短时间内恢复生长，尤其是乔灌木树种就更困难。在自然条件下，若再形成同样厚度的土壤层则必须以百年或千年作为时间计算单位了。

另外，在约 130 万 hm² 的过火范围内，一部分地段的林木几乎全部烧死。在陡坡上的针叶纯林内，由于阳光缺少，下木或草类原来就很少或者全无，即当地所称的"清膛林"，火烧之后在相当一段时间内（如果附近没有母树存在的话）不能天然更新成林。这类火烧迹地上必定要被草类侵占很长时段。当火烧木的根系腐烂之后失去了它原有的固土作用时，在一定水分条件下，陡坡草地为浅层滑坡创造了新的条件。

从种种迹象来看，随着森林的采伐，水土流失有缓慢加重的趋势，这种教训在其他林区是有过的。凡此种种我们决不能忽视水土流失的潜在危险性，目前之所以表现得还不十分突出，一方面是由于大兴安岭地区得天独厚的自然条件，使得森林采伐后，可以在很大程度上天然更新；另一方面是由于目前人们在活动中对大自然的影响程度还未超出自然界在此地区的承受能力。

16.4　不合理的森林采伐是导致森林涵养水源作用降低的直接原因

森林的涵养水源作用是众所周知的，它不仅以其枝叶遮蔽着地表，使土壤颗粒免受雨滴的直接打击。林下的死活地被物也以其自身的特性吸收、容蓄、滞缓、滤过地表流水，并将相当一部分地表径流变为地下径流和土体水分，容蓄于枯落物层和土体中，为森林及其林内枯物的生理活动提供源源不断的活水分。因此可以说包括林下枯落物层在内的土体水分是形成森林、维持生态环境平衡的一个不可替代的重要因子之一。另外森林植物还以其自身的强大根系固持、网结着赖以生存的土体，从而达到了涵养水源、保持水土的作用。

正是森林的水源涵养作用，把相当一部分地表径流转变为地下径流和土体水分的这一过程，很显然减低了地表径流的总量，从而也就减小了地表径流的冲力。当然林内残根和林下死活地被物的存在，还起到了增加地面糙率的作用，也使那一部分地表径流的流速变缓而降低了对地表的冲力。地表径流总量的减少和其流速的变缓直接地具有保持水土和涵养水源的效果。

森林的水源涵养作用远不止于此，还直接地在很大程度上改善了河川的水文状况。地下径流比地表径流的流速要缓慢得多这一事实，已被很多林业和森林水文工作者的研究结果所证实。森林滞缓地表径流，消减洪峰流量的功能，使下游河川的水文状况得以改善。洪水期的洪峰流量相对减少，而被滞缓在枯落物层、土壤以及土壤深层内的那一部分径流则以地下径流的形式缓缓渗透流动，补充到河川中去，相对的增大了枯水季节的流量。森林的这一作用在 1958 年 8 月发生的河南省驻马店地区暴雨造成的洪水事件中得到了又一次强有力证明。

据大兴安岭加格达奇林管局的资料[4]，大兴安岭自 1964 年正式开发以来至 1985 年底，已完成采伐面积 839225hm²，塔河流域也在其内。由于塔河流域在大兴安岭林区亦属开发较早的地区之一，所以在塔河 6270km² 的流域范围内，被采伐的面积已占相当大的比重。据塔河水文站的资料，洪峰季节的最大洪水流量与枯水流量之比已由 1971 年的 1913 倍增加到 1980 年的 5336 倍（见表 16-4）由此可看出森林面积的减少已明显地影响到河川水文状况的改变，使洪峰流量相对的增大，枯水流量相对的减少（当然我们不排除洪水和枯水流量的变化还受到江水分配等多方因素的影响和制约）。但是我们肯定地说森林面积的减少以及由于人为活动的影响改变林分的组成，而使得森林水源涵养作用降低了。

根据表 16-4 的资料我们对洪枯比的逐年变化折线按着年底运用最小二乘法进行了直线拟合。以实践为横坐标，即从 1971 年开始至 1980 年分别依次以 1，2，……10 来表示作为 Xi，并以洪枯比作为与之相对应的总坐标值 Yi(见表 16-4),以求得洪枯比的变化趋势,并以此来佐证由于森林面积的减少等原因而致的森林涵养水源作用的降低(计算过程见表 16-5)。

表 16-4　塔河水文站最近 10 年降水量及最大、最小流量比较表

年分	年降水总量 （mm）	年最大流量 （m³/s）	年最小径流量 （m³/s）	洪枯比
(1)	(2)	(3)	(4)	(5) ＝ (3)：(4)
1971	388.8	287	0.15	1913
1972	559.2	623	0.23	2708
1973	313.8	542	0.33	1642
1974	369.9	363	0.2	1815
1975	483.5	569	0.25	2276
1976	387.2	406	0.029	14000
1977	484.8	628	0.083	7566
1978	393.8	399	0.14	2850
1979	337.4	208	0.11	1891
1980	508.1	587	0.11	5336

表 16-5　洪枯比直线方程求算表

i	Xi	Yi	Xi²	XiYi
(1)	(2)	(3)	(4)	(5)
1	1	1913	1	1913
2	2	2708	4	5416
3	3	1642	9	4926
4	4	1815	16	7260
5	5	2276	25	11380
6	6	14000	36	84000
7	7	7566	49	52962
8	8	2850	64	22800
9	9	1891	81	17019
10	10	5336	100	53360
Σ	55	41997	385	261036

将表 16-5 值代入：$(\sum_{i=1}^{n} Xi2) a + (\sum_{i=1}^{n} Xi) b = \sum_{i=1}^{n} XiYi$

$$(\sum_{i=1}^{n} Xi) a + nb = \sum_{i=1}^{n} Yi$$

得：$385a + 55b = 261036$

$55a + 10b = 41997$

解方程组得：$a = 364.27$　　　　$b = 2196.2$

则所求直线方程为：$y = 364.27x + 2196.2$

从表16-4 中我们看出，近年来洪枯比确有增大的趋势。这不能不引起我们的注意，森林采伐后，却使河川的水文状况向恶化方向发展。当然有些地方也确实进行了采伐迹地的更新。但是一方面可能是更新的面积不足以弥补采伐面积；另一方面是更新的林木尚未成林，还没有发挥出其最好的水源涵养作用。

另据一位长期从事水文工作的技术人员称[3]，20 世纪 60 年代末到 70 年代初期，降雨后 3 天塔河的水量才显著增大形成较乎缓的洪峰。而近几年来，相同的暴雨两天后河水就显著增大形成洪峰。可见由于森林的采伐，从相对数量来说所减少的面积并不十分大。但是其水源涵养作用的降低就很可观了。洪峰出现由原来降雨后三天缩短为两天，提前了 24 小时。

现在如此大面积的森林火灾，地表死活地被物大部分被烧掉，成片大面积林木被烧枯。该范围内的水源涵养作用、水土保持作用又降低到何种程度呢？这一点不能不引起有关部门的重视。

16.5　火灾后局部生境条件又发生改变或恶化的可能性

大兴安岭特大森林火灾使得该地区的森林覆被率由76.1% 下降到61.3% ，由此而致的森林水源涵养作用的降低，无疑在相当一部分地面上（排水不良的沼泽地除外）加剧了水分的流失。即水分不能被林地死活地被物吸收，容蓄在自身内及其下的土体中，必将导致这部分土地的土体水分亏缺。显然一部分科学工作者担心此次森林火灾后，有些地段存在草原化的可能，这种担心不是没有一定道理的。

另一方面由于火灾后坡面植被减少或其组成发生改变，土体损失的程度必将较以前加重。被冲刷侵蚀的土砂、石砾有一部分必然要沉积在宽谷中的"羊肠子"河道内，使河床底部抬高。从而加剧了"羊肠子"河道两侧土地本来就排水不良的状况。坡面流失的泥沙进一步恶化了这一类土地的土壤理化性质。

16.6　几点建议

对于大兴安岭特大森林火灾后发生水土流失的潜在危险性和森林水源涵养作用降低的情况，我们提出以下几点建议：

（1）恢复保护火烧迹地上的植被，防止水土流失的发生。在尽可能短的时间内，恢复火烧迹地上的植被，尤其是恢复以高大乔木为主体的森林。他们在维持生态平衡、改善生态环境条件中起着重大的作用。就目前来看尽可能保护火烧迹地上长出的草类、灌木以及萌生的山杨和桦木的幼树，使之极早郁闭，以其茂密的枝叶、强壮的根系来发挥保持水土的作用。至于培育利用价值和经济价值较高的针叶目的树种，如大兴安岭适生的兴安落叶松、樟子松等，应视人力、物力情况逐步因地制宜地来实施。

（2）密切监测河川水文状况预防洪涝灾害。切实做好汛期水文观测，密切注视特大火灾后水文状况及其含沙量的变化，并对一些典型河道断面进行动态观测，即由河床固泥沙沉积而致的淤高或洪水刷深情况，采取相应的防范措施。

（3）陡坡上火烧立木的采伐应注重水土保持。在大于 25°的坡面采伐火烧立木时，应充分注意水土流失问题。这部分坡面，土层多浅薄，不少地段随时裸露，且有岛状冻层分布，采伐或集材不当极易引起水土流失的发生，尤其是重力侵蚀。在火烧后林下植被大部分或完全恢复之前进行采伐，很可能会招致或加剧这部分坡面上的水土流失。故建议在兼顾火烧立木质量的同时，须考虑待地表植被恢复到一定程度时再进行采伐，以利其水土保持。

参考文献

［1］林业部调查规划院．中国山地森林．北京：中国林业出版社，1981，p9～57。

［2］付伍儒等．数理统计．北京：中国林业出版社，1998，231～234

［3］黑龙江省水文特征值手册第2分册（1971～1980）

附件:[*]

大兴安岭北部特大火灾后水土保持考察报告

——防护林体系建设是水土保持的根本措施，而林区建设首先要做好水土保持工作

北京林业大学　关君蔚　张洪江

一、水土流失与水土保持

水土流失是在陆地表面由外营力引起的水土资源和土地生产力的损坏和破坏。

水土保持是防治水土流失，保护、改良与合理利用水土资源，维护和提高土地生产力；以利于充分发挥水土资源的经济效益和社会效益，建立良好的生态环境的综合性科学技术。

水土保持学是研究水土流失发生、发展规律与控制水土流失的基本原理及其防治途径和方法的一门应用技术学科。

二、森林火灾后对水资源的影响

此次火灾主要涉及呼玛河、盘谷河和阿木尔河流域，呼玛河的较大支流塔河是开发较早，采伐面积较大的部分。根据塔河水文站的记录（该水文站控制面积 $6270km^2$），摘记如下页表：

1. 在塔河曾分别与县水利局和塔河水文站进行了较为详细的恳谈。在建站初期，即 20 世纪 60 年代中，控制面积内遇有大雨时，洪峰汇流过站时，约需三昼夜（即 72 小时），而最近几年，雨后两天（即 48 小时），洪峰即将到站。

2. 洪枯比逐年增加的趋势明显。由 20 世纪 60 年代中期的 50.5 增加到 80 年代后期的 551.0。此外，据二十五水文站、二十三水文二站北四局总面积 240.8 万 hm^2，到 1985 年末累计受灾面积 24.9 万 hm^2，仅占总面积的 10%，就已引起洪枯比的显著变化；而此次火灾仅就受害面积就已近 87 万 hm^2，为采伐累计面积的 3.9 倍，将随拯救采伐的实施，火烧木的清理和集运，更新培育的需要，必将对林地形成甚于采伐作业的扰动和破坏；即将进一步引起洪枯比的增加和洪水汇流时间的缩短。

进而仍据前表，纵观前后 19 年的记录过程，洪峰流量并未显著增加（实际仍具有减少的倾向），可见洪枯比的显著增加，主要是由于枯水流量锐减所致。塔河水文站的控制面积为 $6270km^2$，枯水流已减少到 $1m^3/s$，枯水时的最小流量密切关系到人类的生活用水，按平均人需生活用水 200 升/天/人计算，则每平方公里集水区生活用水承载量仅限于 58 人。生活用水供应的特点是要始终不间断的供应到每户居民中去，生活用水的短缺是人类生活的最大危害。

---

* 附件格式保持原貌。

塔河水文站水文记录表

测定年度	最大洪 Q$_{max}$	出现月日	日枯水 Q$_{min}$	出现月日	洪枯比	与前五年比	备注
1962	1200	7：30	4.89	4：21			
1963	682	7：5	41.00	6：20			
1964	1 78	7：6	9.46	4：22			
1965	824	7：18	1.75	4：21			
	721		14.28		50.5		
1966	525	7：22	0.79	4：21			
1967	418	7：24	5.47	4：21			
1968	233	7：15	9.79	4：21			
1969	720	8：28	1.66	4：24			
1970	384	9：5	4.85	4：21			
	456		4.51		101.1	+50.6	
1971	276	5：6	2.03	4：21			
1972	603	7：25	4.22	4：21			
1973	534	5：15	0.33	4：25			
1974	349	8：5	0.59	4：21			
1975	553	7：22	9.88	4：21			
	463		3.41		135.8	+34.6	
1976	776	6：18	1.16	4：21			
1977	597	7：28	0.80	4：26			
1978	397	7：30	1.42	4：21			
1979	206	9：9	0.90	4：21			
1980	579	9：2	0.73	4：21			
	511		1.00		551.0	+425.2	

三、森林火灾对土壤资源的影响

气候寒冷（年平均温度漠河 −4.9℃，阿木尔 −5℃，呼玛 −2.2℃），生长季 100 天左右，冬季漫长而寒（漠河绝对最低温度可达 −52.3℃）。降水量 400mm 左右，年平均蒸发量则为 800～1000mm，雨季集中 7、8 月，春季偏旱，虽仍属气候冷湿的森林地带。受大陆性气候影响，形成以阳性（先期性）树种兴安落叶松、樟子松为主的相对稳定的天然林；云杉避居沟底，不注意更替兴安落叶松和樟子松，是本区的显著特征。从大兴安岭落叶松主要林型树木生长过程，可以看出，原始的天然林是在严酷的自然条件下形成的，土层浅薄，有机质分解困难，以至生长缓慢（全林区平均蓄积量仅为 97m^2/hm^2，北四局仅为 90m^2/hm^2），树木组成简单，林相并不整齐［与长白山、小兴安岭、大兴安岭南段。苏联萨哈拉岛（库页岛）］相比较，可以说是生态较为脆弱的生物群体。

尽管如此，森林是陆地生态系统的主体，一旦形成森林就将深刻影响和制约着人类的生活、生产、繁殖。

根据东北大学关继羲在此次考察中土壤调查结果表明，土壤种类被定为棕色针叶林土，土层厚度均在 18～34.5cm 之间，从立地条件上来看应属发育在原积、洪积、塌积或冲积母质上，具有相应沼泽化、潜育化或苔原化薄层粗骨土。一旦地面植被遭到破坏，即将引起不同形式的水土流失，都将不同程度的造成土壤资源的损失和破坏。地面坡度是关键影响因子。所以森林开始经营，林业开始建设，首先必须做好水土保持工作。

大兴安岭地区坡地面积表

坡度	<15°	15～25°	>25
所占面积的%	61	34	5

①3°～25°火烧迹地进行拯救伐时，利用梢头枝杈做好相应的水土保持措施。

②<15°的造林地和人工促进更新的迹地，也要做好相应的水土保持工作。

③>25°的陡坡、山脊、河床两岸划出相应范围，纳入防护林体系之中。

④所有道路都应做好固定边坡和排水系统。

⑤居民区、农田、牧场都要保留相应的水源林和防护林。

⑥开矿、野生资源利用。

四、重申大兴安岭是防护用材林区

大兴安岭林区是西部草原和松辽平原，也是我国北方的屏障。

主要用材生产基地：人工造林 20% ＋人工促进更新 40% ＋桦木 40% ＝250 万 m³/年。

守土有责，寸材必争。

充分发挥特产资源优势加防护林体系抚育木材及林特产品。

才能充分发挥土地生产力、工矿野生资源、自然保护区、旅游、休养的作用

所以防护林体系建设不仅是水土保持的根本措施，而且也是同步的关键所在。

第 17 章　我国内陆沿河沙地

本书的出版恰值内蒙古自治区建立 60 年，我国各大新闻机构详细报道了内蒙古自治区 60 年来翻天覆地的变化，特请克力更老领导，作为人证，说明建国初期我国内蒙古各地的落后面貌。克老长我一岁，所述深得我心。作为补充，愿以内蒙古为主体的"三北"防护林体系建设工程和有关的内陆沙区和沙地的原始面貌，作为参考物证，重新改写了本章。

新中国建国前，1949 年石家庄早已解放，伴随原河北农学院回迁保定，我于 1949 年 7 月到河北农学院报到后，即率毕业班同学，参加了秋季冀西沙荒造林局和永定河下游沙荒的治理工作。治水要先治源。当时还无法探索永定河、黄河的源区，但冀西沙荒的源区就在太行山。于是在 1950 年春，就由当时的冀西沙荒造林局的黄枢局长带头，集中 4~5 个人，顺老慈河故道经陈庄，直奔驼岭（河北省与山西省分界）。途中共议确定了治水和治沙的根本在于治山的流域管理的基本思想，并报请河北省政府，在陈庄建立了第一个水土保持工作站（后改为防护林工作站）。

图 17-1　1950 年黄枢率我们 4 人登上了驼岭山顶

图 17-2　驼岭北坡属山西五台县柴林背落叶松

图 17-3　1953 年春带领应届毕业班同学在大兴固安沙荒现场教学

图 17-4　原北京市大兴县西大营村（1953）

　　1953 年调入当时的北京林学院后，北京市急需治理永定河下游沙荒。于是亲自率领应届毕业班同学，共同承包了大兴和固安沙荒治理的调查规划工作和春季造林的现场技术指导工作如图 17-1 至图 17-4。

　　1952 年为了解华北区林业情况及拟订华北防护林计划，当时的华北局特邀请中国科学院郝景盛研究员、河北农学院森林系关君蔚、张海泉二副教授，与局林牧处干部 4 人，组成华北勘察团，于同年 9 月 3 日～11 月 26 日（共计 83 天）赴绥、晋、冀及平原省和前察哈尔省勘察。行程五千里，经过地区 39 县市、旗，兹将勘察情况与工作意见分述如下。

17.1　基本情况

　　华北区总土地面积 6184 万 hm^2（9.2767 亿亩，绥省面积按中央农业部统计），其中耕地占 24%，草原占 23.5%，荒山、荒地与沙漠（大部为宜林地）占 35.4%，森林占 1.6%，其他占 6.5%。总人口 5689 万，其中农业人口 4689 万人。每农业人口平均耕地四亩六分，平均荒地六亩八分。我区东部临海，北部为草原台地（牧区），西部为沙漠与黄土山区，中部、南部多为山区，东南部为平原。除东部和东南部受海洋性气候影响外，均受西北大陆性气候影响。越向北向西地势越高，雨量越小；越向东向南地势越低，雨量越大。由于森林稀少，荒山裸露，以致气候不调，灾荒频生，使农牧业增产不断受到威胁，今后应以山区林业为工作重点，合理地发展农、林、牧业，绿化荒山荒地，以减免天灾，保证农牧增产，供应工业建设。

17.1.1　草原农牧区

　　本区包括前察哈尔省的察北、绥远省的绥东、绥中、绥西等四个专区和乌盟自治区，人口 334 万人，面积 2200 万 hm^2（3.3 亿亩），占华北区面积 35.6%，察北与阴山山脉地区人口较密，多以开成耕地主要为农区。阴山山脉以北（即乌盟）为一片广阔平缓的草原，地广人稀，主要为牧区；近南一部为农区与半农半牧区。

　　察北和绥省农牧区过去为牧场，开垦历史仅四、五十年。初开垦时土壤很肥沃，每亩产粮一、二石。目前，农区平均每人耕地 10～16 亩，每个劳力平均负担 40 亩地，耕作粗放。主要作物为莜麦、山药蛋。群众用牛羊粪作燃料，耕地不施肥，致产量很低，每亩常年产量仅 30kg（绥西水地 50kg）。除绥西外，水地极少，旱地占总耕地 95% 以上。不仅产量低减，而且连年灾荒。乌盟牧区占全盟面积 4/5，但牧民人口仅占全盟人口（12 万人）1/5。牧民每人平均有马、牛、羊等牲畜 45 头，居无定所，牧场无林掩护，草短水缺，牲畜无圈棚，易受天灾与疾病侵袭。现在各级政府正号召三打一搭（打井、打草、打狼，搭圈棚）运动。

　　本区接近沙漠带，为大陆性气候，农牧业经常遭受旱、冻、风三种灾害。雨量小，每年只有 200～300mm。蒸发量（每年约 2000mm）大于降水量。除绥西河套外，平均三、四年间总要遭受一次旱灾，牧草作物经常处于干旱威胁之中。如察省 1949 年遭受旱灾面积 232 万亩；1951 年旱灾面积达 2700 万亩，大部分地区减产 60%～70%，察北沽源、康保、商都等县最为严重。

　　察北、绥东、乌盟地势较高，在海拔 1300～1600m 之间，气候变化大，如绥中最高气温可达到 38℃，最低气温 −36℃。每天中午与午夜气温相差很大，有"早穿棉袄午穿纱""一天四季"的谚语。冬长夏短，春秋更短，一般是 8 个月棉衣、4 个月单衣。初霜在白露节前，晚霜到谷雨节后。无霜日每年平均 127 天，有霜日 238～255 天。作物生长期不过三、四个月。每年 11 月到次年 4 月常刮白毛风（风雪交加之意）。由于气候变化剧烈，周围又无林保护，牲畜作物常造冻死。如绥远伊盟 1950 年春因冻饿死羊 10 多万只，1951 年初暑察北商都谷类大都冻死。

大风也能造成严重灾害，15m/s 的风速，加在 $1m^2$ 的力量是 200kg。草原区的风速常在 15m/s 以上。如黄河河套临河县的风速最大达 30m/s（1951 年 10 月和 11 月）。这力量吹走了草原农区的好土，造成各种自然灾害。1950 年一场大风，绥远正蓝旗 200 匹马被刮走了 170 多匹。茂明安旗 1952 年冬被刮走了 200 多只羊，有一次察北康保县一个工作干部被风刮迷了四十里路。由于风大，察北有 15% 的耕地不敢秋耕。

有林处可以调节气温，增加雨量，防止风沙，延长作物生长期。绥远种马场的青草过去只有 6cm 高，造林后长到 60cm 高，春天早生半月，秋后晚黄半月。五原县阿善村谢宜和的大豆因有森林保护，1951 年秋后未遭霜打（四处无林处的庄稼都遭霜打了）。察北沽源县吴茂永村吴树森和乌盟乌兰花任炳礼都在路边造起了小叶杨林，保护菜园。1947 年察北锡盟刮白毛风，在沙柳里躲避的羊未遭冻死。

原苏联先进经验证明，农田牧场在有防护林保护时，可以降低风速 35%～40%，蒸发量 30%～40%；提高相对湿度 3%～5%，土壤含水量 5%～6%，雪比无林处厚两倍多，作物产量提高 25%～30%，牧草产量可提高 1～2 倍，牛乳产量提高 1/5，家畜饲料节省 3/4，燃料减少 1/4。

17.1.2　山区

（1）华北山区人口约 1227 万人，面积 1750 万 hm^2（2.6245 亿亩），占总土地面积 28.3%，其中包括森林（占总面积 1.6%）、荒山（占 19.7%）、黄土山（占 3.2%）与一部分耕地（占 3.7%）。地势向西向北越高，向东向南越低。海拔 200m 以上的高山有河北的雾灵山、驼梁山、山西的中条山、关帝山、恒山、霍山、管岑山、绥远的大青山、乌拉山、狼山等。晋察二省的大小五台山高 3000m 以上，为最高。

我区森林 100 万 hm^2（1500 万亩），多分布在河北燕山、驼梁山，山西芦芽山、管岑山、太行山、吕梁山、太岳、中条山等交通不便的深山区，海拔高度在 800m 以上，气候寒冷，人口耕地稀少，庄稼一年只熟一季，以莜麦、山药蛋、旱玉米为主，海拔较高，或偏北地方是针叶树林（落叶松、云杉等）占优势，有时见到纯林。在一再破坏的山区是桦杨针叶树混交林。海拔低或偏南地方即为阔叶树（橡、槲、桦等）站主要地位的混交林和杂木林。每亩的材积由 $1.2m^3$ 到 $8.9m^3$ 不等，平均 $4m^3$ 上下。

一般山区海拔高度平均在 800m 以下，面积广大，气候较暖，人口较多。大部分山坡已被开成坡地，大树林很少，多属茅林，生长着荆条、酸枣、山柳、鼠李、山榆等灌木。半山区包括沿河两岸和接近平原的低山地，早已开到山顶，成为土壤瘠薄或岩石裸露的荒山（已无法耕种），植物稀少，只有极少数抗旱性极强的灌木在半死不活的状态中散生着。全区有荒山 1220 万 hm^2（1.2288 亿亩），每人平均荒地达 16.8 亩。

晋西沿黄河十八县都是黄土山区，面积约 201 万 hm^2（3080 万亩），人口 140 多万。黄土由数米到数百米不等。由 5° 的缓坡到 50° 的陡坡，除石头山外，一律开成了耕地。耕地占黄土区面积的 44%，95% 以上为山坡旱地。每人平均耕地 9.5 亩，每亩常年产量仅 28kg。种地以多为胜，"不种百亩地，不打百石粮"是普遍流行的农谚。由于土地利用不适当（一般坡地每年冲去约 3cm 土），森林稀少，结果是"十年九灾连年旱，整年劳动吃不饱饭"。

每年因各种天灾（旱灾最严重）减产一半。如今年全国丰收，但该区大部地方只有三分年景。

（2）荒山与黄土山合占全区总面积 2%～3%（森林只占 1.6%），它给人民带来了水、旱、雹、沙各种灾害。

水灾：由于山洪暴发不断发生，使山区耕地面积逐年减少；解放后单位面积产量渐有增加，但总产量却在降低。河北邢台五区（山区）各村 40 年来冲地 30%～70%（一般为 45%）。如宋家庄 1917 年前有 11 顷地，现已冲去 45%。单位面积产量提高了 15.9%，总产量却降低了 44.8%。内邱白塔村 1916 年有九顷地，现在只剩下 270 亩。单位面积产量提高了 5.4%，总产量却较站前降低了 66%。1950 年 8 月 4 日前河北省宛平县（现属北京市矿区）被山洪冲废耕地 18%（计 2.3 万亩），使每人平均耕地自 1.6 亩减到 1.3 亩，山西临县（黄土山区）漱水河沿岸好地 1951 年被水冲毁 2.95 万多亩。"山上开荒，平原遭殃"。忻县干河（滹沱河岸上游支流）两岸森林被砍伐后，1950 年 5 月大雨，冲毁田禾 5 万亩。1928 年滹沱河距正定城二十五里，1949 年已经滚到南关，使沿河七十多村受灾。3 年来被水冲毁耕地 1.1 万多亩，房屋三多间。这些实例在山区是很多的，如河北省 1950 年统计，即被山洪冲毁梯田 54 万多亩。我区 1949 年水灾面积 4000 多万亩，1950 年、1951 年均为 1000 万多亩。据统计，冀晋二省水灾次数（每百年）从唐朝的 2.8 次增到清朝的 56 次，在 1000 多年间增加了 20 倍。解放后，虽有逐渐减少的趋势，但未消除水灾的威胁。

旱灾：我区耕地 1.483 万 hm^2 中，水地仅占 1.08%，旱地竟占 89.3%。因此，不易避免旱灾的威胁，华北气候特别是"十年九旱，春旱秋涝"，平均三、四年间发生一次严重的旱灾。1949 年我区旱灾面积 1000 多万亩，1950 年 400 多万亩，1951 年最严重，达 8000 多万亩。1952 年河北省旱灾面积仍达 1000 多万亩。据统计冀晋二省旱灾次数（每百年）从唐朝的 6.6 次增到清朝的 34.8 次，在 1000 多年间增加了 5 倍。

雹灾：我区连年雹灾。1919 年雹灾面积 474 万亩，1951 年为 582 万亩，1952 年更重，仅河北一省即达 320 万亩。山西临县 1950 年遭受雹灾的农田面积 2.3 万亩，1951 年较小，达 7.2 亩。这 3 年各地丰收，但河北遵化县仍有 33 村遭受雹灾，夏营、双庙等村因此减产二成。

（3）在党和人民政府的领导下，3 年来不少山区的人民组织起来，正发挥着无穷尽的潜在力量，开始绿化荒山、河滩，修复梯田，改变着山区穷困的面貌，逐渐走向繁荣富裕的道路。京西矿区（前河北省宛平县）1950 年 8 月被山洪冲毁的 2.3 万多亩耕地，原来预计 4 年修复，但到 1951 年 3 月已经修复 66%，前后只有 8 个月。

河北邢台六区大戈蓼村劳模王魁泽把附近十村 8 万多亩荒山组织起来，统一合理使用，发展了农牧业。武安县劳模任清美以自己领导的农业生产合作社带动全村七个互助组，今年育苗 29 亩，荒山播种 1700 亩，造林 258 亩，植树 19 万株，栽果树 1600 棵；修梯田 95 亩，修渠道 180 丈，添牛 41 头。并带动 17 个村买了 137 匹蒙古马，出现了 17 个丰产组，367 个丰产户（其中 59 户的玉米丰产在 500kg 以上），使全川 26 个村达到丰产。"学习任清美，发展林牧业"，成为全川群众行动的口号。

漳河发源于山西和顺县枇杷窑、石源等丛山中。120 年前山清水秀，流水和缓，河道狭窄，两岸农民可以隔着河流谈话，沿河两岸滩田上连年丰收。1920 年后封建统治阶级剥削了农民的土地，农民被迫忍痛开了和顺山上的森林。到 1945 年止，榆社县 25 万亩米粮川中有 15 万亩被水冲成沙荒（当地农谚："开了和顺山，漂了榆社米粮川"）。只被水冲毁的土地每年所产粮食，即够榆社全县 7.6 万多人吃用一年。荒山面积占全县 1/3。解放后 3 年来，在党和人民政府领导下，榆社人民组织起来，封山育林 7.5 万千亩，荒山造林近 2 万亩，沿河两岸栽满了杨柳树（1 千多万株），绵延 100km。现在，浊漳河流量比 3 年前减少了一半，上游 20km 已流清水，滩地复修了 5.5 万亩。全县粮食除自给外，每年还可以输出 75 万 kg。三年来全县木材收入 6.9 亿元。现该县正积极造林，决心 5 年内绿化全县，预计 10 年后每年林业收入将要超过今年农业收入的 10 倍。

原苏联先进科学证明：一个国家（或者一个地区）的森林面积须占总土地面积 30% 以上，并适当分布，方能根除各种天灾，保证农产年年丰收。我区森林仅占总面积的 1.6%（荒山、荒地与沙漠占总面积的 35.4%，旱地占总耕地面积 89.2%），故水、旱、风、雹各种天灾及易发生。森林的多少与灾荒的发生是有密切关系的。

17.1.3 河川平原区

（1）本区包括沿河两岸与平原，农业人口 3.202 万人，面积 1.469 万 hm²（2.2 亿亩），占总面积 23.8%，其中除耕地占总面积 16.49% 外，沙荒占 0.7%，其他占 6.5%，华北区的河川除草原农牧区外，东入渤海、南面是黄河及其支流，北面是滦河，中间是海河及其五大支流（永定河、潮白河、滹沱河、大清河和运河）。平原区河流纵横，大部分汇流于天津入海。雨量集中于 7～8 月份，常占全年雨量 70%～80%，下雨中心在紫荆关至平行关一带。由于山区森林稀少，荒山裸露，水土冲刷严重，给河川平原区也带来了各种灾荒。使平原近山处易遭雹灾，近河处易遭水灾，沙荒区常遭沙灾，部分地区诸灾具备。我区为灾最大的河流为黄河，永定河，滹沱河，潮白河等。黄河二千数百年来（自周定王起）变更 7 次，大小决口 1176 次，平均每 10 年就有 4 次决口。在蒋匪帮统治的 26 年中，决口 106 次，平均每年财产损失达 2400 万银元。

黄河流域面积达 77.5 万 km²，包头以上为 39 万 km²，包头以下龙门以上为 33 万 km²，每年平均总流量为 500 亿 m³。据陕县水文站的记录，陕县以上黄河每年的总输流沙量为 4.79 亿 m³（1934 年达 14 亿 m³）。黄河自恢复故道，由渤海出口，已将海洋推出 10km，新增冲积地 30 万～50 万亩（据调查：明朝海船可直达利津县，但现在利津县距离海岸达 75km 以上）。包头洪水流量为 3.06m³/s，龙门为 19.75m³/s；包头最大含沙量仅 2.5%，龙门达 40%。故黄河土沙主要来源为包头至龙门之间的晋陕黄土山区。

表 17-1 就是一个很好的证明。

表 17-1 黄河（陕西与山西段）几个水文站流量与含沙量观测结果

站别	洪水流量（m³/s）	水流量（m³/s）	相差倍数	含沙量	
				最小	最大
黄杨闸	3500（1952）	300（1952）	12	0.00%	3%
包头	3060（1937）	175（1936）	30	0.04%	25%
龙门	19750（1937）	134（1936）	148	0.02%	42%
陕县	29000（1942）	160（1942）	180	0.11%	46%

山西与陕西两省都有在黄土山和荒山植树造林，保持水土，涵养水源的重大责任。黄河下游数千万人民迫切要求我们着手去做，而且一定要做好。

永定河（一称浑河或小黄河）40 年来 4 次大决口（其中两次淹及天津市区），每次淹地 400 ~ 600km²，每年平均损失约值 1500 万 kg 小米，并且威胁京津二市与京津路的安全。1939 年梁各庄决口，使安次县 500 万 km² 的土地遭水淹、上中游流域面积 4.7 万 km²，70% 为山区和丘陵。洪水最高流量（1929 年）5960m³/s，最高含沙量达 38%，每年洪水总量 12 亿 m³，年输沙量 3000 万 m³（5000 万 t）。为了蓄水除灾，怀来官厅正在修建水库，上游山区亦在进行育林造林与水土保持。但永定河的洪水与含沙量不仅来自官厅以上，有时来自官厅至三家店间的官厅山峡（现属北京市矿区）。如 1929 年 8 月 3 日，官厅流量仅 500m³/s，三家店却涨到 4200m³/s；1950 年 8 月 4 日官厅流量为 800m³/s，但卢沟桥是 3000m³/s（1917 年与 1924 年也有类此事实）。三家店附近雨量为大同雨量的 2 ~ 3 倍。永定河含沙量在官厅仅 29%，到三家店增到 38.6%。故官厅山峡对永定河下游水灾亦具有决定性作用，今后尚需注意该区的育林造林、水土保持及马各庄水库的修建工作。

1949 年滦河决口，于毁滦县耕地 7.2 万多亩。1936 年海河五大支流输沙总量达 3300 万 m³，其中约有 2300 万 m³ 被冲入海。

（2）解放后经人民政府在各河上游山区进行封山育林、护林造林、兴修水利与水土保持，业已逐渐生效，使各河含沙量有下降趋势。

汾河是山西省的最大河流，流域面积 39720hm²，大小支流 324 条，包括 30 县市 430 万人口的地区。其主流长 1200km，流经 21 县市 463 村，为全省人烟稠密的富饶地区。但近年来山洪暴发，水土冲刷严重；平原泥沙沉淀，河岸的冲刷崩塌也很凶。四米的地区每日平均塌毁三丈以上（其他大小河流均与此类似）。

1928 年以前汾河发源地管岑山（在宁武县）上是一片茂密的森林。自被反动军阀阎锡山破坏后，1931 年太原城就遭到一次大水灾。解放后在共产党和人民政府领导下，管岑山林区建立了专业机构，进行山林的管理抚育、封山育林、移苗造林及水土保持等整顿恢复工作，现已发生显著效果。据阑村水文站报告：1952 年汾河上游七八两月的含沙量已由 47% 减到 27%，洪枯水位差也由 3.6m 减到 1.59m。

具体数字见表 17-2、表 17-3。

表 17-2　汾河上游洪水流量与含沙量观测结果

年代	汾河上游情况	洪水量 m³/s	枯水流量 m³/s	相差倍数	含沙量	
					最大	最小
1935	有密林存在	415（8月）	2.3（五月）	160	18.2%	0.00%
1930	林少，开始封山育林与造林	2040（七月十九日）	5.6（十二月十一日）	264	47.56%	0.01%
1951	幼林渐起，水土流失减少	1291（八月十五日）	4.5（十二月十六日）	285	28.76%	0.00%
1952	幼林渐起，水土流失减少	444	7.1	62	27.61%	0.009%

表 17-3　汾河 1950 年、1952 年水位情况

年代	最高水位（m）	最底水位（m）	较差（m）
1950	811. 92	808. 24	3. 68
1952	809. 86	808. 27	1. 59

（3）由于各河泛滥决口，在下游造成了一片片大小不同的沙荒。华北区共有沙荒 43. 3 万 hm^2（650 万亩），分布于河北冀西、永定河下游、南沙河、潮白河及山西繁峙大营一带。因风沙为害，良田房屋被埋，水井被填，庄稼常年歉收 1/3。1950 年 4 月 4 日一场大风，填毁了河北新乐县 19 万亩麦田和豌豆地，使年景平均减收六成。该县黄家庄等 4 个村十年来被风沙填埋水井 52 眼，使 1500 亩浇地变成沙荒。

解放后三年来新乐、正定等 5 县 31 万亩沙荒已造林 1. 96 万亩，占总沙荒面积 42%。12 万亩的三大沙荒已有 40% 造起防护林网，使这一带的农民开始摆脱了风沙的威胁。沙荒占 1/3 的新乐县黄家庄现在已把沙荒层层围住，减免了灾害，增加了产量。这村王守羲在村南的一块地，1949 年只打了三斗多粗粮；去年每亩平均产量提高到一石一斗，今年又继续增产到两石。他去年种了 12 亩麦子（以前不能种），收成尚好，今年准备多种九亩。在永定河下游大兴。永清等 4 县 98 万亩沙荒上已经造起了近 3000km 长的防护林网。今年春天完成的林网现已长到三尺上下高。固安大北营村在 1951 年春造成的林网已经开始堆沙，群众在网内沙荒上试种花生（过去不长花生），每亩地收了 50kg，两处的林网将近完成，部分地区的林网已生防护效力。其他各处的沙荒也正在进行测量设计与造林。

17. 1. 4　沿海区

本区包括渤海沿岸的盐碱地区，人口 60 万，面积 32 万 hm^2（483 万亩），占总面积 0. 5%。由山海关至黄骅县的海岸线总长 380km，范围九县。紧邻榆、抚宁、昌黎三县即有沙荒 16. 7 万多亩，流动沙丘 3. 7 万亩，含沙 1. 5 亿 m^3，每年向内地移动，吞蚀良田。沿海共有沙地 47. 2 万亩，风速自 16～25m/s。附近耕地经常遭受海洋风暴的袭击，每年春播三次不易保苗。农作物因风沙为害，产量极低。当地群众（如海滨）常轮垦种地，这一块地种坏了，又开那一块。一块地开垦后只种 3 年，表土北风刮跑后，就不长庄稼了，现河北省已经调查测量完竣，定出了计划，正开始营造海防林。

沿海共有盐碱荒地 436 万亩，含盐碱量 1%～5. 7%。大致上可以分三大类：①长满了草的轻碱地，有时生长柳树，可以造林。②长了一部分草的重碱地，有柽柳生长，造林困难。③寸草不生的死碱地。这种碱地如用淡水洗碱，可以改成稻田。每亩产量可达 500kg 上下。或按当地人民创造的办法，将碱地挑土叠高至零点八米（每亩地用 130 个工），经雨水冲刷后，能种旱田。一般可产粮食 100kg，也能造林。

据昌黎县群众经验，当地碱地可以分成 9 种：白片碱（又叫尿骚碱、扶胜碱）、盐碱、水脱碱（水硝碱）、二性子碱（又叫云彩碱）。各种碱地可用不同办法加以改良。当地常用的办法有打垄、挖沟、混沙、翻土、混糠各种。山东沾化劳模张春香用压沙法改良碱地，然后种草和栽树。

17. 1. 5　沙漠区

本区包括伊盟全部与乌盟一小部（西北部沙漠），面积 733 万 hm^2（1. 1 亿亩）。占总面积 11. 2%。伊盟总人口 46 万人中，牧民 21 万，农民 31 万。

伊盟过去称鄂尔多斯草原，青草遍地。后经开垦种地。飞沙四散，逐渐形成今日的变动大沙漠。当地牧民（蒙古族人）有"不许动草"的风俗。草原风大，在沙土底的草原今天开出方圆一尺的草地，几天后即可扩展成方圆数尺以至一丈的沙地。但当地农民（汉人）习惯是把草和灌木刨去，开了种地。好年头一亩地收二、三斗，坏年头连种子也收不回来。这块地种坏了，再开那一块。一块地只能种二、三年。因此，每人平均耕地虽达 19 亩，但生活水平仍然很低。

伊盟沙漠面积扩大，形成沙漠性气候。年雨量仅 150～300mm，经常干旱缺水。气候变化大，冬夏与早午气温相差常达 40～50℃。风大时飞沙满天，逼人难以睁眼，沙丘滚动，吞没良田与房屋。由沙丘走向可测定当地主要风向为西北风。风沙雹灾频繁，影响及于邻省。如山西西北五寨、偏关、保德、河曲四县有沙荒 134 万亩，使农田每年减产 50%～67%。陕北榆林、神木、府谷等 6 县工有沙荒 1283 万亩，占总面积 40%（连形成的荒地合占 70%，当地老乡一种就是二、三十坰地，但是每晌一年只收粗粮 5 斗）。两处沙荒大都由伊盟吹去，当地老乡叫外沙。前晋绥边区雹灾严重，也跟当地荒山、黄土山与伊盟沙漠有关。

沙漠虽凶，但有敌手。在伊盟沙漠上常生长着沙柳、沙桧（臭柏）、锦鸡儿（柠条）、白刺等灌木与沙蒿等草类以及榆、柳、青杨、胡杨（水桐）等乔木（此外尚有沙竹、沙荻、沙芥、沙米等）。它们都是天生的固沙能手和耐沙树种。先在低湿的沙蒿处造林，占领据点，在进一步去征服沙丘。必要时先修防沙工事，在播种固沙性的灌木与草类，使沙丘固定，然后，就地取材造林。乔木、灌木与野草必须联合起来，才能战胜流沙。

17.2　方针和计划

17.2.1　方针

根据以上情况，我们的总方针就是：把群众现实利益与国家长远利益结合起来，发动群众，依靠群众，积极地管理抚育现有森林，有计划（全面规划，重点示范）、有步骤地（由近及远，由易到难）大力造林，以改造自然，减免天灾，保证农牧生产，供应工业用材，为祖国经济建设服务。

（1）草原农牧区：农林合理发展，逐步营造防护林，农产牧草丰收，人畜两旺。在农区有组织有计划地营造防护林；牧区先在有条件地区开始育苗并营造防护林。

（2）山区：应农、林、牧水土保持与交通建设全面发展，合理地利用土地，要做到群众当前生活困难与长期建设相结合。深山区应以林牧为主，一般山区农、林、牧全面发展，半山区以农为主，造林为副。在山沟山麓与山坳等有条件地区可有计划地发展果木树林，以尽快提高群众生活。

林山：现有森林应积极地管理抚育起来，长期打算，照顾现实，提高木材的质与量，保证工业建设。各林区应用林间育苗与移苗造林等办法，消减林内空地，并逐步向外扩展，以结合成天然的水源林区。对于过于稠密的次生林，应即进行间伐，发展优良树种（如云杉、落叶松、油松、侧柏、橡、槲、椴、核桃、楸、枫、杨等）。

荒山：凡水土条件较好的公有荒山应即按村边界分配，又各互助组承领，定期绿化；私有荒山亦应划清山界，在自愿两利的原则下，把人和山组织起来，合作造林，并逐步发展畜牧。播种造林必须掌握季节，尽量做到就地取材与多用大粒种子（橡、槲、山杏等）。凡土壤干瘠，条件不好的荒山，亦应封山养草，重点造林，建立据点，逐步扩大。

黄土山：必须彻底改变生产方式，合理地利用土地，修梯田，闸山沟，保持水土，缩小耕地面积，提高单位面积生产量；在不宜耕种的耕地、荒地上营造木材林、果木树与播种牧草。

（3）河川平原区：在沙荒地区应有计划地大力营造防护林。在河流两岸配合水利，有计划地营造护岸林带，保护坡岸，规整水流。在道路两旁配合铁路交通部门植造护路林带，以保护路基，以利交通。在城乡与建筑物内外空地、湾、坑、池塘周围，造公园林、风景林行道树，绿化环境，增进健康。

（4）沿海区：在渤海湾沿岸有条件地区结合有关部门，有计划地逐步营造海防林，以加强海防，防止海风，保证农产丰收。

（5）沙漠区：在有条件地区进行种草造林，固定流沙，以保证牧场与农田。

17.2.2 总的计划

根据上述方针，特指出初步意见如下：

（1）东自察北沽源县城北大二号村起，西至米仓县黄杨闸止，于 15 年内营造全长一、二四零公里的北部大林带，配合 156 条基干林带和 75608 个林网，保护 24 个县 140 万 hm^2 的农田和牧场：初步改善华北草原区干旱多灾的自然环境。

（2）在山区沿各大山分水岭造 337 万 hm^2 的水源林，控制各河流量，改变春旱河里无水，雨季山洪暴发的现象。在一般山区结合水土保持，在晋西黄土区合理植造森林 1.03 万 hm^2，结合坝地、种草、修梯田、栽果树等工作保持现有黄土，合理利用土地，是减少黄河含沙量的主要办法之一。

（3）在平原地区沿 11 条主要河川营造 13536km 的护岸林带，结合水利工作，规整水流。沿海在有条件地区造海防林，以加强海防，防止海风。在沙荒地区积极种草与造林，固定流沙。普遍号召零星植树，使村村有树，路路成林。在国营农场营造农田防护林，打下将来全面营造防护林的基础。

17.2.3 远景和投资

（1）按上述计划完成后，可造成森林 1.29 万 hm^2（包括现有林 100 万 hm^2 在内），占总土地面积 2.09%。5 年内可间伐木材 90 万 m^3，30 年内陆续蓄积木材 12.7 亿 m^3；防护耕地 43 万 hm^2（为总耕地面积的 29.8%），扩大耕地面积 297 万 hm^2（为现有耕地的 16%）。仅就农、林、果树 3 项计算，平均每年增加收入折款三十四万、一零六亿元。尚有牧草地 13 万 hm^2，混牧林 400 万 hm^2，供发展畜牧之用，收入未计。

（2）上述计划共需劳动力 2.7 亿万个。根据不同地区每年每个劳动力造林 5～10 天，15 年内即可完成。全部计划共须投资额为 10.71 亿元（见表 17-4）。

17.2.4 具体计划：以下从略。

表17-4　华北防护林使用土地、收益、劳力、投资、苗木统计表

项目	草原农牧区			山区					河川平原区				沿海区沙漠区				总　计(万hm²)
	草原	耕地	计	林地	荒山	黄土山	耕地	计	耕地	沙荒	其他	计	沙碱荒地	沙漠	耕地	计	
面积	2011	189	2200	100	1220	201	229	1750	1025	43	401	1469	32	692	41	733	6184
林占面积			116	100	948	103		1151			19	23	0.3				1290.3
现有材积				3056				3056									3056
五年生长材积				90				90									90
十年生长材积			20000														20000
十五年生长材积										7593	1763	9356	125				9481
三十年生长材积				25511	61230	8415		95156									95156
材积总计			20000	28657	61230	8415		98302		7593	1763	9356	125				127783
果树面积					74	18		92									92
果树收入					52502	10260		62762									62762
防护面积		189					229	229		24		24	1				443
增产收益		680															680
扩大耕地面积					287	9		296					1				297
增产收益								109753					10				109763
需要劳力			7490	3000	12710	510		16220				2500	248				26458
投资	1000			3000	6710			9710									10710
苗木			288.5					70									358.5
种子								2600									2600

第18章　西北黄土地区

建国后，1954年在民族饭店召开了第二次全国水土保持会议，确定由当时的北京林学院扩展到以华北内蒙古和西北为主，要求以开展防旱抗旱，保持水土和防沙治沙为重点的教学内容。于使建立了具有鲜明我国特色的水土保持专业，并被制定培养涉及全国的大专院系的现有骨干教师：第一批来京就学的有湖南、陕西、云南、广西、甘肃等省区。是年夏，只能经西安赴天水，再回西安，过铜川，换乘长途汽车，始能去延安、榆林、绥德、庆阳（驿马关）西峰镇等地工作，陪我同去的两位老师是现已离休的原教研室正副主任高志义和张增哲教授，均因劳累过度，中途患病，限于当时具体条件，留有后憾终生。但是通过全体将近两个月的共同活动，却初步形成了面对我国的实际情况的水土保持学科的雏形和基本面貌。亦即由习惯上流传下来的"三林"（农田防护林＋水土保持林＋固沙林）；或按当时前苏联的说法是"三改"，即："农业改良土壤＋林业改良土壤＋水利改良土壤"，尤其是通过天水第二乡和榆林芹河乡试行。我们（技术人员）在现地和地方干部、老农、知识青年在一起，现场调查、现场规划和初步设计，然后在现地向乡镇领导汇报定案的工作方法是可行的。

以后，陆续以山西离石王家沟、陕西绥德韭园沟、甘肃定西全县为基地，密切与武功原西北农学院、中国科学院武功生物水土保持研究所合作，着重就甘肃和陕西两省展开了探索工作。直到1980年冬在兰州宁卧庄召开"西北农业现代化会议"，确定由北京林学院承担一个农林牧综合发展水土保持综合治理试验县。在当时我们仍感有教学任务，幸得知西北水土保持所承担银南固原县，于是就确定我们搞西吉县，得林业部和"三北"防护林建设工程局大力支持，次年就首次被纳入世界粮农组织的粮食援助组；1987年获原林业部科技进步一等奖，1988年获国家科技进步二等奖。

下接附件：*

附件一：西吉县水土保持综合治理科学试验技术经验的探讨（摘要）

附件二：关于西吉县水土流失综合治理科学试验基地与科研成果中几个问题的探讨

附件三：解决烧柴问题是西吉县停止破坏转向良性循环的关键

附件四：宁夏回族自治区西吉县的实践证明：西北黄土高原五年可以扭转恶性循环

---

*　附件中保持原文的格式体例。

附件一

西吉县水土保持综合治理科学
试验基地技术经验的探讨（摘要）

宁夏回族自治区固原地区西吉县基地办公室　北京林学院水土保持系

一、基本情况

西吉县是宁夏回族自治区南部山区的一个县，位于东经 $105°20'\sim106°04'$，北纬 $35°35'\sim36°14'$ 之间，总面积 $3143.85km^2$。地处六盘山的西北坡，海拔 $1688\sim2633m$，是葫芦河、清水河和祖历河的分水高地。

1980 年全县总人口 29.2 万人，其中回民 14.2 万人，占总人口的 48.6%。农村人口 28.4 万人，农村劳动力 10.3 万人；县内公社 25 个，大队 287 个，生产队 1899 个，共有 6 万户。

表 1　西吉县各地貌类型及土地利用现状类型面积

面　积　及　利　用　现　状		合　计	山　地	黄土丘陵	河谷平川
土地面积	（万亩）	471.58	49.27	393.67	28.64
占全县土地总面积比例	（%）	100.00	10.4	83.5	6.1
其中　耕地（包括人工草）	（万亩）	3312.02	15.93	295.74	20.35
占各地貌类型面积比例	（%）		32.3	75.1	71.1
林地、苗圃、果园	（万亩）	15.62	3.58	9.79	2.25
占各地貌类型面积比例	（%）		7.3	2.5	7.9
草　地	（万亩）	88.56	29.76	58.27	0.53
占各地貌类型面积比例	（%）		60.4	14.8	1.8
可养殖水面	（万亩）	2.05		1.39	0.66
占各地貌类型面积比例	（%）			0.4	2.3
其他占地	（亩）	33.33		28.48	4.85
占各地貌类型面积比例	（%）			7.2	16.9

表 2　西吉县土壤侵蚀状况

流 域 名 称	流域面积 （km^2）	年侵蚀模数 （T/km^2）	年侵蚀量 （万 T）
葫芦河	1374.0	3145	432.12
滥泥河	752.3	9147	688.13
清水河	524.0	2093	110.68
祖厉河	493.6	5189	256.13
全年平均		4730	
全县总计	3143.9		1487.06

（一）荒山秃岭，千沟万壑，水土流失严重。

1959 年由水文站实测输沙推算：土壤侵蚀模数 $3952t/km^2$，年侵蚀总量 1242.36 万 t。

1981 年北京林学院水土保持系调查：土壤侵蚀模数 $4730t/km^2$，年侵蚀总量 1487.60 万 t。

（二）生长季节短，气候变化大，干旱、冰雹、霜冻灾害多的高山区。

西吉县城年平均温度 5.3℃。（1901m）最高 6.9℃（玉桥不范），最高 1.7℃（月亮山）。

无霜期 100～150 天。平均年降水量 427.9mm，最大 657.6mm（1964 年），最少 258.6mm（1969 年）。

降水在一年之中，春占总量的 17.1%，夏占 55.0%，秋占 26.0%，冬占 1.7%。

（三）既是苦水区，又是地震区。

（四）解放后被厘定为革命老区、少数民族地区、边远山区和贫困地区。

之后：

1957 年：定为黄河中游水土流失重点县；

到 1978 年西吉县在城乡建设、公路、邮电、供销、水利和文化卫生等方面都取得了划时代的发展，只是荒山秃岭千沟万壑的山河面貌如旧，同年人均口粮（原粮，而且大部分由土豆折拔）223kg，人均收入 54.4 元。成为黄土高原，也是黄河中游最困难的县。

1978 年，国务院批准西北、华北和东北西部（简称"三北"）防护林体系建设工程为国家重点工程，并成立了"三北"防护林体系工程建设的领导小组。并在西安召开了第一次工作会议。

1979 年：3 月国家科委、农业部、国家林业总局（林业部的前身）和水电部在西安联合召开了西北黄土高原水土保持农林牧综合发展科研工作讨论会，开始酝酿以县为单位建立综合实验基地。

1979 年：中国林学会在北京召开了"三北"防护林体系建设学术讨论会。

1979 年秋：在西安召开黄土高原水土流失综合治理科研工作讨论会，确定了西吉县为林业部负责的水土流失综合治理科学实验基地县。林业部委托北京林学院负责黄土高原和西吉基地县的技术指导和科学研究工作。

1979 年冬，宁夏回族自治区成立了西吉县水土流失综合治理科学实验基地县领导小组，办公室设在林业局。也是银南山区建设办公室统筹的一个实验县。

1979 年：秋开始由林业部勘察设计院在大平公社作了规划试点、基地办开始基建、培训了第一期基层技术人员的培训班。

1979 年：自治区通过了"造林种草，兴牧促农、农林牧综合发展"的银南山区建设方针。

1980 年：由北京林学院承办的"三北"防护林体系建设工程研讨班第一期开学，西吉县领导参加。

1980 年：在国家农委支持下西吉全面开始了资源调查和农业区划工作。并在西吉召开了现场评审会议。

1981 年：培训了第二期基层技术人员的培训，和原有基层技术干部的提高。

1981 年：北京林学院在马见乡黄家二岔按计划开始了小流域综合治理示范研究工作。自治区林科所也在大石寨开始了水源涵养用材林示范研究工作。县农科所也开始了旱农增产的研究工作。

1981 年：以大坪、城关、火石寨三个不同类型的代表公社进行了水土流失和土地类的深入调查研究工作，由北京林学院负责，并提出西吉县防护林体系应以水源涵养用材林、水土保持林了侵蚀沟防护林、农田防护速生林为骨干的建议，并被采纳用于林业规划。

1981 年：进行了水土流失预报的研究，由北京林学院负责。已被用于中期评价效益的科学依据。

1981 年：确定接受世界粮食计划署"造林种草保持水土发展农业生产的援助计划"并进行落实，1982 年开始实施。

1981 年 12 月：在银川召开了资源调查和区划的预审，1982 年 2 月在银川开会评审通过。提交县八届二次人民代表大会讨论通过。

以上就是在接受世界粮食计划署的粮援之前的基本情况。

二、取得的成果和效益

（一）在党中央关于："只许为国家争光，不许给国家出丑"的重要批示指引下，各级领导的关怀和支持下，经过全县 31 万回汉人民和各级干部技术人员的努力，西吉县防护林体系建设工程从 1982 年 4 月开始到 1984 年底三年（其中包括 1982 年大旱）：

共完成：造林种草 11.5 万亩　占总任务的 84%。

其中：造林 60.7 万亩　占造林任务的 91.1%

是解放以来 32 年人工造林保存面积的 8.2 倍。

森林覆被率由 1981 年的 2.2%，增到 15.1%。

种草 50.8 万亩，占种草任务的 74.5%。

是解放以来 32 年种草保存面积的 3.6 倍。

人工草地覆被率由 1981 年的 2.9%，增到 11.4%。

亦即三年净增林草覆被率 23.64%。

此外：四旁植树和义务造林 2848 万株，按 200 株/亩折算：14.24 万亩，也应是森林复被面积，则是：3%。

是即三年总净增林草覆被率：26.64%。全县总林草覆被率由 1981 年的 5.1% 增加到 31.74%。

（二）只要现有林地和人工种地平均年产干柴（限地上部分）300kg/亩，共按 125 万亩计，每年总产干柴量则为 3.75 亿 kg，全县共需烧柴每年共需 3.3 亿 kg。所以"三年停止破坏"在西吉已经通过实践证明。恶性循环已经停止，开始转向良性循环。

（注）调查材料：全县实需烧柴年 3.5 亿 kg，秸秆 0.3 亿 kg，畜粪 0.8 亿 kg，尚缺 2.3 亿斤。一个劳力铲草皮（茅衣）15kg，要破坏 0.5 亩草地，按年缺柴 2.5 亿斤计，用 8210 万个劳动日 ÷365＝22.4 万劳动力，为全县 11 万劳动力的 2 倍，铲 408 万亩草地，占全县总面积的 87%。

（三）土壤侵蚀量已由 1981 年的 1487.06 万 t 降低到 565.1 万 t，减少了 62.4%。

（四）烧柴逐步解决。秸秆可以发展畜牧，畜粪可以肥田、水地、旱田、坝地都能增产。退耕 78 万亩占总耕地面积的 24%。1983 年总产 6800 万 kg，比 1981 年（平产年）增加 24.3%。1984 年总产 8200 万 kg，比 1981 年增加 49.6%。

"反弹琵琶"在黄土高原最贫困的西吉县得到了证实。

养羊按绵羊单位折算比 1981 年增加 1.3 单位，牛羊肉增 119%，猪肉增加 43.1%，今后畜牧的发展正在欣欣向荣后果可期。

人均收入由 1981 年的 35 元上升到 111 元，增加到 3.17 倍。

除以上取得的生态效益、水土保持效益和经济效益之外，更重要的是精神效益，随着荒山秃岭自然面貌的改变，也引起了思想面貌的变化。

1）为了完成这项目工作，促进了县委领导的团结，从被迫上马，议论纷纷，转变到越干越有信心。上下级各部门之间也从隔阂甚至扯皮之中，走向相互支持和帮助。领导、行政干部和技术人员的团结也得到了有实效的增强和巩固。

2）广大群众也从愁眉苦脸，等靠要的老大难的基础上转变到意气风发，实干得到了甜头，劳动见到了果实，发挥出艰苦奋斗自力更生精神，才能在两年时间里将全县 31.74% 的土地披上了绿装。

3）影响了周围各县，彭原和海原豪迈地宣称不用国际援粮，也按西吉的速度完成造林种草，1984 年已如期完成。

4）也影响了黄土高原，尤其是邻省甘肃的定西地区。

5）得到了国际上的称赞和中期评价组给予的较高评价和赞赏。

三、技术上的不足之处

几年来的工作虽尽了可能的努力，但在技术上存在着以下缺点：

（一）造林种草的质量不理想。

（二）种草的数量也少了一些，尤其是林草混作，间作更少，而且种草的目的性也不明确。

（三）对造林种草的经济收益，尤其当前收益和多次增值注意的不够。

（四）对智力投资尤其是回乡知识青年的培养抓得不够。致使任务完成得越多，后遗症越大。为今后工作带来很大困难，主要责任在承担技术咨询和指导的北京林学院，尤其是西吉基地县技术指导组负责人、"三北"局技术顾问、北京林学院水保系教师关君蔚应负直接责任。

四、几个问题的探讨

（一）要做好规划，一定要做到地块落实，固定培训规划人员，分年分阶段检查、修改和提高。

（二）培训基层技术干部队伍，一个县应在 100 人以上。

（三）坚持地方为主，在技术方面也要以现有县内技术力量为主，上级或外来的技术力量应起协助和指导作用，促使地方技术力量的提高和补充。

（四）财力和物力的投入都要以实效为依据，如补助费 ≠ 救济款等，技术经济效益等。

（五）智力投资是今后提高发展的关键，例如：技术培训中心、山区建设职业高中等。

附件二

关于西吉县水土流失综合治理科学试验基地与
科研成果中几个问题的探讨

是西吉县水土流失综合治理成呆报告的补充，也是几年来参加这项工作学习的体会和思想汇报。

一、西吉县总土面积 3143.8km² = 471 万亩，1980 年耕地面积 332.02 万亩，人口 30 万人，人均占有第 15.7 亩，人口密度 95 人/km²，人均占有耕地 11.07 亩，耕殖率（耕种指数）70.4%。

1985 年退耕还林种草 91.9 万亩（其中 50.3 万亩 + 种草 41.6 万亩），实剩耕地面积 226.1 万亩，人口增加至 33.14 万人，人均占有土地 14.2 万亩，人口密度 105.4 人/km²，人均占有耕地 6.8 亩，垦耕指数为 48.0%。

1980 年自然次生林和灌木林 2.97 万亩，人工造林 7.39 万亩，记有林地 10.36 万亩，占总土地面积的 2.2%，人均占有林地 0.35 亩。1981 年前四植树 3231201 株，按 200 株/亩，折算为 16156 亩，人均占有林地 0.054 亩 0.4%，退化草原 88.56 万亩，人工种草 14.02 万亩，占总土地面积的 2.98% 人均占有草地 3.42 亩。

1985 年新增林地 79.2 万亩，人工种草地 77 万亩。四旁义务植树 36559800 株，折算为 182799 亩。机总新增林地 97.48 万亩，草地 77 万亩。与 1981 年以前已有林地和草地分别相加共计有林地为 109.46 万亩，占总土地面积的 23.24%，人均占有林地 3.3 亩，共计有草地 91.7 万亩，占总土地面积的 19.47%，人均占有草地 2.76 亩。

1980 年土地利用率 = 耕地 70.4% + 林地 2.21% + 草地 2.98% = 75.59%。

$$\overline{\quad 42.71\% \quad}$$

1985 年土地利用率 = 耕地 48.0% + 林地 23.24% + 草地 19.47% = 90.71%
　　　　　　　　（46.6%）　　　　　　　（37.2%）　　　（83.0%）

4. 1981—1985 年五年的努力于 1980 年比较，将土地利用率由 1980 年的 76% 提高到 1985 年的 91%（84%），增加了土地利用率 15%（8%）。需要指出的是：（1）由 1979 年开始作规划试点时就决定了坚持以 666.6m 水平投影面积为 1 亩，即所谓标准亩，面积实实在在，一直到现在，为生产和科学研究工作奠定了面积的科学基础。

（二）以上完成工作的数量是通过五年的实践做出来的事实，所以它是真的。

二、

年度	耕地面积 （万亩）	垦耕指数 （%）	人口 （万人）	人均耕地 （亩）	劳均负担耕地 （亩）	平均单产 （斤）	人均占粮 （斤）
1949	240.32	51%	9	26.96	79	58	1564
1980	332.02	70.4%	30	11.06	33	82	907

到 1981 年前三十一年扩大耕地 91.7 万亩，平均每年垦荒 2.9 万亩。

（1）人越来越多，耕地越垦也越多，担任占耕地越来越少，人均占耕地也越来也少。＝越垦越"饿"

（2）人越来越多，担任占草地越少，羊越养越多，草越来越少，羊就越来越小，越小就越放＝越放越"饿"。人越来越多，活越干越累，实效越干越少。

（3）"柴"越来越缺，树木、秸秆、畜粪＋割草，铲草，挖根……凡是能烧得都烧了，＝越烧越冷，人越来越多，人畜都处于饥寒交迫的困境＝恶性循环（生活灾难）（能源，环境，人口，资源），危机四伏。

（4）荒山秃岭，千沟万壑水土流失严重。

（5）干旱，冰寒，霜冻，苦水，地震

人还继续在增加1985年已经是33.1416万人了。

是不可挽回的生态灾难呢？还是可以挽回的生存灾难？应是难于挽回的生存灾难。

三、

1981年粮食总产1.09亿斤　　　　　　从1980年332.02万亩耕地的基础上

1982　大旱（那难忘的1982年）

1983	1.36 亿斤 ⎫		24.8% ⎫		逐
1984	1.63 亿斤 ⎬ 比1981年		49.5% ⎬ 平均增加		年
1985	1.61 亿斤 ⎬ 增加了		47.7% ⎬ 42.2%		退
1986	1.60 亿斤 ⎭		46.8% ⎭		耕

　　　　　　现有耕地226.1万亩　退耕105.92万亩　占原有耕地　31.9%
　　　　　　　　　　　　　　　　　　　　（27.7%）　（91.9万亩）

增加了地上绿色植物的生物量（树，草，作物）

野生栽培植物的生物量

自然次生林的管护改造　1985年以后每年	>0.267 亿斤
造林，债务植树	>1.300 亿斤
人工造林	>5.800 亿斤
人工种草	>4.550 亿斤
人工造林地产草	>1.600 亿斤
自然草地	未算
	>13.517 亿斤
秸秆	>1.422 亿斤
粮食	>1.422 亿斤
	>2.844 亿斤
总计	>16.361 亿斤

按土地总面积47 1万亩平均：　　347斤/亩＝260克/平方米（草原）

退化草原：　　　　　　　　　　189斤/亩＝142克/平方米（半荒漠）

取得>16.316亿斤的地上绿色植物的生物量，就是停止破坏，温饱，支付和有恶性循环向良性循环转化的物质基础。

四、解决烧柴问题起搬机作用

全县农家共需烧柴，5亿斤，由上述地上绿色植物的生物量中取来：

自然次生林的柴木改造　　　>0.267 亿斤

人工种草 × 30%　　　　　　>1.365 亿斤

人造林地产草　　　　　　　>1.600 亿斤

人工造林燃料林部分凑够 = 0.468

　　　总计　　　　　　>5 亿斤

五、以林草促牧，林牧支农，林农牧综合发展

尚有 >16.361 − 5 = >11.361 亿斤　再去 >1.422 = 2 亿斤　尚有 >9 亿斤

秸秆饲草一亿斤

按羊单位折算：720 斤/年/双　　9 亿斤　　　125.0000 万双绵羊单位 >200%

1981 年 53.98 万绵羊单位　　1985 年　　　57.35 万绵羊单位

可以以 >3 亿今纯畜粪支农，亩均得蓄粪 >132.7 斤 = 土粪 500 − 1000 斤

圈养舍饲：1）一双母羊每年出 50 元收入 50000 万元　　　人均 >151 元/年。

　　　　　2）小孩上学意义深远。

　　　　　3）用煤替柴，配合饲料　　　>300 元/人/年。

六、水土保持效益：全县坡面，沟头的土壤侵蚀量：1981 年实测 1487.1 万吨，减少到 565.1 万吨，减少了 62%。

骨干坝兼监测坝：已控制了水土流失。

①在历史上特大暴雨安全。

②沟道工程

七、特种防护效益：

（1）水源涵养作用和木材生产基地

（2）重力侵蚀

（3）苦水

（4）地震　50% 农户已盖新房已生产木材 4.9 万立方米。

八、根据区林业厅陈家良高级工程师的研究，须弥寺石窟华山松犹存，以及基地班调查研究红跃出土油松古木，区林科所和黄家二义等地人工造林实践证明，**西吉全县应属森林地带**。

地上生物量

耕地平均亩产　800 斤/亩/年　　600g/m²/年 ⎫

草地亩产　　　1500 斤/亩/年　　1125g/m²/年 ⎬ 科学研究业已证明

森林亩产　　　2000 斤/亩/年　　1500g/m²/年 ⎭

▲：西吉县除粮食外可以获得地上生物总量 >30 亿斤/年

结语：（一）经过五年的研究成果和生产实践表明：原始林草丰美，山川秀丽的西吉县，经受长期的摧残和破坏，人越来越饿，羊越放越小，人越干越穷。越烧越凉，人畜处于饥寒交迫的环境中，荒山秀岭，干沟万壑水土流失严重，干旱，冰冻等灾害频仍，环境条件也处于约性循环发展中。

实践证明：在水土流失严重的西吉县，通过种草种树，在解决烧柴的基础上，可以进一步以林促牧，林畜支农，农林牧综合发展的实效；在此同时取得保持水土，陪肥土地和改善环境条件的实效：吃山与养山同步，治穷与治山同步，支付与改善环境条件同步，不是可行

的，而且是在几年的短时间内可以实现的。

（二）"老，少，边，穷，山"、"扶贫"、"山区建设"、"山区开发"、"防护林体建设"、"三西"、"农业生态系统"、"生态控制系统"等和"水土流失综合治理"都是面向相同的目标，共同的核心问题，从不同的角度和侧面来探讨和解决，各县有特点是相辅相成的。"一靠政策　二靠科学"、"地方为主"、"全县工作和小流域"、"科研教学和生产"、"智力投资"、等方面受到了启发和教育。

（三）缺点和失误很明显也很具体，为了巩固、发展和提高，以"内参"的指导，学习杜润生同志在中国水土保持学会第一次代表大会上报告的精神基础上，希望能批评、指正中得到提高。

附件三

解决烧柴问题是西吉县停止破坏转向良性循环的关键

一、西吉县是西北黄土高原水土流失严重的重点县，不仅是"老、少、穷、山"的重点县，又是苦水区，也是地震区；解放后二十多年，据1978年调查，人均口粮446斤，人均收入54.4元（包括粮价）成为黄土高原上有名的穷县。依旧是荒山秃岭、千沟万壑、寸草难存的荒凉景象，不仅是越穷越垦，越垦越穷，而且人无粮、羊无草、居无柴，靠国家救济度日，仍未脱离饥寒交迫的境地。

环境条件已处于山穷水尽的边缘，人也在饥寒交迫的地步。

如何求得温饱，如何维持起码的生活？我们认为解决烧柴问题是具有决定性作用的关键所在。

1979年3月国家科委、农林部、国家林业总局和水电部在西安联合召开了西北黄土高原水土保持农林牧综合发展科研工作讨论会上，表述了如上意见并受到会议重视，就此问题，人民日报曾专题报道并附编者语引起了各方的关注。

同年秋在西安由国家科委、农委、水电部在西安联合召开了黄土高原水土流失综合治理科研工作会议，确定了燃料林的研究项目的同时，也确定了西吉县为林业部承担的水土流失综合治理科学试验基地县，都被列为国家重点科研课题并责成北京林业大学负责黄土高原和西吉基地县的技术指导和科学研究工作。

1980年在甘肃省兰州召开的西北农业现代化学术讨论上，由北京林业大学和西吉县共同提出，如能取得一定的辅助，通过造林种草可以在五年内解决烧柴问题，解决的基础是大力推广节柴灶和多能互补，受到了与会同志们鼓励和林业部领导的支持。

二、根据西吉县能源办公室全面调查和实测，全县共需生活用燃料每年为5.07亿斤，

其中：秸秆	0.63亿斤	占12.4%
畜粪	1.66亿斤	占32.7%
树木枝叶	0.30亿斤	占5.9%
煤炭	0.03亿斤	占0.6%
总计	2.62亿斤	占51.6%

尚缺2.45亿斤占48.4%，均只能由割野草、扫茅衣（落叶）、生产草皮、挖草根解决。每个劳动力一天只能割、扫、铲、挖取的干柴30斤，要破坏草地0.5亩。据此计算：

245000000÷30＝8166666个劳动日

安全年劳动365天，也要占用劳动力8166666÷365＝22360个劳动力占全县总劳动力11万个的20%。但全县草地只有1943800亩，割、扫、铲、挖一遍也只能取得干柴：

1943800×60＝116628000斤≈1.17亿斤

因再无其他燃料来源，为了取得2.45亿斤燃料势必反复多次割、扫、铲、挖草地：

2.45÷1.17＝2.1次

因有一部分草地据村较远，据调查大部分草地在一年中反复被破坏3—4次。开门七件事：柴米油盐酱醋茶，是人类发展到今天维护生存和生活的科学总结，"柴"居首位，"温饱"也是温在饱先。"四料"俱缺的核心，是由燃料奇缺造成的。所以，解决烧柴问题是西

吉县停止破坏转向良性循环的关键。

三、造林种草面积，分林种：

（一）燃料林面积×672 斤/亩＝

（二）林草间作面积×8/3×700 斤/亩＝

（三）天然次生林 76335×350 斤/＝

（四）集体四傍与义务植树 3716654 株×2 斤/株＝

（五）种草草木栖总面积产干草量＝

（六）牧草（除草木栖）产干草量×30%＝

由（5）、（6）得：770000×700×0.3＝161700000

$$\approx 1.61 \text{ 亿斤}$$

（七）将总计数与 2.45 亿斤相比较不足数由杨、柳、刺槐等更新的水保用草林补足。

四、全县三十万回汉人民生活用烧柴获得解决之后：

（一）解脱出 8166666 个劳动日，不再去割野草、扫茅衣、铲草皮、挖草根：从事于其他劳务，如按劳动日值 3 元计，则为 24500000 元，折人均收入增加 79 元，为 1979 年人均收入 55 元的 144%。

（二）节约出秸秆 63000000 斤，按绵羊一头需饲料 787 斤/年计，即为畜牧提供相当于 80000 头绵羊单位的饲料，取得了以林促牧的实效。

（三）节约出 166000000 斤牲畜粪，再加上上述 80000 头绵羊单位排泄纯粪肥，按 1 斤/头计，为 29200000 斤，共计 195200000 斤，按耕地 15 万亩计，折每亩增加纯粪肥 1300 斤，支援了农业生产，取得了以牧支农的实效。

（四）使用作为燃料的只限林草的地上部分，尚有生物量的 50—100%，残留在地面和土壤层中，提高肥力改良土壤，取得提高地力的实效。

（五）1985 年研究结果表明，全县土壤侵蚀量由 1981 年的 1487.06 万吨，已减少到 565.1 万吨，减少了 62.4%。实践证明，可以在水土流失十分严重的西吉县，通过种草种树，在解决燃料的基础上，可以进一步以林促牧、以牧支农提高地力的同时取得水土保持的实效。吃山和养山同步，治山和治穷同步，不仅是可行的，而是在西吉通过实践得到证明。

（六）用生物能源作为燃料，也必将相应的二氧化碳送入空气，这是不能改变的自然规律。但是绿色植物的生长，有机物质的积累，是预先提取有机物质中的二氧化碳并向空气中排放存储氧气，这也是不能改变的自然规律。以其用作烧制是绿色植物的一部分（50—75%），所以它的燃烧远在自净范围之内，应属无污染的能源。所以，袅袅的炊烟，却成为"大漠孤烟直"田园风光的点缀。

所以解决烧柴问题是西吉县停止破坏转向良性循环的关键，而在水土流失严重的土地上在很短（5 年）的时间内，能通过解决烧柴问题进一步进一步取以林促牧、以牧支农，农林牧综合发展实效的同时，更取得了培养地力、保持水土、改善环境条件、装点河山面貌的实效却是值得珍视的科学成果。而治山和治穷、吃山和养山同步进行的设想，在祖国西吉的土地上得到了证明，我们深受教育，从而也感受到它的深远意义。

附件四

宁夏回族自治区西吉县的实践证明：
西北黄土高原五年可以扭转恶性循环

北京林业大学　关君蔚　阎树文
高志义　孙立达　孙保平

1981 年 1 月 15 日人民日报曾刊登过邓全施、何懋绩两位记者《在黄土高原地区大力发展燃料林》的专题报道，并附有《要按常识办事》的编者按语，我们受到了莫大的鼓舞和支持。宁夏回族自治区西吉县是西北黄土高原水土流失严重的重点县，总土地面积 471 万亩，1980 年耕地面积 332 万亩，垦耕指数达 70%。总人口 30 万，人均占有土地 15.7 亩，人均占有耕地 11 亩多。1978 年调查人均口粮 446 斤，人均收入 54.4 元（包括粮价），光山秃岭，千沟万壑，环境条件已处于山穷水尽的边缘，而人也仍在饥寒交迫之中。根据西吉县能源办公室调查和实测：全县共需生活用燃料 2.5 亿 kg，秸秆和畜粪全部烧光尚不足一半，其余 1.25kg 烧柴只能靠割野草、扫茅衣（地面枯叶）铲草皮和挖草根解决。所以，解决燃料问题是西吉县停止继续破坏转向良性循环的关键所在。

在各级领导的重视和支持下，由于全县人民的努力，工作开始后得到了国际上的援助；到 1985 年全县共有林地 109 万亩（包括四旁造株），占总土地面积的 23%，人均占有林地 3.3 亩。共有草地 92 万亩，占总土地面积的 20%，人均占有草地 2.8 亩。林草地上部分年总生物量（风干重）已达 6.75 亿 kg，相当于全县实需烧料 2.5 亿 kg 的 2.7 倍。

将原有耕地退耕造林种草 106 万亩，现有耕地只剩 226 万亩，垦耕指数降低到 48%；但粮食产量却增加了 42.2%. 当前有 57 万绵羊单位，仅就人工草地产优质牧草估算尚能发展 50 万绵羊单位以上。根据北京林业大学水土保持系实测的研究成果，全县土壤侵蚀已由 1981 年的 1487 万 t，减少到 565 万 t，即减少了 62%。

实践证明：在水土流失严重的西吉县，通过造林种草，在解决燃料的基础上，可以进而求得以林草促牧支农，农林牧综合发展的实效；并与此同时取得保持水土、培肥地力，装点河山的实效。所以，吃山与养山同步，治穷与治山同步，致富与改善环境条件同步，不仅是可行的，而且也是在较短的时间内可以实现的。

第19章　我国防护林的林种和体系[*]

19.1　基本情况和历史基础

在人类发展的历史过程中，森林曾对人类起到了一定的哺育作用。但是人类对森林的认识，却是在悠长的历史岁月中，通过世世代代的生产和生活的实践，不断总结成功的经验和惨痛的教训，才逐步深化的。

我国西北部分地区自然条件较为干旱，具备形成沙漠的条件，其中条件最为严酷的是新疆南部的塔克拉玛干沙漠，流沙占总面积的 85%。即使如此，在其周围的绿洲仍是星罗棋布，而在其边缘和深入沙漠内部的河谷和盆地仍生长着胡杨、苦杨和怪柳等，成为天然防护沙地的屏障。

大量移民开垦西北的草地和沙地是在西汉以后，所谓"募民徙边"，"守边备塞，务农立本"。不久，"上郡、朔方西河、河西开官田，斥塞卒六十万人，戍田之。"主要是河西走廊和乌兰布和，以后才到天山南北。乌兰布和在公元前一百多年汉武帝建朔方郡，置十县，其中临戎、三封、窳浑三县在乌兰布和，是两汉三百多年军事屯垦的中心。等到北宋太宗时，就已"沙深三尺，马不能行，行者皆乘橐（骆）驼"了。1679 年清康熙北伐噶尔丹，自今宁夏沿黄河西岸乌兰布和沙漠的东缘，直抵内蒙古磴口，大军所过畅通无阻，沿途红柳、柠条、蒲草茂密。1925 年修成银川——磴口——三盛公——包头公路，到 1937 年以后，磴口以南流沙遍及黄河两岸。

陕北、内蒙古的毛乌素沙地，原是分布很多丛林的草原沙地，即历史上有名的"卧马草地"。1500 年前，匈奴族的赫连勃勃曾在这里建立西夏的国都——统万城（今陕西靖边县白城子）。他在当时赞赏这个地方说"临广泽而带清流，吾行地多矣，未有若斯之美。"但到 1200 年前，统万城下开始积沙，1000 年前统万城就已"深居沙中矣"。

内蒙古东部浑善达克沙地原应是森林草原，开发虽晚，到现在东部沙地中尚有松树残根，各处已流沙片片。辽西的科尔沁沙地一直到清朝乾隆年间，在西拉木伦河的上游，林东和林西之间，还有连绵不断的平地松林[**]。甚至原属风吹草低见牛羊的呼伦贝尔草地，也已开始出现流沙。

黄土高原是中华民族发祥之地，开发利用更早。当我们的祖先学会了饲养家畜和栽培农

　　[*] 本文由关君蔚执笔，但应是原河北农学院林业系、水利系和北京林学院林业系水土保持专业有关教师和历届同学曾参加过这方面工作的共同劳动成果。内容除注明出处者外，还使用了各有关林场、林业工作站，防护林、治沙、水土保持试验站、各兄弟院校、各有关省区林科所；水土保持所、黄委各水土保持科学试验站、中国林业科学院、中国科学院沙漠、水土保持生物、冰川冻土、泥石流、林业土壤、土壤、地理研究所和综考会的材料，因限于篇幅，不再一一注明，在此表示感谢。内容论点则由执笔人负责。

　　[**] 对科尔沁沙地的"平地松林"，著者一直认为是樟子松林。直到 1996 年在赤峰召开全国第二次治沙会议上，才得知实为云杉林。

作物之后，严重影响生产和生活安全的是洪水和猛兽。

四千多年前，是原始社会的末期，这时氏族部落的首领是尧，对洪水猛兽的危害很不放心，他命令禹去治水，又命令益去治猛兽，"益烈山泽而焚之，鸟兽逃匿"，大家都很高兴。考证一下当时益的活动范围，最早是在陕西的中北部，涉及陕西、山西、河北、河南和安徽省的沿河川台地和部分塬区，恰是现在自然植被严重破坏的缺林少林地区，在当时却是"草木畅茂，禽兽逼人"的自然面貌。而益在当时是放火烧荒、破坏森林"有功"的。

更大规模破坏森林和草地是在战国后期，封建社会已经形成，在当时的历史条件下，农业有较大发展，人口显著增加。但伴随地主阶级的出现，土地兼并现象严重，形成大量无地和少地农民，被迫去垦种草地和林地。《商君书》中曾记载有："（三晋）土狭而民众……民上无通名，下无田宅……人之复阴阳泽水者过半。"其中"复阴阳"是指垦种坡地，毁林开荒。引起水土流失就是必然的后果，到西汉时，有个张戎就记载过："河水重浊，号为一石水而六斗泥。"

我国历史上封建社会统治的时间很长，将近 3000 年对土地的摧残和破坏，曾经哺育过中华民族的摇篮——西北黄土高原，到解放前夕已成为荒山秃岭、千沟万壑、干旱风沙、冰雹霜冻、水土流失十分严重的荒凉面貌。

以上扼要地说明了我国当前干旱、风沙、水土流失严重地区历史上的发展过程，可见这些地方并非自古如此。干旱风沙、水土流失严重的状况是不合理利用土地，破坏了原有植被——森林和草地——必然形成的生态灾难。这是旧社会留给我们的惨痛遗产，而我们就是要在这样的遗产上建设社会主义现代化的新中国。

我们的祖先早已从沉痛的教训中总结了经验，世代相传，流传到今天的还有："开十个坡坡，不如掏一个窝窝。""十年修地，一年冲光。""山上开荒，山下遭殃。""开了和顺山，冲了米粮川"等；甚至总结到："开山到顶，人穷绝种。"但在旧社会的残酷压榨下，却只能是："宁可绝种，还要开山。"

其实，从文献记载上看，早在三千年前已经开始认识到破坏森林的害处了，但总是囿于偏见，只强调荀子所说："斩伐长养不失其时，故山林不童，而百姓有余材也。"山林可以生产木材和其他林副产品就是在今天也是十分重要的；但据《国语》中记载，公元前 550 年，太子晋曾向周灵王说过："不堕山，不崇薮，不防川，不窦泽……夫山，土之聚也；薮，物之归也；川，气之导也；泽，水之钟也。"而且表明这不是他的发明而是"古之先王，以此为慎"。可见，保护山林以固土的思想，其形成远在周灵王之前。早在周朝初期，诸侯都在自己封地边界挖掘"封沟"，垒土造林，称之为"沟树"；明确指出"沟树"的目的在固土，以防年久封沟的湮没，应用的树种除榆柳之外，还有荆（荆条）棘（酸枣）等灌木树种。北方各地在旧社会常在地界上栽接骨木，这个灌木经济价值不高，但它的特性是那一边犁断其根就大量向那一边萌蘖扩展，所以被尊称为"公道老"。

早在 800 多年前，南宋嘉定年间，在浙江鄞县有个魏岘，曾做过一段小官，后因事罢官，在家"闲居十余年，日与田夫野老话井里间事"，对四明山区的变化，留下了很有用的记载："四明水陆之胜，万山深秀，昔时巨木高森，沿溪平地，竹木蔚然茂密，虽遇暴雨湍激，沙土为水根盘固，流下不多，所淤亦少，圄淘良易。""近年以来，木值价穷，斧斤相寻，糜山不童，而平地竹木，亦为之一空，大水之时，既无林木少抑奔流之势，又无包缆以固土沙之□。"（缺字，疑是"基"字）

明朝有个刘天和总结了柳树在治水上的作用，总称之为"治河六柳"，所谓"六柳"是卧柳、低柳、编柳、深柳、漫柳和高柳，叙述极为周详，如漫柳是指："凡波水漫流去处，难于筑堤，唯沿河两岸，密植低小柽柳数十层，俗名随河柳，不畏淹没，每遇水涨，既退则泥沙透积，即可高尺许，或数寸许，随淤随长，每年数次。数年之后，不假人力，自成巨堤。"

距今一百多年前，江苏上元（今南京）有个梅曾亮（伯言）写过一篇"书棚民事"，棚民就是当时的流民，内容说的是当时曾有过一个安徽巡抚，亟力主张让棚民去开荒垦坡，理由是："与棚民相告讦者，皆溺于龙脉风水之说，致有以数百亩之山，保一棺之土，弃典礼，荒地利，不可施行。而棚民能攻苦茹淡于峻岭，人迹不可通之地，开种旱谷，以佐稻粱，人无闲民，地无遗利，于策至便，不可禁止，以启事端。"梅曾亮曾支持过这个开山种地的主张。后来他到了安徽的宣城，就这件事情征求了当地老百姓的意见："皆言，未开之山，土坚石固，草树茂密，腐叶积数年可二、三寸，每天雨从树至叶至土石，历石隙，滴沥成泉，其下水也缓，又水下而土不随其下，水缓故低田受之不为灾，而半月不雨，高田犹受其浸溉。今以斧斤童其山，而以锄犁疏其土，一雨未毕而沙石随下，奔流注壑，涧中皆填圩不可贮水，毕至洼田中乃止。及洼田竭，而山田之水无继者。是为开不毛之土，而病有谷之田，利无税之庸，而瘠有税之户也。"终于梅曾亮被老百姓（诸乡人）这套有理有据的道理说服了。

以上只是通过世世代代的生产和生活实践总结出来的宝贵经验，虽然只是一鳞半爪，但已足以说明森林不仅可以生产木材和其他林副产品，在森林生长繁育过程中可以影响和改变环境条件。善于运用森林影响和改善环境条件的有利作用就能保护我们的生产和生活，这就是森林的防护作用，并将主要运用这方面作用的森林称之为防护林。对应森林生产木材及其他林副产品的经济效益来说，称之为森林的社会效益。这个事实，在我国已是自古有之，这就是我国防护林事业的历史基础。

19.2 生产基础和我国防护林的林种

新中国成立后，防护林工作就在原有的历史基础上取得了迅速的发展。

其实，早在革命事业非常艰巨的岁月里，在干旱风沙、水土流失十分严重的陕北，到今天仍是让人怀念的是南泥湾。在革命圣地延安开展大生产运动时，南泥湾原是一条无人居住的破烂山沟，在军民协力下硬是把它改造成为山清水秀的塞外江南。

在解放战争时期，随解放区的扩大，在加强山区生产工作的同时，也开始了平原地区的治沙工作，最早的是冀西沙荒的治理。

试将建国30年来，在我国防护林建设的生产实践所取得的成果初步加以整理，突出地反映出各种防护林的建设，都具有鲜明的目的性。

我国处于地球上陆地面积最大的亚洲大陆东部，深受大陆性气候的影响和控制，尤其是东北西部、华北和西北大陆性气候更为明显，不同程度的干旱、害风（包括旱风、大风和黄霾）、霜冻等不利的气候因素制约着各项生产事业的发展。通过长期的生产实践和科学研究证明，营造防护林可以削弱风速，改变地面层空气流动的性质；从而影响地面层气温和土壤上层的土温，增加相对湿度和绝对湿度，削弱蒸发力，减少植物的蒸腾系数，提高有机物质产量，就有利于在干旱地区各项生产事业的发展。主要发挥这方面有利作用而营造的防护林是防风、防旱的防护林，即干旱地区的防护林。

进一步，根据被防护的对象及其对防护作用要求的特点不同，同是干旱地区的防护林，就在林占地面积、配布的位置、林分的组成和结构、选用种树及其搭配和营造技术等方面就有显著不同，于是就形成各式各样的防护林，称之为防护林的林种。

严格来说，程度和性质上有所不同，干旱是我国普遍存在的问题，所以在干旱地区所形成的林种在全国各地都有一定的需要，称之为基本林种，主要的有六个：①农田防护林，②护牧林，③果园（包括其他特用经济植物）防护林，④护路林，⑤水库和渠道防护林，⑥护岸护滩林。如果说前三个林种是生产用地的防护林林种，后三个林种就是生产辅助用地的防护林林种。为了便于说明，绘成断面模式图（图 19-1 至图 19-6）如下：

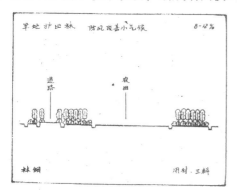

图 19-1 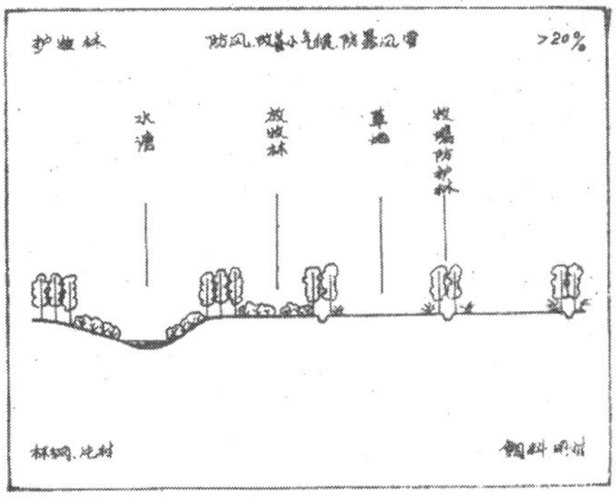　　　　　　　　　　　　图 19-2

图 19-3 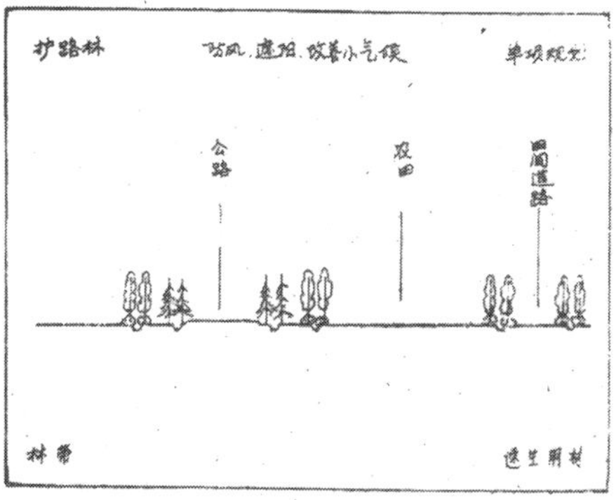　　　　　　　　　　　　图 19-4

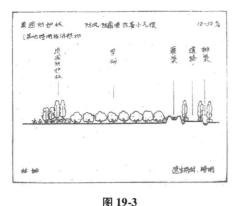

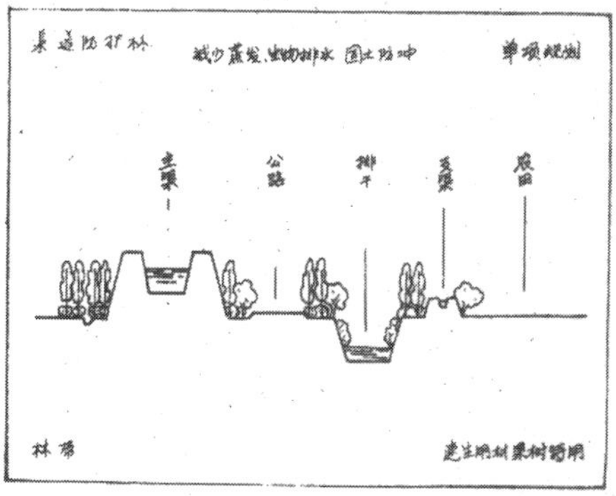

图 19-5 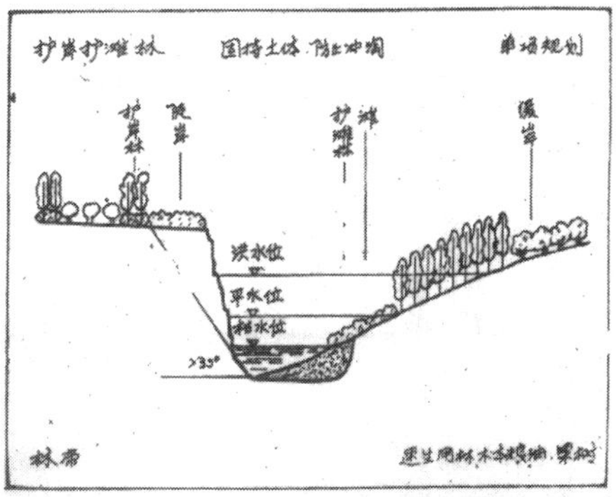　　　　　　　　　　　　图 19-6

每个林种都有各自的特点。干旱地区的农田防护林，就其防护作用来看是农田基本建设中必要的，但以其是在农田中营造，势必减少和影响一部分农业用地，从而非常突出的要求是以最小的林占地面积发挥其最大的防护作用。所以农田防护林配置的位置就要在方田的周围，结果就形成网格状分布的"林网"。以其防护效益与林带高度密切相关，这就要求选用的主要树种长得越高越好。为了少占农田，林带宽度宜狭，但还要保持疏透结构，又要和杂草作斗争，于是就要从树种搭配和抚育管理上尽量满足这方面要求。而在护牧林虽然对防护作用的要求基本上与农田防护林相同，但其防护对象主要是草地和放牧用土地，且多在更为干旱缺水的条件下营造，土地的宜林性质远差于农田，因此如何保证护牧林的成活和生长就是突出的问题。但是，护牧林的防护对象是自然草地，即使有一部分是饲料作物，一般其抗性和对防护作用的要求，低于农作物，而且很多乔灌木又可生产一部分饲料，就可以占用稍多的土地营造护牧林。护牧林中草场防护林虽也常以林网的形式出现，但网格的大小和规整的程度都有一定的伸缩余地，常营造成较宽的林带，而且要在两侧多加 1～2 行耐牲畜采食或防牲畜啃食的多刺灌木，其结果常形成偏于紧密结构的林带。而护牧林中的放牧林部分则多成片营造。所以，护牧林和农田防护林虽然在对防护作用的要求基本上相同，但因防护对象不同，就在林占地面积、配布的位置、林分的组成和结构，选用树种及其搭配和造林技术上各有其显著的特点。

如果再与河川的护岸护滩林相比较，林种之间的差异就更大，就是在干旱地区营造护岸护滩林，主要目的也还是在于发挥其固持土体、防止冲淘和淤积和固定规整流路方面的防护作用。于是护岸护滩林就从防护对象和对防护作用的要求上都截然不同农田防护林。

由上可见，长期生产实践的结果证明，根据防护对象和对防护作用的要求划分林种不仅是可行的，也是必要的。

但也应指出，以上几个基本林种的内部仍有差别，有时其差别还很突出，前图 19-1 是代表草原地带旱地农田防护林的典型模式，就与有灌溉条件的水地护田林有明显的差别。（图 19-7）水地护田林的林占地面积更小，沿固定渠道配置为主，带宽更狭，网格更小，速生树种（杨、柳）和特用经济灌木为主，就显著不同于旱地护田林。但是，就其防护对象而言，土地利用类型不同，却同属农业用地，而对防护作用的要求，又都是以减低风速，改变地面层空气流动的性质，调节气温，增加湿度，削弱蒸发强度，减少蒸腾系数，有利于提高稳定农作物的产量等方面都是一致的。只是在水地护田林对生物排水和脱盐方面有较多的要求而已。

其实，在护牧林、草场防护林和放牧林两部分也有很大差别。放牧林多呈片状，占地很多，且多以灌木为主，是不同于草场防护林的。但两者防护对象同是畜牧事业，而对防护作用的要求，都在于提高土地的载畜量和在恶劣条件下（冰雹、暴风雪、寒流等）为放牧中的牲畜有个临时待避的地方。所以仍可以归纳为一个林种。

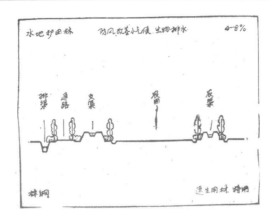

图 19-7

　　而在护岸护滩林，其对防护作用的要求上护岸和护滩两部分并不相同，而在配布的位置、林分组成和结构，选用树种和搭配以及造林技术上都有很大差别。可以合称护岸护滩林，也未尝不可分为护岸林和护滩林两个林种。

　　所以，根据防护对象和对防护作用的要求不同，可以确切地划分防护林的林种；但是，划分林种的精粗和多少，则可根据工作的需要来决定。

　　而在风沙地区，则除干旱、害风和霜冻之外，各项生产事业还受风吹沙打、风蚀沙埋的危害。从而除以上 6 个基本林种之外，还需要主要目的在于固定和改造流沙的林种。在沙区，流沙随风移动是造成风吹沙打、风蚀沙埋等危害的根源，所以要保障沙区各项生产事业顺利进行，首先就在于固定流沙。长期生产实践证明，流沙有"两喜三怕"，即喜风、喜旱，怕水、怕草、怕树。当流沙上有均匀分布的植物生长，其覆盖度大于 30% 时，流沙即开始固定。因此，可以根据生产上的需要，用各种方法在流沙上栽种草类、灌木和乔木，达到固定流沙的目的，称之为固沙林（图 19-8）。

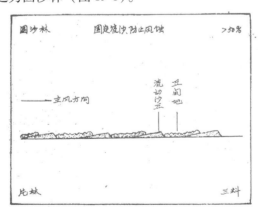

图 19-8

　　流动地不仅是沙害的根源地，也是不生产的土地；利用流动沙地造成固沙林，不仅有利于防止沙害，而且也是将原不生产的土地变为生产用地，因此，应该尽量把需要固定的流动沙地都固定起来。但并非要把所有的流沙都固定起来，这不仅因为从自然条件来看当前还有困难，就是从生产上看也常非如此。一般，将降水量小于 150mm，地下水很深，高大沙丘和沙山等划作暂不利用土地；只在特殊需要时，例如铁路、公路、厂矿和城镇附近等，可以用非生物固沙或与生物固沙相结合的方法固定流沙。

固沙林只能基本上固定流沙，还不能彻底清除风沙流中携带的沙粒。为此要求进一步营造堆沙林（图19-9）。当乔灌木覆盖度大于50％时就有显著的堆沙作用；可以根据风沙流的性质、频率及其携带沙粒的多少，来确定堆沙林的宽度和提出对堆沙林选用树种生长速度的要求。如果能在风下靠近防护对象的一段营造成紧密结构的乔灌木混交林，则其堆沙的效果就更优越。

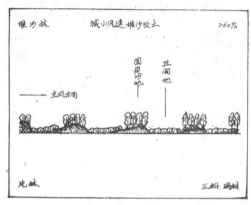

图 19-9

一旦流动沙地生长植物后，除固定流沙和滤积风沙流中携带的土沙之外，伴随植物的生长和繁育不停地在改变原有的流动沙地，逐步变成沙土，甚至沙壤土。有意识地使用一些具有迅速改良土壤作用的树种（如有固氮、吸盐作用的乔灌木树种）营造或更替原有的固沙林，则是沙地改土林（图19-10）。

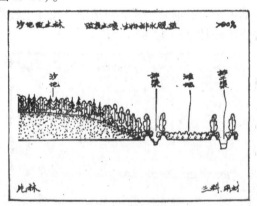

图 19-10

风沙危害的形成，其基本动力是风力，而风力是由空气的流动而造成，涉及的范围很大。所以，在沙区为了防护各项生产用地和生产辅用地的沙害，常将固沙林、堆沙林和沙地改土林结合在一起，在暂不利用利用土地和利用土地之间；配置具有相当宽度的沙区边缘防沙基于林（图19-11），才能更有成效地发挥其防护作用，而更重要的是可以根据需要逐步向流沙或其他暂不利用土地扩大土地利用范围，取得"人进沙退"的成效。

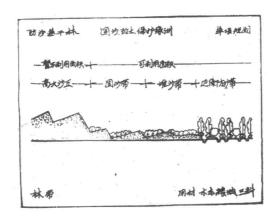

图 19-11

以上 4 种（图 19-8 至图 19-11）专用在沙地的林种称之为沙区的专用林种。

在风沙地区专用林种和基本林种相结合，则有沙地护田林、沙区护牧林、沙地果园防护林、沙区水库和渠道防护林和沙区护岸护滩林等，称之为派生林种。

在地形起伏的丘陵山区，不同程度和强度的水土流失就突出地危害着各项生产事业。尤其是在世界上黄土分布面积最大的黄土高原，尽管深厚的黄土具有优越的生产潜力，但到解放前夕已被摧残成支离破碎，千沟万壑，水土流失非常严重的面貌。

生产实践和研究结果表明，在有茂密的自然植被，甚至封垄后壮旺生长的农作物基本上可以防止由暴雨击溅所造成的水土流失，即所谓的溅蚀。

雨水落到地面之后，势必避高就低逐步汇流，为了在坡面汇流的开始阶段吸收和分散坡面径流，在土地利用条件允许时，就应沿梁峁分水线及其附近营造梁峁防护林（图 19-12）。

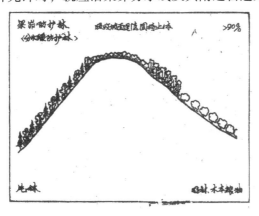

图 19-12

当自然植物的覆盖度 >40% 时，可以控制尚处于分散状态的坡面径流的侵蚀作用，即可以控制面蚀。而在有坡的土地上清除了自然植被，尤其是继而进行耕作时，不仅将引起严重的溅蚀和面蚀，只要坡度稍大（>2°）则将引起细沟的发展，逐步冲成沟壑。研究的结果证明，营造合理、生长良好、具有枯枝落叶松软腐殖层的乔灌木混交林地，其表土层的稳渗速度可在 6 mm/分以上，按暴雨强度 2 mm/分计算，则一亩林地至少还可以吸收调节二亩来自上方农田在暴雨时期的地面径流。但这只限于 2 ~ 3°的坡地，称之为坡地径流调节林（图 19-13）。当坡度大于 3°时，就应修筑坚固的梯田，有计划地将在暴雨时梯田中汇流的坡面径流恰当地排入坡面径流调节林。坡度大于 25°时，不仅有冲成沟壑的危险，而且在土层为水饱和后就有崩塌或滑坡的危险，除特殊情况外，不宜垦耕或放牧，应划作林地，营造旨在吸水排水能力和固持土体能力最是水土流失程度严重，地力较差的土地，则需营造改良土壤能力最大的坡地改土林（图 19-14）。

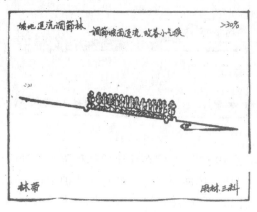

图 19-13

　　坡面径流一旦集中，其所具有的冲力就远非土壤层所能抵御，势必冲成沟壑，尤其是在土层深厚的黄土地区就迅速向长、向深和向宽发展；为了预防，固定和改造已被冲成的沟壑，营造侵蚀沟防护林是卓具成效的方法。首先应该在有发生沟蚀危险的洼地，为了预防沟蚀的发生和发展，配置必需的洼地防护林（图 19-15）。然后再根据侵蚀沟发展阶段的不同，尽量发挥林木固持土体的作用，达到固定和改造侵蚀沟的目的，这就是侵蚀沟防护林（图 19-16 至图 19-18）。但由于树种不同，固持土体的深度和性质也不一样，即使选用根系壮大，固土作用大的树种，并进行合理搭配，但其固持土体的作用总有一定限制，按黄土本身可以维持的临界高度为 2m，当沟深 >4m 时，就应由沟底按 35°计算，从现在沟沿向外划出相应的宽度的土地，营造固土能力特强，萌蘖串根能力大，而且不怕塌土断根的乔灌木树种（例如沙棘、火炬树、山杨、河北杨、旱柳等）。但在黄土原区，侵蚀沟较深，沟沿常就是塬边。由于塬面面积大，汇流水量也多，于是防护对象和防护作用就有明显的特点，特单称之为塬边防护林（图 19-19）。

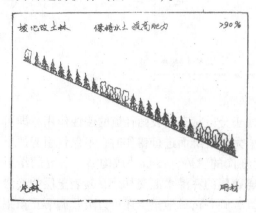

图 19-14

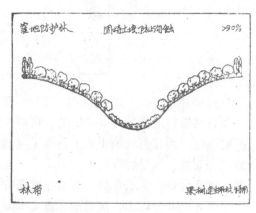

图 19-15

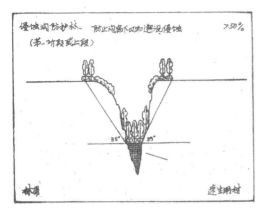

图 19-16

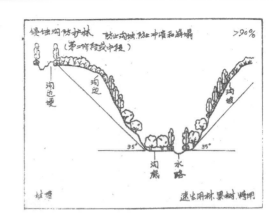

图 19-17

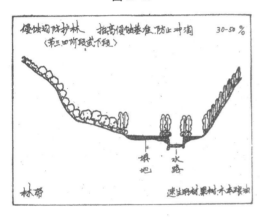

图 19-18

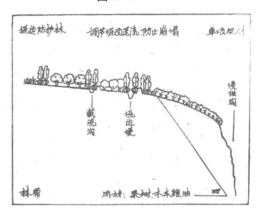

图 19-19

由上可见，在黄土地区为了防治水土流失而营造的水土保持林的主要专用林种就有：梁峁防护林、坡地径流调节林、固土护坡林、坡地改土林、侵蚀沟防护林和塬边防护林六个，而将洼地防护林附入侵蚀沟防护林中。其实，再归纳起来不外是坡地防护林和侵蚀沟防护林两大类别，只是因为黄土高原侵蚀地形比较多样，而且又需要在相应发展农牧副业，还要防治水土流失，所以才形成了如上六个专用林种。

但是，在我国尚有面积更大，分布范围更为广泛的土石山区，特点是坡陡土薄石头多。耕地多限于缓坡和台地，从而有较大面积的坡地可用于营造固土护坡林。在生产上又常利用较陡的坡地发展畜牧事业，就要求营造愿量较高的护牧林（图 19-20）。沟道里山洪冲力甚大，则应从上游营造深根和具有壮大根系的乔灌木树种，例如：核桃、柿子、黑枣、杏、白蜡属、核桃楸、杨、柳等外，常需要一部分工程措施。只有在沟道开阔处和下游，在留够泄洪道外可以修建川条地和滩地，还需要结合必要的工程措施和护岸护滩林。所以，尽管土石山区自然条件复杂多样，而且和黄土地区也有显著不同。在树种的选用和搭配、林分的结构和外形、配布的位置都各有特点，但毕竟目的都在于以防治水土流失为主，都是在山区丘陵以保持水土为主要目的的防护林。

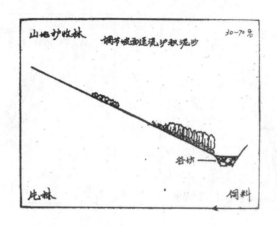

图 19-20

因此，新中国成立后 30 年时，我国各地生产实践所验证的防护林林种如表 19-1。

如上，仅就基本林种和专用林种就有 15 种，由基本林种和专用林种组合而形成的派生林种就更多，似嫌繁琐。但我国自然条件复杂，在历史上又遭受不同程度的破坏，受干旱、风沙、水土流失等灾害侵袭的性质和强度各异，林种的复杂多样是必然的结果。而从上表可以看出，不仅地区和防护对象不同是划分林种的依据，进一步林种又是在一定地区根据防护对象的要求，着重利用森林对环境条件综合影响中的某一个方面或某几个方面的有利作用而划分的，因此，划分防护林的林种不仅有它的历史基础和生产基础，而且也有它的科学基础。也正是今后具体落实因地制宜，因害设防进行防护林建设工作上的需要。

19.3 我国防护林体系的形成

农业生产（指包括农林牧副渔等广义的大农业生产）是建立在利用太阳的光和热为中心形成的环境条件为基础的生物生产事业，这些生物生产事业又受环境条件的限制，只有充分满足它们所需要的环境条件，才能保证这些生产事业的高产稳产。

从现阶段的农业生产的经济基础和科学基础上看，主要还是要用最少的人力和物力，尽可能利用现有的环境条件，来实现大面积农业的高产稳产。所以，前节所述各种防护林的林种，如果仅就其改善环境条件的防护作用而言，并不是完整和理想的；但是各种防护林在建立时投入的人力物力不多，而在建立后维护所需的人力物力更少，而其防护作用却与日俱增，这个特点是其他方法所不能比拟和代替的。何况，我们营造防护林的目的虽然在于运用其防护作用，但由林木的生物学特性所决定，在其生长和繁育过程中，不断影响周围的环境条件的同时，还生产和积累木材和其他有机物质；所以，防护林既是保障农业生产的防护措施，而其本身又是一项重要的林业生产事业。这也正是在生产上乐于划出一部分生产用地营造各种防护林的原因所在。

表 19-1　我国防护林的林种表

地貌条件	林种	防风	改善小气候	固持土沙	改良土壤	调节吸收径流波面	防止股流冲刷	生物排水	防止岸边冲淘	防止崩塌	备注
平原、盆地、高原	农田防护林	◎	◎								
	护牧林	◎	◎								
	果园防护林	◎	◎								包括禾本粮油及特用植物
	护路林	◎	◎								
	水库灌渠防护林	◎	◎	◎				◎	◎		
	护岸护滩林	○	○	◎	○				◎		
沙漠、沙地	固沙林			◎							
	堆沙林			◎	◎						
	沙地改土林	○	○	◎				◎			
	沙区边缘防沙基干林	◎	◎	◎	◎			◎			
山地和丘陵	分水线防护林	○	○	◎	◎	◎	○			◎	包括分水岭、梁峁、垣面、垣边
	坡地径流调节林	○	○			◎	◎	◎			
	坡地改土林			◎	◎			◎	○		
	固土护坡林	○	○	◎	○			◎		◎	
	沟道防护林		◎	○			◎	◎	◎		包括侵蚀和荒沟

为了充分发挥和提高其防护作用，19.2 节所述各个林种虽各有特点。但其防护作用毕竟是有限的。一条营造比较理想的护田林，可以减低风速，防护风下方向的农田，但超出一定距离，所起的防护作用就很小，而且害风方向又常变化，这就需要在基本农田的周围形成护田林网，进一步按山水田林路综合治理的需要，遇有道路则应与护路林相结合，遇有渠道就要与护渠林相结合遇有较大的沟道或河川就要与护岸护滩林相结合，来营造农田防护林。可见，林种只是防护林中各有特点的基本单位，还必须进一步根据防护地区的自然条件和发展生产的特点及其对防护作用的要求，将有关林种有机地组织和结合起来，以求最有成效地发挥共最大的防护作用，有利于保障防护对象的高产稳产，并进一步改善防护地区的环境条件和自然面貌，就形成了旨在防风、防干、改善小气候条件为主的平原、盆地和高原等平坦土地上的防护林体系。

所以，防护林体系不是林种的简单混合，而是要根据自然条件和生产发展的特点，将有关林种有机地组织和结合成一个正体，发挥其最大的防护作用，有利于保障生产的发展和改善环境条件和自然面貌。如果将防护林的林种譬喻成"细胞"，防护林体系就是一个"有机体"。为了有利于阐述清楚防护林体系的涵义，试将前述的主要的基本林种和派生林种，以干旱风沙地区和干旱黄土地区为例，用断面模式图的形式图示其基本的防护林体系如下（图 19-21，19-22）：

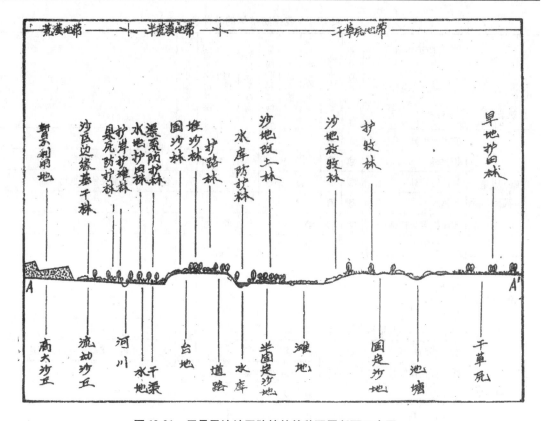

图 19-21   干旱风沙地区防护林林种配置断面示意图

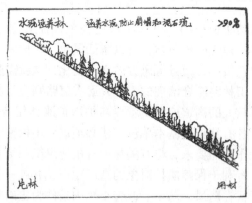

图 19-22

如果将以上两个断面模式图按 A′—B 两点连接起来，似可看成西北、华北和东北西部，即"三北"防护林体系的轮廓，将会发挥更大的防护作用，但不论从深度和广度上并未充分发挥防护林体系应有的最大防护作用。主要有以下四个方面。

19.3.1　森林涵养水源作用

在自然界、水分循环是降水落到地面，一部分蒸发变成水蒸汽直接又回到空气中去，一部分沿地面避高就低汇流而下，成为地面径流，顺江河流入湖泊或海洋，再有一部分下渗到土壤和接近地面的岩石，成为地下水，也将缓慢地补给到江河湖泊，再经蒸发成水蒸汽，凝结成云，再以降水的形式落到地面。地面情况，尤其是森林对地面径流和下渗水分的影响是

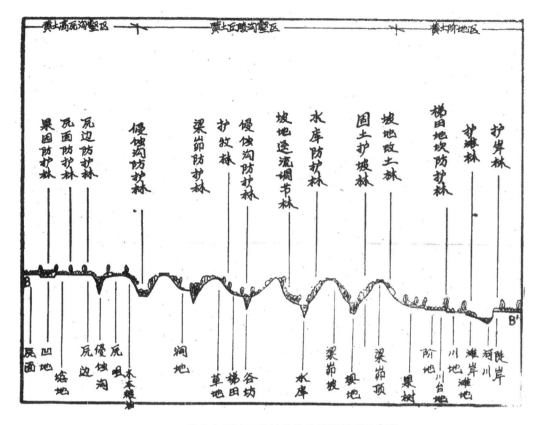

图 19-23　黄土高原地区防护林林种配置断面示意图

很突出的。

　　根据（1966 年以前）我们在北京市清水河流域测定的结果如表 19-2。

　　尽管都是次生林，而且其中山杏、侧柏、鹅耳枥林均受不同程度放牧的影响，但表土层每分钟渗速都在 8 mm 以上，如按每分钟最大降雨强度为 2 mm，延时一小时（即 120mm/小时）计算，当有 1/3 面积的林地，配置合适时，即可控制全部降雨。

　　但须指出，林地土壤下层稳渗速度一般都小于表层，上表最小值是 1.67 mm/分，再下方的土层渗速就更小，所以需要进一步探讨渗入林地水分的动态。根据 1978 年甘肃省张掖祁连山水源林研究所的研究结果，在寺大隆林场黑洼云杉苔藓林（海拔高 3060m，坡向西北西、坡度 20°、青海云杉纯林、152 年生、郁闭度 0.63、平均高 22.5m、胸径 22.7cm、苔藓层厚 8cm，是在安山岩塌积母质上发育的厚层壤质褐色土）以及 1979 年不同地被类型的测定的结果：

表19-2　次生林林地土壤渗速一览表

标准地号	林地类型	土层深度(cm)	测定次数	下渗10mm水层所需时间（秒）					下渗50mm水层所需总时间（秒）	平均渗速(mm/分)	土壤容重（干土）g/cm³	备考
				(mm)1~10	(mm)10~20	(mm)20~30	(mm)30~40	(mm)40~50				
1	山杨木（百花山）	0~20	1	25	15	20	40	30	130			火成岩母质坡积物上发育的厚层中壤质多腐殖质棕色森林土山杨~杂灌木林,总95%,乔70%,灌25%。山杨平均高5.1m 1320m北偏西15°18′
			2	10	19	27	28	29	113			
			3	14	21	28	33	36	132			
			平均	16	18	25	34	32	127	23.81	0.673	
		20~40	1	29	54	64	77	70	294			
			2	80	157	175	214	227	853			
			3	95	142	174	179	165	755			
			平均	88	150	175	197	196	804	3.73	0.742	
2	黑桦林（百花山）	0~20	1	21	27	31	36	31	156			火成岩母质上发育的厚层轻壤质多腐殖质棕色森林土 黑桦白桦—杂灌木林,总90%。乔80%,灌30%,黑桦平均高6m 1290m北偏东9°27′
			2	40	51	58	83	80	213			
			3	15	27	41	23	21	127			
			平均	18	27	36	30	26	141	21.28	0.668	
		20~40	1	(280	400	535	770	770	2685)			
			2	15	95	185	210	210	625			
			3	110	80	140	18	210	720			
			平均	63	88	163	150	210	673	4.43	1.105	
3	华北落叶松林（百花山）	0~20	1	25	80	75	100	55	335			火成岩母质上发育的厚层轻壤质多腐殖质棕色森林土,落叶松红桦—苔草林,总95%,乔30%灌40%草85%落叶松平均高2.2m,1900m北偏西20°25′。
			2	25	35	35	45	25	165			
			3	10	15	20	25	20	90			
			平均	20	43	43	57	33	197	15.15	0.434	
		20~40	1	40	85	80	75	90	370			
			2	85	90	135	155	145	610			
			平均	63	88	107	115	118	490	5.46	0.588	
4	山杏杂木林（百花山）	0~20	1	30	28	27	28	20	133			火成岩母质上发育的薄层轻壤质中腐殖粗骨棕色森林土、石砾含量60%~80%,山杏—杂灌木林,总75%,乔30%,灌50%,草50%,山杏平均高1.75m。1400m南偏西7°35′
			2	15	25	30	35	25	130			
			3	15	20	23	17	23	98			
			平均	20	24	27	27	23	122	25.00		
		20~40	—	—	—	—	—	—	—	—	—	
5	山杨林（田寺）	0~20	1	4	10	17	27	24	82	36.62	0.688	安山岩母质上发育的厚层轻壤质多腐殖质棕色森林土,山杨—灌木林总95%,乔70%灌80%山杨平均高9.5m。900m北偏东20°31′
		20~40	1	27	63	57	103	24	274	10.94	0.795	

（续）

标准地号	林地类型	土层深度（cm）	测定次数	下渗10mm水层所需时间（秒）					下渗50mm水层所需总时间（秒）	平均渗速（mm/分）	土壤容重（干土）g/cm³	备考
				(mm) 1~10	(mm) 10~20	(mm) 20~30	(mm) 30~40	(mm) 40~50				
6	侧柏林（柏峪寺）	未动表土	1	4	25	87	98	83	297	10.41		老撅荒地缺顶耕作土，沙土，石砾含量20%~50%，侧柏—荆条—白草。总70%，乔40%，灌25%，草30%侧柏平均高0.85m 830m南偏东5°27′
		0~20	1	(20	44	44	12	20	140)			
			2	18	51	69	66	64	268	11.19	1.130	
7	鹅耳枥林（高铺靠山）	未动表土	1	25	77	80	88	85	355	8.45		火成岩上发育的中层轻壤质多腐殖质粗骨褐色土石砾含量10%~60%，鹅耳枥—苔草林，总90%，乔70%，灌10%，草60%，鹅耳枥平均高5m。460m北偏东40°32′
		0~20	1	250	364	387	436	317	1804	1.67	0.973	
		20~40	1	46	71	91	140	113	461			
			2	60	91	120	197	165	633			
			平均	53	81	106	169	139	547	5.84	0.897	
8	杂灌木林（火村口西）	未动表土	1	1	2	3	13	12	13	96.61		沙页岩母质上发育的中层轻壤金腐殖质碳酸岩褐土石砾含量3%~30%杂灌木坡，总90%，总90%，灌80%，草25%，黄栌平均高2.2m 430m北偏西18°32′
		0~20	1	20	23	34	24	17	118			
			2	14	11	17	28	14	84			
			平均	17	17	26	26	16	101	29.75	1.018	
		20~40	1	8	14	15	17	13	67			
			2	5	11	14	15	12	57			
			平均	6	13	15	16	13	62	48.50	1.130	

表 19-3

测定项目　　　层厚（cm）	土壤容量（g/cm³）	初渗速度（mm/min）	稳渗速度（mm/min）	土层内径流速度（mm/min）
0~8	—	733.70	695.00	2175.00
8~12	0.243	46.17	22.60	58.00
12~40	0.483	7.37	3.74	1.37

表19-4　寺大隆林场不同地表状况土体稳渗和土体内渗流速度表

张掖祁连山水源林研究所（1979）

地点和地表状况	坡度	土壤层次	剖面深度 （cm）	稳渗速度 （mm/min）	土体内渗流速度 （mm/min）
向阳台云杉苔藓林	20°	365.900	A°°	0~8	81.76
		A°	8~14	15.28	108.560
		A₂	14~30	12.18	15.350
		B	30~60	8.26	22.470
		C	>60	6.23	25.010
天涝池圆柏疏林放牧林	31°	A°	0~5	6.45	—
		A₁	5~30	1.33	11.320
		A₂	30~60	3.33	0.105
		B	>60	—	—
天涝池高山灌丛草甸	30°	A°°	0~5	1.13	7.000
		A°	5~15	0.80	1.390
		A₁	15~28	0.34	0.960
		A₂	28~48	—	—
寺院沟农耕休闲地	16°	A°			
		A₁	0~12	2.56	1.324
		A₂	12~27	1.82	0.660
		AB	27~68	—	0.850

以上只是初步测定的结果，不足以用作计量的数据；但已能明确说明，森林的作用（包括灌木林地）不仅在于调节和吸收地表径流，而更突出地是控制和调节土体内渗流的性质和速度。在降雨之后，表层（主要是苔藓和枯落物层）可以吸收全部降雨，以远小于裸露坡面上地表径流的速度向坡下渗流，同时也以远大于无林地、草坡的速度向下层渗透。其下是松软的腐殖层而且是土壤动物集中活动的地方，在这一层还有在根系更新腐烂之后所形成的非毛细管孔隙很多，下渗速度和土层内渗流速度虽次于枯落物层，但仍远大于无林地。再下的淀积层和底土，稳渗速度和土体内渗流速度更慢。如果在无林地，草地甚至浅根性树种的纯林，因底土渗透和渗流不畅，常导致地表径流的增加，在陡坡则易发生滑坡和崩塌。而在林地，尤其是乔灌木混交成林地，上层不断供给渗流水分，又受渗流速度较小的特点，于是就形成涓涓不断的"空山水"。这也正是生产上所总结的"山清水秀"、"山有多高，水有多高"，"有林就有水"的原因所在。

根据河南省农林局的材料，1975年8月5日河南省洪汝河、沙颍河和唐白河等流域下了特大暴雨，3天降水量达800~1000mm，暴雨中心则为1600mm。石漫滩林场观测，岗上和关平院两个林区山区面积、海拔高度均相近，而3天降雨量均为1320mm左右。岗上林区森林覆被率为80%，林地枯落物及腐殖层厚25cm，其余土地也都长满了草和灌木。8月5日降雨320mm，沟水略涨，水清不浑。6日又降350mm沟水上涨，水色灰黄。7日又降650mm，山洪暴涨，沟水混浊，有碎石泥沙下流。8日晨雨停，当天午后沟水转清。之后，3个月未断流。

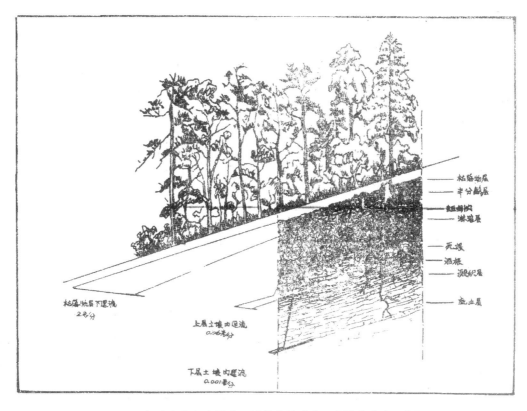

图 19-24　祁连山寺大隆黑洼云杉苔藓林地分层土壤内渗流示意图

而关平院林区大部分是荒山和新造的油松林，植被稀疏。5 日降雨后立即出现山洪，河水猛涨。6 日河水漫溢，冲村毁地。8 日雨停后沟水仍混浊，7 天后即断流。

对比鲜明，这就是森林对降水起到了"整存零取"的作用。亦即涵养水源的作用。

所以，在山地现有的原始林和次生林，都应该是十分珍贵的水源涵养林，一方面应该强调在无林地区营造防护林，同时也应该将现有的草坡、灌木林地、次生林地和原始森林，改造成为更大涵养水源作用的水源涵养林（图 19-22）。

一般，水源涵养林都在江河的上游，就是在黄土高原，水源涵养林绝大部分是在黄土高原内分布着的土石山区。将图 19-25 中土石山区的断面示意图中右侧 C 点和图 19-21 中左侧 A 点连接起来，就初步表达出包括风沙地区、黄土地区和土石山区在内的防护林体系的轮廓。

19.3.2　森林和生物营养循环的关系

在生物出现在地球之前，地球表面的形态是内营力的造山运动和外营力（风和水，也还有温度变化）的夷平作用，相互影响和相互作用的综合结果，虽然也有沧海山陵的变化，但是没有土壤。生物，尤其是植物在地球表面生长繁育的结果，不仅为动物的出现创造了条件，而且在地球表面形成具有生物生产力的土壤。

这是因为自然植物，总是吸收太阳的光和热以及空气中的二氧化碳，并从土壤里吸收水和营养物资，制造有机干物资。长期自然选择的结果，自然植物总是归还给土地的营养物资比由土体中吸取的多，经过长期而且复杂的过程，也就形成了各自相应的土壤。

在自然植物的群体中，森林是单位面积有机物质产量最大的生物群体，因其也是自然产

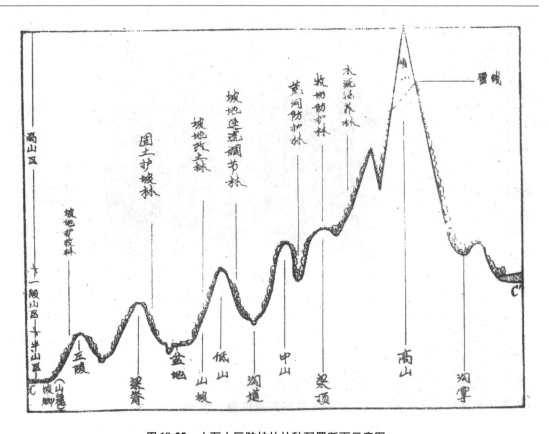

图 19-25　土石山区防护林林种配置断面示意图

物，与人工栽培的植物群体相比较是投资较少花费人力较少而有机物质产量最高的生物群体。也正因其原是自然产物，在长期自然选择过程中，形成种类丰富的植物种属，生物学特性各不相同，对环境条件就具有广谱的抗性和适应能力。选择不同种属可以适应远较栽培植物更为严苛的环境条件，从而就可以利用很大面积不适合用于栽培农作物的土地。更突出的是，森林由于根系壮大，能最有效地利用土地深层的营养物质，然后归还积累在表层，而且本身消耗得很少，归还和积累在表层的多，其结果土壤形成过程比其他植物群体快，于是就不仅在于固持土壤改良土壤，在大面积形成森林之后，就为我们利用森林的这一特性，每年取用一部分有机干物质是可以不破坏森林的正常生长和繁育。如果处理得当也不会妨碍森林的防护作用。尽管所取用的，可能只是些梢头、枝丫和树叶，但毕竟是具有相应能量的有机干物质，是在干旱风沙水土流失严重，产量低而不稳，饲料、肥料、燃料俱缺的现有条件下，都是十分宝贵的物质基础。

　　在现阶段农业生产过程中，农作物的栽培，建成基本农田之后，"治水改土"只是基础和命脉，还要有足够的肥料，尤其是有机肥料才是保证高产稳产的基本条件。实践证明，压青沤粪总不如发展畜牧，用圈肥效果好。但常因烧柴困难，在刮草皮刨树根，搜罗尽净之后，只好烧粪防寒，农业高产稳产当然无法保证。因此，饲料、肥料和燃料是在生产和生活上截然不同性质的三件事情，但归根结底是有机干物质生产和需要之间的协调问题。农业的高产稳产，土是基础，水是命脉，肥料是关键。所以如果不能在农林牧综合发展的基础上，粮食高产稳产就没有保证。因而，在农业地区也要有一定面积的林地，在不影响森林的生长和发育，取用一部分枝叶梢头，"以林促牧，以牧支农"，是十分重要的（图 19-26）。

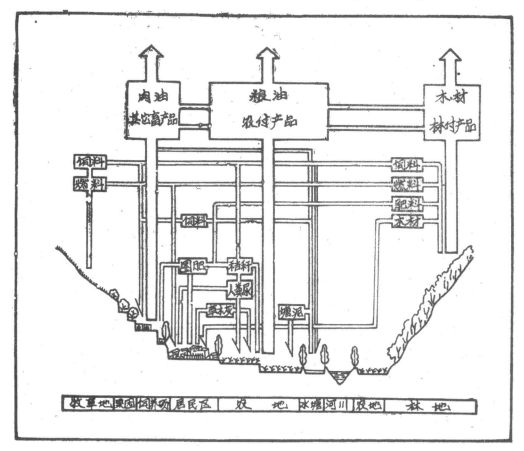

图 19-26　农林牧三位一体营养循环示意图

宁夏回族自治区在风沙区和六盘山区，由于燃料缺乏，大量牲畜粪被用作燃料。但根据林业局的调查材料：沙柳种 1 亩，长 3 年，可砍湿柴 1500kg，约折干柴 1000k 斤。用牲畜粪作燃料，烧 1 盘坑，每天烧 2 次，要烧掉牲畜粪 20kg，每月就烧 600kg。按全年烧 8 个月计算，则需 4800kg。就用这些牲畜粪加两倍土，可制 1.3 万 kg 农家有机肥料，可以上 3 亩农田。

河北省承德地区早由 1964 年开始有目的经营的饲料林和遵化县经营的刺槐燃料林的实践早已证明，都可以达到畜多、粪多、粮多、柴多的实效。

在晋西北黄河东岸有个河曲县，县内靠黄河边上有个曲峪大队，干旱、风沙、水土流失十分严重，是个大村大队，有 780 户，3000 来口人。1956 年调查，全村总面积 1.9 万多亩，严重水土流失面积达 1.3 万亩，占总面积的 70%，每年流入黄河泥沙 13 万 t。解放后经过 20 多年，经过曲峪人民的努力，在村东沙梁顶上修成一千多亩基本农田，直接由黄河引水上了南梁。村西的荒滩，改造成田、渠、机、电、林、路六配套的稳产高产田，包括灌木、果树在内造林面积在万亩以上，种草一千亩。现在 90% 以上的面积都有效地控制住水土流失，尤其是沿黄河十里长的护岸林带锁住了"黄龙"（指黄河）和风沙。生产条件的改变，促进了农林牧副渔业的全面发展。二十年来除粮食、大幅度增产之外，大牲畜由一百五十多头增加到三百八十七头，猪由一百零七头增加到两千一百头，羊由取消发展到六百只，鹿十七只。村南有一座多种经营大院，除猪场、鹿苑，牲畜圈、配种站外，还有机修、粮食加工、编织、缝纫等27个社办工厂。向南有一片苇塘也是鱼塘。各业总收入近80万元，其中林牧副业收入占50%左右。在大旱的1972年除上交大量商品粮之外，为国家和兄弟社队提供了大量饲草和蔬菜，这在水土况失严重的黄土高原是难能可贵的。农林牧综合发展是取得这些成就的主要经验。

利用林地生产的有机干物资，解决燃料、饲料和肥料问题，从表面上看是属于林业经济效益。但农林牧综合发展，从保证农业高产稳产的机能来看，就远大于其经济效益。

19.3.3 森林和生物水分循环的关系

随防护林占地面积的扩大，尽管我们是因害设防建立各有特点的林种，但这些林种必然要对环境发生全面的影响。

森林是在绿色植物群体中，利用阳光和热制造有机物质的"绿色工厂"中生产力最大的工厂。每生产1g有机干物质要由土壤中吸收300～500g水，通过植物的蒸腾作用，大部分变成水蒸气，散发到空气中去。就相等面积而言，大于一般海面的蒸发量。

通过森林植物大量蒸腾的水蒸气要消耗热量，从而森林及其附近将随空气湿度的增加，相应空气温度会降低。而此种增加湿度和降低温度的作用，在生长季节，尤其是旺盛生长季，天气越干热时，其作用就越显著和突出。而在冬季，阴雨天气、夜间则不明显，有时还会出现不显著的反作用。其结果就对干旱气候起到相应的调节作用，实际上就意味着大陆性气候性质在削弱而海洋性气候性质在增强。这对干旱地区的生产和生活有深远的影响。

从这个意义上来说，保护一株植物，用森林复盖一片土地，就有利于向海洋气候条件靠近一步。破坏一株植物，裸露一片土地，就会向大陆性气候条件靠近一步。

我国甘肃省西部的河西地区，地处荒漠和半荒漠地带，而且被夹峙在巴丹吉林和腾格里两大沙漠之间，幸有祁连山区绵亘千里的森林和雪山，形成丰沛的石羊河、黑河和疏勒河的潺潺清流，滋润着河西走廊一片绿洲。"金张掖，银武威"，自古以来就是沙漠之中的粮食基地。

河西走廊自古就是我国通往西域的"丝绸之路"，西汉时正式建制，设敦煌、酒泉、张掖、武威和金塔五郡，除其间有几段时间由藏蒙兄弟民族管辖外，历史记载尚属完整。根据兰州大学冯绳武的材料加以整理由公元1年到438年，其中有138年由兄弟民族管辖，有记载的300年和新中国成立前300年（即1647～1947年）这两段时间的自然灾害种类和发生次数统计如下表（表19-5）：

表19-5 河西走廊地区自然灾害统计表

年　　代	旱灾次数	黄霾次数	水灾次数	地震次数
公元1～438年	7	4	1	12
1647～1947年	24	15	10	14

由上表可见，河西走廊地地处大陆中心，西历纪元后的300年旱灾较多，平均43年发生一次旱灾。平均75年发生一次黄霾。平均300年发生一次水灾。相隔1200多年，新中国成立前300年间，旱灾增加了3.4倍，每12.5年发生一次。黄霾增加了3.7倍，每20年发生一次。水灾增加了10倍，每30年发生一次。为了验证记录是否古简今繁，并列了地震材料作核实之用。纪元后300年，地震12次，平均25年发生一次地震。新中国成立前300

年，地震 14 次，平均每 21.3 年发生一次，可证记载尚属翔实。可见，旱灾、黄霾和水灾的显著增加，主要是破坏了原有森林和草地，破坏了生态平衡引起的生态灾难。

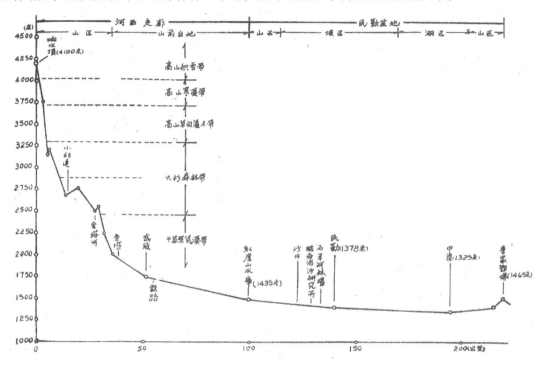

图 19-27　武威-民勤断面图

　　现在民勤县西沙窝在 4000 年前就是先民集居之处，已为沙井文化遗址的发掘所证实。至少持续了 2000 年，到两汉仍是村镇所在（图 19-27）。由于沙地植被（主要是原始生长的梭梭、红柳和沙蒿）严重破坏，百十年前最后一户被风沙催逼搬走后，就形成了残垣废墟仍在的一片流沙。1962 年开始民勤县和国营石羊河机械林场在省民勤治沙综合试验站的技术指导下，就在西沙窝及其附近营造了 6 万多亩的沙枣、梭梭、花棒和红柳林，现都已蔚然成林。结果，石羊河年总径流量减少，干旱的威胁在增加，地下水位下降，灌溉用水和地下水的矿化度在增加，严重破坏着民勤县内较为低洼的湖区的生产条件。但是在沙井一带，现在流沙已被固定，植被在恢复，森林（包括灌木和草类）在成长，又恢复了可以维持生产和生活的基本条件。所以，从武威地区整体来看，由于祁连山区和沙区的森林和植被受到严重破坏，大陆性气候条件在增强，水源条件在恶化，干旱和风沙的威胁有增加的趋势。但作为武威地区的一个局部，沙井一带都由于森林和植被正在恢复，已开始又在改善着生产和生活的条件。

　　在干旱和水土流失严重的黄土高原也是一样。根据最近（1976）陕西省考古发掘的成果进一步证实，"堇荼如饴"的"芜芜周原"确在渭北旱原，其范围就是现在扶风县的法门公社、黄堆公社和歧山县的京当公社，是周文王的祖父古公亶父率领部族由栒邑搬来的。推算搬到周原的时间是在纪元前 1200 年以前。可证 3000 年前渭北旱原还是"芜芜"的森林草原，4000 年前西安半坡还是抱瓮取水，竹林茂密，以竹鼠为日常肉食的所在。5000 年前河南仰韶还是清流小溪栽培水稻的地方。　现在仰韶村早已为深达 40m 的沟壑所割切，水源早

图19-28　河西走廊金张掖的西沙窝

图19-29　张掖治沙引进大沙索（新疆）成功

图19-30　甘肃省林业厅张汉豪总工程
师陪原东北林业土壤研究所朱济凡所长
共同调查时已进入祁连山林区边缘，开
始看到爬桧柏

图19-31　保护好祁连山这条青龙，治好民
勤那条黄龙才能发挥金张掖、银武威这条绿
龙的无限潜力

已断绝。半坡竹鼠和竹林绝迹，抱瓮取水也无条件。周原上美原县（即今扶风县法门公社）城，东侧紧靠美阳河，这条美阳河现在是一条深33m的干沟，不断延伸的沟头早已破城而入县了。足证，黄土高原地区也是破坏了原始的自然植被——森林和草原，破坏了生态平衡，才引起了干旱频仍，水土流失严重的生态灾难。

但也正是在干旱和水土流失严重的黄土高原，在陕北米脂县有个高西沟大队，是个十年九旱、水土流失严重，千沟万壑，全靠山坡地打粮的地方。他们最早改变了广种薄收的习惯，在北山修水平梯田用作基本农田，南山造林种草，经过20多年的艰苦奋斗，亩产上了纲要也过了黄河。他们总结集中到一点："高西沟经过25年的反复实践，受到了教育，开始理解到毛主席提出的三三制是可以实现的。"这个经验值得珍视。在干旱风沙和水土流失严重地区，广种薄收的历史已久，是造成今天干旱风沙，水土流失严重的历史根源；而在当前已经是干旱风沙、水土流失严重的土地，是否可以克服历史上广种薄收的习惯，从高西沟的具体实践，提出了明确的解答。

前述的河曲县曲峪大队和现在的渭北旱原上的淳化县，都是在黄土高原由于长期乱垦、乱牧、乱砍滥伐，破坏了生态平衡，促使干旱和水土流失威胁和破坏生产和生活条件的整体中，局部地区合理利用土地，农林牧三位一体综合发展，取得了局部生产和生活条件的恢复和改善。

我们认为整体是由局部组成的，伴随局部的增加和扩大，局部对整体的影响也将不断深入和扩大，也将导致正体的改变。

　　占有大面积的防护体系的形成，相对凉爽湿润空气，将影响所在地区及其附近大陆性气候的性质削弱干旱的威胁将有所缓和，冰雹、霜冻和急风暴雨会减少，而和风细雨将会增加。辽宁省西部建平县是我国黄土地区的北部边缘，是水土流失和干旱风沙都很严重的地方，在县城和县内章京营子两地按地理位置分析县城的降水量应大于章京营子，早期的气象记录也确属如此，1958～1967 年，县城平均降水量是 358.7mm，章京营子是 297.6mm。1968 年章京营子有 187000 亩油松已郁闭成林，森林覆被率30％以上。1968～1974 年平均降水量县城是 311.7mm，而章京营子是 384.2mm，比县城多 72.5mm。

　　虽然，气象记录的年代不长，各国关于森林是否可以增加降水仍在争论，部分学者持坚决否定态度，这还有待于今后长期和深入的科学研究工作来证实。但随大面积森林和其他自然植被的形成和质量的提高，从历史经验和生产实践的初步材料来看，随大陆性气候条件的削弱，降水的频率会有所增加，降水的年中分配将有所改善。

　　所以，干旱、风沙、水土流失严重是不合理利用土地、肆意破坏森林和草地从而造成严重的生态灾难，也是难于挽回的生态灾难。但是，就以我国现有的经济技术条件，因地制宜，因害没防，设防护林体系，工作虽很艰巨，还是可以挽回的生态灾难。

19.3.4　环境保护林和其他

　　以上论述的还仍只限于发挥森林防护效益，用于改善生产条件，有利于其他生产事业的高产和稳产。为了进一步发挥森林的防护效益，就应该包括改善人类工作和生活条件。

　　在地球上，开始出现绿色植物以前，空气中氧气的含量极低，是绿色植物几度在地球上长期生长繁育的结果，才创造出开始适合于动物出现的空气条件。之后，又经长期植物和动物生长繁育，才为人类出现创造了适宜的空气条件。从出现人类之后到现在，空气的组成是以氧气21％ 左右和氮气78％ 和1％ 左右的其他气体所组成的。

　　历史和习惯上常认为空气是取之不尽，用之不竭的生活物资。但从宏观的宇宙角度来看，地球尤其是地球周边的空气是很有限的。就从人类今后发展的趋势来看，地球上空气资源不仅数量上是有限的，作为人类的生活条件，空气这个人类生活上必需的基本条件也是很脆弱的。

　　自从人类开始掌握用火之后，人类就和其他动物不同，除根据生理上的需要利用空气中的氧气，制造二氧化碳之外，生活和生产上也在用大量的植物有机物质（燃料）去制造二氧化碳。工业，尤其是大工业发展，也是以地质时期长期几度由植物生长繁育而形成的煤炭和石油去制造大量二氧化碳为基础而发展。再加上人为的其他污染环境的活动，日甚一日。向污染毁坏环境的方向发展。从而防护林体系建设就不仅只是发展农业生产的需要，而更是今后人类的生存和生活保护和改善空气资源的需要。

　　晚近关于这方面主要是环境保护方面的研究和工作的范畴，以其正是最大发挥防护效益的一个方面，在今后甚至是重要的一个方面，所以，还需要概略地加以说明。

　　首先是城乡居民区防护林。最基本的林种是房前屋后、村旁、道路、池塘等四旁造林和居民区周围防护林。随畜牧事业和加工、五小工业的发展，对防护林的要求逐步提高，除在用地区划要合理安排外，在居民区和中心区、中心区和畜牧、积肥区、居民区五小工业区等都要求有各县特点的防护林。例如居民区和文化区与中心区和公路之间就要有防止噪音改善小气候为主的防护林。据测定50m 宽的绿地和森林可减低噪音 20～30dB，如能营造成灌木和地被茂密而且是高大紧密结构的林带，其效果则更突出。

　　在城市由于人口密集，在规划时就应充分留出各种防护林的林地草地。从需养量计算，

每人应占有 $140m^2$ 以上的林地，市中心常难满足要求，应力求占到 $10\sim40m^2$，在郊区应有计划地规划出大面积（>1 万亩）的绿化区。

工厂集中的地方除加强绿化外，更需营造主要目的在于吸收，过滤和积沉有害烟雾粉尘的防护林，据测定每公顷生长正常的森林每年可积沉粉尘 $32\sim68t$。而且可以吸收空气中的有毒物质和净化空气和水源。从而就需要充分发挥这方面作用的各种防护林种。

也要把自然保护区和风景林包括在防护林体系的范畴之中。这是因为作为自然资源的野生动物和植物需要防护。如野生动物（如青羊、鹿）不仅常是动物蛋白质供应的来源，而且也是毛皮、药材的宝贵资源。就植物而言、某些植物种生境幅度很窄，有人估计到本世纪末将有几十万个生物种将消灭，一旦消灭则将一去不复返，悔之莫及的。应该有计划地扩大自然保护区的分布和面积。

结合自然保护区的建立，除按需要保护改造和营造各种防护林之外，更应进一步结合自然特点，建立各县特点的风景林，组成旅游和休养的基地。不仅西双版纳、东南沿海、西南林区、长白山林区以及名山大川，就是青海盐湖、新疆戈壁沙漠、内蒙古草原和五大连池也都可以结合自然保护区建成风景林供旅游和休养之用。

这些防护林将能增加地貌的复杂性，就有利于在非常时期发挥人民战争的更大威力，从而也可以称之为国防林。尤其在我国重要的战略地区建设国防林就有很重要意义，为此目的而营造的防护林，在配置上应该根据军事上的需要，在结构上应该以乔灌木混交复层异令林为主。

如果说生物本身和生物与环境之间的物质循环是自然规律，"人"不仅是其中的组成部分，而更重要的是利用这一系列自然规律，在力所能及的范围内使这个规律向有利于"人"的愿望的方向发展。

以上就是在现阶段我们能认识到的森林防护作用的基本内容。

可以看出，充分利用森林对环境的影响，最有效地发挥森林的最大的防护作用，就不单纯是一个林种可以完成，必须在一个地区因地制宜，因害设防配置相应的防护林林种组成一个有机整体，而且还必须和其他综合措施组织在一起，才能发挥应有的作用。这些林种的有机结合的正体，就构成了防护林体系。例如：干旱地区就形成以防止干旱为主各种林种组成的防护林体系，风沙地区就形成以防风治沙为主，各种林种组成的防护林体系，在水土流失地区就形成以水土保持为主各种林种为主的防护林体系。

为了有利于我国防护林事业的开展，便于讨论和逐步深入和提高提出我国防护林体系的初步设想如表 19-6。

但是就一个地区而言，不仅干旱和风沙常是交互存在。就是水土流失也常和干旱风沙同时具在。就要求进一步落实因地制宜和因害设防，组成更大范围的防护林体系，例如在与风沙地区接壤的黄土丘陵地区，就要组成防止干旱、风沙和防治水土流失相结合的防护林体系。而在平坦的土地上，不仅要求将属于平坦地形条件下的基本林种有机结合在一起，而且必须把与这一平原、高原和盆地密切相关的山地或风沙地区相联系，组成一个整体来考虑防护林体系。如在我国东北平原的防护林体系建设就要把东部山区或西部风沙地区组织在一起；华北平原就要和西部山区和东南沿海地区组织在一起；西南云贵高原就要把高山融雪、山洪和泥石流与坝区的粮食生产基地组织在一起；而在东南沿海丘陵山区，则需将防止台风海啸和防治水土流失组织在一起；这就形成按大区地貌单元或流域单元进行全面规划，组成因地制宜，因害设防，更全面发挥森林更大防护效益的防护林体系。例如前述甘肃省河西走

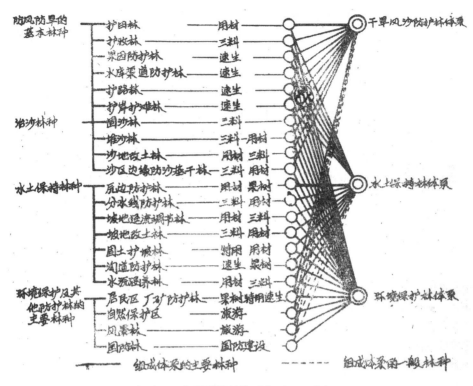

表 19-6　我国防护林体系表 (1979 年)

廊,是我国西北重要的商品粮基地,以地处荒漠地带,在较强的大陆性气候条件控制之下,单纯建设走廊内部以护田林为中心的平坦土地上的防护林体系,并不能充分发挥森林的防护效益。必需以此为基础,扩大和改善祁连山的水源涵养林和水土保持林体系,和河西走廊与巴丹吉林和腾格里两大沙漠之间,因地制宜建立以防治风沙的沙区防护林体系,包括绿洲边缘基干林带(乔、灌、草相结合的绿色带),三者结合起来才能发挥出森林最大的防护效益。

河西地区只是祖国一小部分的土地,因大区地貌条件的限制自然条件独立性较强,所以才用作便于说明问题的实例。其他地区还与周围有更密切的相互关系,但其基本设想应该是一致的。只是涉的面积更大,防护对象和对防护作用的要求更为复杂而已。

如上,按大区地貌单元或按流域因地制宜因害设防形成的各有特点的防护林体系结合在一起就组成了我国的防护林体系。

19.4　我国防护林体系的特点

正如前述,我国在历史上认识到森林的防护效益较早,长期积累的生产经验也较为丰富,尤其是新中国成立后 30 年实践的结果,总结了正反两方面的经验,初步形成了防护林体系的初步设想。而在其后在大面积的土地上建成防护林体系之后,将对生产生活条件和自然面貌起到何种程度和性质的改变,还须要从今后的生产实践和科学研究工作的逐步深入来解决。但仅就当前,已可看出我国防护林体系具有很显明的特点。

首先是我国地域辽阔,介于亚洲大陆和太平洋之间,不同程度受大陆性气候条件的影响,内部间的差异是十分显著的。北起寒带南至热带,东滨浩瀚的海洋,西靠大陆腹心,就水平的地带性而言，就由南部热带雨林一直到西北荒漠。更受地面高度的制约，耸立在新疆荒漠地带中的天山却具有形成森林的气候条件。位于亚热带的云南北部却出现山舞银蛇的雪山和暗针叶林。

在如上复杂多样的自然条件下，又遭受到掠夺和破坏的历史各异，而且实现我国社会主义现代化的要求又各不相同；于是对防护林体系建设上，不论在形式和性质上都有很大差别，就形成了我国防护林体系建设工作中较为突出的复杂性的特点。

为了适应于这个特点，就要求工作必须划分类型，分类指导，树立各种类的典型和样板。点面结合，以点带面，不能强调一致，更不能"以点代面"。在具体工作中可以先易后难，取得成效；但在战略思想上不应有所先后，全国各地都应建立典型和样板。当前，我国西北自然条件较差，但对防护林体系建设的要求则更属迫切；工作有一定困难，要知难而进，不能怕难而退。因此，对"三北"防护林体系建设上，对东北三省、内蒙古、华北和西北几省应该一视同仁，不应有所偏爱。其实，全国各地对防护林体系建设要求的程度和性质虽各不相同，也都应根据各自的特点，划分类型，建立样板，积累经验，推动全国范围的防护林体系的建设工作。

其次，我国是一个文化历史悠久的国家，西北黄土高原又是孕育中华文化的摇篮。就是从全国来看，在旧社会对自然资源的摧残和破坏的程度也是非常严重的。应该承认这是旧社会留给新中国的惨痛遗产。

我们就是在这样的基础上建立防护林体系，不仅在我国历史上是前所未有，就是在世界历史上规模之大，涉及的范围之广也是罕见的。是一件宏伟的事业，但也正是一项长期的，而且也是十分艰巨的事业。不能急于求成，更不能一蹴而就。应有长期坚持的思想准备，精雕细刻，负重致远，百折不回的耐心，才能完成的一项事业，这就是我国防护林体系建设上艰巨性的特点。应该提请注意的是，我国社会主义农业现代建设开始之际，将是以有领导有组织，以工业现代化为基础，以机械化为手段，在大面积的土地上开展。稍有疏忽，将迅速引起毁灭性的灾害。当前，乱垦、乱牧、乱砍滥伐现象并未彻底制止，所谓生态灾难，在某些地区还有继续发展的趋势，应该引起万分重视了。

再次，正因我国在旧社会长期不合理利用土地的后果，严重破坏了自然界的生态平衡，加剧了自然灾害，破坏了土地生产力。在这个基础上建成防护林体系，不仅要求在这个防护林体系的防护下保障其他生产事业的高产稳产、保护环境和生活条件；而且还要成为防护地区农林牧三位一体的组成部分，要求以林支牧、以林支农和满足防护地区生产建设所需要的木材和林副产品。这就是在我国的具体条件下形成的我国防护林体系非常突出的生产性特点。应该十分珍视逐渐为生产上采用的，对林种和地区性防护林体系的"双名法"。例如，在林种命名上逐渐采用：固沙燃料林、护渠速生林、梯田护坎经济林等。而在地区防护林体系中，晋西沿黄河的黄土丘陵地区的南部（紫金山以南）提出的水土保持用材林体系，和同是黄土丘陵地区的宁夏的固原地区（西、海、固）提出的水土保持薪炭林体系等。

所以，在防护林体系建设上提出的防护林要与用材林、经济林和薪炭林相结合，不应理解为在防护林之外再加用材林、经济林和薪炭林，形成几个林种的混合物。而是要将林种有机地组织起来，形成地区性的防护林体系。进而从全面发挥防护林最大限度的社会效益和经济效益，组成全国的防护林体系，才能使地尽其利、林尽其能。

即使是为了其他目的而营造的各种森林，其中也包括果树，木本粮油，特用经济植物以及草地，以其均属于绿色植物，在生产相应的有机物质的同时，也都具有相应的防护作用，从而都应属网、带、片相结合，乔、灌、草相结合的防护林体系之中，在生产利用上首先应该考虑以不影响和破坏防护作用为先决条件。

再进一步，防护林体系的建设，首先是为其他生产事业和人的工作生活环境条件服务的。尤其是组成防护林体系的基本单位的林种，其占地面积、配布的位置、林分的组成和结构，选用树种及其搭配，以及造林技术措施等，都根据防护的对象及其对防护作用的要求而定。而由林种组成的防护林体系就更要决定于防护地区的生产建设方针。很明显，如果就一个地区而言，生产方针不确定，对一块土地的土地利用方向不明确，则不论防护林体系和防护林林种的建设和营造就是空中楼阁，无从谈起；而"因地制宜和因害设防"也就是无的放矢的一句空话。所以，明确每个地区的生产建设方针，确定土地利用方向，是防护林体系建设和林种配布的基础和先决条件。而在另一方面，在确定生产方针和土地利用方向时，也要充分考虑改善自然面貌和改善生态平衡的需要和可能。

最后还要指出，以上着重阐述了森林的防护作用以及如何尽量发挥其防护作用。但并不意味着只要营造相应的防护林体系就可以彻底防治干旱风沙和水土流失；反而是必须采用力所能及各种形式综合措施，才能把干旱风沙水土流失的危害防治到不显著的程度。所以，综合措施中的每一项措施都是同等重要的；以其各有特点，往往也是不可代替的。例如：固沙林的营造大部分需要非生物固沙措施来创造条件。水土保持林营造时的特殊整地方式，几乎全部都要认真对待的工程措施。荒漠和半荒漠地带营造的各种防护林，凡是用不上地面水和浅层地下水的地方，如果没有水利工程措施，就没有保证。侵蚀沟防护林、护岸护滩林等不和工程措施有机组织到一起也就控制不住水土流失。单就狭义的农业生产面貌的改变，必须营造农田防护林，但只有在农田基本建设，山、水、田、林、路综合治理的基础上才能合理配置和营造；而且还必须全面贯彻八字宪法，才能保证高产稳产。建国以来，多次反复贯彻综合措施的重要，但应该承认到今天还是没能很好解决的问题。因此，阐述防护林体系的防护作用和如何进一步发挥其最大作用，目的只在于说明清楚在防止干旱风沙水土流失这一艰巨的事业中，防护林体系能起到的作用的程度和性质而已。当然，从其防护作用的特点，突出地反映了防护林体系的建成是改善生态平衡，改造自然面貌的根本措施。相对而言，投入的人力物力较少，效益与日俱增，本身又是一项生产事业，是不宜用其他措施来代替的。

至于随着我国防护林体系建设的逐步实现，我国，尤其是西部的自然面貌改善到如何程度？我们确实没有预期的水平和可能。但是，为了实现毛主席提出的"实行大地园林化"的宏伟遗愿和"植树造林，绿化祖国"的伟大号召，加速我国防护林体系的建设步伐，缅忆起恩格斯的教导："事实上，我们一天天地学会更加正确地理解自然规律，学会认识我们对自然的惯常行程的干涉所引起比较近的或比较远的影响。特别是从本世纪自然科学大踏步前进以来，我们愈来愈能认识到，因而也学会支配至少是我们最普通的生产行为所引起的比较远的自然影响。"促使我们敢于冒昧地提出一些看法。目的在于求得各方面的批评和指正，而更重要的是在各方面的批评和指正中，促使我国防护林体系的建设事业能进一步符合于客观的自然规律和经济规律。

第20章 葡萄美酒夜光杯的河西走廊

1958 年由中国科学院发起组成治沙队，我带领一班同学被分配到榆林站工作。当时火车只通兰州，去河西走廊和新疆，要乘长途汽车过天祝爬乌梢岭，进入内流河流域的银武威和金张液，再西过酒泉直抵新疆的尾亚是我国的旱极。1959 年得到新疆开全体会议，借刘老慎谔学长的威望，得乘军车，畅游天山南北，初步理解对新疆不应仅提为沙区，应是干旱的山沙地区，河西走廊也是如此；尽管大部地面已属西部高原，但都是周围被更高山地环绕的盆地。**源源不断的高山融雪水，就成为我国西部干旱山沙地区发展的命脉！**

宇宙无穷容或是事实；物质不灭却局限于人类的认识，更只限于无生物；生物虽也是由无机物质所组成，但它必须在一定条件下，将取得的无机物质重新组织，才能获得生命，生命是"无中生有"出来的。进而，有生就有死。在生死瞬间的前后，按无机元素而言是"物质不灭"，而从生命上说确是 1＝0，"有中生无"，**耗散型的事物**。所以生物的第一个特点是有生命，在个体有出生、成长、繁育后代、衰老和死亡；并随时间而变化。生物，不论是个体还是群体，都具有明显的边界，但生物所处的环境（光、热、水、营养、气）则来自宇宙和地球，却无边界可寻。生态系统是生物和环境相互影响制约的综合整体，随时间在空间不断变化的复杂系统。因而，**我们探索和研究的对象，生态系统是个多维非线性、开放、耗散型的动态、变化系统。**

在当前和可见的未来，人类还无力改变星际的相对位置和它们的运动规律；从而地球能接受来自太阳的光和热，必将随春夏秋冬、昼夜、阴晴而有规律的变化；具体到地球表面的某一点，以其所在的经度、纬度和海拔高度的不同，所能接受到的光和热就各不相同；从而其内部的分异性很大，所谓："十里不同天"；所以，即使在地球上的某一部分，具备生物所必需的，各自相应的水、营养物质和空气（主要是氧、氮和二氧化碳），如果不具备各自相应的光热条件，也难于取得维护各该生物的生长、发育、繁衍、世代更替、遗传和进化。渥寒的两极和雪线以上的高山，容或有微生物的痕迹，也远非高等生物的领地。在人类出现以前，地球上早已为海洋、沙漠戈壁、荒漠、半荒漠草原、疏林草原、草原、川滩湖泊、极地雪原和高山冰川积雪、冻土苔原、极地和高山湿地灌丛高寒云冷杉林、针阔叶混交林、常绿阔叶混交林、季雨性热带雨林、热带雨林等。就其丰富多彩的外貌而言，是自然景观，就其内涵来说则是生态系统，简而言之，就是一方水土养一方生物群体。

我国进入封建社会之后，逐步以北方大平原为中心的古代的东方文明，其核心姑且称之为"东方思维"，特点是"以农立国，食为民天"，长期深入民心；尤其是习惯于以植物性生产（即五谷杂粮）为主食，佐以动物性的鱼肉蛋奶菜果茶为副食，从现代科学来验证，已为全人类做出贡献；独尊儒术，达则兼善天下，穷则独善其身；"非我者莫取"，"知足者常乐"，"勤俭持家，够用就行"；对儿孙后代自愿负责到死，甘愿为后代的幸福，承担所有苦难。突出表现在承认人类是自然的产物，是从对生物和环境的探索中；取得巧于向自然作有限的索取，才成为"万物之灵"。中国是世界上最早而且历史最长，以生物为中心的古代文明。自古以来，遇有太平则人口激增，必然增加和对土地的榨取，迫使农民上了山，冲了川，荒山秃岭，步入山穷水尽的地步；这就是所谓的"生态灾难"！

河西走廊是我国西北也是亚洲的干旱中心。当前自然环境的严酷，举世皆知。巴比伦古代文明的毁灭，不仅供后人凭吊，百多年前曾被恩格斯引用于说明人类不合理地使用土地，引起自然界的报复；从而形成"不可挽回的生态灾难"！建国初期国际友人斯诺先生再次到我国东北，亲自看到松花江水，曾著文警告，以免造成"不可挽回的生态灾难"。我是满族，原系分散聚居于我国东北东部林区，社会发展滞后的弱小民族，靠采择渔猎为生，不会耕种；明末满族出来个努尔哈赤，自幼丧母，19 岁（1577 年）离家自立，热心于与汉人交往，后投靠明辽东总兵李成梁，屡立战功；30 年后趁明末积弱之机，1618 年偷袭抚顺，1622 年迁都沈阳，公开与明廷分庭抗礼！1644 年李自成率领的农民起义军攻进北京城，明亡。清军曲意被约入关，定都北京，国号大清。顺治到康熙前期致力于清王朝的巩固和发展，以此为基础，康熙后期，大力改革弊政，施惠于民，以恢复经济；进一步发挥汉化的功能，尊孔崇儒，大兴文教，淡化了满汉矛盾；1796 年川楚白莲教大起义，开始步入没落，仍能维持封建统治到 1911 年，前后达 300 多年，当前仍值得深思。

我从 20 世纪 30 年代离家到辽东改学园艺及其加工，始悉我国北方除少数苹果、大樱桃、白兰瓜等来自西方国家外，其他都是原产华北地区，特优品种集中在山东。迟至 40 年代初，始得初到济南，虽然当时的大明湖已是一片衰草斜阳，但"三面荷花四面柳，一城山色半城湖"，"家家流水户户垂杨"，尤其是得坐在喷涌盈尺的趵突泉边，听了一段评书，未料竟成绝响！建国后 50 年代初，应山东省委之邀，在老技术人员的陪同下考察水土保持和山区建设，由济南出发经平邑、蒙阴、崂山、兖州，再回济南。此次考察面对山东的现实，其破坏的程度及其潜在的危险早已超越两河流域，山穷水尽，到了难于挽回的地步、趵突涌泉已高不盈寸，沂蒙山区"叠地"聚土种地，临海崂山坡脚，三窝红薯（为备荒只能栽红薯）也垒堰修唇，维护成一片耕地；壮劳力还要驾小破木船出海，难抵风浪，早出晚不一定能回来。建国后虽受"文革"的干扰，但在山区，尤其是沂蒙山区仍取得明显实效。1978 年 4 月参加了由大寨开到山东、北京的全国农田基本建设会议；夏在泰安由中国科学院综合考察委员会主持召开了全国区划委员会，始得亲登泰山，过回马岭，确感乏力，勉强上到写经崖，一股清流急湍，奔流而下，劳累顿消，溯源急上，一片松林，及至登顶，犹隐约可见；恰与坚持几年在祁连山寺大隆水源涵养林定位研究的初步结论，**殊途同归："山有多高，水就有多高，这是自然规律。"但是，"山有多高，林有多高，有林才有人类生存和发展所必需的新鲜洁净的淡水资源"，这也是必然的自然规律。就是在山东先后已由蒙阴、泗水、烟台、蓬莱、长岛和费县的实践经验所验证，而且又都是同步取得相应的社会、生态和经济效益。由上可见生态灾难难于挽回，但不是不能挽回的灾难。**

当前科学正以等比级数的速度在发展，又处于竞争激烈的现代社会；我以垂暮之年，原应无力对此庞杂的大问题说三道四；但以屡受超标鼓励，内愧于衷，也感于从事科学的浮躁情绪，甚至似是而非的伪科学，也时有所闻；促使我愿将过去几十年，盲人瞎马，摸索过程，如实交代清楚；诚心弄斧班门，就教于各位学长，免再误人子弟。语云："人之将死也，其言也善……"但提请注意，尤其对年轻一代，就更要警惕，"善"只表达没有害人之心，并不等于对或正确，要经过实践的检验，在科学的探索中，人生有限，竞争无情，超前就是创新，愿共勉之。①

图 20-1　1952 年曾深入内蒙古伊克昭盟，是我国沿河沙漠和西北沙漠相交接之地

图 20-2　张掖管辖祁连山寺大隆水源涵养林试验站旧址的青海云杉原始林区现已放弃了

图 20-3　河西走廊古黑水国的中心沙井遗址

图 20-4　民勤东去可进入沙漠地带

---

① 因这一部分的核心问题，难于用文字表达清楚，备有中央电视台的《东方之子》录像两卷备索，可供参考。亦可参阅下一章和第 26 章有关部分。

第 21 章　新疆的资源环境和可持续发展

21.1　背景和基础

新疆位于我国西北，面积 160 万 km²，居住 1500 万人。语云："不到新疆不知中国之大。"诚哉斯言！20 世纪 50 年代第一次到新疆，被约到建设兵团北疆石河子 23 团探讨规划设计农田防护林网，语云："一出嘉峪关，两眼泪不干，全是戈壁滩，何日把家还"？亲身接触，再加上一些国际探险者的文献报告，尤其是对塔克拉玛干，被形容为"生命禁区""死亡的沙海"，以致我多年也认为"谁要在塔克拉玛干大沙漠上造林是神经病"！

但在地球上人类需要有用的矿物资源，其分布是不受人类控制的。多年来，我们地矿部门的成果，在塔克拉玛干大沙漠的核心，所谓金字塔形的沙山群中开发出了油气田！进而如何把原油运出来，北起轮台南抵和田，横断塔克拉玛干大沙漠，修了一条沙漠公路。为了保护不受风沙侵袭破坏，他们从多方面做过一年多的研究，我应约参与了预审工作。缅忆刘老慎谔、赵松乔和彭加木等人，遗憾终生，未得进入塔克拉玛干大沙漠的核心地带；而我以垂朽之年得亲临现地，看到中三点环境绿化试验基地的突出成就，其创始人"沙漠王"却是来自大庆油田的一位普通石油工人！此次只有 7 天时间，但感受实深，愿就所得，略陈一二。

21.2　新疆具有富于淡水资源的优势

我国西北地势较高，但塔克拉玛干沙漠和库尔班通古特两大沙漠分别存在于塔里木和准噶尔两个盆地之内，其周围被更高大的雪岭冰川包围之中。我们多年在祁连山寺大隆实地研究的成果和天山天池、阿尔泰山的哈纳斯湖水源山区的现实证明："山有多高，林有多高，有林才有淡水（clear fresh water）资源。"从全疆的总体上看是得天独厚，具有淡水资源的优势，只在局部上独偏枯于东疆哈密以东直抵甘肃敦煌，尤其是吐鲁番盆地及其周边：火焰山、罗布泊和楼兰古城遗址汇聚于此，成为举世干热之极。1997 年我陪某领导亲过火焰山，喜见已引来淡水过境，极力陈述发展旅游潜力，领导以难挡"蝗虫"之灾为由，坚决反对，实感意外。其实所谓"蝗灾"，实指"不正之风"，天灾犹可耐，人祸难搪，深受启迪。就在这干热之极，历史上曾创建出：哈密绿洲、坎儿井和葡萄沟突出成就。此次去新疆是强区林业局之所难，仍被重视得再去和田、墨玉和策勒，并被巧妙安排，得乘火车绕天山中部转了一圈，从思想深处，开始理解到，简单地将新疆划为风沙干旱地区是片面的，更是错误的。恰如在云、贵、川和秦巴山地环绕蕴蓄，才有成都盆地的"天府之国"；所以，**昆仑、阿尔泰和天山山脉也是新疆可持续发展的根本和命脉。**

21.3　"以水定产，改土造地，林草先行"

此次到新疆，时值夏山新绿，新疆也开始步入黄金季节；随西部建设高潮，招自国内外闻风而来，络绎不绝；当地各单位送往迎来，已应接不暇。幸得领导支持，临时凑了3个人飞往新疆。当晚谈好工作日程，次晨续飞和田，天气晴朗，俯视辽阔并深入塔克拉玛干大沙漠腹心和田绿洲，心旷神怡，不虚此行。径趋墨玉新开辟的"玉右改土造地工程"现地，方田整齐，排灌配套，杨柳成行，功已垂成。当地的实际是众多少数民族混在居住的地区，人口日增，交通、城镇建设占地扩展，人均耕地不足，需要扩建农田。但另一方面，塔里木河已屡经断流，且日趋严重；和田河又是中游主要补给水源，沿河胡杨大量枯死，甚至为保塔里木河下游有水，建设兵团已拆毁拦河大坝。我们用两天时间，又看过策勒与此相似的改土造地工程，因有科学院的试验基地指导，地表又不通大河，规模小巧玲珑。途经多个已建成的新老绿洲和城郊园林果蔬，尤其是寸土必争、见缝插针的葡萄基地。我们形成的结论是：

（1）按人口来计算每人要有一亩基本农田，退耕还林还草，应该是该退的必须要退；同理，必需的基本农田，该造的也一定要造。

（2）塔里木河断流，也有它有利于当地人民的一面，在"水贵于油"的今天，与其让河流水面大量蒸发损失掉，反而不如渗入沙中，形成潜流，更有利于多层次节约用水。

（3）至于拯救胡杨，应是轻而易举之事。胡杨及与其伴生的苦杨以及其他喜碱耐碱，喜盐耐盐的草、灌、乔木植物种都可以在相应矿化度较高的"苦水"生长和繁衍后代，利用洪灌排涝和农田脱盐洗碱的废水，就可以恢复大片的草地和林地，都有现实的实例可证。

（4）能在年降水量50mm左右的塔克拉玛干大沙漠中，各族人民齐心协力建成新老绿洲，投入的智慧和体力，实远超过"坎儿井"或长城的建设，应是祖国的骄傲。随科学发展，许多具体实在事物可以虚拟，在当前唯有吃饭，还不能虚拟。

（5）今天的"玉右改土造地工程"在当地也算规模较大，使用了必需的钢筋水泥，小型的农机和排灌设备，但主要还是依靠现有的林草和当地各族农民艰辛的劳动。根据我们的习惯，在工地组织施工负责人和几个老农在一起交换了意见，从20世纪50年代开始内疚于心的问题是："如何公平合理的分配劳动成果？"须发皆白的维族老大爷，一语中的："为了儿孙吃饭，累死也甘心情愿。"当我表示满意之后，他又补充了一句："吃饱了以后才会出现问题。"面对21世纪，机遇和竞争日趋激烈，缅忆起"共患难容易，而共安乐难"的常语，愿将这位老人的肺腑之言，留给读者。

21.4　"谦诚则灵"意外的收获

我们一行5~8个人，经过几天的磨合，总算有了个初步结果，同时也出现了新的共同愿望，这就是在既定的时间里，更有成效地把工作做得更好，关键在于区林业局已开始主动掌权。去沙漠公路考察胡杨，因我曾去过，提出休息一天，经同意后，翌晨他们早已出发，早饭后，留下来的一位年轻的陪同找到我说陪我看看巴盟市郊的林业情况，首先从机场出口沿公路几公里绵延不断，繁茂生长，密不透天的成林，是靠灌溉成林，渠道的残迹犹存，现只利用废水年灌1~2次，已成巴市景点之一。沿途林荫大路纵横，现代建设与方田林网相交织，一派田园风光，几见散在各处的时令鲜花盛开，实感意外，其原委实在于为形势所迫，市园林局与林业局同心合力，协作双赢的结果。单从造林技术上看只用几小时，看过了由大水漫灌，提高到滴水到根，全部发展过程；给我上了一堂再教育的新课。晚饭前，他们由沙漠公路考查回来，我急于和他们交流所得，急得景爱同志火冒三丈："你怎么连喘气的功夫都不给呀"? 内心窃喜,一行几个"乌合之众",总算都进入"角色"了。

这只是去北疆的前奏,按原定计划,争取去北疆看一下原始梭梭林和农村的现状;既到北疆,本应轻而易举地就可看到梭梭原生残林,没想到天山北坡融雪山洪冲毁了公路。花费两小时,爬行了 2.5km,总算又一次看到仍有自然生长梭梭残林。终于取得了通过封沙,可以恢复梭梭、柽柳、骆驼刺及其伴生的多样性的生物群体,找到了物证,树立起信心;但对我而言,抗旱后期要和防洪并举的现实教育就更为深刻。

行前在京,陆续听到对新疆建设兵团的议论,此次是顺便带着这个问题来的,经区林业局主动安排顺路看了两个非兵团的具有相当规模的所谓现代化农场。一是政府组织的,另一是乡镇自发形成的。事实俱在,我思想上的问题已经解决了。其所以如此,建国初期,中央授命由王震将军主持并率领的新疆建设兵团,硬是在无人居住的荒滩上,靠人拉犁、坎土鏝,几代人血汗艰辛劳动和智慧,创建的石河子人精神,早已深入扎根在全疆人民的心中,由石河子精神培养出来的几代石河子新人,虽然我已多不相识,但所到之处,都受到这个精神的熏陶和影响。是否我忽视了林业呢? 出乎意料,半强制未公开的又一次去了石河子市,就在紧靠市中心广场,由区局主持兴建与中心广场配套的森林公园,确实出乎想像之外! 从而在林学范畴,对我国西部开发和建设绿色家园的有关问题尚需深入探讨,作为过来人,建议能亲自到新疆,即使仅看石河子市中心的森林公园一眼,将能事半功倍,有利于解决问题。

21.5　一点建议和结束语

建议以旧制的县(旗)为单位,由县长亲自主持,就一亩耕地,年用 600 方水,养一口人,5 年达到粮食自给有余,年人收入超过所在县(旗)城镇居民的平均水平;封育责任和地块落实,并能实现动态跟踪监测预报。

"西部大开发建设绿色家园"中,关于西北(包括新疆)的全部内容已另有单行报告,本文只是学习心得,班门弄斧,仅供批评教正!

图 21-1　先期鉴定的沙漠公路生物防治沙漠试验区

第 22 章　长江上中游水土保持、防护林体系建设

22.1　前　言

长江发源于青藏高原的唐古拉山，源流称通天河，流入四川称金沙江；汇岷江和大渡河后始称川江；北纳嘉陵，奔腾入峡，南接乌江，直达宜昌，以下江流迂回在江汉平原，是即所谓"九曲回肠"的荆江；过洞庭通湘、资、沅、澧诸水，再会汉水，始称长江；浩荡东流，隔鄱阳湖纳赣江，由长江口注入东海，全长 6300 多 km。

长江流域总面积 180 万 km^2，涉及青海、西藏、云南、四川、贵州、湖北、湖南、江西、安徽、江苏、浙江、广西、河南、陕西、甘肃等省区，约占全国总面积的 1/5。大部分属亚热带，雨量充沛，雨热同期，自然条件较为优越，自古以来就是山清水秀的天府之国和鱼米之乡。早在 1957 年统计：长江流域约有耕地 4.3 亿亩，占全国耕地面积的 25.4%，但粮食总产 758 亿 kg，却占全国粮总产量的 36.4%（1980 年占 49%）。棉花产量占全国 1/3 以上，水稻则占全国 2/3 以上，工农业总产值占全国的 40%（洪庆馀）。水力资源，得天独厚，流量充沛，年总径流量接近 1 万亿 m^3，沿干流及其主要支流分布着上海、南京、武汉、成都、长沙、合肥、贵阳、南昌等主要城市，都是我国经济建设、交通、文化的重要基地。所以，就我国现代化建设的整体上看，长江的好坏确属关系到全党全民的大事。

22.2　长江流域防护林体系建设的迫切性

我国确属地大物博，但与人口众多联系起来，土地资源并不丰足，长江流域就更为突出。全流域承载 3.5 亿人口，人口密度平均每 km^2 达 200 人，即人约占有土地仅 7.5 亩，只是全国平均的一半，其中耕地只占 1.0 亩左右，亦仅占全国平均的 2/3。根据我们就 7 个县的调查材料表明，人均土地只有 2.8 ~ 6.2 亩，人均耕地则只有 0.95 ~ 1.20 亩。

表 22-1　宁夏回族自治区西吉县、江西省兴国县
自然条件和人均收益比较表（1980 年）

	年平均气温（℃）	年降水量（mm）	年蒸发量*（mm）	无霜期（天）	人均口粮（kg/年）	人均收入（元/年）
宁夏回族自治区西吉县	5.3	432.8	1482.3	100 ~ 150	223	54.4
江西省兴国县	18.9	1502.2	992.4	284	217	55.0

* 为蒸发筒测定值

表中两个县分处西北和东南，从自然条件上看，优劣相差悬殊，但两个县的水土流失都十分严重，其结果不论自然条件好坏，都是吃不好，也没钱花。

根据 1960 年"长江流域土壤侵蚀区划报告"（初稿），全流域水土流失面积为 36 万

km²，占流域总面积的 20%，到 80 年代扩大到了 56 万 km²，占流域总面积的 31%。长江中上游（鄂、赣、湘、川、黔、滇、陕、甘）8 个省区统计，属长江流域 144 万 km²，其中水土流失面积达 48.5 万 km²，占 33.7%，占长江流域水土流失总面积的 86.6%。

长江中上游山高坡陡，土层浅薄，丘陵又多属母质松散破碎（沙页岩紫色土），即按年壤侵蚀量 18.3 亿 t 计算，相当于 30 cm 厚土层的耕地 6777 万亩被消灭掉。

造成毁灭性灾害的滑坡和泥石流是山区水土流失发展到极为严重阶段的表现形式，20世纪 60 年代以前，四川省泥石流发生涉及的县份是 76 个，1981 年已发展到 109 个县；同年嘉陵江和汉水的上游陕西省 5 个县不完全的统计，发生滑坡和泥石流 1 万多处。甘肃省仅白龙江范围内就有泥石流沟道 390 条。云南省东川矿区的运输大动脉，塘子至东川铁路，始终受小江泥石流的围困，现已处于瘫痪状态。

根据长江流域综合利用规划要点报告（长办 1959）："据历史记载，自公元前 185 年至公元 1911 年，前后 2096 年间，曾发生大小洪水 214 次，平均近 10 年一次。近代自 1911 ~ 1940 年发生较大洪水已有 7 次，平均 5 ~ 6 年一次。"新中国成立后，1950 年汉水蚌湖溃堤，1954 年特大水灾，1969 年洪湖溃决，1980 年江汉平原水灾，记忆犹新；1981 年四川洪灾，就北碚和寸滩水文站实测洪峰均小于 1788、1870、1903、1905 年，但酿成此次水灾灾情之大，实已惊人，同年罕见的洪水灾害也袭及了秦巴山区。

长江流域属土石山区风化之后粗骨物质多，易于沉积，大部在流送中途沉积，势必淤积水库和湖泊。四川省有大小水库 1200 多座，因水土流失已有 28% 淤积报废。白龙江碧石水库建成 8 年淤积 2 亿 m³，占库容的 9%，大渡河龚咀电站 13 年淤积 2.32 亿 m³，占总库容的 2/3。在古代的云梦泽称"千湖之省"的湖北省，20 世纪 80 年代比 50 年代湖泊面积已减少了 61.37%。解放以来，每年输入洞庭湖的泥沙平均约 1 亿 t，湖面以每年 54km² 的速度在减少，1980 年已缩减到 2740km²。

建国以来，长江流域内所有江流，含沙量和输沙量都有显著增加，由 2.7%（江西的信江）到 85.7%（贵州的赤水河）。除淤塞水库湖泊外也必将淤积川道，抬高河床。湖北省主要通航川道 13 条，在 1958 ~ 1978 年，河床普遍抬高 1.5 m 以上。湖南省 1965 年尚可通航17000 km，1983 年减为 10000 km，四川省解放初有 91 条川道，通航 16000 km，1983 年只剩 56 条，8000km 了。湖北省长江主流的荆江河段已高出地面 10m 左右，"船行天上"，使长江变为"飞来之水，天上之河"。

1985 年秋有幸参加了由不同行业组织的考察团，到天府之国都江堰岷江上游水源地区调查，将结果绘成岷江上游森林和枯水径流的变化趋势图（图 22-1），40 ~ 50 年的趋势是随森林面积的减少枯水流量也在相应地减少，原始记录均在平水流量并未增加，因此，由于森林的减少，增大的直接径流将必然加入到洪峰之中。伴随国家经济建设的发展枯水流量的丰缺，日益成为关键所在。

进而，也随国家经济建设的进展，人口相应向乡镇城市集中，生活用水的供应既要保证数量，又要保证质量，还必须长期及时不间断地供应到每户居民中去。1987 年 10 ~ 11 月，又一次去四川、云南工作，时值初冬，应是江流清澈之时，幸未遇大雨，先后两次过金沙江和岷江、途经雅砻江、大渡河和嘉陵江上游的白水河、沱江、涪江、青衣江，对云南省小江流域、四川攀枝花矿区、川中的乐至、简阳作了些探讨，并派人自都江堰沿三峡至长江口进行了实地录像。沿途所见，金沙江进入滇川边界已受到严重污染、浊流滚滚，已成为各江河

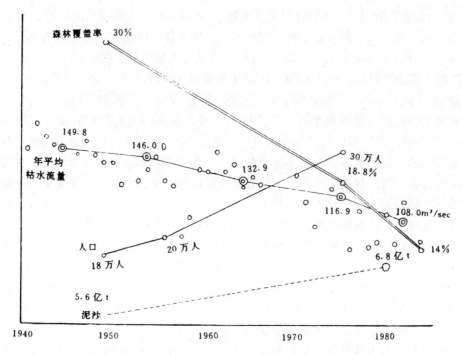

图 22-1　1940~1985 岷江森林、枯水流量、人口和泥沙的变化趋势图

之最。沱江黑水白沫，缅忆川、滇、黔接壤山区土硫黄生产之余毒以及三峡浊流一泻千里，不仅危及江陵，甚至武汉，外靠长江，内据东湖，几乎无水可喝！"一江毒水向东流"可能是过激之词，但是结合 1970 年以后多次参加长江工作，深感从长江流域的整体而言，由生态条件的破坏引起的水土流失、干旱、洪水、环境污染等生态灾难，不仅阻碍和破坏生产建设，进而威胁着我们的生活和生存条件。而瞻望未来，人口还要增加，生活还要提高，今后将进一步有领导有组织地以迅速发展的工业为背景，从事我国社会主义现代化建设。稍不注意则将引起生态灾难的范围和强度，将以惊人的速度发展，势将导致生产和生活条件的迅速破坏。

　　以上，力求就长江流域防护林体系建设的必要性和紧迫性提出轮廓性的看法，由于思想水平和专业的局限，毫无忽视长江流域生产建设欣欣向荣，蓬勃发展的大好形势。内容涉及到的事例也毫无否定成就和责难之意。引用的材料和成果尽量注明出处，未注明的也是多年来向生产和同行们学习所得，不敢掠美倘有不足和错误，敬希指正。

　　资源、人口、环境、水土流失、自然灾害、森林草原的破坏早已是世界性问题，只是我国幅员辽阔，人口众多，文化历史悠久，封建统治时期长、近百多年深受殖民主义的掠夺，经济基础薄弱，起步较晚，致使问题较为严重和突出而已。所以进一步从多方面深入研究其原因和规律，固属需要，而就已有的经验和水平，论证在当时我国的具体条件下，是否可以实现，如何起步，应是当务之急，愿与同志们共勉之。

22.3　长江洪灾与森林概述

　　1981 年长江流域发生了特大洪灾，引起了全国的重视据不完全的统计，仅四川一省受灾 138 个县 2000 多万人，县城被淹的多达 57 座，耕地受灾面积 1，756 万亩，冲毁耕地 147 万亩。损毁水利措施 4 万多处，工交企业受灾停产 3115 处。全省粮食减产 2.5 亿 kg，造成直接损失 25 亿元以上。陕南汉中和宝鸡地区一部分属长江流域，因水灾死亡 656 人，冲淹农田 174 万亩，房屋 29 万间，直接经济损失 8.9 亿元。是在我国社会主义现代化的征途上出现的一件大事，要认真对待。

长江发源于青海唐古拉山，源流称通天河流入云南称金沙江，入四川会岷江和大渡河后始称川江，北纳嘉陵，南接乌江，过天险三峡直达宜昌，以下迂回在江汉平原，即所谓"九曲回肠"的荆江，再下则是古时的云梦大泽，过洞庭通湘、资、沅、澧诸水，会汉水后始称长江，浩荡东流，隔鄱阳湖纳赣江，由长江口注入东海。全长 6300 多 km，为全国各江河之冠。

长江流域总面积 180 万 km^2，约占全国总面积的 1/5。流域涉及青海、西藏、云南、四川、贵州、湖北、湖南、江西、安徽、江苏、上海，浙江、广西、河南，陕西、甘肃等 16 个省市，但大部分属亚热带，雨量充沛，雨热同期，自然条件优越，自古以来就是山清水秀的鱼米之乡和天府之国。森林面积 6296 万 hm^2，占全国森林面积的 51.7%。流域内耕地约 4 亿亩，只占全国耕地的 1/4，而产粮则将近全国总产的一半，棉花占全国的 1/3，水稻占全国总产的 2/3 以上。水源丰足，水力资源充沛。最近几年，每年流入东海的总水量仍在 1 万亿 m^3 以上。沿干流及其主要支流分布着上海、南京、武汉、重庆，成都、长沙、合肥、杭州、贵阳、南昌等主要城市，都是我国工商交通文化的重要基地。

黄河流域是哺育中华文化的摇篮，三千年前，凤鸣岐山，芃芃周原，也曾是山清水秀的好地方。只是由于在旧社会长期受到摧残和破坏，才造成荒山秃岭，千沟万壑，水土流失严重的局面，于是黄河成了举世闻名的一条害河。尽管如此，解放后 30 多年并未酿成严重的水灾，1958 年黄河洪水，实测流量 23000m^3/s，超过历史上最大洪峰，东平和金堤均未分洪。而在长江解放后就有 1950 年汉水蚌湖溃堤，1954 年特大水灾，1969 年洪湖溃决，1980 年江汉平原水灾，记忆犹新。1981 年洪水峰在北碚和寸滩水文站实测值均小于 1788 年、1870 年、1903 年和 1905 年，而酿成此次水灾灾情之大，实已惊人。倘若不是恰逢中游少雨，洞庭、鄱阳两湖低水，后果的严重性可以想见。

事关重大，时迫燃眉，愿就所知，略述一二。

22.4　长江洪灾危害

我国确属地大物博，但与众多人口联系起来，土地资源并不丰足。长江流域就更突出，人均占有土地面积不足 0.8 亩，仅为全国平均的一半；耕地则仅有 10 亩左右，亦仅为全国平均的 2/3。而在四川盆地的丘陵和湖南、湖北、江西的丘陵地区，则更属人多地少。根据 7 个县的调查，人均土地只有 2.8～6.5 亩，人均耕地则只有 0.95～1.20 亩。所以，在长江流域内有很大面积的丘陵地区是要在每人一亩耕地（包括水田和旱地），不足 3 亩山地的基础上实现现代化建设的。

湖南省西部慈利县是个山区丘陵较多的县，1980 年 5 月 31 日一次暴雨引起山洪暴发，涉及 21 万人（占全县总人口的 34.4%）受灾，淹没耕地 18 万亩（占全县总耕地面积的 27.2%），冲毁耕地 1.2 万亩。其邻县桑植县也是个山区县，1980 年 1～9 月降雨 1389mm，与多年同期平均值相差无多，只是由于暴雨集中，雨季中大小 9 次山洪暴发，共死 25 人，

冲毁房屋 2000 多间，347 万亩农田受灾（占全县耕地面积的 96%），其中 9 万亩失收，3.5
万亩冲成石头。群众惨痛地总结："十年创业，一夜覆灭！"只有开坡种旱地，连贺龙元帅
老家的后山也被开种苞谷了。估计开坡地有 100 万亩左右，为原有耕地面积的 3 倍。湖北省
的郧西县就更突出，全县人均耕地 1.3 亩，耕地中旱地占 0.9 亩，而旱地中超过 30°的坡地
占 60%，即每人平均 0.67 亩。而这样的陡坡"挂画地"，老年人人老体衰上不去了，而年
轻人又不会种。当前全县已有 40 多个生产队，人均土地都有 10 多亩，但都已冲露石骨，坡
上无土，无荒可开。这里有个金门六队，全队 110 人，原有耕地 300 亩，几次山洪暴发，水
冲沙压，现在只剩 13 亩耕地，人均只有耕地 0.12 亩。这就相当彻底地破坏了生产条件。还
不仅止于此，与解放初期相比较，水土流失发展的速度和蔓延的范围是惊人的，四川省也不
例外。据 1960 年《长江流域土壤侵蚀区划报告（初稿）》全流域水土流失面积为 36 万 hm^2，
占流域总面积的 20%。1981 年四川省有的材料，全省水土流失面积为 38 万 hm^2，即现在四
川一省的水土流失面积，比 20 世纪 70 年代初期长江全流域水土流失面积还多 2 万 hm^2。

造成毁灭性灾害的滑坡和泥石流是山区水土流失发展到极为严重阶段的表现形式。60
年代，四川全省泥石流发生涉及的县份是 76 个县，1981 年已发展到 109 个县。1981 年 7 月
8 日由昆明开往成都的（442）次普通客车，由于甘洛车站前方利子依达沟泥石流将沟口铁
路桥冲垮，机车、行李车、硬座车厢 2 节失事坠毁河中，造成一起伤亡多人的不幸事故。嘉
陵江和汉水上游陕西省勉县、略阳、宁强、南郑、留坝 5 县不完全统计，1981 年发生滑坡
泥石流 1 万多处。宝成铁路凤县红花铺车站附近的庙沟泥石流埋没了停放在车站的 6 节装煤
车厢，淤堆最高处超过车厢煤上 3.5m。甘肃省仅白龙江范围内就有泥石流沟道 390 条，其
中武都至两河口间距只有 70km 就有泥石流 160 条。去年雨季，革命圣地井冈山，风景秀丽
的峨眉山，甚至熊猫和金丝猴的老家卧龙自然保护区都已出现了滑坡泥石流的踪迹。

由上可见，从长江流域的整体来看洪水、干旱、水土流失等生态灾难，不仅阻碍和破坏
生产建设，进而在威胁着我们的生活和生存条件。展望今后，人口还要增加，生活要提高，
今后将进一步有领导有组织地，以迅速发展的工业为背景，从事我国社会主义建设。稍不注
意则引起生态灾难的范围和强度将以惊人的速度发展，将导致生产和生活条件的迅速破坏。

如实举出上述事实，既不是危言耸听，也不是在论证，如果不能保持生态平衡，对我们
从事的建设事业以及人类生产和文化的发展，必然带来严重的损失和破坏。

事情总还有另一面：就在湘西桑植县的邻县大庸县，距县城 16km 有一座青岩山，也就
是张家界林场所在地。在 20 万亩的风景区内，由地质侵蚀形成 3000 多座"峰林"，正如说
明材料所归纳："异峰突起，高耸入云；青山红岩，层次分明，千峰插地，松林盖顶；大树
参天，玉笋石林……"

这里年降水量 1200~1600mm，且多暴雨由具有显著层次和节理构造的沉积岩（水成
岩）组成，在地质年代中长期侵蚀的结果，到处悬崖绝壁，坡陡、土薄、石头多。从降雨、
地形、土壤和地质条件上看，都极为有利于造成水土流失、山洪暴发。只是在青岩山，凡能
生长绿色植物的地方仍都覆盖着苔藓，蕨类、草、灌木和乔木。这才一年四季，溪水清澈，
长流不绝，"大旱不断流，大雨绿油油"。反复勘查，没有水土流失的迹象。桑植县南部在
解放初期也曾有很大面积和张家界林场景观相似，只因未加爱护，破坏了森林和植被，才变
成今天荒山秃岭、山洪暴发的一片荒凉面貌。

1981 四川洪灾，岷江降雨和洪峰都远逊于嘉陵江。卧龙自然保护区内皮条沟又一次发

生了泥石流，不仅卧龙公社岌岌可危，保护区的管理局也受到威胁。这正是多年来过度破坏原始森林的后果，1964 年开始发生大泥石流，伤亡数十人，而且把采伐的木材大部冲光。1976～1978 年再一次大砍伐，1979 年又有 7 条支沟出了泥石流。1981 年 8 月 15 日皮条沟又出现了大泥石流。而另一条森林尚维持较好的正河，在相同降雨条件下，自始至终清水常流，熊猫和金丝猴都搬到正河安家了。

事实反映出降雨、地形和土体是形成水土流失的基本因素。长江流域山地丘陵面积大，雨量大暴雨集中，有些河流上游山高坡陡，土薄石头多，都是容易引起水土流失、山洪暴发的潜在因素。但是否造成水土流失，却决定于地面的植被，尤其是森林的条件。

在地球形成的悠久历史年代中，地球表面的形态，是在长期的内营力（造山运动）和外营力（风和水的夷平作用）相互影响，相互促进和制约的过程中形成的。一旦出现了生物，生物就作为外营力的组成部分，尤其是绿色植物从一开始作为外营力就与水的夷平作用相拮抗，在世代更替和物种进化中对地球表面起到应有的塑造作用（主要是固持土体），形成和集积土地生产力（主要是形成土壤、积累肥力）和改善降水的再分配性质（主要是吸持水分、蒸腾水分和涵蓄渗流水分），是在绿色植物改造过的地球表面，才为动物的出现创造了条件。当人类登上地球舞台，人类的形成、活动和发展都是在长期经过其他生物塑造过的土地上进行的。从发生的意义上看，没有绿色植物就没有人类；也只有长期经过绿色植物塑造过的山清水秀的土地上，才是人类发生和发展的基地。

这是最基本的科学道理。滥砍乱伐，挖光烧尽，开垦陡坡，肆意破坏和消灭绿色植物，就必然引起水土流失，耗竭和破坏土地生产力，造成和加剧水旱风沙等生态灾难，终将导致破坏人类生存条件。

22.5　长江洪灾的治理

1981 年洪灾后不久，我们到四川洪灾的重灾区，也是暴雨中心、洪峰高达 28000m³/s 的遂宁县，在涪江和沱江的分水岭上，上林公社七大队三生产队原是一个"三年不挑土，冲成光石板"的水土流失严重、紫色页岩响沙土的丘陵山地。该生产队 63 户 280 人，408 亩耕地，其中水田 155 亩，旱地 243 亩。在同样的暴雨条件下，并没有什么出色的工程，也没用过多的投资，却是山川秀丽依旧，田畴房舍，安然无恙。这个奇迹的出现，靠的是世世代代的生产经验，在长期和灾害斗争中总结出来的"乔、灌、草、沟、塘、渠、平、养、固"九字诀。不仅深得因害设防综合治理的真谛，而且也符合于艰苦奋斗，自力更生的精神，使我们深受教育和启发。如果向前推进一步，将早在几百年前。宋代的周用就总结过："人人治田则人人治河矣！"还可以追溯到唐代，并早已为国外引用。"治水在治山"早已成为防旱治洪的指导思想。从小流域到大流域综合治理，应该是今后采用的工作方向。

但就遂宁全县而言，解放时森林覆被率为 14.5%，1976 年已下降到 1.6%，县内涪江流域仅 109 万亩，洪峰流量竟达 6700m³/s，远大于华北地区永定河历史上的最大洪峰（4，500m³/s）。加上上游过境洪水 21300m³/s，在 1981 年 7 月 14 日凌晨 1 时造成历史上最高洪水 28000m³/s，转瞬冲毁涪江盆地——小"天府之国"27 个河心洲坝。总面积 7 万亩，其中有水田 2 万亩，全部冲毁。县城被淹，洪水退后，县城内清除淤泥，就达 12.5 万 m³。对比鲜明。

早在 1960 年江西省赣州地区宁都县森林的破坏和水土流失的严重不亚于兴国。就在这里有一个田头公社的璜山大队，由 1964 年开始一个山头，一个山头地治理，坚持到今天，松杉满山，潺潺清泉，家有余粮，烧柴不缺。地处湖南水土流失严重地的湘乡县，也还有一个更大面积的后起之秀——金薮公社；也还有一个以县为单位的株洲县。尽管在当前，只是生态灾难和水土流失的汪洋大海之中一片片绿洲；尽管从严格的角度上看，还存在这样那样的不足之处。但是，都在证实我们有能力恢复和挽回日益严重的生态灾难。

22.6 对长江流域森林涵养水源的研究

1981 年长江洪灾发生之后引起了各方面的重视，甘肃省祁连山水源涵养林研究所的初步试测（1978 年）的森林涵养水源作用的资料曾多次被引用，现将该所在 1981 年提出的 4 年研究结果补充期见表 22-1。

表 22-1 祁连山寺大隆青海苔藓-云杉林和新垦撂荒坡地
的稳渗速度、土体内径流速度比较表（祁连山水源林研究所，1981）

		青海苔藓-云杉林		新垦撂荒坡地		青海云杉-苔藓林-新垦撂荒坡地	备注
稳渗速度 mm/min	（土体层次）	苔藓层	206.4	—	—	—	
		腐殖层	14.1	—	—	—	
		土壤层	7.5	耕作层	2.9	2.6	
		—	—	犁底层	1.9	—	
		底土层	5.3	底土层	2.4	2.2	
土体内径流速度 mm/min	（土体层次）	苔藓层	1348.3	—	—	—	
		腐殖层	82.4	—	—	—	
		土壤层	31.3	耕作层	2.8	8.5	
		—	—	犁底层	0.5	—	
		底土层	48.5	底土层	1.0	48.5	

补充上表的目的，主要想把森林洪灾的关系说清楚。在学术界经过一段热烈的争论，好像没有人反对森林涵养水源的作用。但深入一步，作用有多大？是否在长期降雨，特大暴雨，尤其是在有充分前期降雨之后再遇暴雨的严苛条件下有效？还是众说纷纭，莫衷一是。应该承认，林冠截留降雨、死活地被物吸水力和土壤持水力都有一定极限，只在降雨初期有效，随降雨历时和强度的增加，超过极限之后，效果就不显著。较为重要的是土体的稳渗速度，从实测数据上看，表层土体稳渗速度每分钟都超过 2mm，但不应理解为可以控制每分钟小于 2mm。这是因为无论林地和撂荒地越向土体下层稳渗速度越小，当遇上基岩时则更微乎其微。而实测土体内分层渗流速度也是越向下层其速度越小，从而也将随降雨量的增加使土体饱和，必然造成径流。在有充分降雨之后如再遇暴雨，效益也不是十分显著的。

关键在于林地的苔藓（活）、枯落物（死）层。当降雨落在林地上超过林冠截留水量、死活地被物吸水量、土体最大持水量，并超过渗透和土体渗流能力之后，也必然产生径流，只是林地径流是流在苔藓和枯落物层之下，实测流速也只有 1.35m，小于有结构土壤的抗冲力，其结果是清水漫出沟。而在撂荒地上降雨直接击溅裸露土面，也就必然形成泥浆，顺坡按流体力学的规律奔流入沟。而雨过天晴之后，林地和撂荒地就截然不同了，林冠饱和截留量，林地饱和持水量（包括死活地被物和整个土体）将按实测分层渗流速度，不停地渗流到沟道和河川中去，清水长流。而在撂荒地土体内保持水量不多，必然雨停流断。所以，只有山青才能水秀；"山穷"必然"水尽"。

根据河南省农林局的材料，1975 年 8 月 5 日河南省洪汝河、沙颍河和唐白河等流域下了特大暴雨，3 天降雨量达 800～1000mm，暴雨中心则为 1600mm。石漫滩林场观测，岗上和关平院两个林区山区面积、海拔高度均相近，而 3 天降雨量均为 1320mm 左右。岗上林区森林覆被率为 80%，林地枯落物及腐殖层厚 25cm，其余土地也都长满了草和灌木。8 月 5 日降雨 320mm，沟水略涨，水清不浑。6 日又降 350mm 沟水上涨，水色灰黄。7 日又降 650mm，山洪暴涨，沟水混浊，有碎石泥沙下流。8 日晨雨停，当天午后沟水转清。之后，三个月未断流。

而关平院林区大部分是荒山和新造的油松林，植被稀疏。5 日降雨后立即出现山洪，河水猛涨。6 日河水漫溢，冲村毁地。8 日雨停后沟水仍混浊，7 天后即断流。

日本是山国，雨量大而暴雨多，川短流急，且多地震。早在德川时代就以治水在治山作为指导思想。全国总面积 37 万 km²，森林面积 3.8 亿亩，占总面积的 67.8%，对水源涵养林非常重视。1977 年统计已划作水源涵养林的已将近 8000 亩，占全国总面积的 14.3%。1978～1983 年计划新建水源涵养林 645 万亩，并正在研究将流域内降水的 70%，控制在森林内涵蓄一段时间，称之为扩水法的方案，已取得初步成果。

1980 年各国专家联合编写和公布的《世界自然资源保护大纲》中指出："目前流域内森林大面积被破坏，从而形成洪水泛滥所造成的损失，其代价是相当昂贵的。"并建议："在流域内森林已经严重减少，淤泥及泛滥增加的地方，就应该努力再度造林来恢复生态系统，不应单从疏通河道和拦截水流着眼。"值得我们深思和借鉴。

22.7　长江流域对水源涵养林的必然选择

举出祁连山青海苔藓-云杉林的水源涵养效益，并不意味这项研究成果是什么杰出的成就。在长江流域各地观测研究的结果都已证明，今后也将证明森林可以涵养水源这个已为世界所公认的事实。关键在于承认森林是以木本植物为主的生物群体和环境条件的综合整体；尤其是林地也正是森林的重要组成部分。从而随便栽上几棵树，甚至很好的森林，而将林地上的枯枝落叶，地衣、苔藓、草类等所形成的林下地被物搜刮净尽，侈谈涵养水源只是白日梦呓而已。进而，用森林和新采伐迹地研究对比水源涵养作用，尽管其他国家也曾在上个世纪走过一段弯路，但时至今日，也应该冷静加以探讨。

苔藓-云杉林不仅不是水源涵养作用最好的森林，当其分布在陡坡上（>25°）时，常有时促进滑坡和泥石流的发生。我国各地调查结果表明，滑坡和泥石流也常发生在有林的土地上。我们的研究成果表明，只有形成有深根性树种参加的乔灌木混交复层异龄壮龄林才能控制泥石流的发生和发展。即使是这样的森林坡面局部崩塌和滑坡也还会偶尔出现，只是不会发展成为山洪暴发而已。

至于地面上为相应一部分森林所覆被，而且配置合理时，降水的性质、分布的频率和过程以及总量能否增加？用一个生态条件较为脆弱的辽宁省西部建平县城和县内章京营子为例，两地按地理位置分析，县城的降水量应大于章京营子，早期的气象记录也确属如此，1958～1967 年，县城平均降水量是 358.7mm，章京营子是 297.6mm。1968 年章京营子有 187000 亩油松已郁闭成林，森林覆被率 30% 以上。1968～1974 年平均降水量县城是

311.7mm，而章京营子是 384.2mm，比县城多 72.5mm。如果承认景观生态系统是科学，承认生物和环境是相互影响、相互促进、相互制约的综合整体。就在当前我国现有的科学技术条件，也应该承认会向有利于人类生活和生产方向发展的。也需指出，举出建平县的例证，并不是说油松林是影响改善降水性质最好的森林，也不是论证可以增加降水量数十毫米的打算，更没有否定大气环流的决定性作用，只是说明在大气环流的基础上，影响降水在地面的再分配而已。今天，人类的活动已涉及地球以外的星体和空间；但考虑到人类毕竟由地球上生物的进化而来，从空气层而言，人类还是底栖生物，接地层的环境条件有所改善，就我国而言，将近十亿人民和子孙后代将会欢迎的。绿色植物，尤其是长期自然选择的结果，生物量最大、自我调整能力强、物种众多、对环境条件抗逆性和可塑性大的森林（乔木、灌木、草本和林地）将会作出应有的贡献。

所以，就长江流域而言就要形成以水源涵养用材林为骨干的防护林体系，在此基础上组织和运用综合技术措施，防治水土流失，恢复并控制生态系统的进程向有利于我们的方向发展。

22.8　合理规划和建设长江流域防护林体系

以上着重从历史上、生产实践上和现有科学水平上阐述了长江流域制止水土流失、涵养水源和挽回、改善生态灾难，由恶性循环转化向良性循环的可能性。同时也要承认我国当前的经济基础和技术水平差距很大，要慎于开始，贵在坚持，要经过长期不懈的努力，才可以挽回和改善。长江流域毕竟得天独厚，自然条件优越，就全国而言是可以较快地得到恢复和改善的。

"千里之行，始于足下。"完成如此艰巨而又宏伟的事业，如何起步，提出一些看法和建议。首先保持水土、涵养水源进而挽回生态灾难是要涉及很多方面协同努力才能作好的事业；因而应该是全党全民的事业，不是一两个生产部门所能领导和进行的工作。

为了有利于表达这个思想，以"箍木桶"为例，加以说明：

箍木桶首先要有好多块木板，如用每块木板代表一项生产和与生活有关的事业，于是从木桶整体来看，每块木板（即一项事业）只是木桶整体的组成部分，不论木板大小都占木桶的相应面积；它的形状却要由木桶的需要来决定，严格要求和其他木板（事业）紧密配合，严丝合缝才能滴水不漏。但这还只是木桶的原材料，要箍成木桶，至少还要在上下有两道箍，下面一道箍是基础，正像自然规律，要尽量靠下，而上面一道箍越高，木桶装水越多，容量越大，上面这道箍正像经济规律。要把木桶箍好，窍门在箍紧，只有箍得每块木板"喘不过气来"，而且每块木板不许挠裂，更不能有洞，才算好桶。可见每块木块（事业）不论大小，就木桶整体而言都是同等重要的。但木桶不能没有底，没有底什么也装不成，要有底而且有个坚强的底，这个底正像生态系统，是万万破坏不得的。而且桶底要和每一块桶板相依为命，在相互依存相互制约的紧密关系中形成一个整体存在。进一步，木桶毕竟不是木盆，木桶还要有两块高板，如果其中一块高板代表着我们当前必须解决的粮食生产和多种经营，那么另一块高板在山区丘陵则是涵养水源和水土保持，在长江流域则应是生态控制体系。这两块高板要等高对称，不能有所偏爱，横梁才能装平，水桶才能提水。如果把水桶的里面积作为 180 万 km^2，那么桶里就要装 3 亿多人民；如果这个木桶里面积为 960 万 km^2，那么就要装将近 10 亿人民。在党的领导下全体人民才能稳步地走向社会主义现代化的道路。

也只有把水土保持以至挽回生态灾难作为全党全民的事业，才能做到合理利用土地。土地是自然产物，只有在社会主义社会制度下，合理利用才有可能，所谓合理主要指以下三方面：

（1）要让最大限度的土地面积为我们作出贡献，用土地利用率表示；

（2）每块土地要为我们作出最大贡献，而且要求贡献长期维持下去，以至不断提高，这就是地尽其利（不是地尽其力）；

（3）根据建设的需要和经济效益来决定各项生产事业用地的比重，这样才能落实因地制宜。

为此，建议结合国土整治和农业资源考查综合规划和农业规划工作，做到地块落实，建立土地档案。

长江流域生态灾难深重，其中有 30 年来工作上的失误，但归根结底是旧社会留给新中国的烂摊子，两千多年不断遭到摧残和破坏而造成的生态灾难。当前我们的经济基础仍不充裕，扭转恶性循环式灾难不可能一蹴而就。作为一项全党全民的事业，在合理利用现有土地的基础上，从当前可能条件如何建立起以水源涵养林为骨干的防护林体系？在此先提一下已故的林业老前辈北京林学院教授王林同志在 50 年代提出的"封山育林"的设想。就是将山区现有生产力不高的次生林和一部分可以靠天然更新的灌木林，每年封禁 5%。连续封禁 5 年，可达 25%。第六年在封禁 5% 的同时将第一年封禁的 5% 解除封禁（即开山）。经过 5 年封禁开山的林地是应尽最大可能提供急需的林副产品，但要严格控制不超过封禁后得到改善的次生林自我调整能力的极限。30 多年来，已由各地生产实践证明，尽管收效不快，但总能缓慢地导致恶性循环向良性循环方向转化。

还不能满足时，现有森林责无旁贷，要最大限度地供应林副产品；但严格以不应超采和引起林地生产力降低和水土流失、维护水源涵养效益为限。

如还不足，只有在节约使用的基础上开展造林工作。湖南省株洲县，人均山地不足 3 亩，已造林 80 多万亩。据县科所和生产实践证明，丰产林分可以在 30 年内每亩生产木材 20m³ 以上。因而只要能营造 10 万亩丰产林，则年平均生产木材 6 万 m³ 以上，可以满足民需和地方用材。可见人工林也要和其他生产用地一样，在精不在多。不仅要造一亩活一亩，保存一亩，而且保证作出有实效的贡献，同时还要提高林地的生产力。

但更为迅速有效的办法却是四旁造林。农业区划工作证明，农业用地面积远大于作物的播种面积（不包括复种），这是因为经营农田必须有相应的生产辅助用地；如道路、渠系、水库，还有河川滩地和居民区等。如果能集中力量，响应全民义务造林的号召，就利用农区土地平坦，水肥条件较好的优势，开展四旁造林。每亩 200 株，可以在 20 年生产 20m³ 用材。湖北省潜江县已见成效，北方几个县区的实践，自然条件远不如长江流域，但已解决了农村和民需用材。

长江流域有很大一部分地区，尤其是人多地少，水土流失严重地区烧柴十分缺乏；甚至就在芦山脚下鄱阳湖边的星子县也在以牛粪作烧柴。湖南省宁乡县总面积 436 亩，其中山地丘陵岗地占 75%，江湖平原只占 21%，水面及其他占 4%；农业人口 109 万人，耕地 110 万亩，全县全年用柴量 6 亿 kg，按全县平均，几乎户户缺柴，现有林木总蓄积 62 万 m³，全作烧柴，也仅够烧 1 年多一点。1981 年我们和宁乡水土保持站一起调查分析，如果能将荒山经营成薪炭林，将现有疏林地改造成为马尾松橡栎混交林，再按全县平均每人栽 100 丛芭茅，就可以使用材蓄积量逐年有所增加，水土保持效果逐年有所提高，林地不再发生新的水土流失，也可以解决全县烧柴问题。

以上是长江防护林体系建设的起步工作，都是当前经济技术条件可以实现的，如果还不能见诸行动和实效，则只能是"非不能也，是不为也。"

当然还有少数更为困难的地方，例如四川重灾区的资中县，人均土地3亩，人均耕地就占1.4亩。沿江两岸28个公社14万人，洪灾淹地11.7万亩，无收8.4万亩，冲毁2.8万亩。总结了洪灾的教训，认识到芭茅是护滩和解决烧柴关键，计划发展几万亩，唯缺种蔸，需要以工代赈补助款几万元，是应得到各级支持的。

林业内部也存在着一些问题，例如：超采降低森林质量和水源涵养作用、滥砍乱伐造成林地水土流失。有林地中有大面积的马尾松林，垦复炼山的杉木人工林，还有也需要垦复的油桐、油茶等经济林和茶园、桑园等绝大部分会造成水土流失或严重水土流失。造林不见林、见林不成林等，是要由林业内部认真解决的。至于借造林为名，破坏水土涵养作用很高的阔叶混交林，而收间种芝麻之利；至于以抚育为名，砍好留坏，砍大留小，求副业收入之实，都应该受到法纪的制裁。

但也应指出，以人要吃饭为名，不求单产提高，盲目毁林开荒，也应认真对待。作为过渡措施，"绵沙改土"还有一定水土流失，并不理想，但在当前，总优于垦种坡地。畜牧事业要发展，则应充分发挥"湖羊"等舍饲的突出优点，不应不顾草地情况，到处乱放。果树、药材等多种经营也不应翻垦坡地和杀鸡取卵，而应修好梯地，维护野生资源。可见在长江流域各项生产事业都应发展，水利、交通、工矿、城乡、旅游事业等建设也无一不属需要，但都应不损害其他生产事业，同时要保证各自使用的土地生产力日益提高，并采用综合措施，防治水土流失。各行各业都应在总结正反两方面经验的基础上，加以系统提高，因势利导，因时制宜，指导生产和工作向有利于其他生产事业发展；向有利于保持水土，挽回生态灾难，向良性循环发展。

经过几十年的努力，我们就能在一亩田、两亩地的基础上，在发展生产的同时控制了水土流失，挽回了有些人认为不能挽回的生态灾难。这不仅是我国的成就，并将对第三世界，甚至对全世界人民作出些贡献。愿与同志们共勉。

附　件

嘉陵江上游林区探索纪实

——兼论水源涵养林的重要性

关君蔚

一、问题的提起

多年前，在我国学术界就"长江能否变成第二条黄河"曾有过一场争论，就此曾冒昧提出过："长江的问题，尤其是水土流失和环境恶化的潜在危险实严重于黄河。"当时并未引起重视，时到今日，不幸而言中。

　　嘉陵江上游是白龙江，"白龙江流域是我国的主要林区，盛产云杉、冷杉，面积 200 万 hm²，木材蓄积 1.6 亿 m³，分属甘川两省。据统计，现在和 20 世纪 50 年代比较，森林面积缩小了 1/3，木材蓄积量也少了 1/4。"这个材料流传颇广，姑且不去计较其详实程度如何，根据 1988 年完成的白龙江森林资源二类调查报告，调查总面积为 105 万 hm²。其中在甘肃省境内，由白龙江林管局经营面积是 54 万 hm²，其中林业用地 36 万 hm²，而在林业用地中有林地为 26hm²。就经营面积而言，只占引用材料"面积 200 万 hm²"的 27.0%，只占甘肃省境内白龙江流域面积约 380 万 hm² 的 14.2%；如按林业用地来计算则分别为 18.2% 和 9.6%。根据现行的水土流失调查规程，有林地（包括次生林）和覆盖度 >40% 的灌木坡都纳入非流失土地范畴之中，与省水土流失现状图相对照，进而用 1966 年的航片、1968 年地形图（1/5 万）与 1974～1975 卫片进行了考核，在白龙江林管局经营范围内的有林地和次生林地变化不大。

　　甘肃有个名城——武都，坐落在白龙江南岸，由于长期严重的水土流失，现在县城低于江底 1.3m，低于北峪河底 18m。面对如此险情，各方面都竭尽心力进行了力所能及的整治。但是，经过 1984 年和 1987 年两次暴雨成灾，终致难于树立信心，经反复多次研究，已决定搬迁。而白龙江林管局就在武都境内两水镇，所谓两水实指拱坝河和白龙江的合流处，前后沟沟底早已高出局镇街道，岌岌可危，周围荒山秃岭，生产和生活都在泥石流的威胁和包围之中；水土流失的严重，实为全国之冠。就此引起各方面的关切和重视，实在情理之中。尤其对其上游森林经营提出希望和严格要求，也是必然和中肯的。只是，问题实在于白龙江林管局经营面积只占流域总面积的 14.2%，以其是国营单位，责无旁贷，不仅不应造成水土流失，进而要求充分发挥其涵养水源的功能。与此同时，尚有 85.8% 约 326 万 hm² 的土地上的水土流失问题也必须提上议事日程。

二、乱砍伐了没有？

　　提出如上问题，实无为白龙江林管局开脱之心。就在林管局经营范围内，1966 年普查时森林总蓄积量为 0.8 亿 m³，1987 年二类调查的结果，现有森林的总蓄积量只剩 0.54 亿 m³，减少了 2600 万 m³，所以蓄积量不是减少了 1/4，而是减少了 1/3 左右，这是有账可查的。应消耗蓄积量 1600 万 m³，其余还缺 1000 万 m³，哪里去了？事实如此，只能属于滥砍（好听一点叫做超采）范畴。

　　先从议论最多的舟曲说起，1952 年原西北行政委员会的农业部就在舟曲组建了白龙江伐木场筹备处，顾名思义很清楚就是砍树。其实在此之前早已在舟曲砍伐森林，借白龙江水运而下，可以说是由来已久！根据 1966 年航片调绘的 1:100000 地形图，已经只在岔岗北坡和拱坝河沙滩以上尚有针叶林可采。根据 1987 年二类调查，舟曲县有林地面积只有 10 万多 hm²，占全县总面积的 42.5%。林管局成立以后，舟曲开发最早，采伐也最多，从而在 1987 年调查中就有林地面积而迭部相差不多（迭部有林地面积为 11.7 万 hm²）但林分蓄积量则仅为迭部的 49.6%。就在动荡的 1967 年舟曲已无林可砍，不完成上交木材又不行，开发新林区无经费，于是组织人力到迭部以"边生产，边建设"开发新林区，将虎头山下白龙江边县街对面一片"风水龙山"采伐了，惹起了一场风波。还好采后更新的人工林现已苗壮生长。截至 1988 年白龙江林管局共用了国家投资 1.8 万元，上交木材 800 万 m³（需消耗蓄积 1600 万 m³），修建公路 1765km，建筑房屋 2 万间，采伐迹地更新和造林 3 万多 hm²，年产苗木 1.3 亿株，可供每年更新造林 4 万 hm^2 之用，还养活着 1.5 万职工和他们的家属。在林区修路架桥、建筑房屋都需要用木材，即使将多消耗的 1000 万 m^3 都算作超采滥伐，鉴于当时条件，具体分析，也不宜过于苛求。但是，不合理经营林业必然引起相应的水土流失，尤其在甘南、川北山高坡陡、地质构造的破碎地带的山区土地就更突出。距白龙江较近的岔岗林场，浅层滑坡到处可见，而深层滑坡和泥石流的残迹犹存。

三、更新改造了没有？

森林资源危机，原不应仅限于木材资源，即使仅就木材而言，采伐量超过生长量也仅是它的一个方面，更新改造赶不上采伐则是危机的根本所在。而更新欠账已成为全国林区包括东北内蒙古林区在内较为普遍存在的问题，白龙江林管局也不会例外。

首先看苗圃，在林管局内有一个以育苗为主的林场没去看，顺便看了岔岗和益哇林场的苗圃，作为生产用苗圃经营是扎实的，苗木质量也是合格和可靠的。

关于迹地更新，他们说凡是采伐迹地，全部有苗，成活和生长会有差异，沿途看过确实如此。但限于年龄和体力登高爬坡力不从心，确实仍不放心，在迭部局反复说明来意之后，提交给我的材料如下：

迭部林业局历年采伐面积和迹地更新面积统计表

年代	项目 累计采伐面积 亩（hm^2）	累计更新面积 亩（hm^2）	迹地更新 %	备　注
1985 年	120，794 (8，052)	110，465 (7，964)	98.9	原底单位为亩。1987 年累计更新面积原底未计，换算补上。
1986 年	126，726 (8，448)	119，503 (7，969)	94.3	
1987 年	144，509 (9，334)	〔144，509〕 (9，334)	100.0	

约好对以上材料以人格担保，愿意接受考验。但这只是一个局的材料，早于两年前在南坪林管局就向我表明更新没有欠账，今年当他们知道我认真对待这个问题时，正式提交截于 1987 年底采伐更新面积 165 万 hm^2（2475 万亩），没有欠账。

四、奇迹的出现

要看采伐的地方就必须到迭部了此行恰值雨季，舟曲公路为泥石流所阻，只能绕道宕昌，沿黄河和长江的分水岭，直下腊子口，始达迭部。次晨到益哇林场，看了采伐和集材的皆伐作业（剃光头），一片天然美林，几天之中全部被消灭，大材被运走之后，枝丫小树，横躺竖卧，一片荒凉景象。但我看过一系列迹地更新，逐年林木生长和林分状态之后，不仅未引起水土流失，而且维持着涵养水源作用。

说实在的，过去长期在少林和无林地区从事防护林体系建设和水土保持工作，我对林区尤其是原始林区涉及很少，为什么突然如此关心采伐和更新，跑到长江上游白龙江林区来了。理由很简单而且很重要。如果以上情况属实，那么通过白龙江林管局的实践就可以证明水源涵养林与禁伐林没有任何理论上的内在联系。所有的森林都有其相应的涵养水源作用，但如要求地尽其利（不是"力"），以最小的林占地面积发挥其最大的防护作用，就必须进行一系列的经营管理抚育更新的措施。单就林分结构而言，它应该是乔灌木混交复层异龄壮龄林，因其多在山地，为了增加固土作用，就希望有深根系树种参与。如果将机械地作为用材林来理解，木材生产比纯林少 10% ~ 15% ，从而要维持水源涵养林的林分结构，它的经营管理抚育更新的措施就不同于用材林和其他林种。

还不仅于此，白龙江林管局的实践还证明了，水源涵养林不是用材林，但其生长出来的木材，照样可以使用。这一实践就更重要，那就是白龙江林管局经营到今天采伐蓄积 3110 万 m^3 ，仍能维持水源涵养的作用，能将水源涵养用材林的设想在祖国的土地上实现，林区职工和子女可以自力更生稍加转向坚持阵地为国家和民族的未来作出贡献。这应该是白龙江林区全体各民族职工和地方共同创造出来的奇迹。

就这个问题我曾反复推心置腹和他们交换过意见，但因我们毕竟还是科技人员，水平不高，归纳起来，有以下几条：

（1）白龙江林区的开发起步较晚，开始的组成人员来自四面八方，但以东北林区和云南林区的人员为主，因此带来了东北、西南林区开发实践的经验和教训。

（2）也正因开发起步较迟，林业院校初具规模，林区面积不大，派来的大学毕业生不少，学科也比较齐全。

（3）正赶上十年动乱，地区条件又较为艰苦，经过筛选和适应，该飞该走的不少，剩下的不多，但剩下的反而更安心了。

（4）这些大学生有点共性，工作在深山老林中，又携家带口，易于说些怪话，发些牢骚，从表面上看，好像并不驯顺，但是他们毕竟具有全面和专业科学基础，在为国争光和强烈事业心的驱使下，不愿作出违背林业科学的事情来。

（5）在他们的带领下锻炼出一大批能胜任全面工作的技术干部和熟练工人。十一届三中全会以后，随政策的落实和改革的深入，他们心情舒畅，共同创造了新的成果。

五、林区经营需要转向

（一）首先，水源涵养林是经营成为具有深根性树种参加的乔灌木混交复层异龄壮龄林。而白龙江林管局经营的原始林中，过熟林的木材蓄积占 28.4% ，即 1.500 万 m^3 ，需要进行更新改造，利用比较成熟的群团状更新经验，可以保证质量实现。但在改造更新过程中取得过熟、病腐、枯损和站杆等木材，是水源涵养林经营过程中的副产，当然所谓副产也是木材，理应按市场价格出售，按 1.5∶1（过去是 1.8∶1）出材计算，改造更新可得副产木材 750 万 m^3 ，按 500 元/m^3 计 37.5 亿元。

这就是什么都不用，只是认真落实早已在历次规划和任务中批准过的白龙江林区管理局经营方针是水源涵养林，而具体执行的却是森工用材手段；转向到以水源涵养林为目的的营林手段，恢复原本本来面貌而已。这个林区（不仅指林管局）有了 37.5 亿资金就活了，这就是必须转向的第一个理由。如果有人指责这是文字游戏企图遮掩超采滥伐之实，请看：

根据按林业科学选样，树干解折 3679 株标准木计算：

白龙江林管局林分生长率 1.66% ，全林分年总生长量为 90 万 m^3/年，而每年年总枯损量为 35 万 m^3/年，主要是在过熟林分（也包括一部分成熟林分），占总生长量的 38% ，占过熟林分蓄积的 3% 。

以上数字在说明过熟林早一年采是木材，迟几年就自消自灭了。

（二）假定过熟林在 10 年改造更新完成，现在的成熟林也将逐步过熟，白龙江林管局经营范围内的成熟天然林蓄积 1975 万 m^3，改造更新之后，又可以副产木材 1317 万 m^3，收入 65.8 亿。则又需 20 年时间，完成后现已改造更新的林分已经 45～60 年生，感谢得天独厚的白龙江林区的优越气候条件，改造更新林分已经进入壮龄和成熟林分，后继有林，而且是人工定向培育以乔灌木复层异龄壮龄林分为主，箭竹和其他多种竹类是主要林下植物，熊猫将来安家，但这只不过还是必须转向的第二个理由而已。

账怕算，一算已经有了几十亿，即使在物价敏感之时，而这是靠科学换来的转向资金，也是向自然借的高利贷，只能用在水源涵养林的建设上。

六、对国家和人民如何交待？职责是什么？

既然是水源涵养林，木材变成副产品，议价出售用作基金，白龙江林管局向国家和人民担当什么责任呢？要交水源涵养效益，但也必须在科学上转向。而具体到各级直接经营的基层，随工作的进展和道路的修建，按水系由小到大，层层设水文观测点；由管理局选人，培训接受水文系统的监督和指导，根据洪峰流量的削减和平水流量的增加，作为科学依据，奖罚有据。

七、现有和今后的苗木用在哪里？

首先用于过熟林改造更新，但仍有余甚多，既然是水源涵养林，就要作好水源涵养林的总体规划。据此，应该优先用于经营范围内的乡、镇、村的山场上，设想是由各林场出苗木、出技术，按水源涵养林的标准，群众出劳力造好林或改造更新原有过熟林地，归群众所有。而且以出售副产木材议价和市场价格之间的差值，作为水源涵养林的基金，按复利计算产值，群众用钱随时可以抵借。并结合转向的要求，组织力量，制定水源涵养经营管理规程（有幸我已见到一份初稿）。如果再大胆地设想一步，充分发挥林管局的管理和营林的技术优势，甚至从 25 年后再改造更新一次，则在林区经营范围内生活和生产的乡村农民在经济上将进入小康家庭。当前的职工到那时候年过七十，他们的接班人正是现在回乡知识青年，大部分应是民族子女，也包括林区职工的子女。缅忆起在粉碎四人帮后，召开的全国科学大会上邓小平同志报告的标题是"提高全民族的科学水平"，"青山常在，永续作业"，是周总理生前的谆谆教导，音犹在耳，要帮助山区、贫困的民族地区共同富裕起来，这才是他们梦寐以求的对国家和民族作出的贡献。

正如前言中的提出的，在此次考察中深受他们的启发和教育，开阔了眼界，树立了信心。激动之余，如实写出学习心得，杂以探索和设想，为了表达自己的真实思想，宁可稍失偏颇，也愿说明清楚，目的只在提出问题，在批评指正中，以求问题的逐步解决。

1987 年 4 月初稿

1989 年 12 月定稿

第 23 章 "红色沙漠"和锦绣山川的探索

我曾于 20 世纪后期,尤其是在四川洪灾之后,多年来参与过江西革命老区的建设工作。当时江西老区兴国县水土流失的惨痛面貌,迄今仍记忆犹新,此次得读两院院士的这篇报告,激动万分,请允许借抄报告原文留作本书纪念。

2006 年 4 月 22 ~ 27 日,由 16 位两院院士和我国知名生态专家组成的院士专家考察团对福建、江西两省水土流失与水土保持生态建设情况进行了考察。

参加本次考察的有中国科学院、中国工程院孙鸿烈、冯宗炜、陆大道、童庆禧、袁道先、赵其国等院士以及来自国土资源部岩溶地质研究所等科研院所和大专院校的专家,水利部水土保持司、中国科学院资环局、中国工程院学部工作局、长江水利委员会、福建省和江西省水利厅等有关领导陪同考察。考察团重点考察了福建省安溪县、长汀县和江西省兴国、赣县、信丰等 5 个县的水土流失现状、水土保持重点治理工程的成效、防治经验和存在的问题。

考察组的院士专家对福建省政府成立水土保持委员会综合协调全省水土保持工作、采取自然修复与人工治理结合、生态效益与经济效益结合、能源建设与植被保护结合、水土保持与经济发展结合的做法以及江西省赣江上游以兴国县为主的国家水土保持重点治理工程的成效给予了高度评价,对两省变崩岗侵蚀区为水保生态经济区的崩岗治理模式给予了充分肯定,并就如何进一步加快两省水土流失防治速度提出了许多指导性的建议。

院士专家团认为,闽西、赣南地区是革命老区,历史欠账多,水土流失依然十分严重,特别是崩岗面广量大,已治理的措施也需要巩固提高,国家应进一步加大投入,加快治理速度,为当地的新农村建设奠定基础。

兴国县 1983 年被列入"全国八大片水土保持重点治理区",以小流域为单元,进行了大规模的集中治理,2005 年已坚持治理 23 年。中国水土流失与生态安全综合科学考察南方红壤区江西考察组,于 2005 年 8 月 20 ~ 22 和 2006 年 4 月 25 ~ 27 先后两次对兴国县水土流失现状及重点治理工程的实施效果及存在的问题进行了实地考察。考察组一致认为,兴国县在防治水土流失、保障生态安全等方面做了大量而有效的艰苦工作,成效显著,经验丰富,为该县新农村建设持续稳定发展奠定了坚实的基础,很值得南方红壤水土流失区借鉴。

23.1 兴国县重点治理前水土流失状况及成因

江西兴国县是革命老区,是著名的苏区模范县,曾为共和国培育出 54 名开国将军,为共和国的建立牺牲了 23179 位知名烈士。而这些烈士和将军的故乡,由于历史上的过度开荒和过度砍伐薪柴等人为活动,导致水土流失严重,生态环境脆弱,群众生活极其贫困。1980 年该县有水土流失面积 $1899.07km^2$,占县域面积 $3215km^2$ 的 59%,占山地面积 $2240km^2$ 的 84.8%。在水土流失面积中,强度以上流失面积达 $669.33km^2$,占流失面积的 35.2%。年均流失泥沙量 1106 万 t,全县大小河流普遍淤高 1m 以上,有的地段高出田面近 2m,成了地上悬河。每年泥沙被带走的有机质和 N、P、K 养分达 55.22 万 t,远远超出当年的施肥量。全县 16533hm^2 的水田中，有 5334hm^2 成了"落河田"（河高田低），常年遭受水害，有 15267hm^2 耕地变为靠天吃饭的"望天田"。山地植被覆盖度只有 28.8%，强度以上流失山头的植被不足 10%，只有一些稀疏的老头松，10 年树龄不足 1m 高。绝大部分山地沟壑纵横，基岩裸露。夏季实测地表高温为 75.6℃，极端气温超出 40℃。在 2240km^2 的山地上，活立木蓄积量仅有 51 万 m^3。"天空无鸟，山上无树，地面无皮，河里无水，田中无肥，灶前无柴，缸里无米"是兴国县当时真实写照。

23.2　兴国县重点治理工程实施成效

兴国县自 1983 年被列入"全国八大片水土保持重点治理区"以来，共投入治理资金 31333.76 万元。其中，中央扶助专款 2437.69 万元，地方匹配投入 1337.68 万元，群众投资和投劳折款 27558.39 万元。累计完成土石方工程 3452.86 万 m^3，投劳 5614.11 万个工日。治理水土流失面积 1620.66km^2，其中有效保存面积 1141.7km^2，有效保存率为 70.4%。获得了显著的经济、生态和社会效益。有 48 条小流域的综合治理达到国家一级验收标准，其中塘背等 5 条小流域由水利部、财政部命名为水土保持生态环境建设示范小流域，兴国县被命名为水土保持生态环境建设示范县和水土保持先进县。水土流失面积由 1980 年的 1899.07km^2 降至 2005 年的 758.37km^2，下降 60.07%，平均每年下降 50km^2；山地植被覆盖度上升了 43.4%；年泥沙流失量下降了 67.6%；河床普遍降低 0.4m，有林地面积净增 5.4 倍，土地产出率增长 54.2%；县财政年收入由 1980 年的 763 万元增至现在的 1.3 亿元；农民人均纯收入由 121 元增至 2225 元。昔日的穷乡僻壤，如今变成了绿树掩映的秀美家园。

23.3　防治经验与模式

在水利部和江西省委、江西省政府的关心和支持下，为了治理穷山恶水，消除生态安全隐患，建设美好家园，兴国人民在县委、县政府及各级干部的带领下，不断探索，不断实践，不断总结，不断创新，积累了丰富经验。科考组的专家将其提炼归纳为行政管理和技术创新两个方面。

23.3.1　行政管理方面

（1）强化意识抓宣传。为了使所有干部、群众积极地投入到水土保持生态环境建设中来，兴国县一直坚持利用广播、电视、标语、板报、宣传车等各种形式深入乡村、圩镇、工地，面向领导、群众、企业、学校进行全方位的宣传。普及水保法律、水保知识，让百姓了解水土流失危害，在全县造就治理水土流失重建生态植被的良好氛围。例如，将每年 9 月定为水土保持宣传月；每年召开一次有基层干部、群众代表参加的水保表彰大会；组织一支水保山歌演唱队，深入村组现编现演本村的好人好事等。通过各种形式的宣传，全民水保意识不断增强，形成上下一条心，全民办水保的热潮。

（2）领导带头抓干部。县委着重抓干部队伍的思想统一工作。先后提出了"不抓水保的干部不是好干部，抓不好水保的班子不是好班子"；"一任接着一任干，一任干给一任看"；"把山当成田来做"等富有特色的口号。在措施上，规定每个干部职工拿出年工资的 1% 用于治理水土流失；逐级签订治理责任状，将治理任务列入政绩目标考核内容，并实行一票否决。当年未完成任务的单位实行"黄牌"警告，二年未完成任务的撤职或降级；机关干部每人每年参加 10 天以上的治理劳动，春节提前 5 天放假回家种树。明确要求各级班子的治理点要挂牌上报，领导要亲自带头参加治理，限期达标。从叶发有同志起，历任的县委书记、县长卸任移交的第一件事就是交代水土保持，这是兴国连续 6 任班子能连续不断地抓好水土保持的秘诀。在县委、县政府的带领下，从水保乡镇培养选拔出 25 名副县级以上干部并交流到赣州各县市，把水土保持工作带动起来。同时也撤换了 5 名不称职的干部。

（3）完善体制抓队伍。为了从体制上确保治理水土流失和生态环境建设的有序进行，从 1980 年起组建了由县长兼任的兴国县水土保持委员会、县乡村三级封禁管护指挥部。1992 年又将原水土保持办公室改为行政一级局，赋予行政执法职能，并内设水土保持监察股和水保监督执法大队。在全县各乡镇设立 26 个水土保持管理服务站。属县水保局派出机构，各乡镇组建有专职封禁管护队。更具特色的是将农村能源办划归水土保持局领导，将水土流失治理与解决农村能源统一起来，这样更加完善了体制功能。在完善体制的同时，加强了队伍建设。如全县从事水土保持事业的人员达 112 人，县水保局有高工 5 名，工程师 8 名，水保技师 5 人，在江西乃至全国都是水保技术力量最强的一个县。另有专职管护员 361 人，兼职管护员 3709 名，还有一支 250 人的沼气建筑技工队伍。不仅满足本县建池技术力量，还经常派出技工，前往山东、安徽、贵州、广东等省及本省各县传授沼气池建筑技术。

（4）灵活政策抓管理。为了规范和激励人民群众对防治水土流失和重建植被的积极性，集社会力量为水土保持服务，兴国县在抓好干部，理顺体制的同时，制定了一系列规范和鼓励政策。例如：将山林承包期定为 60 年不变；"谁山归谁治，谁治归谁管，谁管归谁有"；"当年不治征收治理费，三年不治吊销责任山"；"谁开发、谁受益，经营权允许继承和有偿转让"；"自主开发治理，自有稳定收入起，免征五年农林特产税"；"山地入股或租赁他人开发，自有收入之年起，每年以实物量的 6% 作为租金或红利"；"凡开发治理 100 亩以上荒山者，优先安排贴患贷款并颁发荣誉证书"；"农户建一沼气池，免征土地补偿费，无偿划拨 $30m^2$ 土地"等政策。较好地解决了有山无力治，有钱无山治的矛盾。依据法律，县人大制订了"水土保持暂行规定"和"水土保持法实施细则"。县政府先后发布了水土保持一、二、三号令，各乡镇据此由村民大会通过，订立了封禁管护公约。以上措施和政策的出台，大大提高了全县干部群众治理水土流失的积极性，通过实践也使他们逐步意识到水土保持是发展兴国经济、保障人居安全的唯一出路，是治理江河、防灾抗灾的治本之策，是脱贫致富的根本措施，是改善生态环境的富民小康工程。

23.3.2　技术创新方面

（1）以小流域为单元，进行综合治理。兴国县地处江西中南部，行政上隶属赣州市。总面积为 3215km²，均属赣江二级支流。境内有平江、梅江、良口河、云亭河、孤江五条水系。其中，平江流域范围占 80% 左右。1980 年安排治理时，依据农业资源与水土保持区划的分区全面开花，结果收效不大并存在着边治理边破坏的现象。1983 年列入全国八片水土保持重点治理后，依据地貌、岩性和集水情况，将全县划分为 61 条小流域，后改划为 72 条小流域。按小流域进行规划，分期分批安排集中连片治理开发，获得成功。第一期（1983～1992 年）开工治理 31 条小流域，有 24 条达到国家一级验收标准，成功率为 77.4%；二期一阶段（1993～1997 年）规划治理 26 条，有 16 条达到国家一级验收标准，成功率为 61.5%；二期二阶段（1998～2002 年）开工治理 8 条小流域，均达到国家验收标准，成功率为 100%。23 年来开工治理总数为 72 条小流域，达标总数 48 条小流域，平均成功率为 73.8%。由此可见，以小流域为单元开展综合治理的技术路线，是防治水土流失保障生态安全必须坚持的技术路线。

（2）因地制宜，创立治理模式。兴国县在开展水土流失保障生态安全的过程中，依据科学实验和治理实践，先后创立了以下五种有效的防治模式：

模式1：对花岗岩轻度流失区，以封禁自然修复为主，辅以飞播或人工撒播马尾松，禁止人畜上山践踏破坏，让其有一个休养生息的好环境，实现自然修复。该模式的特点是工省效宏。

模式2：对花岗岩、红砂岩中度流失区，以人工补植为主，辅以飞播和见缝插针补工程。树种以阔叶树和豆科灌木等乡土树种为宜。这种模式不仅可加速中度流失区重建植被的速度，对改变林相实现多层植被覆盖和改良土质的作用也是明显的。

模式3：对花岗岩、红砂岩强度以上流失区，采取工程措施与植物措施结合，草灌乔结合，防治并重，集中连片，高标准、高质量实施区域规模治理。坡面工程以竹节水平沟为主，配合修筑水平台地或反坡梯田、条带。植物宜密以条带式间种为好。这一模式的理念是以工程拦沙蓄水改善植物立地条件为基础，以植物护工程保安全为核心，是治理花岗岩等强度以上流失区的好模式。

模式4：对紫色页岩强度以上流失区，以爆破修梯田开发农耕地种植农作物的形式进行治理。包括紫色沙页岩流失低丘岗地亦可采取此模式9修成梯田后，地埂配置多年生草本植物加以固定和保护。此法治理成本为每亩3000元左右，成本虽高，但可将流失危害严重的劣地改造成永续利用的农耕地，来弥补农耕地的不足，是一劳永逸的好事。

模式5："猪-沼-果"生态综合型治理模式。以农户为主，建立生态庭院式经济的良性循环，是一种有着广泛前景的治理新模式。具体做法是"六个一"。一户农户、养一栏猪、建一个沼气池、种一园果、栽一棚菜、养一塘鱼。利用循环机制，在果园套种青饲料养猪，用猪、人粪为沼气发酵原料，沼液饲养猪、鱼，沼渣肥果蔬，沼气点灯做饭，变废为宝循环利用。在治理荒山荒坡的同时，既改善了农村环境卫生又产生了较高的经济效益，值得推广。

除以上5种治理模式外，兴国县在利用流失山地建果园方面，也有其独特性。即按山顶戴帽、山腰种果、山下养猪建池的布局进行开发利用和治理。在措施上按三大一篓（大穴、大肥、大苗、营养篓）促三保（保水、保肥、肥土）的技术进行设计，来达到三高（高标准、高质量、高效益）的建园要求。在坡面工程的选择及设计方面，创造了拦沙蓄水功能极高的竹节水平沟，并将抗旱性弱的阔叶树改在水平沟内种植的技术。这一创举不仅降低了工程造价，分散了径流，提高了工程的牢固性。同时，改善了植物的立地环境，提高了成活率，不仅简便易行，效果也甚佳。

（3）加强科研力求创新。兴国县先后设立了水土保持站、试验观测管理站、综合利用示范场等科研场所并积极开展试验、示范工作。同时，还积极邀请国家科研单位来兴国开展协作研究，比如：与中国科学院南京土壤研究所协作完成"兴国县水土流失动态及发展趋势的研究"，"长冈水库上游水土流失动态模拟研究"；与省科委、省水保所协作完成"紫色页岩侵蚀区土地生产潜力研究"、与市沼办协作开展"沼气池型改进及利用的研究"，与日本京都大学等高校协作开展"森林恢复土地生产力的观测与流失治理后植被恢复期的径流泥沙变化观测"等，为兴国县的水土流失治理提供了有力的技术支持。

（4）更新观念开拓前进。兴国县自2003年后，根据新形势的需要及时更新观念，将山区水土保持引申到城镇,并细划为工矿水保、交通道路水保、江河水保。对城镇、工业园区的开发建设,加强了"三同时"的监督核查。目前,又将全县大示范区划分为水土流失综合治理区、生态自然修复区、生态旅游观光区和水源保护区。在综合治理项目区内设立 $71hm^2$ 的水保科技示范园。将试验观测与科教示范结合在一起,起到教育、警示作用。在生态旅游观光区,着重优化生态环境,将人文景观用生态加以点缀,使之具有观赏性的同时达到一定的宣传效应。

23.4 治理成本分析

在本次考察中,专家组在对兴国县水土流失治理经验归纳总结的同时,还对重点治理工程和典型流域的治理成本进行了分析和估算。

兴国县自 1983 年列入国家重点治理区起至 2002 年分三个阶段完成两期重点治理工程。从 1983 ~ 2000 年的治理成本平均为 2088 元/ hm^2 ,其中,国家投入成本为 155 元/ hm^2 ,占总投入的 7.4%。当然,每个年度的治理成本不同,呈逐步上升趋势,主要是物价(含劳力)上涨和经济果木林的成本较高。

塘背、崇贤、西江三条代表小流域,单位面积治理造价分别为 1713 元/ hm^2 、2872 元/ hm^2 、4676 元/ hm^2 。从相同措施的成本看,后期成本为前期成本的 2.3 ~ 2.5 倍。不同措施的成本也不相同,经济果木林的单位面积造价为水保林单位面积造价的 3.6 ~ 3.8 倍。

23.5 认识与建议

经过专家们的两次科考,普遍认为:国家将兴国县列入水土流失治理的重点区,经过长期不懈地综合治理,兴国县的水土流失恶化的趋势得到有效遏制,生态环境状况得到有效的改善,从根本上解决老百姓的贫困问题。兴国县在水土保持工作中有其特色,在行政管理体制方面有其独特之处。水土保持首先从领导抓起,将水土保持工作成效纳入干部考核范畴,这在全国也是不多见的。兴国县在治理水土流失方面,探索出的治理模式和经验,值得向其他地区推广,特别是给水土流失严重的革命老区,树立了一个良好的示范典型。

同时,专家们也认为,兴国县水土保持工作还存在一些突出问题,需要引起重视。

(1)兴国县是革命老区,财政相对较为困难,目前的水土流失面积还需要进一步治理,已经治理的区域,需要进一步的巩固和改造。兴国县经过了近 20 年的水土流失治理,取得了显著的成效,但目前仍有水土流失面积 758.37km² ,其中:轻度 257.61km² ,中度 221.44 km² ,强度 171.51km² ,极强度 78.87 km² ,剧烈 28.94km² 。如按现行市场价格计算,需治理资金 23585.3 万元。而从目前兴国县的财政收入看,只能低水平地维持现状。建议国家加大对水土流失严重的革命老区的扶持力度,加大财政投入力度,让老区人民早日脱贫致富奔小康。

(2)从生态安全的角度来看,兴国的生态环境依然很脆弱,林下水土流失普遍且严重。兴国县在已经治理的区域中,多数是以马尾松纯林为主,不少山头是处在有树不成林,有林不成材,林下无覆盖的状态。从生态的角度来看,比较稳定的林型应该是针阔混交林,而目前约 700km² 为马尾松纯林,易遭受周期性的松毛虫危害。纯针叶林的凋落物和根系分泌物有进一步酸化土壤的可能,不利于林下灌、草的生长。此外,不合理的造林方式与树种结构失衡,是导致林下水土流失的主要原因。这次科考,专家们一致认为:森林覆盖率高的地区并不意味着水土流失就得到控制，这种现象不仅在兴国县有，在南方红壤区的其他地区也很普遍，即"远看青山在，近看水土流"的"空中绿化"现象很普遍。

（3）兴国县在水土流失治理的方向上，应该做适当的调整，生态效益固然重要，但缺乏吸引力。应该结合自己的特色产业，以提高农民收入为导向，让水土保持治理成为一种投资。所谓投资，就必须要回报，有回报，农民自然而然地就有积极性。这些工作，需要水土保持科研部门共同协作完成。

（4）兴国县在水土流失治理投入问题上，能否由国家资助为主，逐步向地区自给的方向转变，这种转变最终的目的是做到国家与地方并重，并逐渐转化为以地方为主，从而达到水土流失治理的良性循环的目标，这也是水土保持示范县的职责所在。

第四部分
专题探索

第 24 章 我国的海岸防护林和红树林

24.1 我国防护林体系的形成和发展

当前我国正在步入全面建设小康社会的历史新时期，党中央、国务院作出了推进中国林业向以生态建设为主的战略决策，开始谱写我国林业建设的新篇章。2003 年 6 月，《关于加快林业发展的决定》，说明全民义务植树运动深入开展，全社会办林业，全民搞绿化的局面正在形成，被首举的实例指出："三北"防护林等生态建设工程成效明显。缅忆起 1949 年 1 月末北京解放后，立即筹组林业部，10 月 19 日国家批准成立林垦部。林业与农业在国家内政上并肩作战，在国际上也是创新之举。同年冬就根据我国的实际需要，提出"封山育林，荒山造林，四旁植树和营造防护林"作为我国林业建设总方针。促成 1950 年 12 月由前政务院发布了：《加强老革命根据地工作的指示》。全国老少边穷大部分地区都得到以工代赈的补助。我得以在风沙地区，由黄枢同志主持的冀西沙荒和永定河下游沙荒开始，在山丘地区则以官厅水库的兴建为中心，亲自从河北省坝上的沽源开始，基本上徒步走完了海河流域；其中，官厅以下到三家店以上，所谓官厅山峡，为确保京津安全，曾带领前北京林学院应届毕业班同学承担了由水利部委托的"永定河山峡地区山区建设和水土保持规划"工作。1952 年夏，在陕北榆林建立西北防沙林场，又值东北行政委员会联合内蒙古自治区提出东北西部、内蒙古东部防护林建设的规划和实施计划继之于后；当时的华北行政委员会于 1952 年夏被约参与了华北和内蒙古中部五省区防护林考查和规划工作，11 月 26 日完成，恰值察哈尔和平原两省撤销，五省区变成三省区，但东起东北西部、内蒙古自治区、华北北部和西北，直抵新疆维吾尔自治区；我国半干旱和干旱地区缺林和少林地区，依靠现代科学的新成就，因地制宜营造防护林已成为举国上下的迫切要求。1977 年，恰值我国革命又一次遇到困难的后期，稍有喘息之际，有识之士酝酿建立"三北"防护林，我也被约参与；1978 年在国务院批准这项工程时就强调指出："我国西北、华北和东北西部，风沙危害和水土流失十分严重，木料、燃料、肥料、饲料俱缺，农业生产效率低而不稳。大力种树种草，特别是有计划地营造带、片、网相结合的防护林体系，是改变这一地区农牧业生产条件的一项战略措施。"最后一句是在当时总结国内外自古以来的实践经验和科学成果；缅忆起在起步之初，有幸被指定主持多期来自"三北"各省区林业厅局和市盟县旗的高级研讨班上，重点讨论过"有计划地营造带、片、网相结合的防护林体系，具体应该包括哪些内容。

从而可见，"三北"防护林体系建设工程的出现是具有其历史、实践和科学基础的。到 20 世纪 90 年代初，平原绿化、京津周围、长江中上游和沿海防护林体系建设工程，相继启动，世界八大生态系统工程中，我国独占其五，不仅为举世所关注，也应引起我们的珍视和深思！

其中沿海防护林体系建设工程，以其东北起自辽宁省丹东市，西南抵南海的北部湾，更包括长山、庙岛、舟山等群岛以及海南、台湾及其周边诸岛，地跨寒、温、暖、热四带，具体内容复杂多样，是全国当前防护林体系建设工程的短线所在。

24.2 沿海防护林体系的理论基础

人类早已成为陆栖生物，在发明舟楫之前，涉渡河川已属"智人"的创造，而面对辽阔无边的海洋，长期成为难以逾越的障碍。但居住在沿海地带的人群，在生活和从事生产的过程中，经常受到潮汐涨退、海陆风的影响，形成沙丘内侵，尤其在亚洲东亚季风区内，经常在夏季要多次遭遇台风的袭击！2005年12月26日发生在印度尼西亚苏门答腊岛西北近海震中距海岸仅30km的8.9级特大地震，引起强烈地震海啸，为周边各国造成举世震惊的灾难。在我国，尤其是东南沿海，常遇热带气旋引起海啸；遭遇强烈地震引起的海啸出现的机率虽不高，但其危险确实存在。

地球表面陆地面积小于海洋，诸多星体（主要是月球）在空间运行的过程中，流动的水面，就会产生潮汐涨落，再受昼夜海陆风的影响，就会形成沿海地带永续不停的后浪追前浪的自然景观。如图，基于固态的陆地昼夜温差大，而液态的海水上下流动调节其整体的昼夜温差，从而形成终日拍岸波涛不停。其瞬时断面虽能明确定出汀线和破浪线，但随潮汐涨落，在水平面上实占有平行于岸边的带状区域。

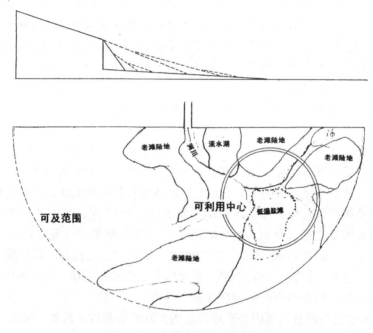

图 24-1 河流入海堆积扇模式图

习惯上沿海地区保护生活和生产安全的防护工程都定为向陆地一侧，即由汀线的内侧开始治理。特别是近百多年来，机械化电器化，以无生物为主体的工业革命（industrial revolution），促进了海运事业的发展，也促进了沿海城市的超限度发展，此次印度洋强烈地震海啸的出现，应视为自然界对人类社会提出的黄牌警告。在自然界陆地沿海地带可分为四类基本类型，即：陡岩海岸，面临深海时多被选为港口；沙滩海岸，常被选为旅游、海水浴场；滩涂海岸，包括低平原陆地和古代老河口堆积区；现代河口滩涂堆积区，其中如处于相对少雨多晴，如我国华北、华东沿海在沿海防护林的保护下，可用作盐场；多雨的东南沿海和北部湾，则应在严格维护特殊珍贵的红树林的基础上，巧于利用较高的土滩和半沙滩发展海水和雨、河水多层次多种类的水陆特产的生产基地，将伴随旅游事业的发展，超前实现社会、生态和经济效益同步实现，进而以取得的经济实力，支援西南贫困山区步入小康社会。

在理论上就必须从静态的海岸防沙工程转变到跟踪人类社会生活和生产发展的需要，建设我国的沿海防护林体系工程。不仅在祖国的北方，应以我国的母亲河黄河河口东营市为北端跟踪动态进程，建设沿海防护林体系建设工程。

图 24 – 2　退潮时红树丛林的外貌（任荣荣，2002 年）

而在我国南方，曾于 1991 年两次得去广西北海、合浦和钦州，专程调查沿海防护林体系建设工程，此次参与在海南省召开的第二届中国（海南）生态文化论坛；又得到海南东寨港红树林保护区与同行多位旧友新知面对现实，交换了意见。一致认为在祖国东南建设沿海防护林体系工程，必须突破长期以来以"汀线"为界的习惯势力；应立即锐意保护好现有的红树林，启动研究恢复重建和新建红树林的技术措施；这不仅是我国沿海特有的珍稀资源，沿海生物尤其是海鸟独特的家园，而且是具有特别重要、无可代替作用的防护林。即使遇到如最近印度洋强烈地震海啸，也得以大比例地减少人类的伤亡。

24.3　我国的红树林

我国沿海防护林应在上述理论基础的指导下，由汀线的最低点开始向陆地全面规划和建造。我们虽早从 20 世纪 50 年代初就参与我国发展热带橡胶防护林工作，仍受习惯势力的干扰，虽就野生橡胶、多种桉树，尤其是木麻黄和台湾相思取得较好实效，但仍置海浸滩地和红树林于不顾。不仅我们对红树林知之甚少，甚至当时与前苏联专家共同培养成绩优秀的研究生黄家旭和李永静同学也是一样。他们被指派到当时的广东省林业厅工作，退休前都曾主编或参与广东省志、林业志的编辑工作。该书对红树林的描述为："红树林是热带和亚热带海湾和河口，泥滩、盐渍化沼泽上的盐生森林植物群落。其分布南自海南岛最南端的榆林港，北至饶平县拓林港的沿海地带均有间断分布。在世界红树林中属东方群系，据统计有39科48属56种。林相虽稍逊于马来西亚，但种类丰富，林冠深绿浓密，呼吸根和支柱根发育良好，少数种类还有板状根。"文字可称精炼，内容实在可怜！在此，愿借用老友任荣荣在他所著的《森林地理景观概貌》中，手绘的退潮时红树丛林的外貌，图示如下：

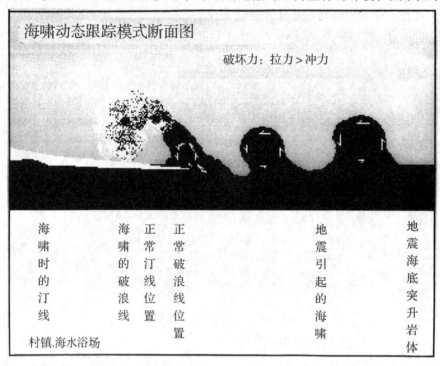

图 24-3　海啸动态模式图

其实，就是在《中国森林》第3卷阔叶林中，有红树林一小段，被置于卷末。事实证明我国林学长期受国内外以生产木材为主的林业所扭曲，特用林产品都被排入次要，遑论难于生产大材的红树林。

24.4　红树林应是我国沿海防护林体系建设的珍奇林种

就此问题，虽闻道甚晚，而面对现实受到教育，首先要感激1991年中秋广西壮族自治区的北海市林业局专程为我们组织的北海沿岸防护林考查。在北海港的靠山除面临海洋的陡峭岩石山，上已遍布马尾松林外，大部分为淡色的沙质海岸，和广东相同以木麻黄为主，间有桉树的沿海防护林络绎不绝，其中建立稍晚，尤其是最近几年营造的幼林，更具有较高的质量。北海市海水浴场旅游区就是建设在老一代高大茂密的海岸防护林之中，而营造和管护这片防护林的林场，却被排斥到阴山背后！直接入海的河口及其附近地区，多形成大小不等的泥滩和沼泽，多为农民聚居，从事多种经营之地，这也是原有红树林分布之地，组成一片特殊的南海风光。事后才理解到是市林业局有意识安排，在退潮时看一片红树林，临近几声呼喊，惊飞寄居的无数水鸟，步入滩涂更得见多种稀见的生物群体，组成复杂独特的景观。直到十几年后又得到海南东寨港红树林保护区，在高潮位乘船畅游红树林，虽属瞬时相遇，情同旧友重逢。

　　广西北部湾在 20 世纪 80 年代受强烈台风的袭击，红树林的抗御能力大于水泥浆砌防浪堤。现实的教育，促使顿悟，红树林应是我国沿海防护林体系建设的珍奇林种。

24.5　结　语

　　海岸滩涂多形成于陆地河川入海处，也多是人类宜于集聚居住之地，以富含营养物质和淤泥流入海洋。沧海桑田，也成为海洋生物集聚之处；在热带和亚热带，常为红树林所占据，不仅可以预防台风的侵袭，而且会有成效地减免强烈地震引起海啸的危害。红树林更是陆水两栖，淡海水产，多种多样珍奇特产的基地；进而更是突出的旅游资源。但也必须指出，从百多年前开始，海运畅通，商埠林立，现代海滨城市畸形发展，人口高度集中，尤其是高楼大厦林立，为台风入侵助纣为虐。此次印度洋肇因于地震引起的海啸浩劫，集中造成港口、商埠和旅游胜地的毁灭性灾害，难道不应该引起全人类和全社会的深思吗！

第 25 章　华北山地的立地条件和造林类型

25.1　立地条件类型研究工作的历史和生产上应用的情况

"林型学说"是半世纪以来苏联林业科学上的光辉成就，首创于 Ф·Г·莫洛作夫，是以·BB·杜库恰也夫的景观、地带和土壤类型学说作为基础的。其后经克留琴涅尔（Крюденер，1916）、Е·Б·阿力克谢也夫（Е. В. Адексеев，1925）加以发展，而被 П·С·波格来勃涅克（П. С. Погребняк）院士研究提出波氏林型学说。

波氏林型学说认为森林和环境条件是统一体，植物和环境条件的相互作用是森林中的主要矛盾，而且在这个主要矛盾中环境条件是主要方面。由于环境条件综合表现在土壤肥力上，于是就可以根据土壤养分和水分条件作为林型的基础。正因如此，此种分类方法一方面是林型分类法，而同时也正是立地条件的分类法。

将波氏林型学说用作立地条件类型指导造林工作在苏联已有广泛的实践基础。1950 年在苏联科学院林业研究所召集的林型会议上次定："在林业工作上应用立地条件类型时最好采用 Е·В·阿力克谢也夫和 П·С·波格来勃涅克的类型表。"

在苏联的山地上是由 Ф. К. 柯契尔佳（Ф. К. Кочорра，1954）所领导的试验站进行了大量工作并在中亚细亚山地指导了实际造林工作，提出了山地立地条件类型表。

1954 年在中国林业科学研究院曾以波氏林型表为基础在小五台山进行过主要树种分布调查。几年来由于造林工作的开展，如何有计划地进行造林工作，保证成活和生长，将造林工作摆在科学的基础上就成为关键问题。在这样的要求下也曾自发地进行过某些立地条件的划分工作，1954 年在永定河官厅山峡地区的林业规划和北京西山造林设计的初步设计中均曾提出过从坡向植物土壤来划分类型，例如阴坡厚土灌木坡、阳坡薄土草坡等，但均未能全面考虑环境条件，因而在实际工作中未起应有的作用。

1955 年北京林学院毕业班同学和其他院校的进修教师实习，在妙峰山林场以 Ф·К·柯契尔佳的立地条件类型表为基础在金山作了试点工作。虽然问题很多，但很快就为小西山复查设计所采用。根据这些经验，1956 年毕业班同学又在林场较大面积上作了调查和设计工作。当年河北省用于太行山区，河南省试用于鸡公山，均认为在实际工作中切实可行。林业科学研究所于 1957 年会提出山西省石山区的立地条件类型表。

1956 年已与河南省林业厅和河南农学院合作试用于豫东沙地，同年与东北林业土壤研究所和辽宁省林业厅合作试用于辽西山地。

根据上述事实充分说明了：

（1）波氏林型学说可以用于立地条件类型的卓越性质在于它能成为造林工作的主要依据，也正是造林工作的科学基础。

（2）正由于工作从一开始就受到了生产部门的支持，证明了立地条件类型学说易为生产工作者所接受。在中国也证明了波氏立地条件类型在造林工作上的实践意义。

（3）党和政府提出 12 年绿化我国可能绿化的荒山荒地的号召，促使造林工作必须摆在科学的基础上，因而也推动和支持了这一次研究工作。

但是我们实际进行的工作却很差，一方面是大部分材料的获得均系结合同学实习采集，而另一方面也是主要方面，是参加研究工作总结的同志有限。只是为了今后研究工作的开展，整理出来预报性质的材料如下。

25.2　妙峰山实验林区的土壤和现有植物条件

25.2.1　北方石山区土壤的特点

长期在自然历史条件和人类经济活动影响下所形成的石山区土壤是非常复杂的，但是这土壤的发展却具有一定的规律。原始粗骨土不会大面积出现在林区，而人类经济活动影响严重的地区也不会大面积出现发育完整的地带性土壤。花岗岩上的原生土不可能是黏质的，而石灰岩上的原生土也不可能是砂质的土壤。

在不同土壤所具有各项发生发展阶级和物理化学性质都决定着树木的生长和它的造林类型，在石山区应该更着重地指以下几项：

树木根系发育较深，而现在无林和少林的石山区土层一般较浅，因此基岩是否可以易于容纳根系伸入就成为很重要的性质。首先是基岩所具有的层次和节理，裂隙较多的岩石则有利于森林的生长，例如在千枚岩的山地。但在裂隙少的岩石上则不利于森林的生长，尤其是不利于深根性树种生长，例如在石灰岩的山地上，其次是基岩的细碎程度，尽管基岩的裂隙较少，但细碎层深时亦可供森林顺利生长，例如花岗岩山地。在土层较薄时基岩裂隙的多少和细碎程度的深浅对造林工作起着重要的作用。但也必须指出随着土层的加厚此种影响不明显。其次是在土层中含有沙砾角砾块石等粗骨物质的性质和含量，由于粗骨物质不同影响着粗骨间隙中细土混入的难易，在砂质质粗骨中很难为细土填充，但在角砾粗骨则易于为细土填充，但相反的由于岩石本身风化所产生的细粒，在砂质粗骨中难于为水冲失，但在角砾粗骨中则易于为水冲失。粗骨物质含量愈多则吸水力和吸收能力就愈差，亦即水分和养分愈低，但通气性一般则愈良好。在自然界石山区土壤的粗骨量是逐渐增加的，土层中含有多少粗骨成分才算作粗骨土层目前尚无有力依据，暂定为容积 40%，粗骨含量在 40% 以下称之为细土层（根据 1957 年工作证明，此标准偏低）。

应该认为细土层厚度是石山区造林工作的命脉，几年来各地[1]（注：北京林学院妙峰山林场，北京小西山造林设计报告，1956）在制订立地条件类型时在土壤养分方面，均一致以细土层为主要根据。在划分细土层厚的等级时，依据造林工作的需要可分为以下四级：

Ⅰ. 5～15cm　一般树木根系均分布在 5cm 以下的土层中，因此在这样条件下造林，主要根系均分布在细土层下的粗骨土层中，树木的生长和发育主要决定于粗骨土层的性质。

Ⅱ. 15～30cm　苗木的栽植和整地基本上在细土层中，但其下部即近接于粗骨土层，一部分根系可分布在细土层中，而另一部分根系则需分布在下部的粗骨土层。

Ⅲ. 30～50cm　造林和整地完全在细土层中进行，造林后树木的主要根系均分布在细土层中，但深根性树种仍有一部分根系要分布在下部的粗骨土层。

Ⅳ. >50cm　已开始消失掉石山区土壤的特点，造林工作可按一般方法来进行。

但经 1954、1955、1956 年三年的实际工作的印证，结果发现单纯依据细土层厚并不能作为划分立地条件的主要条件，在此之外应该对细土层的质地要有足够的重视。土壤的质地不同对土壤养分和水分条件有很大影响，因此应该在细土层厚的基础上划分出砂质和壤质两种不同的质地，北方石山区重黏质的土壤存在不多。如此则正符合在石山区森林自然分布的规律，也符合波氏林型中由砂土松林过渡到阔叶混生橡林的规律。

但是更重要的是土壤的结构，因为养分和水分的积累，土壤坚持度和通气性，是密切关系于林木的生长和造林类型的。而决定土壤结构的因子，在石山区和其他地区一样是在于土壤发育的进程，地表植物的情况，和人类经济活动的程度。不过在粗骨土形成的初期，由于细土层较薄，而树木的根系分布深，因而基岩的细碎裂隙的多少，细土层厚和性质等影响树木的生长较多；随着细土层的加厚土壤结构将与质地共同形成左右树木生长的主导因素。土壤结构的形成是生物生长发育的结果，而结构的破坏则主要由于人类不合理的经济活动。在成土作用中影响造林工作的主要有生草化作用、淋溶作用、灰化作用和潜育作用。

生草化作用促使团粒的形成和巩固，此种作用是由草本植物的生长而形成，其结果提高了土壤肥力，但在另一方面也形成了造林工作和杂草斗争的困难。我们将不同土壤上的生草化程度分为三级：

①弱生草　具有明显的带有团粒结构的生草细土层，一般此类土壤肥力较差，应该选用耐瘠薄的树种。

②中生草　具有明显的带有团粒结构的生草细土层，经常可以分为上下两层，其上层色较黑腐殖质尚未完全与土壤结合，团粒的稳定性稍差。而下层则腐殖质完全与土壤结合，团粒的稳定性最大，此层实际上也正是淋溶层的上层。此二层逐渐过渡没有明显的界限。在造林工作上是较为合适的。

③强生草　具有深厚的生草细土层，颜色最深，表层常形或非常明显的草根层，草根层下部土层是结构最好的土层。形成此种土壤多系由密织状禾本科草类和莎草科草类，因此对造林工作而言，肥力虽较丰富但必须注意到如何和杂草竞争的工作。

淋溶作用和灰化作用都密切关系于土壤养分的存贮和分布，也决定着土壤的 pH 值，但在无林或少林的石山区并不显著地影响到造林工作，因为在这里灰化作用并未发展到严重地影响到树木生长的程度。

至于发育作用只出现在局部地区，在造林工作上应注意到排水，而选定树种和整地方法。

至此我们应该指出显著地影响造林工作的另一方面，那就是人类经济活动的影响。

首先在垦种之后作为耕地，农作物的产量就成为说明肥力的很好指标，而此指标与细土层也有密切的相关关系（当然在平宽分水岭、马蔺台地和沟边滩地上相同厚度的土壤，由于水分条件不同产量也有显著的差别）。同时由于耕垦都进行在自然界土壤发育较厚的地区，一般在缓坡的土地上，因此在今天来看土层的厚薄，实际上也正说明垦种之后土壤侵蚀的进展程度。我们提出以下几项：

耕作土壤分别划分为中层和厚层，仍以 30cm 为界限。撩荒耕地实属薄层耕作土壤，由于细土层厚不足 15cm，无法进行耕作只好撩荒，但其中不包括长期撩荒有很好土层的土壤。

（注）本文插入有土壤及其母质的模式剖面图的深度为 100cm。

土　　壤　　性　　图			
A	B	C	D
A0			
A1	B1	C1	
	B2	C2	D2
		C3	D3
			D4

表 25-1　各种土壤与立地条件类型的关系

其次是放牧的影响，主要在破坏地被物使土壤坚实，引起土壤侵蚀，这就是放牧过度所形成的流失土。

应该认为土壤所有的各性质都密切地影响到养分和水分条件，以上仅就其在石山地区的一些主要性质就造林工作的需要作了简单的说明。

以 1956 年进行的北京林学院妙峰山林场调查的材料为基础，结合几年来工作所得，整理出供造林工作用的石山区土壤检索表（表 25-2）。

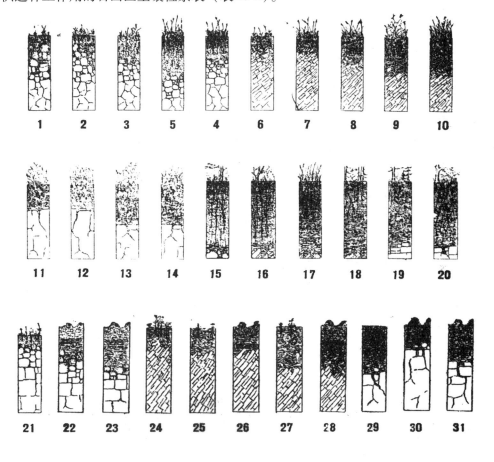

表25-2　华北松槲混交林区(石山区)的土壤检索表

北京林学院妙峰山林场,北京小西山造林设计报告,1956

序号	名称	简称	成土过程或土壤侵蚀程度	基岩和母质性质 种类	细碎程度	裂隙	下层粗骨土的性质 种类	含量	表土细土层质 性质	层厚(cm)	土壤发生层次或人类经济活动的影响	植物群落或盖地表情况	标高(m)	分布情况 位置	坡度	坡向	小区地形	立地条件类型	
1	在淡色结晶岩软砂岩上发育的原始粗骨土	砂石山流薄山腹土	原始粗骨土	花岗岩、片麻岩、结晶片岩、辉长岩、石英粗面岩、云母片岩	强	少	砂质	40%以上	砂质	——	开始积累有机质	稀疏白草草墙头酸枣叶李覆盖盖基小	0~500	分水岭及阳坡上部	斜坡陡坡险坡	阳坡	凸	A₀	在实际进行土壤调查时应仍记载为「在花岗岩上发育的原始粗骨土」……本表中将基本上对造林性质相似的母质成的基岩及其他母质加以总括,并冠以名称
2	在淡色结晶岩软砂岩上发育的粗骨薄层弱生草棕色森林土	砂石山草坡薄土	粗骨土(I)	同上	同上	同上	同上	同上	同上	5~15	具有生草细土层	白草墙头酸枣叶小李	同上	分水岭山腹上部台地	平坡缓坡斜坡	阳坡	凸	A₀	
3	在淡色结晶岩软砂岩上发育的粗骨中层弱生草棕色森林土	砂石山草坡薄土	粗骨土(II)	同上	同上	同上	同上	同上	同上	5~30	具有及其草下溶层细土层	白草管条荆条	同上	山腹沟边	平坡缓坡斜坡	阳坡	凸平	B₁	
4	在淡色结晶岩软砂岩上发育的粗骨中层中生草棕色森林土	砂石山草坡薄土	粗骨土(III)	同上	同上	同上	同上	同上	同上	同上	具有及显化的表层草层淋溶细土层	闭穗草冠露羊胡子叶草杂灌木	0~500 稀1000	山腹中下部沟边	同上	阴坡(高处)阳坡	平凹	B₂	

（续）

序号	名称	简称	成土过程或土壤侵蚀程度	基岩和母质性质 种类	细碎程度	裂隙	下层粗骨土的性质 种类	含量	表土细性土层质 性质	层厚(cm)	土壤发生层或受人类经济活动的影响	植物群落或地表情况	标高(m)	位置	坡度	坡向	小区地形	立地条件类型
5	在淡色结晶岩软砂岩上发育的粗骨中层中生草棕色森林土	砂石山生草山茅林厚土	粗骨土(II)	同上	同上	同上	同上	同上	同上	30	具有生草化显著的表层及较厚的淋溶细土层	露叶草闭穗草冠草胡关草胡子草杂灌木时有乔木	0~500 稀1000	山腹下部沟边	平坡缓坡	阴坡(高处阳坡或阴坡)	平凹	C$_2$
6	在多裂隙岩石或上移积母质的粗骨薄层弱生草棕色森林土	软山活山草山薄土	粗骨土(I)	玄武岩安山岩闪绿岩橄榄岩绿岩斑岩片岩枕状岩褐积母质洪积母质冲积母质	中	多	块石角砾	40%以上	壤质	5~15	具有生草化的细土层	白草管草小叶鼠李酸枣	0~500	分水坡山腹上部	斜坡陡坡险坡	阳坡	凸平	A$_0$
7	在多裂隙岩石或上移积母质的粗骨薄层中生草棕色森林土	软山活山灌木薄土	粗骨土(I)	同上	中	多	块石角砾	40%	壤质	5~15	具有生草化显著的表层	羊胡子草蚂蚱腿子	0~500	山腹	斜坡陡坡险坡	阴坡(高山阳坡)	凸平	A$_1$
8	在多裂隙岩石或上移积母质中生的粗骨厚层中生草棕色森林土	软山活山草坡薄土	粗骨土(I)	同上	中	多	块石角砾	40%	壤质	15~30	具有生草化显著的表层和淋溶细土层	杂草灌木	0~500	山腹	斜坡陡坡险坡	略	略	C$_{1-2}$

（续）

序号	名称	简称	成土过程或土壤侵蚀程度	基岩和母质性质			下层粗骨土的性质		表土细性土层质		土壤发生层次或人类经济活动的影响	植物着生或裸地表情况	标高(m)	分布情况				立地条件类型	
				种类	细碎程度	裂隙	种类	含量	性质	层厚(cm)				位置	坡度	坡向	小区地形		
9	在多裂隙砾石或母质移积的上发育质厚粗骨层中生草棕色森林土	软山沼山草坡薄土	粗骨土(II)	同上	同上	同上	同上	同上	同上	30以上	具有生草化显著的表层和较厚的淋溶细土层	杂草灌木	200～500	山腹中部下部沟边	斜坡陡坡险坡	略	略	D₂₋₃	
10	在多裂隙砾石或母质移积的上发育质厚粗骨层中生草茅林厚土	软山沼山茅林厚土	粗骨土(II)	同上	同上	同上	同上	同上	同上	同上	具有深厚生草化显著和较厚的淋溶细土层	密丛草类灌木时有乔木	500～1500	山腹中部下部沟边	斜坡陡坡险坡	略	略	D₂₋₃	
11	在少裂隙暗色结晶岩和海成层岩中层发育的粗骨中层中生草棕色森林土	死山灰石山灌木中土	粗骨土(II)	页岩硬砂岩砂质砾岩玄武岩安山岩石灰岩大理岩白云岩	弱	少	角砾或块石(石灰岩类)	40%以上	壤质	15～30	具有生草化显著的表层溶细土层	杂草灌木	200～1500	山腹中部下部沟边	斜坡陡坡险坡	略	略	B₁₋₂	
12	在少裂隙暗色结晶岩和海成层岩中强发育的粗骨中层中生草棕色森林土	死山灰石山灌木中土	粗骨土(II)	同上	同上	同上	同上	同上	同上	同上	具有深厚生草化显著和淋溶细表层土层	密丛草类灌木时有浅根乔木	500～1500	山腹中部下部沟边	斜坡陡坡险坡	略	略	B₂	

（续）

序号	名称	简称	成土过程或土壤层蚀程度	基岩和母质性质 种类	细碎程度	裂隙	下层粗骨土的性质 种类	含量	表土细性土层质 性质	层厚(cm)	土壤发生层次或类型人为经济活动的影响	植物群落或裸地表情况	标高(m)	位置	坡度	坡向	小区地形	立地条件类型
13	在少裂隙成暗色结晶岩岩和海成岩层上发育的粗骨厚层生草森林棕色森林土	死山灰石山洪木中土	粗骨土(Ⅱ)	同上	同上	同上	同上	同上	同上	30以上	具有生草化显著的表层和较厚的淋溶细土层	杂草灌木	500~1500	山腹中部下部沟边	缓坡斜坡陡坡险坡	略	略	C_{1-2}
14	在少裂隙成暗色结晶岩岩和海成岩层上发育的粗骨厚层强生草棕色森林土	死山灰石山茅林土	粗骨土(Ⅱ)	同上	同上	同上	同上	同上	同上	同上	具有深厚生草化显著和较厚的淋溶细土层	密丛草类灌木时有浅根乔木	500~1500	山腹下部沟边	缓坡斜坡	阴	凹平	C_{2-3}
15	砂砾质生草棕色森林土	砂石山地地带性土壤	山区地带性土壤	花岗岩片岩结晶片岩闪长岩石英粗面岩云母片岩	强	少	砂质	小于40%	砂质壤质	50以上	具有生草化显著的表层及厚冻细土层并有的铁积层	松林及其跏地	800以上	山腹中部下部沟边	平坡缓坡斜坡	阴	凹平	C_{2-3}
16	壤质生草棕色森林土	软石山山地地带性土壤	山区地带性土壤	玄武岩安山岩闪长绿岩辉绿岩微岩既岩岩片岩干枝岩塌积母质洪积母质冲积母质	中	多	块石角砾	小于40%	壤质或粘值	50以上	同上	混交林及其迹地	500以上	山腹中部下部沟边	斜坡陡坡险坡	略	略	C_{2-3}

（续）

序号	名称	简称	成土过程或土壤侵蚀程度	基岩和母质性质 种类	细碎程度	裂隙	下层粗骨土的性质 种类	含量	表土细性土层质 性质	层厚(cm)	土壤发生层次或类人经济活动的影响	植物群落或草地表情况	标高(m)	分布情况 位置	坡度	坡向	小区地形	立地条件类型	备注
17	壤质强生草综色森林土	软山活山草地黑土	山区地带性土壤	同上	同上	同上	同上	同上	同上	同上	具有深厚生草化著的表层及深淋溶细土层	山地密从草地间有灌木或乔木	500以上	平英分水岭山腹沟边	略	略	凹平	C_{3-4}	
18	壤质生草弱灰化棕色森林土	软山香土地阴山林	地带性土区山壤性	同上	同上	同上	同上	同上	同上	同上	淋溶层下部具有明显的灰化作用	云杉林及其跳地	500以上	平英分水岭山腹	略	阴	略		由于标高甚高,属云杉落叶松分布地带,应不包活在内
19	壤质微酸灰化棕育色森林土	软山活地阴山林	地带性土区山壤性	同上	同上	同上	同上	同上	同上	同上	淀积层中具有明显的钙化作用	云杉林或湿草地	500以上	沟边山腹下部	平坡缓坡	阴	凹平	D_{2-3}	同上
20	在炭酸监母质上发育的生炭酸棕色森林土	灰石山林地黑土	地带性土区山壤性	石灰岩白云岩大理岩及其他含炭酸监丰富的母质	同上	同上	同上	同上	同上	同上	具有较为明显的钙积层	阔叶混交林地及其跳地	500以上	平英分水岭山腹	平坡缓坡斜坡陡坡	阴坡阳坡部下部	略		
21	在淡色结晶岩软砂岩上发育的粗骨薄质疏荒耕作土壤	砂石山发耕地	耕作土	花岗岩片麻岩岩白岩及闪绿粗辉绿岩石英岩云母片岩	强	少	砂质	40%以上	砂质	5~15	具有明显的发育排表层	嵩属白草覆盖度小	0~500稀1000	山腹沟边平	平坡缓坡斜坡	阳坡	凸平	A_0	

（续）

序号	名称	简称	成土过程或土壤侵蚀程度	基岩和母质性质 种类	细碎程度	裂隙	下层粗骨土的性质 种类	含量	表土细生土层质 性质	层厚(cm)	土壤发生层次或人类活动经济的影响	植物群落或地表情况	分布情况 标高(m)	位置	坡度	坡向	小区地形	立地条件类型
22	在浅色结晶岩软砂岩上发育的粗骨中层耕作土壤	砂石山中等耕地	耕作土	同上	同上	同上	同上	同上	同上	15~30	作具有表层明显的耕	作物	0~500 稀1000	山腹中下部沟边	平坡缓坡斜坡	阳坡(有时阴坡)	平凹	B_{1-2}
23	在浅色结晶岩软砂岩上发育的粗骨厚层耕作土壤	砂石山上等耕地	耕作土	同上	同上	同上	同上	同上	同上	30以上	具有表层深厚的耕作	作物	0~500 稀1000	山腹下部沟边	平坡缓坡	阳坡(有时阴坡)	凹	B_{1-3}
24	在多裂隙岩石或移积岩母质上发育的粗骨薄层撂荒耕作土壤	软山活废耕地	耕作土	玄武岩安山岩闪绿岩橄榄岩斑岩片岩母岩质塌积母质冲积母质	中	多	共角角砾	百分之四十以上	壤质	5~15以上	具有明显的废耕表层	蒿属白草闭蔟鹅草冠草覆盖度小	略	山腹	平坡缓坡陡坡	略	略	A_{0-1}
25	在多裂隙岩石或移积岩石质上发育的粗骨中层流失土坡	软山活坍塌土坡	过度放牧流失土	同上	同上	同上	同上	同上	壤质	15~30	具有细土层但无腐植层的缺顶土	白草蒿属覆盖度基小	略	腹上部中部分水岭	略	阳坡(阴坡)上部	凸平	A_{0-1}
26	在多裂隙岩石或移积岩石质上发育的粗骨中层耕作土壤	中等软山活耕地山	耕作土	同上	同上	同上	同上	同上	同上	同上	具有足以进行的耕作层	作物	略	平英峡中部分水岭下部	平坡缓坡斜坡	(有时阴坡)阳坡	平凹	A_{1-3}

（续）

序号	名称	简称	成土过程或土壤侵蚀程度	基岩和母质性质			下层粗骨土的性质		表土细粒土层性质		土壤发生层次或人类经济活动的影响	植物群落或地表情况	分布情况					立地条件类型
				种类	细碎程度	裂隙	种类	含量	性质	层厚(cm)			标高(m)	位置	坡度	坡向	小区地形	
27	在多裂隙岩石或成移积母质的粗骨厚层土上发育层流失土壤	软土塌活山坡厚	放牧通遗流失土	同上	同上	同上	同上	同上	同上	以上	具有较厚的细土层但无腐植层顶土缺的	白草蒿属覆盖度小	略	分水岭山腹上部中部	平坡缓坡斜坡	有时阴坡阳坡上部	凸平	A_{1-2}
28	在多裂隙岩石或成移积母质的粗骨厚层耕作土壤	上等耕活山地	耕作土	同上	同上	同上	同上	同上	同上	同上	具有深厚的耕作土层	作物	略	山腹下部平台分水岭	平坡缓坡斜坡	略	平凹	D_2
29	在少裂隙暗色结晶岩成层岩上发育的粗骨厚层流失土壤	山厚死土塌山石	流过度失土放	石灰岩大理岩白云岩页岩硬砂岩硅质碳石岩玄武岩安山岩	弱	少	角砾或块石(石灰岩类)	百分之四十以上	壤质	30以上	具有较厚的细土层但无腐植层顶土的缺	白草蒿属覆盖度小	略	分水岭山腰上部中部	平坡缓坡斜坡陡坡	坡有时阴坡阳坡上部	凸平	D_{1-2}
30	在少裂隙暗色结晶岩成层岩上发育的粗骨中层耕作土壤	死中等耕灰山地岩	耕作土	同上	同上	同上	同上	同上	同上	15~30	具有足以进行耕作的耕作层	作物	略	同山腹中部下部沟边	平坡缓坡斜坡	阳坡有时阴坡	平凹	B_{1-2}
31	在少裂隙暗色结晶岩成层岩上发育的粗骨壤质厚层耕作土壤	山死灰石岩等耕地	耕作土	同上	同上	同上	同上	同上	同上	30以上	具有深厚的耕作层	作物	略	山腹下部沟边	平坡缓坡斜坡	略	平凹	C_{1-2}

虽然北方石山区的自然植物受过严重的破坏，但根据残存材料仍可以指出辽西热河东部河北大部分和山西一部分山地属松橡混交的落叶阔叶林区。其中绝大部分属黄土堆积甚少或已冲失殆尽的石山地区。

这一地区森林植物条件是非常复杂的。其所以复杂首先在于这一地区东面滨海及广大平原而西倚蒙古高原，南阻于秦岭而北界辽河，因此周围的自然条件是要渗透而且影响着这一地区的森林植物条件。

也正由于是山区，地貌地质条件对森林植物条件起着重要作用，可以指出山脉走向，地质构造、基岩及由其所形成的成土母质以及标高、坡向、坡度、位置、局部地形的变化都影响着森林植物条件，这就是石山区森林植物条件复杂的第二个原因。

第三个原因是石山区在不同时间受到不同程度人类经济的影响，森林的破坏、垦耕、放牧等都严重地影响改变着森林植物条件。尽管过去曾经是松橡混交林区，但目前已不复到处具有松橡顺利生长的条件。

基于上述三方面的原因，就形成了北方石山区森林植物条件的复杂性，也就要求在石山区进行林业工作要仔细分析整理这样复杂的条件。几年来在工作中我们曾经反复以坡陡、坡向和标高三个因子为主进行了调查和整理，但走了弯路，从工作中体会到石山区复杂的环境因子仍然与其他地区相同，所有因子都是相互制约、相互影响着的一个有机整体，其中土壤和植物群落综合表现了环境条件。

按威廉士的学说将影响植物生长条件的因子分为宇宙因子和土地因子，在一般地区宇宙因子（光、温度、降水、空气湿度等）所引起森林植物组成和生长的差是发生在较大地区范围内，但在山区则不然，由于坡向、标高和位置的不同引起显著地小气候的变化。尽管如此，这些小气候的变化终究还是要通过土壤的形态和性质，而且同时也要通过植物群落的特性表现出来。例如在妙峰山实验林区北坡、西北坡和 1200m 以上的山坡不出现白草群落，而 6000m 以上的山地没有结网草群落。其实人类的经济活动的影响也会明显地通过植物和土壤表现出来，例如只经过乱砍滥伐所形成的无林山坡就显著不同于垦耕撂荒山坡的植物和土壤。

25.2.2　土壤调查的基础上的现有植被状况

以下就是在如上主导思想之下来分析妙峰山实验林区的森林植被条件：[①]

妙峰山实验林区位于北纬 39°54′，东经 116°28′，处太行山北部燕山山地东端，是绵亘北京市西郊西山的一部分，距北京城约 35km。林场全面积为 3775hm²，1956 年调查面积为 1620hm²。标高最低为北安河 120m，最高为大云坨 1258m。大致沿南北方向以妙儿洼和阳山一线为界，东部水流入北安河，山势陡峭急骤转低与华北平原接壤，占全面积的 40%。西部水流入涧沟，山势较高而平缓，标高均在 750m 以上，占全面积的 60%。除很少地点尚存小片马兰期黄土外，主要基岩在 300m 以下为花岗岩，300～700m 为辉绿岩，700m 以上为砾岩。坡度百分比如下：

0°～15°坡度占 21%

15°～25°坡度占 29%

---

① 以 1956 年调查材料为主参考 1955 年试点材料，调查方法是综合调查法并进行必要的专题调查。

25°~35°坡度占 48%

35°以上坡度占 2%

生长季节 220 天，无霜期 180 天，晚霜在 4 月上旬，早霜在 9 月初。标高和坡向显著影响着气候条件，涧沟（700m）季节晚于响堂（200m）约 20 天，阴阳坡物候可差 15 天。全年平均雨量 750mm，雨水集中在 7、8 月，最高降水量可达全年雨量在 51%，最大昼夜降水量可达年雨量的 13%。但春季雨量较少，仅占全年的 1%，三四月平均降水不过 10mm，而且蒸发量为 70~225mm。此时期正值旱风吹袭，月平均风速可达 7.8m/s，其结果形成较长而较严重的春旱现象。

北京林学院实验林区前山由北向南有草厂、北安河和徐各庄三个村，后山为涧沟村，放牧燃料和割条子均依靠山地，低山地区及土厚山地均被垦种，果树和玫瑰较多。

现有山地中森林早已破坏殆尽，现只残存甚少山杨、椴、橡、油松、鹅耳枥、白蜡等小片再生林。绝大部纷山坡均经垦种，现有草坡及灌木坡在 1000m 以下均为垦种撩荒之役恢复而成，现在土地利用情况如下

耕地梯田   0.64%

林　　地   1.05%

草坡和灌木地   83.94%   （包括零星分布的裸岩在内）

裸岩陡崖   4.57%

如上复杂的自然因素和人类经济活动的影响，综合形成这一地区的土壤和植物条件。

25.2.2 实验林区的植物群落及其分布规律

石山区的森林植物条件复杂，即使远在人类进行经济活动之前，亦不可能完全为森林所被覆，而森林破坏后植物的发生和演替亦将依不同条件而异。但为了便于说明，仅将石山区植物演替的一般规律如下：

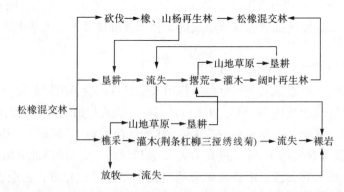

在植物不同演替过程中而且在不同阶段受到不同程度人类经济活动的影响，因而在石山区就形成了千差万别的地被植物群落。

由于采用的是综合调查法，测量植物和土壤调查是同时结合进行的，一方面由于设置标准地较少，另一方面调查时间是早春而且在群众割柴之后，都影响到调查的精密程度。根据 248 块标准地的调查材料整理如下：

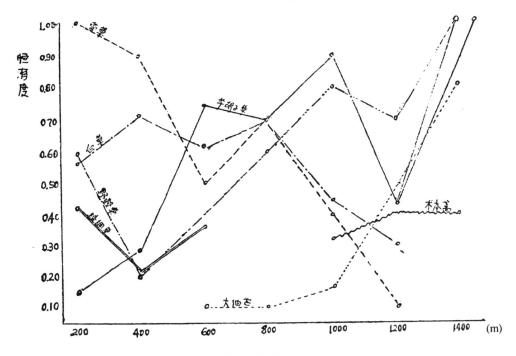

图 25-1　主要草本植物分布与标高的关系

图 25-1 是根据调查草本植物群落的标准地进行计算的，其中不包括在灌木群落中混生的草本植物。由图 25-1 可以看出 600m 以下以白草、菅草、结网草为主，600m 以上则以野谷草、大油芒、木本蒿为主。大闭穗草和小闭穗草分布亦较普遍，但因调查时两者混淆所以未列入。不仅其分布与标高有密切关系，而且标高对植物出现的恒有度也有着密切的关系，因此在分析分布范围较广的植物种时应充分注意到恒有度的变化（所谓恒有度系指在相同条件下的标准地块与该植物种出现地块数之比）。

表 25-3　主要灌木分布与标高的关系

	分布范围	最多分布范围
蚂蚱腿子	100 ~ 1100	200 ~ 400
绣线菊	200 ~ 1400	700 ~ 1000
荆　条	100 ~ 1000	100 ~ 500
酸　枣	100 ~ 1100	100 ~ 500
胡枝子	100 ~ 1400	800 ~ 1100
华北溲疏	200 ~ 1400	800 ~ 1000
薄皮木	100 ~ 900	100 ~ 400

表 25-4　草本类植物分布与坡向的关系

名　称	各坡向标准地上的恒有度								
	W	WS	S	SE	E	NE	N	NW	
羊胡子草	0.8	0.5	0.3	0.6	0.5	0.8	1.0	1.0	按 Cop^2 以上计算
结网草	0.2	0.0	0.0	0.0	0.2	0.6	0.4	0.0	
白　草	0.4	0.7	0.7	0.5	0.4	0.6	0.2	0.0	
菅　草	0.2	1.0	0.6	0.6	0.8	0.5	0.4	0.5	
大油芒	0.2	0.0	0.2	0.3	0.1	0.0	0.4	0.5	
野谷草	0.8	0.4	0.4	0.6	0.8	0.6	0.6	1.0	
木本蒿	0.6	0.0	0.2	0.2	1.0	0.3	0.2	0.0	

表 25-5　灌木类植物分布与坡向的关系

名　称	各坡向标准地上的恒有度								
	W	WS	S	SE	E	NE	N	NW	
酸　枣	—	—	0.3	0.2	0.1	0.0	0.1	0.0	无 300m 以下西坡，标准地
胡枝子	0.7	0.7	0.5	0.5	0.4	0.4	0.4	0.8	无 300m 以下西坡标准地
荆　条	—	—	0.5	0.3	0.4	0.5	0.1	0.0	
蚂蚱腿子	0.1	0.0	0.0	0.2	0.2	0.5	0.7	0.2	
绣线菊	0.8	0.8	0.6	0.7	0.7	0.6	0.8	1.0	包括三桠绣线菊和毛绣线菊二种
华北溲疏	0.3	0.2	0.1	0.1	0.0	0.2	0.1	0.6	

表 25-6　峰妙山实验林区植物群落名称及其生态习性一览表

类别		群落名称	分布坡向	标高范围	立地条件类型分布范围	指示意义	备　注
灌木群落	1	荆条（绣线菊）+菅草—白草群落	S. SE. SW. E	240～530m	A_0，$A_1 B_1 C_1 C_2$ *	低山阳坡（半阳坡）干旱贫瘠	C_2 只一个标地
	2	荆条（绣线菊）+菅草—白草+羊胡子草群落	S. E	430～620	$C_1 D_1$	稍高山地阳坡半阳坡干旱肥力等较好	
	3	绣线菊—白草+羊胡子草群落	S. SW. SE E	450～950	$B_1 C_1 B_2 C_2$	稍高山地阳坡干旱或稍湿润肥力中等	
	4	荆条（绣线菊）+野谷草-羊胡子草群落	S. SW. SE. NE	730～1050	$A_1 B_1 C_1 B_2 C_2 D_2$	高山阳坡（半阴坡）干旱或稍湿润肥力中等	
	5	蚂蚱腿子（薄皮木）+野谷草（菅草）-草胡子草群落	N. NE. SW SE. NW. E	250～380	A_1 * $B_2 C_2 D_2$	低山阴坡半阴坡稍湿润	A_1 只一个标地 300m
	6	胡枝子+菅草—白草群落	S. SE. NE	180～350	$B_2 C_2$	低山半阳坡稍湿润肥力中等	

（续）

类别		群落名称	分布坡向	标高范围	立地条件类型分布范围	指示意义	备注
灌木落群	7	绣线菊＋大油芒—辈胡子草群落	W. E. SE. SW. NE	780～1160	C_2D_2	高山半阳坡稍湿润肥沃土地	
	8	胡枝子—羊胡子草群落	W. E. N. NW. NE	600～1000	D_2D_3	高山阴坡半阴半阳坡湿润肥沃土地	
	9	薄皮木＋大油芒－羊胡子草群落	N. NW. NE	550～910	$D_2C_3D_3$	同山阴肥坡沃湿润土地	
	10	胡枝子＋大油芒－羊胡子草群落	NW. SW. SE. N. W. NE	840～1300	$B_2C_2D_2D_3$	高山阳坡半阳半阴坡润适土地	
	11	绣线菊＋野青矛－羊胡子草群落	N. E. NW	570～890	D_3	高山阴坡湿润肥沃土地	
草本群落类	12	菅草—白草群落	S. SW. SE. E	150－810*	$A_0A_1B_1C_1A_2B_2$	低山阳坡（半阳坡）较干旱瘠薄土地	一般在150～370m
	13	菅草＋野谷草－白草群落	S. SW. E	100～860	$A_2^*B_1C_1$	低山阳坡或较高山地较干旱瘠薄土地	A_2例外
	14	野谷草＋菅草－白草群落	S. SW. E	300～800	$A_1B_1C_1$	低山阳坡（半阳坡）较干旱土地	
	15	闭穗草—白草群落	S. E.	350～460	C_1C_2	低山阳坡半阳坡适润较肥沃土地	
	16	菅草—白草＋羊胡子草群落	E. W. SE. S	360～830	$A_1B_1C_1$	较高山财半阳坡半阴坡（阳坡）较干旱土地	
	17	野谷草＋木本蒿－羊胡子草群落	E. SE. NE. S	750～1150	C_2D_2	高山阳坡半阳坡适润肥沃山地	
	18	野谷草－羊胡子草群落	W. E. SW. NW. S. N*	800～1220	$B_2C_2D_2$	高山阳坡半阳坡适润土地	N *290m例外
	19	大油芒＋野谷草－羊胡子草群落	W. E. S. SW	980～1320	$B_2C_2D_2D_3$	高山阳坡半阳坡湿润肥沃土地	*一个标地270例外

根据图 25-3、表 25-4、表 25-5 和表 25-6 我们认为：

（1）植物分布规律应该是决定立地条件类型的主要依据之一。

（2）植物种的指示意义应该注意到两方面，即一方面要注意到分布范围较广（即忠实度较小）的植物种的恒有度的大小，例如羊胡子草。另一方面是指示意义较强的植物，例如大油芒。

（3）在植物群落中应该特别注意上层植物，因为下层植物的环境条件显著不同于上层植物，例如阳坡无羊胡子草群落分布，但在灌木下则阳坡亦有羊胡子草群落出现。

（4）在用于立地条件类型时应以植物群落的指示意义为主，但亦应该注意植物种（非单株个体）的指示意义和分布较广的植物种恒有度上的指示意义。

（5）通过植物种和群落的分布规律可以充分反映出标高坡向位置的变化，也反映其下土壤的性质。

（6）植物在立地条件类型的指示意义上对水分条件显著于对养分条件的指示。

（7）草本植物种的分布对于水分条件和养分的关系：

干————————————→湿

酸枣→荆条→绣线菊→胡枝子→蚂蚱腿子→六道木

瘠————————————→肥

酸枣→荆条→绣线菊→胡枝子→玫瑰

25.2.3　实验林区的土壤及其分布规律

土壤分布与立地条件类型的关系如表 25-7。

表 25-7　土壤分布与立地条件类型关系

立地条件类型	土壤检索表中土壤种类的序号
A_0	1、2、6、21＊、24、25
A_1	7、24、25
B_1	3、11、22、27、29＊、30＊
B_2	4、11、12＊、22、27、29＊30＊
C_1	8、13、23、26、31＊
C_2	5、8、13＊、14＊、23、26、31＊
C_3	14＊、15、23、26、31＊
D_2	9、10、16、20＊、28
D_3	9、10、16、17、20＊
D_4	17
E_{3-4}	流水沟边属特殊一类

有＊记号者在实验林区内无分布

25.3　立地条件类型表的制定

25.3.1　制定的过程

1955 年春季我们在 Φ. K. 柯契尔佳在中亚细亚山地所应用的立地条件类型表的基础上制订了妙峰山林区的试用表，限于当时的水平强调了细土层的厚度和坡度两个因子，而忽略了对柯氏曾明确指出的成土类型和机械组成等主要因子，因而在工作上产生了困难，例如由于人类经济活动的影响，缓坡土层反而薄于陡坡，在马兰台地上的干旱黄土层反而成为最富于养分的土壤等不合规律的结果。同时对于波氏的二元图解立地条件类型表的理解也非常肤浅。试用之后认为必须改订。

1956 年春季我们进行了修改，正确地加入机械组成及生草化程度和流失程度，但仍拟沿用坡度因子。使用中明确了应该以土层厚度生草化程度及流失程度为主，而质地和基岩母质性质由于林区的基岩简单虽然注意不充分但影响不大，试用的结果我们认为比 1955 年提高了一步。

调查工作完成后，我们以积累数量不多质量各异的材料为基础，进一步学习了波氏林型学说和柯氏应用的标准和条件，从石山区土壤的宜林性质、植物种及群落的指示意义和林木生长情况及立地条件类型划分的标准进行了分析，提出了应用于华北山地松橡混交林区石质山地的立地条件类型表。

25.3.2　划分立地条件类型的标准

波氏的二元图解林型表的基本思想应该可以应用于所有地区，但是作为立地条件类型表来指导造林工作，则应该以森林植物区或共分区为单位来进行制订，以北方石山区为例应该将 1500m 以上以云杉落叶松林为主的地区和 1500m 以下以油松橡栎林为主的地区分别制定。

在苏联将波氏林型用于沙地立地条件类型时，曾指出只能称某类沙地的立地条件近似于波氏林型 Ao，而不应认为即是波氏林型的 Ao。我们在处理石山区的立地条件类型时，各类型的含义当然也不同于波氏林型，但我们认为远较砂地更相似于波氏林型。

在华北山地松橡林区中的石山地区的天然林，根据现有残迹和历史记载油松（*P. tabulaeformis*）和橡栎类（*Q. variabilis*，*Q. acutissima*，*Q. aliena* 等）为过去天然林的主要树种，因此可以按如下内容划分。

在土壤肥瘠程度上可分为 A、B、C、D 四组：

A——沙土松林 土壤条件特别瘠薄，多沙土；有时是黏性较重的土壤，但土层浅薄，其下即为粗骨物质甚多的底层。油松可以生长，但生产率甚低。在水分条件差时且多畸形，水分条件较好时由于养分缺乏亦多形成纯林或带有少量灌木的林地。

B——疏松沙土阔叶混交松林 就土壤养分说来，仍旧是比较贫瘠的，仍不能满足喜肥树种的正常生长（橡、核桃等），松树可以生长正常但生产力不高，土壤多属有黏粒的沙土，或具有不甚厚的沙壤土或黏壤土表层的粗骨土，形成混有灌木及生长不壮的阔叶树的森林，其上层则仍为油松的单层林冠。在石山区标高较低或人类经济活动频繁的地区分布最广。

C——复层沙土阔叶混交松林 土壤养分中等，因此耐瘠薄的树种，中等的树种和喜肥树种均能生长，在自然界就形成茂密的松树树及其他阔叶树种的复层林，但其特点在于耐瘠薄的树种可以壮旺生长（如油松），生产力甚高。而喜肥树种（橡栎类）虽可生长，但发育较弱不能发挥其生产力，但水分条件较好时亦可与油松形成此较稳定的混交林。标高 500m 以上人类经济活动较轻，垦耕历史较浅的地区，分布较广。

D——阔叶混生橡林 土壤养分是最肥沃的，喜肥树种（如橡、核桃、栗、白蜡等）均可壮旺生长。土壤以壤土及黏壤土为主，而且很深厚。

E——流水两旁边岸地带的沙土由于有水供给丰富养分属特殊的一类。

在土壤水分条件方面，根据 1954 ~ 1955 年在北京林学院妙峰山林场寨儿峪定点测定[1]的结果，1955 年 3 月 31 日就不同坡向位置标高同时采样测定的结果（见表 25-8）[2] 和外业调查中采 15cm 深层土样感官鉴定的结果，结合几年来土壤调查始终和植物调查同时进行虽然材料不多而且粗精也下一致，但初步可以提出如下标准：

表 25-8 1955 年 3 月 31 日土壤水分含量实测结果

	阴　　坡				阳　　坡				
	植物群落	山麓	中腹	水分岭附近	平均	植物群落	山麓	中腹	水分岭附近	平均
150m	荆条、酸枣—结网草	8.6[1]	13.0	10.0	10.5	白草群落	12.0	12.0	7.0[1]	10.3
250m	荆条—羊胡子草	16.5	11.5	12.5	13.5	萱草—白草	10.5	11.5	9.0[1]	10.3
350m	鹅耳枥白蜡混交林	16.5	17.0	17.5	17.0	栓皮栎疏林	10.0	10.5	9.0[1]	9.9
450m	蚂蚱腿子—羊胡子草	13.0	15.0	12.0	13.3	荆条—白草羊胡子草	7.5	13.0	12.5	10.5

---

① 周鸿岐和杨浩同志作。

② 刘志刚、李世英同志作。

	阴　坡				阳　坡				
	植物群落	山麓	中腹	水分岭附近	平均	植物群落	山麓	中腹	水分岭附近	平均
550m	杂灌木（胡枝子）—羊胡子草	30.0	14.0	18.0	20.1	菅草野谷草—白草	12.5	10.0	16.0	13.0
平均		16.3（17.8）	14.1	14.0	14.9		10.5	11.4	10.7（12.0）	10.8

（1）标高越高水分条件越好。

（2）坡向与水分条件有显著的影响。但在标高过低时（＜200m）由于实际情况坡度较小，其差异较不明显，标高越高坡度亦愈陡，则水分条件的差异亦愈大，但超过700m时随总的水分条件良好其差异亦转小。

（3）水分条件由分水岭向沟边逐渐增加，但沟边具有洪积物时［表中有（1）符号者］水分条件最差。

（4）植物群落：白草群落10.3%，菅草-白草群落10.3%，荆条酸枣-结网草群落10.5%，野谷草-菅草白草群落3.0%，荆条-羊胡子草群落13.5%，蚂蚱腿子-羊胡子草群落13.5%，胡枝子-羊胡子草群落21%。

（5）以标高500m为界，

　　　　低山阳坡分水岭及阳坡中腹　　　　11.2%

　　　　低山阴坡山腹　　　　　　　　　　3.8%

　　　　高山阳坡　　　　　　　　　　　　13.0%

　　　　高山阴坡　　　　　　　　　　　　16.0%（山麓数字不计入）

（6）按立地条件类型加以整理。

表 25-9　立地条件类型和植物群落

立地条件类型的水分条件	融雪后（1955年3月31日）实测土壤含水量（%）	植　物　群　落	地貌位置	备　考
0	10～10	白草群落 菅草—白草群落 酸刺荆条—结网草群落	＜500m 分水岭附近及阳坡山腹	
1	13～14	野谷草、菅草-白草群落荆条-羊胡子草群落 蚂蚱腿子-羊胡子草群落	＜500m 阴坡山腹 ＞500m 阳坡山腹	
2～3	＞15	胡枝子-羊胡子草群落	＞500m 阴坡山腹	＞550m 的测定材料缺乏。

在表 25-9 中：

0——极干旱的类型　均属抗旱的植物，例如蒿属、墙头草、白草、菅草，灌木则为酸枣、荆条、小叶鼠李等，乔木即使为耐旱的油松、侧柏、臭椿、白榆亦均畸形生长，分布在水分不稳定的分水岭附近，阳坡强度蒸发地带，坚实土壤流失严重时或土层甚薄粗骨特多水容量小时。

1——干燥类型　草本植物包括一部分中生植物生长，但乔木则均为抗旱树种。草类和灌木除上述种类仍有分布外，有盖草、大闭穗、小闭穗，灌木则增加了三桠线菊、毛叶线菊、华北溲疏、蚂蚱腿子、扁担杆子等。此时水分条件已可维持抗旱树种的生长。油松、栓皮栎、侧柏、圆柏、臭椿、皂角等可正常生长，开始有五角枫、小叶白蜡、鹅耳栎等生长，但生长率很低，分布多在阳坡山腹、阴坡山腹上部和马兰台地。

　　2 ——潮润类型　对很多树种均适合生长，除上述树种外；山杨、槲栎、五角枫、大叶白蜡、鹅耳栎等均可壮旺生长，而且生产率最高。旱生草类和灌木至此已处于从属地位，灌木种类丰富，草类则出现大油芒及莎草科植物，其分布多在沟边、阴坡山腹、阳坡山腹下部及标高较高处，土壤层中含水足够一般树种用。

　　3 ——湿润类型　水分条件对某些喜干树种已显过多，例如洋槐、核桃等。但开始可以适合于稠李、杨柳、赤杨等生长。草本植物莎草科植物占优势，旱生植物几乎绝迹，灌木种类丰富，苔藓羊齿类特多，所有树木生长都有足用水分，其分布多在沟边及标高较高处的阴坡山腹下部。

　　波氏原著尚有 4、5 两类，均属过湿之地，在本区内仅在泉水沟边等地小面积零星分布，故不包括在内。

25.3.3　立地条件类型表的制定

　　以 1956 年在妙峰山实验林区应用的立地条件类型表为基础，根据前述标准和土壤植物的综合材料，提出试用于华北山地松橡混交林区石质山地的立地条件类型表如表 25-10：

表 25-10　华北山地立地条件类型表

养分／水分	土　壤　性　质				
	A	B	C	D	E
	薄层粗骨土。强度侵蚀的壤质中层流失土。	沙质或在少裂隙岩石上发育的中层粗骨棕色森林土及其弱度流失的耕作土。强度侵蚀的壤质厚层流失土。	沙壤质棕色森林土。壤质中层粗骨棕色森林土及其弱度流失的耕作土，沙壤质或在少裂隙岩石上发育的厚层粗骨棕色森林土及其耕作土。	壤质厚层粗骨森林棕色林土及其耕作土。壤质棕色森林土	山间河谷深厚的冲积土。
极干 0	A_0	B_0 *	—	—	—
干 1	A_1	B_1	C_1	D_1 *	—
适润 2	A_2 *	B_2	C_2	D_2	E_2 *
湿润 3	—	—	C_3 *	D_3	E *$_3$
湿 4	—	—	—	D_4 *	E_4 *

有 * 记号的立地条件类型在验林区内分布面积甚少。

25.3.4　实验林区内各立地条件类型的分布规律

表 25-11　立地条件类型的分布与标高的关系

标高(m) 立地条件	0 ~ 100	101 ~ 200	201 ~ 300	301 ~ 400	401 ~ 500	501 ~ 600	601 ~ 700	701 ~ 800	801 ~ 900	900 ~ 1000	1001 ~ 1100	1100 ~ 1200	1201 ~ 1300	备　考
A_0														
A_1														
A_2														
B_1														
B_2														
C_1														
C_2														
D_1														
D_2														
D_3														

在林区内各不同立地条件类型的分布情况可以指出以下几点：

①在 A_0，A_1，A_2 分布面积较少，在表内虽似可看出集中于标高较低处分布，但实际上在实验林区内"A"的形成均处严重受到人类经济活动破坏的地点。

②B_1，C_1，O_1 比较集中于标高较低处，而 B_2，C_2，D_2 在标高较高处亦同样分布，因而可以说明标高愈高水分条件亦愈好。

③D_3 分布标高较高，虽然在表内 1100 以上无分布，实系受林区条件限制，在林区附近标高 1100 以上地区有大面积分布。

④B_2，C_2，D_2，分布最为广泛，但如后述在坡向上具有明显的差别。

表 25-12　立地条件类型的分布与坡向的关系

—— <700m　　　　—— >700m

坡向 立地条件	阳　坡	半阳坡	阴　坡	半阴坡
A_0				
A_1				
A_2				
B_1				
B_2				
C_1				
C_2				
D_1				
D_2				
D_3				

在石山区，尤其是坡度较大的石山区，坡向显著影响着森林植物条件，而因也必然影响到立地条件类型，调查的结果也证明了这一点。但以坡向因子只是综合因子中的一个因子，因而就要与其他因子相互影响、相互制约的条件下来说明坡向问题。

在实验林区内调查的结果，各立地条件类型在各坡向的分布，明显地根据标高有显著的不同。大致以 700m 为界，在标高 700m 以下。

①阳坡 A_0，A_1，A_2，C_1，D_1，阴坡 $B_2 C_2$，D_2，D_3，D_3 具有非常明显的规律性。

阳坡显著干旱而阴坡则均湿润，且阴坡无 A 出现。

②半阳地 A_0，A_1，B_1，B_2，C_1，C_2，D_1，D_2

半阴坡 A_0，A_1，A_2，B_1，B_2，C_1，C_2，D_1，D_2，D_3

半阴半阳坡光照条件差异不大，但也显示出半阳坡无 A_2，D_3。而其中包括立条件比较复杂的原因实际是其他因子主要是人类经济活动的影响。

在标高 700 以上：

①阳坡出现　　B_1，B_2，C_1，C_2，D_2

阴坡出现　　D_2，D_3

差异也较为悬殊，其中 D_2 同时出现在阳坡和阴坡，这说明了尽管其有阴坡和阳坡的差异，随着标高的增加在某些具体条件下例如缓坡阳坡的平台和阴坡山腹上部，具有近似的宜林性质。在此项调查中无论在幼林成活和生长及天然林的分布也充分证明了这一点。

②半阳坡出现　　A_1，B_1，B_2，C_1，C_2，D_2

　半阴坡出现　　A_1，B_2，C_2，D_2，D_3

标高较高，人类经济活动较少，其规律性就较为明显，除其中半阴坡 A_1，在调查中明显是过度樵采放牧所致外，其他远较 700m 以下山地更为明显。

坡度在一般条件下也应反映在立地条件类型上。坡度较小时风化土层易于积累，水分条件也较为良好，但是在我国北方石山区，开山垦种往往由缓坡开始，陡坡常更多地由自然植物所覆被，由于这些严重的人类经济活动破坏的影响，促使坡度和立地条件类型之间，没有简单的规律可寻。

小地形的凸凹平直对立地条件有比较显著的影响。凡是小地形凹下之处，肥力较高，而在凸起小地形则稍干旱瘠薄，但在外业调查中凡是变化小于 $0.16hm^2$ 者，均行归并，因而这样的变化并未表现在调查结果上。

根据如上论述，可见尽管石山区的森林植物条件是复杂万分，但是反映在立地条件类型上是具有一定规律的，只是其规律性是反映在各因子间互相作用、互相制约的综合性质上。虽然在某些特定条件下某一个别因子起着主导作用，而此现象的产生也必然以其他因子的综合作用为基础。因而一方面说明了凡是想使用个别因子孤立地来解决森林植被条件问题（例如以坡向、标高等），就必然会不能正确地解决问题而被引入歧途。在另一方面也验证了在一定地带和地貌条件下研究其自然条件的发生和发展过程，注意到人类经济活动的影响；这些因素都会正确地反映在土壤和植物分布的特点上，这也正是立地条件类型的分布规律。

因此根据妙峰山实验林区调查的结果，并参考了华北松橡混交林区的土壤材料制成立地条件类型分布一览表如表 25-13。

表 25-13　立地条件类型分布一览表

立地条件	标高(m)	坡度				坡向 <700m				坡向 >700m				植物群落	土壤种类	地表情况	备考
		急	陡	缓	平	阳	半阳	半阴	阴	阳	半阳	半阴	阴				
A_0	100~400	−	+	−	+	+	+	+	+	−	−	−	−	1,12	1,2,6,21,24,25	荒废山腹	
A_1	100~1100	+	+	+	+	+	+	+	−	−	+	+	−	1,4,14,16	7,24,25	草坡,废梯田	
A_2	200~300	−	+	−	+	−	−	+	−	−	−	−	−	5,13	7	草坡,废梯田	面积甚小
B_1	100~1000	−	+	+	−	+	+	+	−	+	+	−	−	1,3,4,12,13,14,16	3,11,22,27,29,30	草坡,废梯田	
B_2	100~1300	+	+	+	+	−	+	+	+	+	+	+	+	3,4,5,6,10,12,18,19	4,11,12,22,27,29,30	草坡,灌木坡,废梯田	
C_1	100~1100	−	+	+	+	+	+	+	−	+	+	−	−	1,2,3,4,12,13,14,15,16	8,13,23,26,31	草坡,灌木坡,梯田	
C_2	100~1300	+	+	+	+	−	+	+	+	+	+	+	−	3,4,5,7,8,9,10,15,17,18,19	5,8,13,14,23,26,31	草坡,灌木坡,茅林坡梯田	面积甚小
D_1	300~700	−	+	−	−	+	+	+	−	−	−	−	−	2	9,10,16,20,28	梯田,草坡,灌木坡	
D_2	100~1300	+	+	+	+	−	+	+	+	+	+	+	+	4,5,7,8,9,10,17,18,19	9,10,16,17,20	草坡,灌木坡,茅林坡,梯田	
D_3	300~1100	+	+	+	+	−	−	+	+	−	−	+	+	8,9,10,11,19	17	草坡,灌木坡,茅林坡	

据此,进一步我们从当时林场所在地的秀峰寺(H=150m)到妙峰山分水岭(H=1100m)作了路线带状调查,图示如下:

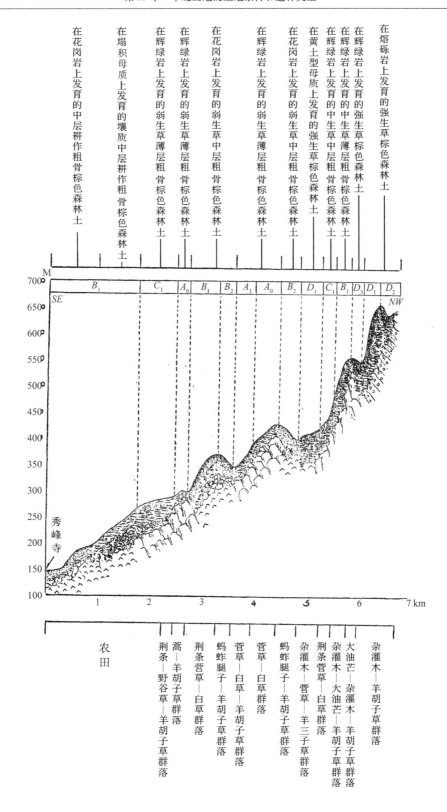

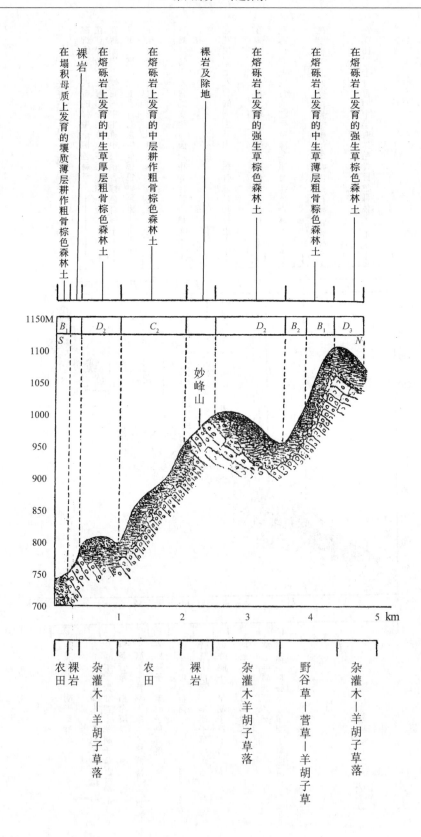

25.4　主要树种在不同立地条件上的生长状况

25.4.1　调查方法

根据立地条件进行调查来决定主要树种在不同立地条件下的成活情况和生长状况，这一方面是用以验证立地条件类型划分的依据是否正确，而在另一方面也将是在不同立地条件类型中选定造林树种的重要根据。

在林区或是树木分散较多的地区，调查工作应该通过选定样地，精确分析当地的立地条件，研究自然更新和人工造林的历史，通过各树种的生长过程，最后确定各立地条件类型下主要树种的生产率，因此就需要对大量标准地进行调查分析和对比，决定出各主要树种可以生长的立地条件及具有最大生产力的立地条件。然后在不同立地条件下对混交林进行调查研究，通过各个混交树种的生长分析及其生长状况，可以提供在拟定混交图式时的重要依据。

但是我们调查的地区基本上是无林地区，有些小片疏林地亦较分散，在这种条件下不可能同时也不应该砍伐大量树木进行树种的生长分析，于是非常重要的年龄因子就无法得出，因此就有必要根据具体情况来拟定调查方法，调查工作的进行可以指出下列各点：

①以立地条件为基础调查这一地区的木本植物。

②以油松、栓皮栎、槲栎为主要调查树种，因为在调查地区这些树种是生长分布较多而且也是造林上有希望的树种。

③根据立地条件对片林和孤立木分别调查，作分析时亦分开进行，片林调查尽量在不同立地条件下选定样地来进行。

④对人工幼林采取样地进行专门的调查。

⑤由于年龄确定上的困难，在调查中我们采用了生长势作为衡量树木生长的指标之一。

所谓生长势是将树木生长的一些可以表现生长状况的外部形态进行分级，对调查的树木给以生长质量的概括性评定。这些外部形态上的主要指标包括：

树冠形状：尖塔形、球形、平伞形、畸形等。

干形：通直、圆满、扭曲、畸形等。

树皮：光滑、正常、老皱、腐朽等。

树顶：尖壮、纤弱、枯梢等及最近 1~2 年生新梢长。

根据上述指标分成四级：

Ⅰ生长势最壮旺的：树冠尖塔形干形通直圆满树皮正常树顶壮。

Ⅱ生长势正常的：同上但较中庸的。

Ⅲ生长势较弱的：树冠球形干形通直成稍畸形树皮老皱树顶纤弱。

Ⅳ生长势衰弱的：树冠球形或偏畸干形扭曲偏畸树皮老皱或腐朽树顶纤弱或枯梢。

以上只是一般标准，在调查时还要将杆材林壮龄林成熟林分开来进行。在幼林则可知年龄一般按测树学指标进行。

我们认为在无林或少林地区进行调查时，以生长势作为调查林木生长的指标是有价值的，但是在可能条件下也必需使用测树学上的测定因子（树高、胸径、年龄）来更正确地反映生长状况。

25.4.2　妙峰山林区现有乔灌木树种

妙峰山林区及其附近乔灌木树种比较丰富，虽经长时期破坏但残存至今的树种仍旧不少。另一方面因为庙宇较多，引进栽植了一些树种。

　　根据我们调查在实验林区范围内有 47 科 145 种，除去引进栽植的观赏树种外，我们对 55 种进行了调查，就各树种分布的标高坡向和立地条件类型整理出一览表见表 25-14。

　　但应该指出表中所指标高坡向和立地条件类型的分布范围，均系在实验林区内现有的实际情况，对任何树种均不能认为在表内标高坡向和立地条件类型的范围外不能生长。

表 25-14　妙峰山实验林区乔灌木树种一览表

科　名	种　名	学　名	一般分布情况			备注
			海　拔	坡　向	立地条件类型	
银杏科	银　杏	*Ginkgo biloba*	300	东　北	C_2	1
松柏科	油　松	*Pinus tabulaeformis*	100 ~ 900	北、西南	$A_1 B_{1-2} C_{1-3} D_2$	2
	侧　柏	*Thuja orientalis*	100 ~ 500	东、东北	$A_1 B_{1-2} C_{2-3} D_{1-2}$	3
杨柳科	旱　柳	*Salix matshdana*	900	北	D_2	4
	毛白杨	*Populus tomentosa*	800	南	C_2	5
	山　杨	*P. tremula* var. *davidiana*	800 以上	北	$A_3 B_{1-2} C_{1-3} D_{2-3}$	6
	青　杨	*P. Cathayana*			D_{2-3}	7
胡桃科	核　桃	*Juglans regia*	200 ~ 1000	北、西北	$A_1 A_3 B_2 C_{1-3} D_{1-2}$	8
桦木科	桦　木	*Betuia sp.*	1 300	西北	D_2	9
	鹅耳枥	*Carpinus turczaninowii*	350	北	D_{1-2}	10
壳斗科	板　栗	*Castanea mollissima*	100 ~ 1000	东、北	$A_0 (A.B.C)_2$	11
	槲　树	*Quercus dentata*	100 ~ 800	东、北	$B_1 C_{2-3} D_2$	12
	槲　栎	*Q. aliena*	800	东、南	$C_{1-2} D_2$	13
	辽东栎	*Q. liaotungensis*	800 ~ 1000	东北、西北	$C_2 D_{2-3}$	14
	栓皮栎	*Q. Uaviabilis*	100 ~ 1000	东北、西北	$A_1 (B.C)_{1-2} D_2$	15
榆　科	白　榆	*Ulmus pumila*	100 ~ 1000	东北、西南、南	$B_1 C_1 D_1$	16
	朴　树	*Celtis bungeana*	300 ~ 1000	东北、西南	$B_2 C_2 D_2$	17
桑　科	桑	*Morus alba*	200 ~ 600	东北、东南	$C_2 D_{1-2}$	18
虎耳草科	华北溲疏	*Deutzio grandilora*	200 ~ 1400	北	$(B.C.D)$	19
	大平花	*Philadelphus pekinensis*	700 ~ 1000	北	D_2	20
蔷薇科	山　杏	*Prunus armeniaca* var. *ansu*	100 ~ 900	南、北	$A_{0-1} A_3 B_{1-2} C_{1-3} D_{2-3}$	21
	杏	*P. armeniaca*	170 以上	东北、东南	D_3	22
	桃	*P. persica*	150 以上	东、东北	$A_{1-2} B_{1-2} C_2 D_3$	23
	山丁子	*Malus biacata*	1000	北	D_2	24
	海　棠	*M. spectabilis*	800 ~ 1000	西南、东北	$A_2 B_1 D_2$	25
	山里红	*Crataegus pinnatifida*	200 ~ 1000	东南	$A_{1-2} B_1 C_{1-2} D_2$	26
	李　子	*Prunus salicina*	100	东	B_1	27
	玫　瑰	*Rosa Rugosa*	1000 ~ 1300		$B_1 (C.D)_2$	28
	三桠绣线菊	*Spiraca trilobata*	200 ~ 1400	南、北	$A_1 B_{1-2} (CD)_{1-3}$	29
豆　科	山皂角	*Glenditsia horridr*	700 ~ 1100			30

（续）

科　名	种　名	学　名	一般分布情况			备注
			海　拔	坡　向	立地条件类型	
	皂　角	*G. sinensis*			$D_1 D_2$	31
	洋　槐	*Robinia pseudoacacia*	200~1000	东、北	$B_3 C_2$	32
33	二色胡枝子	*Lespedeza bicolor*	100~1400		西、南	$C_2 D_3$
	多胡花枝子	*L floribund*	100~1400		$(CD)_{2-3}$	34
	毛胡枝子	*L tomentosa*	100~1400		$(A.B)_{1-2}(C.D)_{1-3}$	35
	锦鸡儿	*Caragana rosa*	200~1400		$C_1 (CD)_2$	36
苦木科	臭　椿	*Ailanthus altissima*	200~1000	东、西北	$(A.B)_{1-2}(C.D)_2$	37
大战科	雀舌头	*Andrachne chinensis*	300~500		D_1	38
卫矛科	明开夜合	*Evonymus bungeana*	950	南	B_2	39
	南蛇藤	*Celastrus orbiculata*	800	东北	C_2	40
槭树科	元宝枫	*Acer truncatum*	850	东北、西南	$C_{1-2} D_2$	41
鼠李科	枣	*Zizyphus jujuba*	100~400	南东北东南	$A_{0-2} B_{1-2} C_2 D_2$	42
	酸　枣	*Z. var. spinosus*	100~1200	南	$A_0 (A.B.C.D)_{1-2}$	43
	小叶鼠李	*Rhumnus parrifolia*	100~1100		$B_1 (CD)_2 D_3$	44
田麻科	大叶椴	*Tilia mandshurica*	800~1300	$C_2 D_2$	45	
	小叶椴	*T. mongolica*	800~1000	西北、东北	$C_2 D_{2-3}$	46
杜鹃花科	照山白	*Phollodendron micranthum*	200~1000	北	$(C.D)_{2-3}$	47
柿树科	柿　子	*Diospykus kaki*	100~400	北、东	$B_2 C_2$	48
	黑　枣	*D. lotus*	100~300	北	$A_1 C_2$	49
木樨科	北京丁香	*Syringa pekinensis*			D_2	50
	白　蜡	*Fraxinus chinensis*	300~1000	东北、西北	$(A.B)_1 C_{1-3} D_{2-3}$	51
马鞭草科	荆　条	*Vitex chinensis*	100~1000	北、南	$A_0 (A.B)_{1-2}(C.D)_{1-3}$	52
茜草科	薄皮木	*Leptodermis oblong*	100~900		$B_1 (B.C.D.)_2 D_3$	53
忍冬科	六道木	*Abelia biflora*	500~1100		$(C.D)_2 D_3$	54
菊　科	蚂蚱腿子	*Myripnais dioca*	100~1100	北	$B_{1-2} (C.D)_{1-3}$	45

25.4.3　主要树种在不同立地条件类型生长和分布的关系

根据调查材料分别树种按如下条件进行整理：

① B. H. D>10cm 的孤立木

② B. H. D<10cm 的孤立木

③ 人工幼林

④ B. H. D<7cm 的林片（Ⅰ. Ⅱ. Ⅲ. Ⅳ. 为生长势）

⑤ B. H. D>7cm 的片林

⑥ 天然更新幼树>3 年生长正常（即生长势在Ⅰ、Ⅱ级者）

〔甲〕松油

水分＼养分	A	B	C	D
0	1. 2. 3.			
1	1. 2. 3. 4.（Ⅰ*、Ⅲ）	1. 2. 3. 4.（Ⅲ）6.	1. 2. 3. 4.（ⅡⅡ）6.	2. 4.（Ⅰ） 6.
2	4（Ⅲ）	1. 2. 3. 4.（Ⅰ、Ⅱ、Ⅲ、 Ⅲ）	1. 2. 3. 4.（Ⅱ、Ⅱ、Ⅱ、 Ⅲ、Ⅲ）6	1. 2. 6. 4.（Ⅰ、Ⅰ、Ⅰ、 Ⅰ、Ⅱ、Ⅱ、Ⅱ、 Ⅱ、Ⅲ、Ⅲ）
3				

〔乙〕栓皮栎

水分＼养分	A	B	C	D
0				
1	1.	1. 2. 3. 4.（Ⅱ、Ⅱ、 ⅢⅢ、）	1. 2. 4.（Ⅰ、Ⅱ、Ⅲ）6.	1.
2		1. 2. 3. 4.（Ⅱ）	1. 2. 4.（Ⅰ、Ⅱ、Ⅲ）	1. 2. 4.（Ⅰ）
3				

〔丙〕槲栎

水分＼养分	A	B	C	D
0	，			
1	2.	2.	2. 4.（Ⅱ）	2. 4.（Ⅱ）
2	4.（Ⅲ）	2. 4.（Ⅱ、Ⅲ、Ⅳ）	2. 4.（Ⅱ）	2. 4.（Ⅱ、Ⅱ）
3				

　　以如上的分布和生长情况为基础进一步决定各树种的分布、适合生长和最适宜生长的范围时，提出如下标准：

　　（1）有孤立木生长，有壮龄的人工林或天然林，有郁闭后杆材林的人工林或天然林，有人工林幼林存在时，应认为是该树种的适生立地条件。

（2）有人工幼林，有郁闭后至杆材林时期的人工林或天然林时，亦应认为是该树种的适生立地条件。

（3）有郁闭后至杆材林时期的人工林或天然林时，如其生长势不为Ⅳ级时亦可认为是该树种的适生立地条件。

（4）有天然更新幼树，年龄在 3 年以上生长正常时，亦可认为是该树种适生的立地条件。

（5）有壮龄及其老龄的孤立木时我们认为不一定是适生的立地条件，因为在山区土壤侵蚀问题特殊，有孤立木存在并不能反映出现在仍具有该树种幼龄的适生条件。

（6）有郁闭后至杆材林时期的人工林或天然林而且其生长势为Ⅰ、Ⅱ级时，应该认为是该树种最适宜的生长条件。

根据以上标准整理出油松、栓皮栎、槲栎在妙峰山实验区中的分布适生范围及最适生长范围如表 25-15 及图 25-3。

表 25-15　妙峰山实验村区油松，栓皮栎及槲栎分布范围及适生条件表

树　　种	分布范围	适生立地条件	最适立地条件
油松 *Pinus trobulaeformis*	A_0，A_1，A_2，B_1，B_2，C_1，C_2，D_1，D_2	A_1，$A_2 B_1$，B_2，C_1，C_2，D_1，D_2	B_2，C_1，C_2，D_1，D_2
栓皮栎 *Qurcus variabilis*	A_1，A_2，B_1，$B_2 C_1$，C_2，D_1，D_2，D_3	B_1，B_2，C_1，C_2，D_1，D_2	C_2，D_1，D_2
槲栎 *Qurcus aliena*	A_1，$A_2 B_1$，B_2，C_1，C_2，D_1，D_2	B_2，C_1，C_2，D_1，D_2	C_1，C_2，D_1，D_2

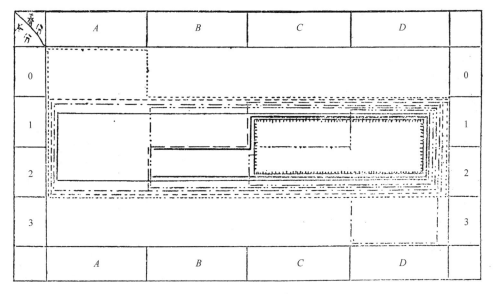

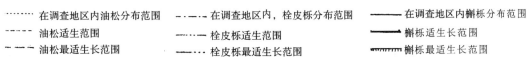

.... 在调查地区内油松分布范围　　－·－·－ 在调查地区内，栓皮栎分布范围　　────── 在调查地区内槲栎分布范围

－ － － － 油松适生范围　　　　　　　　－·－·－ 栓皮栎适生范围　　　　　　　　────── 槲栎适生长范围

－ － － 油松最适生长范围　　　　　　－···－ 栓皮栎最适生长范围　　　　　──────── 槲栎最适生长范围

图 25-3　妙峰山实验林区油松、栓皮栎、槲栎分布适宜生长的立地条件类型范围图

25.4.4　油松在不同立地条件类型中的生长情况

在实验林区中有几片油松的天然再生林,虽然其发生和发展一直受到不同程度人类活动的干涉,但仍属非常珍贵的材料。我们调查了在不同立地条件类型下油松生长的指标,除可以得到生长的情形外,同时也可以验证前拟的立地条件类型是否合适。当然在长期受过人类经济活动干涉而且面积甚小的再生林,以一株树木的解析材料来论证上述问题是不够充分的。但在具体情况下总还略胜于无。

我们分别在 B_1,C_1,C_2,D_1,D_2 等五个立地条件类型,选择了具有代表性的树木各一株伐倒进行解析,其结果如下:

（1）妙峰山南麓油松林（B_1）:位于山腹中上部向西坡坡度28°标高825m。

标准木 21 年生全高 5.56m,胸径9.25cm。相对位置如图25-4。

土壤为在熔砾岩上发育的沙壤质中层中生草骨粗棕色森林土。其剖面特点如下:

0~2cm 灰褐色,腐殖质含量中等,有枯枝落叶残体。

2~15cm 褐色,腐殖质含量中等,团粒结构较松,根系丰富,有蚯蚓洞。

15~60cm 红棕色,缺腐殖质,石砾粗骨98%,较紧,少有植物根。

360cm 稍风化基岩。

植物为三桠绣线菊-白草群落,生有三桠绣线菊木本蒿胡枝子白草野穀草等。

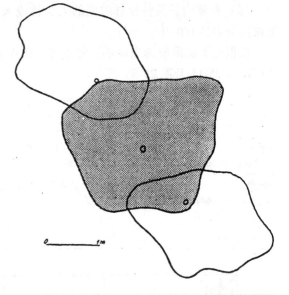

图 25-4　妙峰山南麓在 B_1 上生长的松油标准木投影图

（2）妙峰山南麓油松林（C_1）:位于山腹中下部,坡向南向,坡度 17°,标高 850m。

标准木 19 年生,全高 4.92m,胸径9.5cm,相对位置如图 25-5。

土壤为在熔砾岩上发育的沙壤质中生草棕色森林土,其剖面特点如下:

0~2cm 灰褐,枯枝落叶层。

2~12cm 褐色,腐殖质较多,沙壤质,团粒结构,植物根群分布甚多,松软。

12~26cm 黄褐,腐殖层少,壤质单粒,含石砾5%,植物根仍较多,松软。

26~46cm 棕黄腐殖质缺乏,壤质无结构。砾石5%有植物根较软。

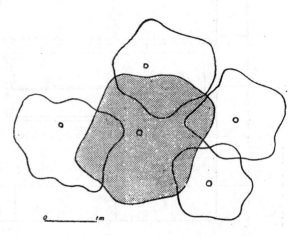

图 25-5　妙峰山南麓在 C_1 上生长的油松标准木投影图

346cm 风化母质和基岩。

植物为闭穗草白草群落,主要植物为闭穗草、白草、荆条、羊胡子草、个别出现大油芒。

（3）妙峰山南麓油松林（C_2）：位于山腹中部，向东坡偏北，坡度20°，标高850m。

标准木20年生，全高6.05m胸径8.3cm，相对位置如图25-6。

土壤为在场积母质上发育的沙壤质中层中生草粗骨棕色森林土。其剖面特点如下：

0～4cm灰褐，枯枝落叶层。

4～13cm褐色，壤质，团粒结构，植物根丰富。

13～37cm棕黄，壤质，单粒结构，植物根多。

>37cm褐黄，石块95%以上植物根稀少。

植物为草谷草—羊胡子草群落，主要植物为野谷草、羊胡子草、荆条、鼠李、大油芒等。

（4）涧沟村斗江油松林（D_1）：位于山腹中部，向西坡，坡度25°，标高790m。

标准木15年生，全高4.73m，胸径10.2cm，相对位置如图25-7。

土壤为在场积母质上发育的壤质棕色森林土。其剖面特点如下：

0～1m灰褐，枯枝落叶层。

1～5cm棕褐色，壤土，团粒结构，松散，有植物根及菌丝体。

5～20cm棕色，壤土，屑粒状团粒，有5%石砾，较松软，有蚯蚓穴，植物根及菌丝体。

>20cm棕黄，壤土，无结构，50%石砾，较松软，有少量植物根。

植物为大油芒+菅草—羊胡子草群落。

（5）涧沟村斗江油松林（D_2）：位于山腹中部，向北坡，坡度17°，标高790m。

标准木26年生全高6.85m，胸径13.25cm，相对位置如图25-8。

土壤为在场积母质上发育的壤质棕色森林土。其剖面特点如下：

0～2cm深灰褐色，枯枝落叶层。

2～6cm褐色，壤质，团粒，松软，有植物根。

6～21cm褐色，壤质，屑粒结构，松软，植物根丰富，有蚯蚓穴。

21～37cm黄棕色，黏壤质，无结构，有植物根及蚯蚓穴及火烧迹地炭末。

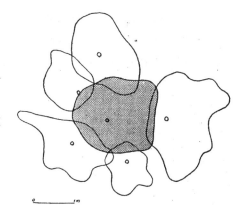

图25-6　妙峰山南麓在 C_2 上生长的油松标准木投影图

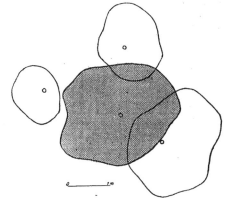

图25-7　涧沟村斗江在 D_1 上生长的油松标准木投影图

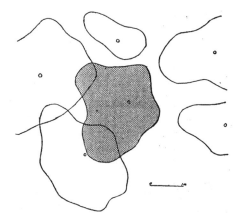

图25-8　涧沟村斗江在 D_2 上生长的油松标准木投影图

37~110cm 棕黄色，黏壤质，无结构，有蚯蚓穴及炭末。

植物为大油芒-羊胡子草群落

将以上 5 株标准木就不同立地条件类型以胸高直径为标准进行比较则如下图所示：

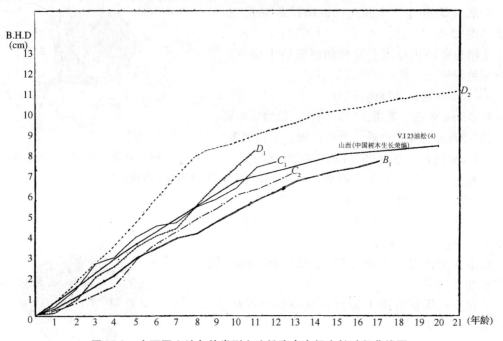

图 25-9　在不同立地条件类型上油松胸高直径生长过程曲线图

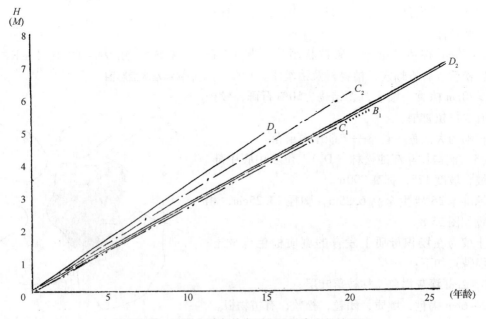

图 25-10　不同立地条件类型和油松高生长的关系

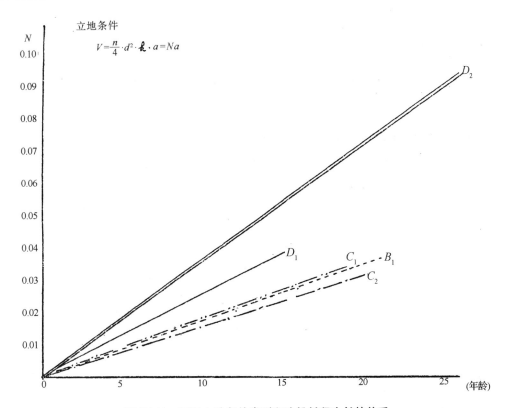

图 25-11　不同立地条件类型和油松材积生长的关系

根据以上结果：

就胸高直径的生长顺序为：D_2，D_1，C_1，$C_2 B_1$（C_2 不正常）

树高生长顺序为：D_1，C_2，D_2，C_1，B_1（D_2 不正常）

材积生长顺序为：D_2，D_1，C_1. B_1，C_2（C_2 不正常）

虽然在造林上树高是最重要的因子，但在严重受到人类经济活动影响的再生林中，为了说明生长

表 25-14　5 个标准木的冠幅

标准木	邻近树木株数（<2m）	平均距离	冠幅（m）
D_2	2	1.9m	2.6
D_1	3	1.6m	2.6
C_2	5	1.2m	1.9
C_1	4	1.6m	2.3
B_1	2	1.6m	2.7

情况，应该更注意胸径生长，因为胸径生长对人类活动影响的反映较之树高更迟缓一些。

但在直径生长方面其初期受到人类的影响仍较大，因此我们将 1.3m 以下的生长另由人工幼林来研究。在此是由胸高直径部位的圆盘上最内侧的年轮开始计算的。

C_2 上生长不正常的原因有以下两方面，首先是此株油松与其邻近树木的相对关系特殊，由上表可以看出 C_2 标准木是邻近树木株数最多，与邻近树木平均距离最小，而且是树冠最小的树木，在如此条件下势必要表现出在直径生长上的劣势和在树高生长上的优势，而事实上也正如此，$\dfrac{\text{H（cm）}}{\text{B. H. D（cm）}}$ 的数值如下：

$D_2 = 51.7$　$D_1 = 56.3$　$C_2 = 72.9$　$C = 51.8$　$B_1 = 60.1$

而在另一方面是在幼年时生长受压制以 0 年生的 B. H. D 为例：

$D_2 = 4.6\text{cm}$　　$D_1 = 4.0\text{cm}$　　$C_2 = 1.1\text{cm}$　　$C_1 = 3.2\text{cm}$　　$B_1 = 3.3\text{cm}$

可以认为基本上是合乎规律的，初步验证原拟立地条件类型表是合适的。而且总的生长势与山西油松生长相比较也是一致的。

虽然解析材料甚少，需要在今后工作中再行印证，但是应该认为可以初步验证所拟立地条件类型表是可以适用的。

25.5　在今后工作上的几个问题和意见

受到苏联的先进科学成就林型学说的启发在各生产部门的鼓舞和支持下，我勉强地将3年来的工作初步进行了总结，虽然其中包括着许多同志和同学的辛勤劳动，但是由于我们能力和水平太低，回顾起来这一工作确实存在着几方面而且是主要的缺点，为了更好地展开工作将这些缺点提出并加以说明。

25.5.1　关于森林植物区及其分区问题

我们认为波氏二元图解立地条件类型表的基本思想是到处都可以用的，但是具体到一定地区内指导造林工作时就必然受到该地区特定的森林植物条件的限制。因此具体制定的立地条件类型表的应用范围我们并未能给予足够的重视。根据过去的工作来看以妙峰山林场范围来编制一个立地条件类型表则过小，以华北山地松橡混淆林区为范围我们认为是合适的。于是地区范围就包括辽西热东山地、燕山山地、恒山和太行山山地，也大致与油松的分布范围相一致，亦可与这一地区内的棕色森林土区相一致。但考虑到造林树种和造林类型时这样的范围无疑失之过大。我们认为在应用立地条件类型作为造林工作的依据时首先应该将这一工作确切地摆在一定的森林植物区及其分区的基础上才能切实有效地发挥它的作用。

我们认为一个立地条件类型表的应用范围应该也是森林植物区的范围，在一个森林植物区内，在主要造林树种和造林类型有显著差异时应该是森林植物分区的划分条件。我们过去的工作由于地区的局限性对这个问题未能充分注意。

25.5.2　立地条件类型划分的根据问题

在过去工作中着重以地貌土壤和植物为依据进行了对土壤养分和水分条件的分析，在决定 A. B. C. D 和 0，1，2，3，4 的标准时是使用了波氏林型学说的结论和中亚山地立地条件类型的材料，但这和我们调查地区的条件是有显著差异的，虽然也作过一些水分条件的测定和分析，也用林木生长分析来进行印证，但这还是不够的，对立地条件类型划分没有非常明确的标准。

我们认为今后应该非常注意到现有人工林和天然林在不同立地条件生长情况的调查研究工作，以此作为划分立地条件类型的主要标准，然后有计划地分别在各类似的条件下进行造林工作，通过这些人工林的研究来修改并充实立地条件类型划分的标准。

25.5.3　造林类型的决定问题

立地条件类型是森林植物条件概括性的综合，也正是决定造林树种和造林类型的基础。因此环境因子的综合调查、树种分布和生长情况、天然林的研究人工林生长情况和造林技术的研究都应该在立地条件类型的基础上来进行。而且这几方面的调查研究工作是一个完整的有机整体，是不能有所偏重的。

但是在过去我们的工作由于条件的限制和对天然林、人工林的调查研究条件的不充分，一方面影响到立地条件数划分标准的不明确，而另一方面也是更重要的一方面在决定造林类型时就不能提出有力的论据。

我们认为立地条件类型的确定只是为决定造林类型提供基础，而只有在立地条件类型的基础上进行详细的天然林和人工林的研究才能提出有关造林类型的意见，进一步根据拟定的造林类型在合适的立地条件上进行人工造林，观察并研究其成活生长情况确属良好后，才能为某一立地条件类型确定某种或某几种造林类型。过去工作中对这一方研究面工作是不够的。

25.5.4　编制立地条件类型表及造林类型初步意见的工序问题

我们认为过去的工作方法满足不了上述要求，因此在过去的基础上提出修订的工序如下：

准备工作（收集整理自然条件、经济条件、天然林和人工林的历史情况和现况其他资料），这是工作的第一步；其次进行踏查，主要在于解决森林植物区及其分区的范围，详细调查的地点和范围，决定天然林和人工林的调查研究对象，并选定路线调查的线路；第三步应该是同时进行路线调查和造林初查，要求可以提出本区使用的土壤检索表和植物检索表而且也要提出试用的立地条件类型草案。在另一方面通过造林初查提出主要造林树种分布规律、造林类型的初步意见，同时总结同一分区的造林技术问题。第四步才是在选定地区进行详细调查，应分为综合调查和造林调查二方面进行，要求制出本区应用的立地条件类型表和试用的造林类型表。应该指出的是只有当这些试用的造林类型实际营造到各个立地条件类型中，通过这些人工林的长期研究后，才是确定立地条件类型和造林类型的最后一步也是最重要的一步工作。

25.5.5　关于调查试验研究工作上的几个问题

（1）为了能指导实际工作并取得各森林植物区及其分区中足够数量的实际材料，工作的开展应该密切结合生产工作来进行，应该促成有关各地区在进行造林计划工作时能在完成原定任务的条件下试用此种方法来进行。

（2）组织有关各科学研究部门、林业院系和各省试验场及调查队共同进行森林植物区及其分区的划分工作。

（3）分别选定重点地区按拟定的造林类型进行造林，逐年观察其生长发育情况。

（4）选定有代表性地点进行定点试验研究工作。着重在山地小气候、植物群落发展规律立地条件类型和造林类型的研究工作。

（5）进行土壤水分长年观测，尤其是干旱季节的观测；标准土壤必要的定量分析工作。

第 26 章　我国山区建设和可持续发展[*]

26.1　背景和问题

我国幅员辽阔，人多耕地少，干旱风沙、水土流失、监碱沥涝、冰雹霜冻等灾害频繁，生态脆弱，尤其突出的是我们是一个多山缺水的国家。我国只占世界 7.1% 的陆地面积，承载着占全球 21.8% 的人口，基本上取得了温饱，正向小康迈进，成为举世瞩目的奇迹！

科教兴国，农业要排在首位。江泽民同志曾公开讲过：我们有能力养活 12 亿人，今后还要增加到 13～14 亿人民。但是当前还有几千万人尚未脱离贫困，还有分散居住在生态脆弱的老少边穷山区亿万人口，如果不能求得稳定的温饱，将是心腹之患！这就是我们面对的严峻现实。加强管理和法治，固属应该，但如何取得实效？只能靠现代的科学新成就，这恰是问题的焦点所在。

26.2　实践是检验真理的标准

从华北大平原的靠山——太行山说起。1949 年我曾在河北省工作，1952 年被调到北京。多年来对太行山区直至 20 世纪 80 年代初，仍在贫困之中，实内疚于心。1995 年秋应中国生态经济学会之约，曾到太行山区的河北省赞皇县。这是与华北大平原接壤的低山丘陵，地区虽得光热之利，而人口密集，土薄石头多的坡地，干旱和土壤水分亏缺已成为林木生长繁育的限制因子。枣喜旱，又是我国特产，野生的酸枣，也曾救活过太行山区的群众（邢台、邯郸），如果能让全世界 50 多亿人都能吃上中国特产，既富营养，又实有疗效的红枣，将为世界人类作出贡献！赞皇得以以红枣起家，应是巧于选定突破口，是科学工作的第一步。得到河北省领导的格外重视和支持，将嶂石岩建成自然保护风景区，除可发展旅游事业之外，还有更深远的意义。全国都是缺淡水，更缺未受污染的淡水，北方尤为突出。饮水思源，太行山是省会石家庄及其周围广大平原的主要水源地区，将日益成为唯一可靠的水源。据我们多年的研究成果，在年降水 400mm 且具有发育的林地，每公顷可跨年度满足供应 30 人生活用水的需要，嶂石岩山区总面积 120km²，既可满足供应 30 多万人的生活用水，也是我们多年探索的结果，采用温度补偿、循环用水的全年生产配套技术，用一亩荒沟，年用 500m³ 水，可使一口人的年收入达到附近城镇居民中等以上的生活水平。当然要时刻提防土石山区山洪暴发和泥石流的毁灭性灾害！很不幸，1996 年 8 月 3 日晚到 5 日早 8 时，包括赞皇县在内的四个县，遭遇了一场超过 200mm 的暴雨引起泥石流、山洪暴发，造成严重的灾害！

1996 年 5 月，有幸到甘肃省河西走廊。顺发源于祁连山原始森林涵养和净化的降雨和融冰水而形成潺潺清流的石羊河，经武威出长城，过红崖山水库，再访地处石羊河尾闾，穴

---

* 本文作者为北京林业大学水土保持学院，关君蔚、张洪江。

居于巴旦吉林、腾格里和乌兰布和沙漠之间。这里自古是河西走廊"丝绸之路"的要冲之地，孕育过"沙井文化"的民勤绿洲。历史上兴衰轮替，始终是沙进人退，残存废墟而已。因我曾先后多次到过民勤，目睹和体验过沙进人退的旧貌，也更激动于来之不易的，在多年平均降水只有 100mm 的民勤，取得了"人进沙退"的实效，出现了"塞外江南"的新景观。这一新景观之所以引人入胜，不仅是民勤石羊河林场、民勤治沙研究所和当地群众辛勤劳动的成果，而更突出的表现在，早年为"沙进人退"所迫，背井离乡外逃谋生的人们以及他们的后代，其中一部分已在他乡安居乐业多年，落叶归根，也纷纷回到朝夕怀念的家乡！就靠这点可贵的执著精神和已有的科学技术，实践证明，现在全县人口已有 28 万，不久即将超过 30 万，已能人进沙退的同时，求得稳定的温饱，奔向小康，而在土地承载力或环境容量上，尚有逐步增强的余力。在地处沙漠腹心，经济条件困难，自然灾害严酷，生态极为脆弱的民勤，只靠祁连山哺育"银武威"的余水，再哺育民勤，取得稳定的温饱，尚有余力，从中看到了希望。

在我国长江以南，自然条件较好，自古以来就是"鱼米之乡"。据 1996 年 10 月 10 日中国林业报记者刘伟成的报道，江西的兴国县，由于山荒水劣，水土流失严重，被称为"江南沙漠"。80 年代初，部分农民迫于生计，纷纷举家迁往外县落户，据 1980 年统计就有 400 多户定迁居他乡。经全县 13 年艰苦奋战，在荒山秃岭上工程造林 $13.3 \times 10^4 hm^2$，基本消灭了宜林荒山，森林覆盖率提高 20 多个百分点，有效地治理了水土流失，先后被评为全国绿化和水土保持先进单位。山已变绿，水已变清，唤起外迁游子思归之情，迄今已有 108 户又迁回原籍安家落户！

难中之难是我国西北支离破碎、千沟万壑的黄土高原。年降水量虽有 300mm 左右但集中于夏末秋初，年年春旱，且年际变化突出，易遭连年大旱；而黄河全流域淡水资源不足，已多次断流。尽管如此，延安经过几十年的努力，已经包围在绿海之中。

由上可见：我国老少边穷的山区，亿万还不能离土离乡的农民，能否求得经济效益、生态效益和社会效益同步实现，结论应该是："是不为也，非不能也。"但也是经实践证明："凡是经过努力工作的山区，都取得各自相应的成效，但从全国以及就山脉、水系或大的省区的整体来看，仍未取得向良性循环发展的起步，这应是问题的核心所在。"

26.3 靠山吃山要养山

1996 年 4 月，曾参加中国工程院组织的云贵川农民资源"金三角"的重点项目，再次到四川考察了以攀枝花市为中心的"上三州"。长江源自云贵青藏高原，其上游地势高耸，汇流面积辽阔，主要支流群聚于高山峡谷、落差陡增的横断山脉，看平均降水量较多，形成将近万亿立方米的年总流量，注入东海。从而，包括"金三角"在内的上游水能资源极为丰富的优势，居全国之冠，也为举世所公认。但是，水能资源只是水资源的一部分，来源于降水的淡水资源是工业生产所必需的自然资源；而更突出的是，水是生物的命脉，生物生产事业的命脉，更是人类生存和繁衍的命脉！根据人类生存、繁衍、生活以及持续发展的需要，资源金三角地区的淡水资源，尽管就全国而言，年均降水量较多，又具有亚热带的光热优势，但由于降水年变率大，尤其年内旱季雨季分明，坡旱地的粮食生产，则是"三天没雨小旱，五天没雨大旱，七天没雨完蛋"！甚至部分农业饮水问题仍待解决。所以，干旱仍是突出而必须解决的问题。

　　在此次考察中，受到了深刻、现实而具体的启迪和教育。途经各市县，具体条件差异悬殊，但对饮食生活用水必须保持按量、及时供应到位，要"以水定产"却是和更为干旱的北方山区具有共同要求。在此基础上，地跨雅砻江与金沙江的合流点及其两岸的攀枝花市，是我国西部工矿、水能资源重镇，能与都市建设同步建成气势宏伟，以杧果等特稀亚热带产品为核心，以水定产、人工造地的现代化生产基地，实出乎意料之外！米易县辛苦十几年（涉及三代领导、广大农民、农业科技工作者）的劳动和智慧的结晶："三高一低的立体农业"——规模、内涵、实效和气势，名不虚传！以地处干热河谷，力行包括地膜覆盖，防止土壤蒸发在内的高层次节水农业；充分利用光热优势，促成栽培果蔬、反季节蔬菜，已形成供应北方京津一带，是提高农民经济收益的需要，也是市、全国的需要。溯安宁河而上，过会理、会东和德昌，在雪山、森林和高山草地、沼泽和峡谷之间，占土地资源绝大部分的"二半山"，已经实践证明，利用时间差和短、平、快也能"发财"，苹果、桑蚕、烟、蔗糖等在全国或国际上均有优势。所以，生物生产的潜力优势在"二半山"，在大、小凉山，在"上三州"，更在"金三角"！

　　再上即抵西昌，缅怀过去我曾四访大、小凉山，此次又得过松潘，均系老少边穷的山区。当前西昌已建成美好的现代化城市，建国后最早飞机播种的云南松，早已茂密成材，人工营造桉树速生丰产用材林，经济收益不低于"三高一低"农田。再上即将进入高寒山区，但仍未脱离旱季鲜明，且谷地更为突出的特点。适逢冕宁的大桥河水库即将建成，途径各县中、小型水库日益星罗棋布，安宁河全流域建成第二个"天府之国"，已能在可见的未来逐步实现。它加速各民族文化水平的提高，促进城乡差别的淡化；它也将是我国持续发展不可多得的自然风光、休养保健、文化古迹、科学技术、旅游观光宝地。应将邛海、月亮城、西昌以上的安宁河流域，划为我国真正的国家自然公园，既是自然保护区，又是保健疗养区；既是历史文物纪念区，又是名胜古迹区；既是科学、艺术研究创作普及区，又是旅游观光风景区。

　　这是考察过松潘草地和黄龙寺、九寨沟之后，形成的良好的愿望。归途顺岷江而下，沿途山青水绿；黄昏后遇雨，不足 2 小时，暴雨仅占 30 分钟左右；深夜始抵茂汶，翌日凌晨，急趋江岸，已经是满江泥水向东流了。缅怀起 1981 年在四川的特大洪灾之后，几代省领导的殷切教导，"靠山吃山，要养山。"既是对祖国锦绣江山现实经验的总结，也充分体现了山区具有丰富多彩的生产潜力。但与平原或盆地不同，地面起伏高低变化很大，导致生态环境脆弱易变，一旦遭受摧残，又难恢复和改善的科学实质。联想到 1991 年参加"安宁河流域综合经济开发"的调查和研究工作，结果得知就在这个要建成第二个"天府之国"的安宁河流域，建国以来，为山洪暴发和泥石流冲毁，难于恢复的高产稳产滩地水田已达 5 万多亩；其中喜德和冕宁两县更为突出。如果不能脱离开"十年修，一年冲，修来修去一场空"的恶性循环，几代人的辛勤劳动成果，将成为过眼云烟。1990 年，参加四川省计划经济委员会组成的"三江"水电考察，所经之地都是滑坡、泥石流和山洪暴发的频繁多发地区，西昌、攀枝花市、德昌、冕宁和喜德，都在泥石流的包围之中。从 20 世纪 70 年代后期开始，就在云南、贵州毕节地区、甘南武都地区和广西的百色地区都做过些工作，深感"以水定产，多层次循环用水"是全国山区建设可持续发展的普遍基础，而减少滑坡、泥石流和山洪暴发的危害，则是山区建设可持续发展必需的保证。

26.4　因势利导，顺时求成——山区建设迈入新阶段

由上可见，山区建设的指导思想，从战略上看，应该是社会效益、生态效益和经济效益同步实现；但针对我国当前的具体条件，在战术措施上，只能是经济效益、生态效益和社会效益同步实现。

首先要因地制宜——合理利用山区土地（表 26-1）、作好土地利用现状图和土地利用规划图。

表 26-1　我国山区土地利用方向表

坡度 土壤	平坦 <3°	缓坡 3°~15°	斜坡 15°~25°	陡坡 25°~35°	急坡 >35°
风化、土沙细土层厚 <0.15m	牧	牧	林牧阴林场牧	林	野生资源
薄土细土层厚 0.15~0.30m	牧	牧	林牧阴林场牧	林	野生资源
中土细土层厚 0.30~0.50m	农果高农低果阴农场果下农上果	农果高农低果阴农场果下农上果	农果高农低果阴农阳果下农上果	林果高林低果阴林阳果	野生资源
厚土细土层厚 >0.50m	农	农	农果高农低果阴农阳果下农上果	农果高农低果阴农阳果下农上果	野生资源

以县为基础，用大比例尺地形图和航测像片，按行政和流域为单位，领导、老农和技术人员相结合，现场调查、现场规划、现场设计；层层开会综合平衡定案。虽然部门规定要抵御 10 或 20 年一遇的暴雨；但在山区为安全计，应以 120mm/h 为基础，而在有滑坡、泥石流和山洪暴发的危险的沟道，则更应考虑 20mm/h，或用 6mm/min 甚至历史上实测最大的暴雨强度。

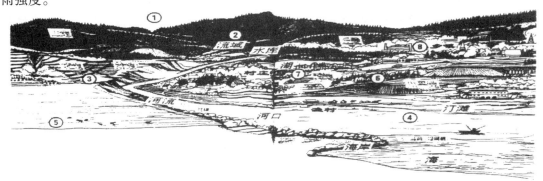

图 26-1　新景观示意图[1]
1. 木材及林特产品生产用地　2. 森林公园风景林　3. 正在治理已被破坏的土地　4. 淡水养殖水面
5. 放牧地　6. 小公园　7. 特用低湿地　8. 乡镇所在地

早在 1957 年，就已推广应用于全国各地，无林或少林山区，以土地类型为基础的两张图（现状图、远景规划图），一张表和全套档案的基本模式；并经形象化处理之后，归纳为："远山高山松柏山，近山低山花果山，河谷变成米粮川，幸福生活万万年。" 1995 年得

到了国际上的印证和支持（如图 26-1）。

但实践总不能完全按规划实现，如何才能在规划的大原则下做局部调整，经多年探索，在空视、遥感、微机和卫星定位领域的新技术支持下，促使动态跟踪监测预报（DIP、CESE）成为可能。[2]

于是就能做到个人、家庭，村、乡、县、市、省、地方和国家各级领导，上下左右，各行各业对分散居住在广大山区的亿万人民都心中有数，将激发出来的主观能动作用，有序地集成起来，就能"运筹于帷幄之中，决胜于千里之外"，促使山区建设工作步入动态、能随时间的进程和生产发展的需要，及时改善提高，靠现代科学的成就，使山区建设工作的规划赶得上变化！

26.5   如何减免滑坡、泥石流和山洪暴发的危害？

泥石流和山洪暴发是在山区突然发生，含有大量土砂石块的急流；破坏力极大，常造成毁灭性灾害。过去曾被认为和火山爆发、地震一样，是人类不可抗拒的自然灾害。在北京市门头沟区的清水河流域，1950 年 8 月 1~3 日连续三天有雨，4 日凌晨，暴雨不足 2 小时，流域内多处沟道暴发了泥石流，造成一场令人震警的灾害。其中在百花山下的田寺村暴发的泥石流，冲毁了半个村，并有再次暴发泥石流的潜在危险。时值建国伊始，只能靠自力更生，以工代赈，进行综合治理。迄今 46 年，曾遇两次相仿的暴雨，而今满山封育成林，落叶松和油松早已成材；沟道里果园和农田，年年得收；涓涓清流，饮食、生活用水和沟内的果树、粮食生产用水足够而有余。

这足证泥石流和山洪是可以治理的。但几小时内暴发造成的极为严重的泥石流和山洪灾害，其恢复和治理，不仅需要大量的人力和物力，还要再经相似的和更大暴雨的考验，又需很长的时间，于是泥石流和山洪暴发能否预见、预测和预报，就成为我们多年继续探索和研究的主要内容。1985 年总结的初步成果显示，泥石流和高含砂量山洪，是可以预见、预测和预报的[4]。例如 1981 年 7 月 8 日由昆明开往成都的（442 次）普通客车，在 9 日凌晨 1 日 27 分正点到达距成都 236km 的甘洛站。1 时 35 分车间指令发车，车起动后，车站突然断电，因车间照明电路与此次列车失事的利子依达沟大桥上电路有关，则可证明此大桥被水毁的时间，是 1 时 35 分多一点。同理可证，只要能在有发生泥石流危险的沟道，用几根电线和一套断通续电器和警铃（或指示灯），就可以避免此次灾难。1960~1963 年，经对北京林学院妙峰山实验林场反复调查研究，断定在鹫峰与金山之间的棺材石沟（三块石下亦称拉拉水沟），有发生泥石流的危险，选定为定位实验点，并对发生地点在三块石和终停地点在小桥以上，提出预报之后，**就用 20 世纪 60 年代的水平，作了三年定位研究，1973 年雨季发生了泥石流，规模大小，起止地点均与预报相吻合。**

更重要的是，山区的沟道万千，危险的不多！在有危险的沟道，建好安全平台，修好通道，就能依据雨情，进行紧急的预警预报。在北京市领导重视和支持下，到 20 世纪 80 年代已推广全市，其后曾几次暴发泥石流，除在北京举办亚运会的当年，因雨季超前，密云四合堂和怀柔长梢营的泥石流，有人员伤亡外其他均未死人。截至 1995 年底，由北京林业大学和奥地利维也纳大学合作，在北京全市山区的山洪、泥石流普查和划定危险区以及全市山区水土保持普查工作的全面完成，从科学上就步入一个新阶段。同时，由长江办主持，以三维定位、卫星为核心，具有 80 年代国际水平科学设备为基础，准确地预报了新滩大滑坡，突出在选预报观测点上，得到国内外的好评。也在同一时段，香溪兴山采石场，只用 3 个人，采用先期定位设标，周密巡回调查方法，按时段、多层次准确地预报了一场极强大的泥石流，在暴发时间的精度上达到了 10 分钟级。尽管仍是极为粗浅的成果，但突然暴发，造成毁灭性灾害的泥石流，是不可抗拒的神话，可以告一段落了。

26.6　山区环境改善是山区也是全国的可持续发展的根本和保障

早在两千多年前司马迁就曾说过："水能载舟，亦能覆舟"，"甚哉，水之为利害也!"禹花费了毕生精力于疏导，"'不与水争地'，实为大禹不朽之功!"趁势疏导，汇入江河，泥石流和高含沙量山洪暴发的毁灭性灾害又被控制，就为山区建设奠定了坚实的基础。我国淡水资源奇缺既成定局，解决的途径只能是节约使用。"水"是生物的命脉，也是农业的命脉，而淡水资源则是陆生生物的命脉。社会发展到今天，污染不超标准的淡水，才是陆生生物和人类的命脉，特称之为淡水资源。

根据人类对淡水的需要，就要对淡水资源进行分类和订出等级：

甲类：维护人类生活和社会正常运营的用水

　　　　一级饮食用水

　　　　二级生活用水

　　　　三级城乡、文化、交通用水

乙类：生物生产事业用水（农业用水）用水大户 >80%

　　　　二级（家畜及其他有用动物）饲养和食用植物栽培用水

　　　　三组非食用植物栽培（棉、麻等）和农产加工的工业用水

丙类：工矿生产用水

要保质定量及时供应到位，也要以水质第一、分等论价、等价交换。绝对认真执行谁保护，谁得奖；谁破坏（污染），谁受罚（钱 + 行政、刑事处分）；谁治理，谁受益（钱）。而供需要求，则要保证：

饮食用水：以小时计算，及时、定量（0.1m³/d）、持续供应到位。

生活用水：以天计算，及时、定量（0.4m³/d）、持续供应到位。

生物生产用水：以 5 天计算，及时、定量供应到位。

生物加工用水：根据需要而定。（农业是用水大户，一亩荒地要 500 ~ 700m³/a. 农业用水）

在当前，污染不超标准的淡水资源才是陆生生物和人类的命脉。饮水思源、由林区渗流而来的潺潺清流，是人类出现的先决条件。根据我们 1978 ~ 1984 年的研究成果，研究的标准地设在甘肃河西走廊、祁连山区、黑河上游寺大隆河源头的黑洼（海拔 2700m），以青海云杉苔藓林和裸地相比较，结论是："在裸露的坡地上，雨后迅速汇流集中补给沟道和河川，形成山洪暴涨，甚至发生泥石流，而在青海云杉苔藓林地，不仅在初期雨水被阻截、吸持一部分，即便降水延时过长，始终有效的是改变洪水的性质，尤其是在林地土壤的入渗和渗流过程中，被改变成为延续不断的清流，补给沟道和山地河川，削减洪峰，增加枯、平流量。"这就是处于水源地区的森林涵养水源的机理和作用。所以，山有多高，水有多高，是自然规律；而减免泥石流山洪暴发和洪水沥涝灾害，就陆生生物和人类命脉的淡水资源而言，则应是："山有多高，林有多高，有林才有淡水资源。"

就人类生活和繁育所必需，对淡水资源的质量要求最高的饮食用水，早在1968年，岩坪五郎等人的研究成果表明（图26-2），林区溪水的水质远优于雨水、地面水和壤中水；除春季初次产流和年洪峰前期时段外，溪流之所以能维持高品位水质质量，主要取决于林地土壤所具有的交换能，由腐殖质和黏土组成的复合体，吸持被溶解于壤中水的有害氧离子。尤其是林地土壤中的次生矿物，如：

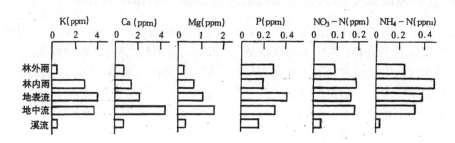

图26-2　通过各林层引起的营养物质浓度的变化（岩坪五郎等，1996）

Allophane（$1-2SIO_2 \cdot Al_2O_3 \cdot nH_2O$）和 Imogolit 等非晶体或准晶体的黏土矿物，氧化吸持氢离子，就具有正电荷，对阴离子有吸持作用。从而进入林地土壤的雨水，已溶有多种可溶物质，在林地土壤吸持和流动过程中，经土壤胶体的离子转换和为植物吸收之后，使溪水维持高品位的水质质量，特称之为：森林土壤对水的净化机制。

1989年中野秀章等人就日本本州的福岛和栃木两县的界河——黑川进行实测，其上游是森林，中游是草地（牧场），下游是水稻田（村庄），实测的结果是上游森林地的溪水，不仅感观上清澈，测定的水质也极佳；中游草地受草地施肥和牲畜粪便污染；而下游再加上水稻田施肥、农药和村庄生活污染，水质最差（图26-3）[6]。

我们引用了国外的研究成果，实因在国内也是一样，1996年末"北京市密云水库上游水源保护区、黄峪口小流域综合治理成果表明：综合治理流域面积11.24km² 的黄峪口小流域和工程措施很少，森林覆盖率34.5% 的朱家峪小流域为试验区，测定、分析并研究改善沟道径流水质的作用，结论是黄峪口小流域的水质优于朱家峪小流域。"

表26-2　黄峪口、朱家峪小流域水质比较表

	水温	锈味	沙量 g/cm	pH	T－P	T－N	COD	SS	氯化物	SO₄	N₃H－N
黄峪口	6.1	无微异	0.01	7.94	0.04	3.15	2.77	26	6.63	37	<0.05
朱家峪	7.8		0.03	8.12	0.10	11.5	2.24	34	7.05	50	0.18

进而这两个小流域，除在全年流域初期产流的悬浮物质，或在雨季山洪暴发时的含沙量有短暂几天超标外，水质各项指标，均高于国家地面水质量二级水标准；与日本研究结果，殊途同归，相互吻合。所以，有林才有人类饮食用水的淡水资源。

岩平五郎等，1976～1980年在日本本州滋贺县的田上山治山造林地上，用大津市人粪尿二次处理水，进行了为研究肥效，减少氮、磷污染的三次处理试验，结果表明：

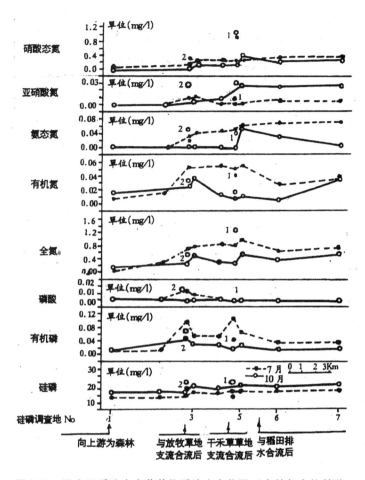

图 26-3　沿山区溪流水中营养物质浓度变化图（森林与水的科学，中野秀章，1989）

表 26-3　人粪尿散布于森林集水：降水与人粪尿水的收入，伴随流出水的支出，收支决征和支出/收入率表
（日．岩坪五郎等 1978～1982 年）

	降水量（mm）	CI	NH₄	NO₃	有机 N	全 N	P	K	Ca	Mg	Ma（kg/hm²）
降水收入	5644	114.2	5.2	8.0	13.7	26.9	2.2	14.3	19.2	5.8	45.2
屎尿收入	244	1121.1	561.2	14.2	147.7	723.1	67.3	153.5	20.0	21.3	391.2
总收入	5888	1234.3	566.4	22.2	161.4	750.0	69.5	167.8	39.2	27.1	436.4
流出水支出	3329	128.2	0.7	11.3	6.1	18.0	1.1	21.0	26.1	12.6	121.3
收支决算	+2559	+1107.1	+565.7	+10.9	+155.3	+732.0	+68.4	+146.8	+12.1	+14.5	+315.1
支出收入率	56.5	10.4	0.1	50.9	3.8	2.4	1.6	12.5	66.6	46.5	27.8

引入林地的人粪尿二次处理水中的溶质，几乎全部为林地吸收，进一步证实林地有强大的吸持能力。但须指出，氯和硝酸态氮有所增加，影响土壤酸度。结论是：森林土壤对水的净化有强大的吸持作用但此作用并非无限，从而不能以此为借口，将森林用为污水处理工厂，无限制地将污染物引进林地。这一结论无疑是得当的。但考虑到我国的实际，淡水资源奇缺既成定局，解决的途径只能是节约使用。联系到必须从开放式的线性流程，改变为封闭式的循环流程，尤其是农业、城乡、沿海和水产、生态工程等方面，在其内部和相互之间，改变为封闭式的循环流程，以其符合节约使用淡水资源，保护水质质量，封闭式的循环，封闭式多层次循环用水，将是今后可行的方案。而农业又是耗费淡水资源的用水大户，常受化肥、农药、食品加工、生活污水的污染，因而，可利用非饮食用生物生产（例如棉、麻、桑尤其是林地）土壤对水的净化和吸持作用，以减免食用植物栽培、动物饲养和生活用水对淡水资源的污染，有限度并受控制地多层次循环使用淡水资源，应该积极探索和试行。所以，农、水、林相结合，儿孙幸福万代。

26.7　世界和人类的可持续发展是我国的特点和优势

可持续发展实指全球和全人类，但在当前还有国家、地区、省、市、县、镇、乡、村、户和家，都在各自企求存在和发展，尤其是国家、民族和地区的存在，只能以此为基础，不危害全球和人类的未来，在全社会或其他国家、地区和民族的同意、承诺、容忍和支援下，由研讨本国（或民族、地区）的可持续发展开始起步。

前述北京市密云水库上游水源保护区、黄峪口小流域综合治理成果，不仅取得黄峪口小流域的自然景观、生态环境的改善和流域内居民生活的安全，经济收益增长和素质提高，也是黄峪口小流域可持续发展的基础，以其是密云县境内水库上游直接入库山区的小流域，就有利于保护密云水库，就有利于密云县和北京市的可持续发展。进而，中国山区的水源保护就必然有利于全中国的可持续发展。北京市内山区面积占全市总面积2/3以上，涉及5个区县，都有重点综合治理的小流域；基于所处地位历史、自然和社会条件差异悬殊，导致具体目标、起步重点和综合治理的内容和方法，也各有特点。但其共同突出之处，则在于"以水定产"的基础上，实现了农、水、林相结合的新阶段，已取得社会效益、生态效益和经济效益同步实现的实效，进而追求其未来。这些无一不是分散就职于各部门的科学技术工作者，到实地和当地群众在一起，得到领导的重视和支持，几代人多年来辛勤劳动取得的成果。

由上可见，科学发展经过学科间的边缘、交叉和系统的联结，步入新阶段，进而在自然科学、基础科学、应用科学以及社会科学的交融、砥砺中，逐渐淡化了科学和文化、艺术的边界。就纯理论科学而言，是要将世界和人类整体活动从无序纳入有序，其实质则在于真正的民主和自由，只能是民主集中制，才能将人类的活动纳入有序的科学轨道，这是在世界和人类的可持续发展中，我国的特点和优势所在！

参考文献

[1] J. Spets WRE, M. Hololgate, 关君蔚译. Global Biodiversity, Strategy INCK & M. Tolba UNEP. 1994.

[2] 关君蔚等. 水土保持原理. 1996, 122～126

［3］北京林学院森林改良土壤教研组编. 水土保持学. 北京：农业出版社. 1961，196～199

［4］关君蔚等. 泥石流预报研究. 北京林学院学报，1984，（2）

［5］关君蔚等. 石洪的运动规律及其防治途径的研究. 北京林学院学报，1980.

［6］中野秀章等. 森林和水的科学. 日本林业技术协会. 1989，63～70

第 27 章　森林涵养水源机理的研究[*]

27.1　背景和基础

　　森林是陆地生态系统的主体，深刻影响和制约着人类生活、生产和繁荣。

　　仅就森林对水资源的影响而言，以其可以覆被地面，截持降水，调节和吸收地面径流、固持和改良土壤，保持和滞蓄下渗水分，抑制蒸发，提高有效蒸腾水分，均匀积雪，改变雪和土壤冻融性质，并能促进降水增加等有利于人类生活和生产的效能。以上是自从欧洲文艺复兴以后长期研究所取得的成果，已被各国公认。于是促使经营林业的目的，就不仅限于生产木材及其他林特产品，而日益向涵养水源、保护和改善水土资源、维护和提高土地生产力，防治风沙、水旱、冰雹霜冻、山崩、滑坡、山洪、泥石流等自然灾害，进而改善环境，保护野生资源，净化大气，防止噪音，发展保健旅游事业等综合功能方向发展。

　　森林对水资源的影响就不仅限于森林所在地区，进而对其附近，尤其是对其下游的影响就更突出。迄今世界上供应人类生产和生活用水仍以河水为主，江河的枯水流量常成为限制因子；解决这个问题最有成效的办法是修建水库以调节江河流量，尤其在我国江河源远流长，地形条件也适合于梯级开发。但在我国主要江河上游山区居住着 3 亿以上人口，而且水土流失又非常严重，泥沙问题如何解决，更是不容忽视的现实问题。于是在江河的水源地区都应充分发挥森林涵养水源的功能，"蓄水于山"，"蓄水于林"都是十分必要的。

27.2　已取得的研究成果和问题

　　位于江河上游水源地区的森林可以削减洪峰，增加江河的平枯流量，森林的此种功能以其有利于人类的生活和生产，称之为森林涵养水源作用，而将这些森林称之为水源涵养林，关于水源涵养林的研究工作进行较早的是在瑞士（1899～1915）埃门塔尔（Emmental）的上哈尔茨山区（Upper Halg Mounlains）林区分别就郁闭度为 0.97 的针阔混交林，和非林区（指只有 1/3 是林地其他是放牧地和农耕地）坚持进行了 16 年的定位研究，年降水量两个

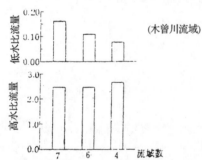

	A	B	C
森林面积率%	80～92	54～77	9～45
流域面积（hm²）	60～238	66～135	74～191
高水比流量	1.4～3.7	1.0～4.7	1.0～4.6
低水比流量	0.06～0.27	0.05～0.25	0.05～0.10

注：高水指洪峰，低水指枯水，比流量是径流模数。

　　* 本文作者为：北京林业大学关君蔚，甘肃省祁连山水源涵林养研究所付辉恩。

图 27－1　森林面积率与高水、低水比流量关系图　　日·中野秀章：1982

区均为 1 600mm 多一点，年径流率林区为 60％，而非林区则为 60.4％，相差无几。但融雪补给的区别则非常突出，暴雨时非林区的洪峰特大而在旱季非林区流量锐减。日本则是在明治维新以后，以 1910 年夏季大水灾为契机，从 1911 年开始研究森林涵养水源功能的，就其在木曾川流域，17 个面积为 60～238hm^2 的小流域定位研究的结果。

我国的制陶技术传至日本后，日本的磁都就在爱知县的濑户（seito），直到今天仍将瓷器称之为濑户物（seitomono），瓷土出自濑户，和我国一样长期用木柴烧制，延续一千多年，就成为水土流失严重的地方。在 20 世纪 20 年代被东京大学选作实验林场开始治理并进行森林理水的定位研究工作，70 年代告一段落，不仅水土流失得到了控制，而且发挥出森林涵养水源作用，已被开辟成为公园。山口伊佐夫"水资源与森林"1972 年的研究报告，见表 27-1、图 27-2、图 27-3。

表 27-1　水源涵养定位试验地概况表（日本爱知县濑户—东京大学实验林场）

项目 ＼ 流域	A（穴宫）	B（数成）	C（东山）	D（白坂）
面积（hm^2）	13.9	109.6	106.7	88.5
地质（基岩）	花岗岩	第三纪新层	花岗岩	花岗岩
土　壤	均属浅层沙质壤土			
坡　度	缓	稍缓	稍急	急
森林状况及其他　林　相	以日本赤松为主要树种混有各种阔叶树木			
森林面积（％）	97	69	91	91
其　他	1925 开始造林数年完成 林相越来越好	瓷土采掘地崩地间 有农田 林相最差	林相良好	林相良好

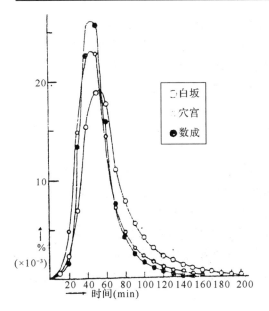

图 27－2　白坂、穴宫、数成的径流过程图
（日本东京大学原爱知实验林场）

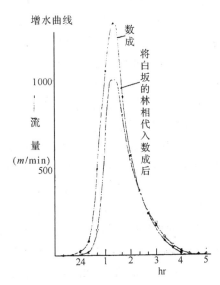

图 27－3　数成和将用白坂林相代入后的比较图
（山口伊佐夫 1972）

　　根据图 27-2 可以用白坂和数成的绝对值去推算条件近似地区和相似林相的洪峰流量。图 27-3 则可据以预测出洪峰的变化，即当将数成的林相改造成白坂的林相时即可削减洪峰 24.4%。

　　在美国松树河流域（Pine Tree Branch）试验地，用单流域法取得的结果如图 27-4：

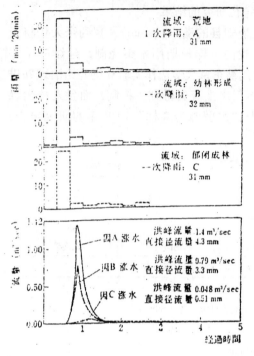

表 27-2　美国冠伊特（Coweata）林区由伐采林林引起的最大径流量的变化

	年．月．日	10 分钟最大雨强（时/小时）	降雨总量（时）	最大径流量（csm）
采伐前	34. 8. 22	4. 64	1. 91	48
	36. 7. 12	5. 46	2. 03	43
	39. 11. 7	2. 12	4. 67	110
采伐直后	40. 9. 20	3. 72	1. 82	54
采伐更后	43. 6. 13	6. 00	1. 34	128
	43. 6. 14	4. 20	0. 86	88
	43. 7. 30	4. 00	1. 72	398

* csm = 立方　／秒/平方哩

图 27 - 4　流域内荒地造林后对径流影响的实例

据美国林业局东南部林业试验场 "冠伊特水文研究所专集

　　其他各地试验研究也都证实，将原有森林采伐之后，年总径流量会有所增加，而且比较显著，这是因为原来被森林吸收和蒸腾的水分转为径流所致。就此，还有更多的研究成果证明，森林采伐后不仅年总径流量增加，并将出现更大的洪峰流量。根据日本科学技术厅（1957）提出的森林覆被率与多年最大比流量（$m^3/sec/km^2$）的关系式：

$$logq = 2.259 - 0.171logfp$$

　　式中：q 为长年最大比流量，fp 为森林覆被率

　　直到 1982 年仍被以上公式推广使用。

　　以上引用的只是具有一定代表性的部分成果，实际上在 19 世纪末到 20 世纪初世界各国都在国内各地进行了长期定位研究，尽管其内容细部各有特点，但森林涵养水源作用主要在于削弱洪峰，并使洪峰滞后的机理上取得了共同的结论，图示如图 27-5。

　　由上可见此项研究工作开始最早的是瑞士国立林业试验场的埃门塔尔（Emmental），在试验地几平方公里的流域面积上，开始定位研究，迄今仍在继续是很可贵的。但总的趋势和成果仍未超出如上的基本模式。其他各国起步较迟，但多在 20 世纪 40～50 年代告一段落，和瑞士一样转向更深入一步的研究工作。

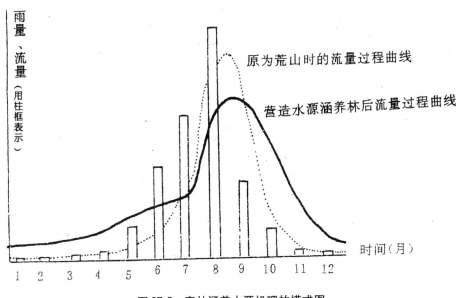

图 27-5 森林涵养水源机理的模式图

27.3 研究工作的进一步深入开展

我们再进一步就图 27-1 仔细加以分析，可以看出即森林覆被率与高、低水比流量，在森林覆被率小的流域组，其洪水比流量比其他流域组略大，但差异并不明显。而枯水比流量就比其他流域组小得多。可见森林在削减洪峰和滞后洪峰出现时间上的作用，在降雨的初期效果显著，在有充分降雨，而当林地出现蓄满径流，或遇暴雨形成超渗径流时，其削减洪峰的作用则将逐步降低，从而是有限度的。但在通过林地的渗流，延续补充和增加枯、平流量〔亦即常被忽视的基流（Base flow）〕则具有非常重要的意义。

早在 1933 年，樱井庄三就在日本东大爱知实验林场的研究结果：

表 27-3 有林地和无林地最小流量比较表

	1931 年月最小流量 m^3/分	比率	1932 年月最小流量 m^3/分	比率
有林地	0.580 ~ 1.224 平均 0.964	设为 1	0.498 ~ 1.562 平均 0.921	设为 1
无林地	0.304 ~ 0.940 平均 0.555	0.58	0.278 ~ 0.786 平均 0.510	0.55

结论是有林地比无林地枯水流量显著增加。

1985 年在四川省岷江上游水源地区调查的成果，在最近 40 ~ 50 年间的趋势，随森林覆被率的减少和人口的增加，岷江的枯水流量显著减少，而携流的悬移质泥沙则相应地增加，根据原始记录，绘出关系图如图 27-6。

当注意到森林涵养水源机理中增加平枯流量的重要性之后，世界各国虽先后有所不同，研究工作的热点逐步转移到林地土壤对降水和径流的吸蓄和渗流方面，一般多采用套筒法进行林地渗速的测定。我国在 1963 ~ 1966 年就北京市周围山区主要林分类型（包括灌水林分）进行了系列测定和研究。见表27-4。

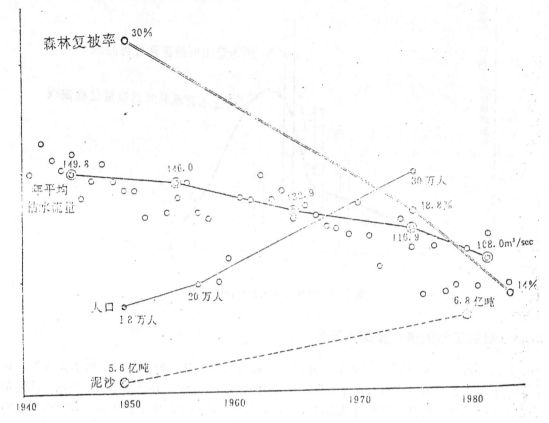

图 27 – 6　四川岷江森林覆被率、人口、枯水流量和泥沙的变化趋势图

因而只就降水和流出（径流）的关系而比较全面的过程，其轮廓应如图27-7。

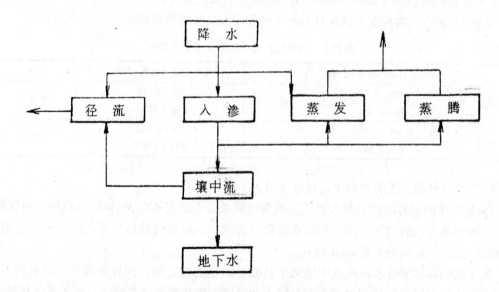

图 27 – 7　降水径流、入渗、蒸发和蒸腾的相互关系流程图

表 27-4 次生林林地土壤渗速一览表

标准地号	林地类型	土层深度(cm)	测定次数	下渗10mm水层所需时间(s) 0~10 mm	10~20 mm	20~30 mm	30~40 mm	40~50 mm	下渗50mm水层所需总时间(秒)	平均渗速(mm/分)	土壤容重(干土)g/cm³	备考
1	山杨林(百花山)	0~20	1	25	15	20	40	30	130			火成岩母质坡积物上发育的厚层中壤质多腐殖质棕色森林土山杨-杂灌木林,总95% 乔70%灌25% 山杨平均高5.1m 1320M 北偏西15°18'
			2	10	19	27	28	29	113			
			3	14	21	28	33	36	132			
			平均	16	18	25	34	32	127	23.81	0.673	
		20~40	1	29	54	64	77	70	294			
			2	80	157	175	214	227	853			
			3	95	142	174	179	165	755			
			平均	88	150	175	197	196	804	3.73	0.742	
2	黑桦林(百花山)	0~20	1	21	27	31	36	31	156			火成岩母质上发育的厚层轻壤质多腐殖质棕色森林土 黑桦白桦-杂灌木林,总90% 乔80%灌30% 黑桦平均高6m 1290M 北偏东9°27'
			2	40	51	58	83	80	312			
			3	15	27	41	23	21	127			
			平均	18	27	36	30	26	141	21.28	0.668	
		20~40	1	(280	400	535	770	770	2685)			
			2	15	95	185	120	210	625			
			3	110	80	140	18	210	720			
			平均	63	88	163	150	210	673	1.43	1.105	
3	华北落叶松林(百花山)	0~20	1	25	80	75	100	55	335			火成岩母质上发育的厚层轻壤质多腐殖质棕色森林土 落叶松红桦-苔草林,总95% 乔30%灌40%落叶松85%落叶松平均高2.2m 1900M 北偏西20°25'
			2	25	35	35	45	25	165			
			3	10	15	20	25	20	90			
			平均	20	43	43	57	33	197	15.15	0.434	
		20~40	1	40	85	80	75	90	370			
			2	85	90	135	155	145	610			
			平均	63	88	107	115	118	490	5.46	0.588	

标准地号	林地类型	土层深度(cm)	测定次数	下渗10mm水层所需时间(秒) 0~10 mm	10~20 mm	20~30 mm	30~40 mm	40~50 mm	下渗50mm水层所需总时间(秒)	平均渗速(mm/分)	土壤容重(干土)g/cm³	备　考
4	山杏荟木林(百花山)	0~20	1	30	28	27	28	20	133			火成岩母质上发育的薄层轻壤质中腐殖质粗骨棕色森林土,石砾含量60~80% 山杏——杂灌木林,总75% 乔30%灌50%草50% 山杏平均高1.75m 1400M 南偏西7°35'
			2	15	25	30	35	25	130			
			3	15	20	23	17	23	98			
			平均	20	24	27	27	23	122	25.00	—	
		20~40	—	—	—	—	—	—	—	—	—	
5	山杨桦林(田寺)	0~20	1	4	10	17	27	24	82	36.62	0.688	安山岩母质上发育的厚层轻壤质多腐殖质棕色森林土,山杨—灌木林,总95% 乔70%灌80% 山杨平均高9.5m 900M 北偏东20°31'
		20~40	1	27	63	57	103	24	274	10.94	0.795	
6	侧柏林(柏峪寺)	未动表土	1	4	25	87	98	83	297	10.41		老撩荒地缺顶耕作土,沙土,石砾含量20~50% 侧柏—荆条—白草 总70% 乔40%灌25%草30% 柏平均高0.85M 830m 南偏东5°27'
		0~20	1	(20	44	44	12	20	140)			
			2	18	51	69	66	64	268	11.19	1.130	
7	鹅耳枥桥林(高铺靠山)	未动表土	1	25	77	80	88	85	355	8.45		火成岩母质上发育的中层轻壤质多腐殖质粗骨褐色土,石砾含量10~60% 鹅耳枥—苔草林,总90% 乔70%灌10%草60% 鹅耳枥平均高5m460M 北偏东40°32'
		0~20	1	250	364	387	436	317	1804	1.67	0.973	
		20~40	1	46	71	91	140	113	461			
			2	60	91	120	197	165	633			
			平均	53	81	106	169	139	547	5.84	0.897	
8	杂灌木林(火村口西)	未动表土	1	1	2	3	13	12	13	96.61		沙页岩母质上发育的中层轻壤质多腐殖质碳酸岩褐土,石砾含量3~30% 杂灌木坡,总90%灌80%草25% 黄栌平均高2.2m430M 北偏西18°32'
		0~20	1	20	23	34	24	17	118			
			2	14	11	17	28	14	84			
			平均	17	17	26	26	16	101	29.75	1.018	
		20~40	1	8	14	15	17	13	67			
			2	5	11	14	15	12	57			
			平均	6	13	15	16	13	62	48.50	1.130	

27.4　问题的重新提起

森林是陆地上生物量最大的绿色植物体，生态系统及其功能的研究，涉及的范围和深度成果，尽管内部差异和结论不尽相同，但在森林涵养水源的机理方面，经过近一个世纪许多国家从多方面探索的研究，归纳出以上几个方面，已成为共识，也是生态系统研究的依据和基础。

本来可不用再去说明，只是在我国目前确实存在一些问题。为了有利于加速今后研究和工作的进程，不得不再一次重申已有成果。例如，时至今日还有人论证森林可以增加河川的年总径流量。也有人在论证森林是陆地上生物量最大的绿色植物群体，因而除林地蒸发水分外，绿色植物吸收和蒸腾的水分也最多，造成林地干旱。这也正是上述早已通过研究证明了的森林促河川年总径流量减少的症结所在；进而引申出，当前和今后水资源的亏缺，将危及人类的未来，森林就成为罪魁祸首了。

尤有甚者，我国国土大部分处于干旱半干旱地区，即使沿海和西南雨水较多，但季节性干旱也很突出，林地水分也正值亏缺，壤中流不足以满足林木生长的需要。所以，不仅不能增加河川枯水和基流量，反而要减少甚至断流。

这些说法、主张和论断，尽管表达形式不同，在我国由来已久，甚至影响着国家决策，事关重大，此项研究工作就是在前述基础上，就是针对这些问题进行的。

27.5　研究成果和分析

甘肃省祁连山水源涵养林研究所 1978 ~ 1984 年的研究成果见表 27-6。

表 27-6　苔藓青海云杉（*Picea crassifolia*）林地渗透速率表

土壤层次	下渗速率/（mm/min）		侧渗速率（mm/min）	备注
	初渗	稳渗		
A$_{00}$ 苔藓层	194.8	158.7	1404.8	
A$_0$ 腐殖层	86.6	27.9	53.7	1978 ~ 1984 年加权平均值
A 淋溶层	16.6	8.5	32.4	
B 淀积层	13.2	4.6	28.4	

标准地设在河西走廊的祁连山黑河的上游寺大隆河源头黑洼（标高 2700m），标准地距河道坡面长 125m。腐殖层下流需 1.5 小时，淋溶层需 1.6 天，淀积层下则需 3.1 天，始能渗流补给到寺大隆河。进而实测表明在黑洼标准地的全年总降水量为 400 ~ 500mm，1983 年 8 月 8 日 ~ 26 日间曾出现一次降雨值为 95.4mm/次，最大雨强接近 3mm/分，从未出现坡面径流，林地都可以全部吸收。

为了相对比较，用同样方法分别就藏柏（*Juniprus fibetica*）、高山灌丛和放牧坡地土体的渗透速率进行了测定：

表 27-7 藏柏林、高山灌丛和放牧地渗透速率表

标准地	土壤层次	下渗速率（mm/min）		侧渗速率（mm/min）	备　注
		初渗	稳渗		
藏柏林地	A₀	5.8	3.3	6.5	1978～1984 年加权平均，A 层侧渗遇树根
	A	4.4	2.3	24.7	
	B	4.6	1.8	2.0	
高山灌丛地	A₀	5.8	1.0	5.4	1982 年漏测，用 1978～1981，1983～1984 年加权平均值
	A	3.2	1.7	4.1	
	B	2.2	1.1	1.7	
放牧坡地	A₀	1.0～1.9	0.4～0.9	0.6～1.1	1982 年漏测，用 1978～1981，1983～1984 年加权平均值取过度放牧地和轻度放牧地两块标准地。
	A	2.2～2.9	1.2～2.4	1.2～1.1	
	B	5.7～3.0	1.1～1.4	0.8～0.9	

由表 27-7 可见，下渗的稳速率与苔藓云杉林地有数量级的差异。为了有利于分析，将各标准地土壤容重和孔隙度的测定数据表示如表 27-8。

表 27-8 各标准地土壤容重和孔隙度测定数据表

标准地	土壤深度（cm）	容重（g/cm³）	总孔隙度（%）	非毛管孔隙度（%）	毛管孔隙度（%）
苔藓、青海云杉林地	0～10	0.42	73.7	15.5	58.2
	10～20	0.65	63.5	9.3	54.1
	20～40	0.79	58.9	8.2	50.7
高山灌丛地	0～10	0.64	81.6	11.5	70.0
	10～20	0.90	69.1	8.0	61.1
	20～40	0.91	70.7	7.2	63.5
藏柏林地	0～10	0.60	80.4	6.6	73.8
	10～20	0.70	68.2	5.3	62.9
	20～40	0.83	67.0	7.3	59.7
	40～60	1.19	53.9	5.3	48.6
放牧坡地（过度）	0～10	1.27	50.3	9.5	40.8
	10～20	1.22	56.2	8.6	47.6
	20～40	1.67	24.9	8.0	16.9
	40～60	1.38	66.5	10.1	56.4
放牧坡地（轻度）	0～10	1.29	49.5	4.5	45.0
	10～20	1.33	53.8	5.0	48.8
	20～40	1.19	56.8	9.0	47.8
	40～60	1.21	56.5	8.5	48.0

土壤的总孔隙度与土壤容重密切相关，而非毛管孔隙度则制约土体中水分的渗流。降雨落至地面后，当雨强超过入渗速率时就会产生地表径流，称之为超渗径流，而在雨强并未超过入渗速率，但因土体深层入渗速率明显降低，继续降雨时土体孔隙全部为降水充满后，也必然产生地表径流，则成为蓄满径流。

　　由于地面上植被状况不同，土壤的机械组成，物理化学性质的差异，都能影响物制约着土壤渗水的能力和过程，而其下还有成土母质和基岩。理论上的探讨和实践证明从地表向下，直到基岩入渗速率越来越小。基岩本身即使是透水力强的软砂岩，其渗透率也是极其微小的，于是基岩渗水的孔道主要是靠张性节理和断层，而在石灰岩及其变质岩类的岩溶作用更为突出。其上则是成土母质和风化基岩的渗透能力，以其属于非地带性分布。可以引用日本林业试验场真下育久的研究成果（1973），如图 27-8、图 27-9 和表 27-9。

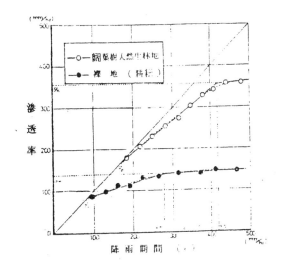

图 27-8　降雨强度与渗透率关系图

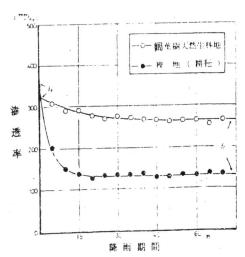

图 27-9　降雨时间与渗透率关系图

表 27-9　成土母质和风化基岩的非毛管孔隙量表

地域	第三纪层堆积岩		中·古生层堆积岩		变质岩		花岗岩		火成岩		火山岩	
	f	%	f	%	f	%	f	%	f	%	f	%
北海道 东北	57	16.8	28	20.9			53	22.4	32	16.5	28	20.8
北陆	142	13.9					30	17.2	51	16.5		
北关东 东山									27	13.7	150	23.8
南关东 东海	63	12.4	155	19.0	112	17.3	33	22.5	21	181	139	19.7
北近 中国	28	15.6	20	19.4			80	19.4	20	17.3		
南近 四国			139	14.5	94	21.7						
九洲			36	14.3			44	20.1	143	17.4	64	16.7
全国平均	290	14.2	380	17.1	206	19.3	240	20.3	294	16.8	381	20.9

　　注：表中 f 为非毛管孔隙量。* 全国平均最小值为 14.2%。第三纪层堆积岩稍早于我国马兰台地。

　　一般土壤中各发生层次的非毛管孔隙量和入渗率均大于基岩。其中受地带性成土作用影响，在 ABC 型土壤中 B 层（淀积层）的非毛管孔隙量和入渗速率均小于 A 层和 C 层，但仍大于基岩。而 A 层，即土壤的最上层经常反映出非毛管孔隙量和入渗速率的最大值。但是土壤表层如果受到牲畜践踏过度，林地的全面垦复，不合理的耕耘，尤其是造成裸露的地面，受雨滴的击溅，形成泥浆，于是就将表土中非毛管孔隙淤塞不通，就造成削弱入渗速率的超渗径流，而且多年等深度犁耕形成破坏非毛管孔道的犁底层以及密丛草类为主草盘层也都是由于正常土壤入渗孔道遭受阻断，必然促进超渗径流的提前出现。在荒山荒坡，尤其是裸露的地面上，一旦形成超渗径流，必然按流体力学规律倾泻而下，涤荡冲蚀着它流经的土地，无法抗拒地造成相应的水土流失。苏联早在帝俄时期就此问题曾有一句精辟的谚语：“酒没喝进嘴里去，全顺着胡子流跑了！”

　　水量平衡（water balance）是研究森林涵养水源机理的重要基础，而一般常用公式是：

P = R + L

式中：P……流域的年降水量

　　　　R……年径流量

　　　　L……年散失水量，＝ ET（年蒸发散量）

$\dfrac{R}{P} \times 100$……年径流或称年径流系数。

　　如上，置土体吸蓄和渗流的水分于不顾，其计量方法是不能用水源涵养机理的研究工作的。也正因如此，才促使研究工作集中到土壤吸蓄和渗流水分方面，而且扩展到林地、草地、耕地和裸露土地相互比较的研究。1975 年日本村井宏等的研究结果见表 27-10。

表 27-10　按降雨强度、初渗率和渗透定数表　1975

降雨分级（mm/hr）	降雨强度（mm/hr）	裸地						草地（芝草）			伐采迹地（伐采2年后）			林地						茅草地		
		耕地（深0.5m）			无处理（落叶除去）									阔叶树（25年生）			针叶树（落叶松25年生）					
		fo	fc	k	fo	fc	k	fo	fc	k	fo	fc	k	fo	fc	k	fo	fc	k	fo	fc	k
		(mm/hr)			(mm/hr)			(mm/hr)			(mm/hr)			(mm/hr)			(mm/hr)			(mm/hr)		
60～80	67.7	78	44	4.7	81	55	3.6	75	50	5.8	77	62	9.3	79	64	104	77	58	8.2	73	66	92
100～120	109.0	117	63	4.6	120	89	5.0	114	89	4.2	115	96	10.0	123	102	96	100	92	8.3	117	101	103
160～200	181.1	164	37	51	156	101	4.7	172	73	5.5	172	141	7.7	183	162	7.8	160	125	8.5	185	170	91

＊　Horton 公式：$f = fc + (f_0 - fc) e^{ki}$

式中：f_0……初渗率 mm/hr，fc……稳渗率 mm/hr　　　k……渗透定数　　　i……降雨强度

　　而在可以发挥水源涵养作用的林地则不然，仍以祁连山寺大隆河上游、黑洼云杉苔藓林地为例，用图示方法说明（图 27-10）。

　　即使是经营培育较好的水源涵养林的林地，有丰富的非毛管孔隙，而且可以保持畅通，但终究受深层母质和基岩以及融冻层的入渗速率的制约。遭到较长或雨强大时，仍能形成蓄满径流，但为蓄满径流出现的层位，如图 27-10 所示，主要发生在苔藓枯落物层（A_{00}）和 A_0 层的上部，由于苔藓类的生长和繁育，使坡面微地形有了起伏高低的复杂变化，逐年多次

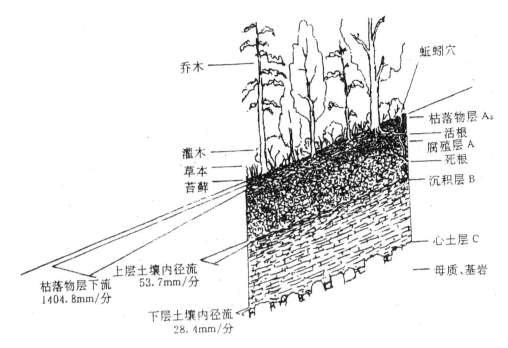

图 27 - 10　祁连山黑洼云杉苔藓林地水源涵养功能图解

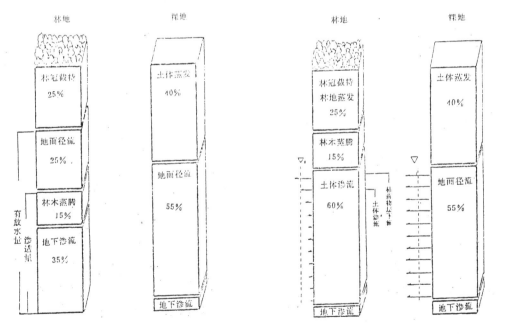

图 27 - 11　林地和裸地对降雨再分配模式图

裸地：降雨 = 地面蒸发 + 地面径流 + 补充地下水

林地：降雨 = 树冠截持（包括蒸发）+ 地面径流 + 林木蒸腾 + 补充地下水

图 27 - 12　林地和裸地对降水再分配模式图

裸地：降水 = 地面蒸发 + 地面径流（V > Vg）+ 补充地下水

林地：降水 = 树冠截持 + 林水蒸发散 + 苔藓枯落物层下流（V < Vg）+ 土体侧向渗流 + 补充地下水

* Vg······临界流速

林木的枯落物覆盖其上，不停地加强微地形的改变，实测此层流速为 1404.8mm/min，即 0.023m/s，这小于土壤侵蚀的临界流速（Vg），是在坡面的弯弯曲曲、时隐时现的潺潺清流。关于林地和裸地对降水落到地面之后的再分配的研究高潮，在国际上已开始步入汇总和清理阶段。因而这方面从不同角度用不同方法就总体进行表达的成果很多，总的趋势也趋向一致。如图 27-11。

如图 27-12 所示，不同于图 27-11 之处，首先在于同是在雨后补给沟道河川的径流在裸地范围是迅速集中的山洪和泥石流，而在林地范围是滞后延续不断的清流，其次是明确指出土体入渗水分分成下渗和侧渗两种不同形式，同时在入渗过程中不停地在相互转化。最后真正补给深层地下水的只一小部分，大部以渗流或山泉形式补给沟道和河川，用以增枯水、平水流量。这恰是涵养水源机制研究的目的所在。而从理论上更为重要的是不应将水（包括降雪及其他）的再分配停留在闭环的静态系统。要求研究工作根据研究目的和存在的问题，迈入一个以降水和入渗与径流的关系为核心的动态开环系统研究的新背景，深入一步探索森林涵养水源的机制，在这个思想指导下重新作些探索性的工作。

森林是陆地上生物量最大的绿色植物群体，它的生长和繁育必须从林地吸取并蒸腾大量水分。从动态过程来看，在森林开始出现之后，经过多代的世代更替，形成了良好的可以大量吸收和渗蓄降水的林地土壤，于是就可以在降水时在林地存贮水分，在天晴后无雨或干旱时吸取和使用。在雨季或暴雨时这种蓄水于林地的作用对人类的生活和繁荣是有利的。但是，它所吸蓄的雨水是否全用于森林生长和繁育了呢？从最基本的常识可以明确指出森林总体（包括草、苔藓在内）能从土壤中吸取水分的器官的表面积远小于涉及土体范围内非毛管孔隙和土壤粒子表面积的总和，所以从空间上看森林吸收的土体水分只能限于其中的一部分。从时间上看，生物群体不停地在演变，而被林地吸蓄的水分也在不停地流动和变化，其结果就导致一部分被生物吸收，而另一部渗流补给沟道河川和深层地下水。而从另一方面看，这恰削弱减少了河川洪峰流量，增加枯水、平水流量，森林涵养水源作用的动态过程。即使在干旱地区，坡地干旱和水分亏缺突出地出现在荒芜裸露的山坡，其根本原因在于人为破坏和削弱了土体的入渗速率，遇雨就产生超渗径流，引起水土流失的同时，也造成山地干旱。而在有林的山坡，以其遇雨能大量渗蓄，不但不会引起水土流失，反而可以提高坡地的抗旱能力，同时还可以潺潺清流补给沟道和河川。于理至明，山区各地到处都有鲜明的实证，"蓄水于林"，"有林就有水"。当流域内有一部分土地为森林所占据，需要吸取土体中一部分水分、生产木材等生物产品，这和栽培农作物一样是理所应当的，也同样会对河川的年总径流量有各自相应地减少。科学贵在求实，事实就是如此。

容或如上结论还有某些不完整或不够全面之处，可以继续研究求得补充和提高；但是当前急需的是如何善于和巧于利用森林涵养水源机理的成果，使有限的降水资源能最大限度发挥森林的涵养水源的作用，不仅可以维护和提高林分（包括木材和其他林特产品）的质量，更好地为其周围，尤其是下游提供清洁卫生的水资源和环境条件。为此，研究的重点就被迫要进入动态监测预报。

早在 1962 年结合泥石流的研究，开始意识到土体水分动态测定的重要性，以其要取得同一地点连续不断测定土壤水分含量的系列数据，常用的取样烘干称重方法难于满足要求，于是在北京林学院妙峰山实验林场水实验区定位标准地上分层埋好自制传感器，用电压补偿式电子管装配了测试仪表，经过试测，勉强可用，但多点同时测定困难很大。"六五"期间作为林业部的重点科研项目"泥石流预报的研究"，土体水分埋测仪的研制是主攻内容之一，试制出电容式传感器和专用二次仪表，经过在妙峰山实验林场、宁夏西吉县基地办和承德水保站进行了全年中间试验，1984 年进行部级鉴定。"七五"期间作为博士点的科学研究课题"森林的防护作用和生态效益机制的研究"又将森林涵养水源机理和土体水分埋测传感器的改制和小型化作为重点攻关项目，于 1987 年提出"森林涵养水源机制的研究"的中间报告的同时，传感器的改制取得了突破性的进展，样品经过实验检验可用。现已小批量生产，专利正在申请中，体积只有：$10 \times 7.1 \times 1.6 = 113.6 mm^3$ 即 $0.1136 cm^3$ 超小型的探测器，比较理想地满足了土体水分埋测的要求。

我们之所以长期坚持探讨和研制土体水分埋测的探测器，是由于森林涵养机制和预测预报滑坡泥石流的需要而促成的。这一关键性的研究工具的试制成功，也必将推动水源涵养的研究工作步一个新阶段，简单进行说明如图 27-13：

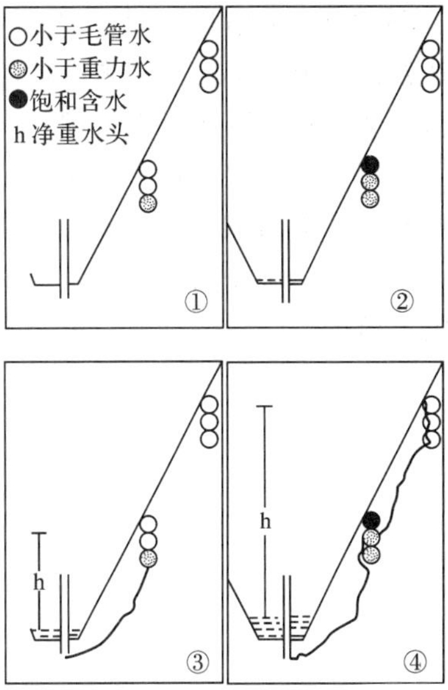

（1）当在旱季或长期降雨时，山坡坡地土层中重力水常消耗净尽，各层土体水分都小于毛管持水量，偶尔在坡地下部土体水分稍多。

（2）遇有降雨，表层土壤可达饱和含水量，并向土壤下层渗流，但在蓄满径流发生前，下层土壤和土体很难达到饱和含水量。

（3）在坡地下部、承受土层内侧向渗流的补充，可以达到饱含水量，而当和沟道通过坡地土体中的非毛管孔隙串通后，即将形成承压水，向沟道补充。

（4）如果在有充分前期降雨再遇暴雨时，坡地上下土体中的非毛管孔隙串通后，沟道中承压水强最大，坡面蓄满径流大量形成，洪峰虽仍可滞后，但森林蓄水作用实已达到了极限。

图 27-13

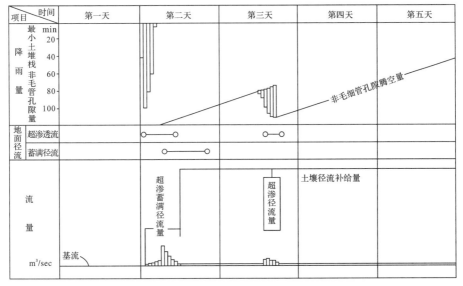

图 27－14　森林涵养水源机理动态监测流程图

　　由上可见，通过土壤水分埋测就可全年全天候进行土体水分含量和动态的全部过程。

　　因此，只要就一个流域测定降雨，分层土体水分，地表径流流量产生、停止，就能进行该流域的水量平衡的动态分析（图27-14）首先可以根据降雨和现有土地利用情况和流量的动态分析预测预报今后的变化；进而又能随时间的前进取得实测数据，进行印证和校核，提高预测预报的质量，而更重要的是研究取得的确切系统的动态数据，将是推动森林涵养水源机制的研究从必然王国走向自由王国的基础。也是据以科学合理地利用土地，结合所在地理位置划定危险区的科学依据。

　　以上只是就森林涵养水源的机理，作为一个子系统的基本轮廓。"蓄水于山"和"蓄水于林"虽是可取得涵养水源的实效；但在另一方面，将引起重力侵蚀的发生和促进泥石流的形成将是潜在的危险。因而，如何在不影响和削弱水源涵养作用的同时，防止重力侵蚀和泥石流的发生则将是下一步必须进行研究的课题。

1989年11月定稿

第 28 章　泥石流预测的探索

28.1　前　言

新中国成立以后，我们在遭受过长期摧残和破坏过的祖国土地上进行社会主义建设的。建国以来，各方面生产建设的飞跃发展，山区面貌有显著变化；同时山区人口又迅速增长对山区生产潜力的需要，不论从数量上和质量上都在增长和提高；导致水土流失未得到控制，而且泥石流的发生及其危害日益严重，从而引起各部门各学科的重视。

1979 年在革命圣地延安，一次降雨 150 多 mm，王家沟发生了泥流；将曾为毛主席代耕过的老劳动模范杨步浩同志全家冲死。在 100 年前仍属长白山林海中最佳部分的长岭（地处暖河和蒲石河的分水岭），原始森林的破坏不足百年，1979 年雨季就发生以山扒皮为主要形式的严重泥石流危害，据调查沿凤上线分水岭长岭铁路 10.224km 范围内，一次暴雨就发生 319 处（谭炳炎，1980）。甚至就在首都北京的山区密云县 1982 年夏一场暴雨，汗峪沟爆发了泥石流伤亡 22 人。可见泥石流的危害是和我国的现代化建设不相容的。

面对这个问题，国际上曾有学者认为是由于人类的无知，引起不可挽回的生态灾难。我国也有多位学者认为泥石流和火山爆发、地震一样是人类无法控制的自然灾害！我们经过半个多世纪的探索，泥石流潜在危险的根源虽肇因于自然规律，但其爆发多由人类不合理活动而引起；其所造成的毁灭性灾害，是难于挽回，但仍是可以挽回，也是可以预防的自然灾害。

地球表面基于地形起伏的影响，由很多面积大小不等的集水区（或流域）组成。确切判断为数众多的集水区能否发生泥石流是在山区建设中十分重要的基础工作。如果用于没有泥石流发生可能的集水区，将造成莫大的浪费。反之，在有爆发泥石流严重危险的集水区，仅按一般山洪进行防治，则应对残酷的后果负技术责任。所以泥石流的预测工作是很重要的。

但是泥石流的预测实属定性性质的普查范畴的工作，在此基础上根据工作需要，就一部分有泥石流发生危险的集水区，进行深入的分析研究；对泥石流的发生条件、形成规模、发生频率、潜在危险强度、危害涉及的范围等方面，力求得出具体指标，据此作出具有数量级概念的结论。为治理和预报泥石流提供可靠的基础和依据，这就是泥石流的预测。

从时间上看，在地球上泥石流发生发展的历史，不仅长于人类的历史，也远长于生物的历史。因而泥石流预测的时间范围应限于人类出现之后，以经过长期生物塑造过的土地为主。更古老的泥石流只是影响条件和基础而已。从空间上看，泥石流的形成和运动范围，其极限也不出分水线与其堆积扇之间，也只限于水文网系统中最初几级沟道的集水区；当其进入比较开阔和平缓的山地河川，以其不能维持固体径流超饱和状态，属在泥石流影响下的山洪而已。

泥石流一般是以预测的材料为基础，由沟口（包括泥石流堆积扇）开始，溯源而上，直抵分水线。然后还必须顺沟而下，再重复查考到沟口。以泥石流沟道常是由几级支沟组成，而且涉及坡面，即集水区正体；所以工作常是由沟到坡，由坡到沟多次反复进行。并随分析工作的进展不断发现新问题，进一步还需再多做几次补查补测和分析工作。也只有反复多次，才能取得充实的材料。

28.2 泥石流预见的基础

泥石流是在山区形成的含有大量土沙块石超饱和状态的急流。而超饱和状态的形成实质上是除水流的冲力外还有一定程度的重力作用。多数实际测定的结果，在泥石流中土沙石块等固体径流物质一般含量大于40%，容重常在 $1.6t/m^3$ 以上。所以，比较确切来说，泥石流是在山区由降雨（或融雪水）引起的，土砂块石处于超饱和状态的急流。

于是，泥石流就和山洪不同，因为这已经不完全是水流冲带土砂等固体径流物质流动，而是水和土砂块石基本上形成一个整体流动，具有一定的直进性和相应的爬坡能力，且有明显的阵性（脉动或称地垒式移动）性质，分选作用不明显；从而当其停止时土砂块石基本上按原来结构堆积，尤其当沟口有平坦宽阔的地形条件时，就形成大小块石间杂存在具有显著特点的扇状堆积物。所以泥石流是突然发生、来势凶悍、运动时间短、破坏力大、常造成毁灭性的严重灾害。

如按其所挟流的固体径流物质进行分类则有：

水石流——稀性泥石流——结构性泥石流——泥流

水石流和稀性泥石流，流路底坡常起主导作用，黏土含量较多的结构性泥石流和泥流，土体的塑限和流限含水量实起搬机作用。泥石流在我国辽西山地叫做"山啸"，承德一带山地叫做"山洪暴发"，燕山山地叫做"龙拔"，太行山区叫做"放水炮"或"出浆子"，江南部分地区叫做"起蛟"，川滇山区叫做"走龙"或"走蛟"。

28.2.1 泥石流的发生条件

泥石流的发生条件首先是要有足够的降雨（或融雪水），决定性条件是在有充分前期降雨的基础上，再遇有强度大的暴雨。这是因为泥石流的发生必须在集水区内，原有坡面及沟道的松散物质处于为水浸润（即其中细粒部分在塑限含水量以上）的状态，才能形成泥石流中固体物质补给的基础。至于前期降雨量和时间多少才算"充分"，再遇暴雨的强度要有多大，可以用过去发生泥石流时的气象记录而定。由于其他条件不同（例如在融雪水引起泥流石等），这个标准在地区上的差异很大，即使在同一地区也有一定差别，但使坡面及沟道中的松散物质中的细土处于塑限含水量以上，是发生石洪的先决条件。

在以上的先决条件下，是否发生石洪，还决定于以下两个方面：

（1）集水区是否能迅速大量集中地表层径流，这主要决定于集水区的形状，坡面条件，地表层的厚度和透水性，不透水层性质及其与地表层接触状况等。例如：漏斗状集水区坡面平长大于23°（限于土石山区），地表层深厚，其透水性与其下不透水层差异很大，且彼此整合接触时，则易于发生泥石流，这是发生水石流和稀性泥石流的地形条件。

（2）集水区的坡面和沟道中有足够的疏松物质，而且处于在易于被冲的状态。很明显，如果没有这个条件，其他条件具备也只能形成洪峰较大的山洪而不能形成泥石流。所以这个条件是形成泥石流的决定性条件。

28.2.2 泥石流的发展及其运动规律

一般在某一地区发生泥石流时，常是多数同时发生，但规模的大小是极不相同的。比较常见的是一种所谓雏形泥石流。

雏形泥石流规模较小，也具有泥石流应有的发生区流过区（甚短）和沉积区，但明显不同于所谓的典型泥石流。

其实，所谓雏形泥石流就是有继续发展条件的泥石流，而所谓的典型泥石流是由雏形泥石流继续发展的结果而已。

泥石流形成之后，促使其进一步发展的条件有两方面，一方面是水和土砂石块等固体径流物质的补充，这是促使石洪发展的物质基础，主要决定于集水区面积的扩大，集水区的性质和水系汇流状况；尤其是各级支流水系，泥石流的发生条件和在各级支流水系沟道内残存松散物质的数量和分布。另一方面是流路条件基本上能维持石洪始终处于土砂石块等固体径流物质的饱和和超饱和的流动状态。这主要决定于流路纵横断面的性质，只要有一段流路适合于这样条件，由于汇入的水量和土砂石块的增加，泥石洪发展的规模将逐步扩大，于是就发展成为不同规模的典型泥石流。

限制泥石流发展规模的主要是横断面的展宽和纵断面的变平，也包括其他因素促使阻力变大。例如，在泥石流继续向前运动中，遇到宽平的谷底或汇流入河川的宽平河床，或流入平原时，由于流速骤减，势必促使土砂石块迅速大量集中堆积；作为泥石流已结束了它的发展过程。大部分水流将携带一部分较为细小的固体物质，顺流而下成为固体径流不饱和状态，已失去石洪的特点，实质上已转化为山洪。于是在泥石流的出口处大量集中的土砂石块的堆积物，反映着石洪发生发展的结果称之为泥石流堆积扇（我国西南山区称之为沙坝），泥石流堆积扇表面坡度较陡（常在 12°～23°之间），堆积物的分选作用不明显，多是土砂石块混杂在一起的堆积物，这就明显不同于山洪形成的冲积扇。

其实，早在泥石流开始形成之后，一直到沟口的流动过程也不是始终处于饱和或超饱和状态的等速运动，在泥石流的流过地段，遇有流路变宽和变平时所受阻力增加则减速堆积，甚至停止，形成"地垒"，截断流路，后方拥水增压，再行破垒流动。遇有流路变狭、变陡且阻力减小时，泥石流的流速增加，又形成了不饱和状态；在冲添流路中的固体径流物质，条件合适时又形成超饱和状态的急流。所以泥石流经常是以脉动方式流下，流过时间短，但在流过之后，冲蚀和堆积的残迹，历历俱在，甚至多年间反复多次发生的泥石流。仔细进行调查分析，仍有线索可寻。

以上就是泥石流的发生、发展和停止的全部过程。这个全过程都是按一定条件和规律进行的。但还没有结束，我们研究泥石流的发生、发展和停止的规律，目的并不只在于了解泥石流，更重要的是掌握这些规律，预测今后发生泥石流的可能性、发展规模，尤其是对经济建设和生产生活上危害的程度和潜在危险性，进一步据以制定预防和治理的对策。很明显，一条规模不大的泥石流沟道，如果一旦发生泥石流涉及生活、生命的安全，涉及关键的工矿建设时，就必须首先积极地进行防治，例如铁路、公路沿线和居民区、重点工矿建设附近的泥石流。但另一条泥石流沟道，即使发生条件具备，而且一旦发生启发规模也很大但只要它不危害于我们生产和生活，就可以暂缓治理。这是对泥石流危害的预见，也是重要的部分，这就需要正确地预见泥石流的发生、发展和停止的整个过程；结合涉及范围内已有的以及今后经济建设的要求是容易做到的。所以，根据泥石流发生条件及发展运动的规律，就可以预见泥石流的发生、发展及其危害的全部过程和后果。

28.2.3　几个实例

1951 年，在河北省灵寿县磁河上游调查，驼岭脚下有个大地村，村后有个木场沟，是一条老泥石流沟。当时满沟都是青翠茂密的山杨，最粗的胸径可达 40cm，属前次泥石流幸存的老树。其余绝大部分是前次泥石流过后新长出来的，胸径 10～20cm 的山杨。当时认为还有再次发生泥石流的危险，而这些山杨还不足以防治。果然，1953 年雨季发生了泥石流，将全沟的山杨冲光。

1962 年调查过北京市怀柔山区的水土保持工作，认为云蒙山以西发生泥石流的危险性很大。我们的工作一直到 1965 年都集中在德田沟、景峪、沙峪、后山铺、柏查子和崎峰茶一带。1969 年和 1972 年两次发生泥石流，尽管发生的区域范围和严重程度不同，但均以上述地点为中心。1962 年在河北省承德地区调查水土保持工作，认为五道沟有发生泥石流的危险，1963 年雨季就发生了泥石流。

1960～1963 年反复调查了北京林学院妙峰山林场，经过分析断定棺材石沟有发生小规模泥石流的可能，并对发生地点（三块石）和停止地点（小桥以上）作了预报。1973 年雨季发生了泥石流，规模大小、发生地点和停止地点均与预报吻合。

1972 年调查云南省东川地区泥石流时，9 月 20 日乘火车由昆明去东川，车过老干沟只是一刹那（因处于两隧洞中间）断定非常危险，9 月 22 日就发生了泥石流。

但并不是每次预测都是准确的。例如由 1950 年到 1966 年曾多次反复调查过北京市门头沟区清水公社黄岭西村，认为有发生泥石流的危险，而且也认定一旦发生将对黄岭西村有很大危害。但经过前后几次暴雨，这条沟始终未发生泥石流。即使如此，我们依然认为还要提高警惕，不能麻痹大意。根据以上事实可证，虽然还不能十分准确，但是根据泥石流的运动规律，它的发生和发展是可以预见的。

28.3　泥石流预测的基础

28.3.1　泥石流概说

曾如前述，泥石流的含义和分类方法很多，本文论述的泥石流，是指在山区发生的固体径流物质处于超饱和状态的急流。固体径流是指与水共同流动的固体物质。其数量是以单位时间内通过一定断面的固体物质的重量，以秒千克表示，称之为固体径流量。当流水所能运搬的固体物质达到极限时，称之为固体径流饱和状态；所以，超饱和状态的形成，在实质上其运动的动能除水力之外，还有一定的重力作用；亦即在过去习惯上常用的混合（或复合）侵蚀作用。

泥石流和一般水土流失形式有本质的不同，其特点是突然发生，来势凶悍，运动时间短，破坏力大，常造成毁灭性灾害。

28.2.3　泥石流形成的条件

泥石流的形成有 3 个必须同时具备的基本条件：

（1）迅速集中的坡面汇流，其形成可以由冰雪迅速溶解，湖泊等水体溃决而引起；但与我们关系更为密切的是在有充分前期降雨之后，再遇强度很大的暴雨。这是引起泥石流发生的主要气象条件。

（2）作为地形条件是在陡坡（大于 23°）、漏斗性集水区和沟道具有圆直的急比降（0.14→0.22→0.40）。

具备以上两个基本条件只能形成突然爆发的山洪,形成泥石流就还必须有:

(3) 要有大量固体物质,且处在易于被冲的状态;能形成超饱和状态,才是发生泥石流的决定性条件。

所以,泥石流只能在山区的沟道(荒溪)里发生,但必须要符合如上三个基本条件的沟道才能发生泥石流;因而只占山区沟道的很少一部分。很明显,作为一个水土保持工作者在山区数以千万计的沟道中,如果不能判断是否有泥石流发生的危险,都按防止泥石流标准去治理是莫大的浪费。反之将有发生泥石流危险的沟道按一般山洪沟道的标准去整治,不仅是对水土保持科学的无知,而且要负技术责任。

28.2.3 关于重力侵蚀

泥石流的形成是以固体径流超饱和状态为条件,而固体径流物质的来源绝大部分是来自坡面,尤其是坡面有重力侵蚀所形成的瞬时大量固体物质,常是泥石流发生和发展中固体径流物质补给的主要来源。

坡面上重力侵蚀的发生决定于:

$$\tau > \sigma_n f + c$$

式中:τ——单位面积上的剪力

σ_n——单位面积上的正压力

f——摩擦系数

c——内聚力

上式中的 σ_n、f 和 c,则依坡度、坡面组成物质(指均质细粒土或松散粗骨土)、土体厚度、基岩性质、植被和坡面土地利用状况而变化。

设:以 L 表示坡面组成物质和坡度,

E 表示土体厚度和基岩,

F 表示植被和土地利用状况;

并以 K 表示坡面中临时潜在的危险强度,则有:

$$K = f(L, E, F)$$

则可将预见的指标归纳见表28-1。

表28-1 重力侵蚀预见分级表

坡面组成物质和坡度 L	土体厚度和基岩 E	植被和土地利用状况 F	重力侵蚀潜在危险强度 K
粗骨松散土:Q < 23°均质 细粒土:$\omega < \omega_p$ 0	沙黄土. 土体厚 < 1 米的硬:山灰石山·岩层与:山腹异向倾斜·岩层不正合·断层节理不发达·有氧化型渗出或泉水 0	有深根系树种的乔灌木混交复层异龄壮龄林 0	有小规模局部重力侵蚀危险不足以形成泥石流 0·0·0
粗骨松散土:α > 23° 均质细粒土:有 $\omega > \omega_p$ 的可能 1	黄土·老黄土(红色黄土)·土石山土体厚 > 1 米·有重力侵蚀基准 1	其他原生林·灌木林·次生林 > 70% 1	1·1·1

（续）

坡面组成物质和坡度 L	土体厚度和基岩 E	植被和土地利用状况 F	重力侵蚀潜在危险强度 K
1	土体层次或岩层整合倾斜与山腹平行 >23°，有黏质问层或泥化层 >13°，变质深强，断层节理丰富 2	1	有形成泥石流危险 $\left.\begin{array}{l}1 \cdot 1 \cdot 2 \\ 1 \cdot 2 \cdot 1\end{array}\right\}1$
1	2	残林 <70% · 草地 · 撂荒地 · 过度放牧地 · 坡耕 · 土砂流泻山腹 2	有形成泥石流严重危险 2 $1 \cdot 2 \cdot 2$

28.3.4　泥石流堆积扇的初查和确定沟道潜在危险强度的预见沟道系数（C）

经过预见普查确定有发生泥石流危险的沟道，就要进一步详查测定，首先是沟道潜在危险强度的预见沟道系数（C）。

C 决定于雨型和最大雨强（H_{max}）；分三级，小于 H_{max} 时用 C_1 表达，等于或稍大于 H_{max} 时为 C_2，显著大于 H_{max} 时，即将发生强超饱和泥石流，是为 C_3，是重点对象。

表 28-2　泥石流潜在危险强度分级表

泥石流潜在危险强度分级	符号	判定条件	备考
有发生泥石流严重危险的	T_3	$F_2 E_2 R_2 C$	
有发生泥石流危险的	T_2	$F_1 E_2 R_2 C$ $F_2 E_1 R_2 C$	
以山洪为主偶或发生泥石流的	T_1	$F_1 E_1 R_2 C$ $F_2 E_2 R_1 C$ $F_2 E_1 R_1 C$ $F_1 E_2 R_C$ $F_1 E_1 R_1 C$	$F_1 E_1 R_2 C$ 以沟道泥石流为主 $F_2 E_2 R_1 C$ 以雏形泥石流为主
无危险的	T_0	其他	

表 28-3 是根据预见调查，汇总的有发生泥石流危险的初级材料，划分为 3 级，即 C_1，C_2，C_3；理应还有 C_0 一级，因在预见中已被确认为没有发生泥石流的可能，从而被排除在外；就此可以理解到，在 C_1 中会有多数 C_0 级的沟道在内，其实质是"宁可误报，但防漏报"指导思想的体现。

表 28-3　泥石流沟道条件（C）危险强度分级表

泥石流沟道条件		C_3（强超饱和泥石流）	C_2（超饱和泥石流）	C_1（微超饱和泥石流）
泥石流堆积扇	外形数据：堆积扇表面坡度 堆积扇底面坡度 堆积扇顶部位置 堆积扇体积 M^3	>13° 低于或等于沟口高度	13°~8° 进入沟口	<8° 深入沟口
	性质指标：堆积扇表面起伏量 堆积扇上水路状况 堆积扇周围裙裾状态	起伏量大，常有顺水路方向堆 无固定水路，乱流明显 无裙裾分选沉积物	基本平正 有相对稳定水路 无明显裙裾	平正 水路稳定深切，底部有冲积物质 有分选裙裾沉积物

泥石流沟道条件		C₃（强超饱和泥石流）	C₂（超饱和泥石流）	C₁（微超饱和泥石流）
固体径流物质（土沙砾）分析	平均最大固体径流颗粒长 b b 在水平面垂直在由排列方向 固体径流物质分选情况 固体径流颗粒级配	＞50cm 水平面上无规律，垂直面有上翘趋势分选不明显 ——	50～15cm 稍有 b//流线倾向局部分选不明显，总体向下游粒径减小	＜15cm b//流线较多 大颗粒间隙有分选细粒沉积 ——
	固体径流颗粒岩性 颗粒间隙填充物特性 固体径流物质磨圆度	—— 有泥浆包裹填充或"泥砾"不一致	—— 间隙由松散未分选颗粒填充磨圆度小但较一致	—— 间隙主要由后期山洪分选填充磨圆度稍显著

28.4　坡面重力侵蚀和原生泥石流的预测

地球是在由固体岩石组成的实体，其外为流态的水体和空气所包围的星体，在宇宙中，主要是受太阳的光和热的影响，其表面，即与空气和水体接触的层面，不停地细碎、换质和风化；也就不停地被重力、风力和水力所运搬，堆积在风下或低凹之处。天长日久之后，除长期在干燥气候控制下，在地球的历史年代中，可得以停留较长的时段外，从更长的地质年代看，尤其被埋藏后，多数可再次形成岩石，砂岩、砾岩、板岩和石灰岩等，都是这类次生岩石，亦常被称为水成岩类。再加上各种变质岩类，基于人类对自然形成有用矿物的需要，地质科学早已成为地学的核心，具有丰富多彩的科学内容。而我们在探索中迫切需要的，却是地球固态表面，尤其是陆地表面的稳定性；和作为陆生（也包括两栖类和部分浅水藻类）生物、生长、繁育基地，主要是表层、细碎、换质、风化及其移动和堆积状况。

就此，首先由淡色结晶岩类开始，以花岗岩代表，主要由石英、云母和长石组成，当其裸露于空气中，基于表层温度的变化，开始换质解体，在重力作用下、脱离母岩，堆积在坡脚形成细碎的风化土砂。

石英和云母在自然界都是相对稳定的矿物，云母自身结构易于细碎；组成淡色结晶岩类的多种长石，暴露在空气和水中，在突出的"高岭土化"的化学作用下，是在地球陆地表面形成和积聚微粒和细粒黏土的主要来源，将和绿泥石、角闪石和辉石等含量较多的暗色结晶岩的风化换质形成的细黏土沙共同成为"成土母质"，为生物登上地球历史舞台，奠定基础。

在自然界岩石的另一大类，是次生的成层岩类，亦称水成岩类。硅岩、板岩、砂岩、砾岩和石灰岩等，这类岩石细碎。换质和风化的特点，取决于成岩的胶结物质，例如钙结砂岩称之为"软砂岩"，硅结砂岩则被称为"硬砂岩"。还有一大类岩石是变质岩类，不论其变质肇因于时间、压力或热力，与原岩体相比较，均易于风化换质和细碎。其中石灰岩类及其变质的大理岩类组成的岩溶山区，是我们面对的特殊的探索对象。

另一方面，我国西北地区独特的黄土高原和丘陵，可视为典型的未胶山地；南方山区广泛分布的网纹红土，和经年可以换质细碎成紫色土的板页岩类；比北方长伴煤炭共生的软砂岩，用把菜刀就能切割成型的石材和更广泛分布的纸沙石，都应属未胶结或弱胶结的山地。

只是为了用于山区建设和防治山地灾害，常将石灰岩类及其变质的大理岩类统称为灰石山外，还有淡色结晶岩类为主的砂石山区，暗色结晶岩和钙结水成岩及其变质岩组成的山地，称之为软山山地；对硅岩和硅结的板、砂、砾岩，则常被称为硬山。进而，面向生产和社会，又常将邻近平原、盆地和广阔川道的山地，从俗称之为半山区进入山区后，拔海高度逐步升高，气温降低，引起地带性变化后，则称为深山区；其间则为一般山区。

如上，仅就我们的需要，只限于地学上非关要害的皮毛，就已经很复杂多样，且其分布又不服从我们的愿望！认真而言，地面上没有两块土地是一样的。很明确，我们珍视自然界岩石细碎、换质，形成风化土砂，是生物赖以形成土壤的成土母质，一旦形成具有肥力土壤之后、就能承载包括人类在内的多种生物长期生长繁育的基地；但在另一方面，同是这一部分岩石细碎、换质，形成的风化土砂，处理不当，也能混进山溪洪水，条件合适，促成固体径流超饱和状态的泥石流，就造成当地人类的毁灭性灾害！基于行业上的偏见，以上概括性的描述，实仍侧重于防治泥石流的探索，将矿物养分差异突出的暗色结晶岩类和钙结水成岩类合称软山山地，就是明证。

再深入一步，暗色结晶岩类和钙结水成岩类（也包括变质岩）为主的软山山地，其共同特点是在其细碎、换质，形成风化土砂中粒径小于 0.05mm 级配较多，即以粉粒（silt）和黏粒（clay）为主。多是粒子微小的次生矿物，还有一些溶解于水的化学物质。一旦发生泥石流时，这些粒径小于 0.05mm 的微粒恰好以润滑剂的作用起动和形成泥石流！

设 Kg 为润滑启动泥石流临界值，单从数学上探索，则有：

$$Kg = \frac{d < 0.05mm}{d > 0.05mm} < 0.005 \ 则为典型的泥石流 \ > 0.005 \ 则为结构型的泥石流$$

在有发生泥石流潜在危险的沟道两侧山腹坡地，也包括明显向深凹地汇流的漏斗型集水区的全部坡面，是重力侵蚀的主要基地。一般在由胶结的基岩组成，较为平直的山腹，其重力侵蚀所形成的细碎土砂，直接堆积在坡脚，常被称为塌积锥或崖锥；随从其基部开始植物的生长，逐步进入相对稳定状态，一旦受到破坏，则将成为泥石流获取为固体径流的对象。

在泥石流堆积扇分层分析时，常遇到一层和沉积于前一层间间隙中岩性单一，风化换质程度不同，磨圆很小的角砾和棱角显著的岩块，这是由重力侵蚀形成的塌积物质的特点、其来源主要来自主支沟道两侧的坡面。当沟道较狭常堵塞沟道，临时储水亦常形成水动压力，触发泥石流的暴发，以其不是由沟掌发生，而是由坡面重力侵蚀或雏型泥石流引起，称之为原生泥石流（燕山山地亦单称之为"塌龙拔"）。当地质构造脆弱地带有大量而且继续不断地供应固体径流物质，亦常促成规模很大、频繁发生的泥石流；此时重力侵蚀的堆积扇（倒石堆）及其下游的地垒和泥石流堆积扇在岩性和土砂砾石特性上会有明显的相关性。

需要进一步指出的是，作为泥石流的固体径流物质仅限于土壤、母质、岩石风化产物和换质岩石，坡面和沟道中的基岩，常用作临时侵蚀基准对待。原生泥石流大部分由重力侵蚀引起，明显就涉及基岩的稳定性；当然不是所有的重力侵蚀都能引起泥石流，于是有必要与泥石流预测相关补充几点说明。

28.4.1 坡面固体径流物质补给强度（S_q）

地球表面是由各类岩石组成。岩石的特点之一是大块性，一旦出露地表受水、温度和空气的影响，在风化作用和换质作用下，就将逐步破坏其大块性而解体。在平坦的地面上将位于原地，是即原积母质；在生物的作用下形成相应的土壤。而在山区坡面上的岩层的大块性解体之后，受重力作用的支配克服了摩擦阻力就得顺坡移动，堆积在沟底，形成重力侵蚀，其堆积物质称之为堆积锥，亦称倒石堆，是形成土壤的塌积母质，也正是促进和形成原生泥石流初始固体径流物质的来源。

所以，基于地质基础的不同，重力侵蚀、混合侵蚀和水力侵蚀的表现形式就有显著特点，重力侵蚀后是在山腹的坡脚形成塌积的倒石锥，沉积于沟口，流送过程，沉积成经过分选的冲积成缓坡的卵石滩，称之为冲积扇；而泥石流在沟口将堆积成坡度较陡、即卵石和土砂分选不明显的、具有明显特点泥石流堆积扇。

在此关于泥石流的预测，要引入"烈度"的新概念。所谓烈度是反映泥石流突然发生、运动时间短、破坏力大的特点，是以单位时间内形成（或释放）的动能量为基础的。水石流以砂石为主，透水性强；导致水石流的烈度主要决定于沟底比降、砂石来源和水动压力。以其固体径流物质相互接触以砂石间内摩擦阻力为主，难于起动，烈度不大。

从外表上看满沟巨石累累，这只反映历史上反复多次发生泥石流的后果，又从多年山洪反复分选，细粒损失殆尽。就烈度而言已缺乏"余勇可鼓"了。但在高山雪线附近，条件合适，水石流的烈度也可以比较突出；在融雪水骤增，尤其是当以砂石壅塞而形成的堰塞湖，常易溃决，有足够的固体径流物补充时，也能造成烈度较大的水石流。

泥流则以细粒为主，虽多数也有一部分石砾或泥砾，但其间为大量泥质浆体所填充、当细粒土体含水量超过塑限时，也能形成以塑性变形为主导的，流速非常缓慢的地匍行型泥流。而当细粒土体超过流限，尤其是无机盐类含量高，或胶体处于溶胶状态时，泥流的烈度也可提高；但受泥流沟道比降平缓的制约，只能在小范围内反映烈度的加大。因而从烈度上看问题就集中在狭义的泥石流上。

云南东川小江流域的泥石流，经过许多部门进行过反复调查和研究；其中蒋家沟泥石流不论从发生条件、历史、固体径流补给、泥石流规模、发生频率和涉及面积等方面，都远大于老干沟；但从烈度上看，老干沟反而大于蒋家沟。

正因原生泥石流的发生起因于主支沟两岸山坡的重力侵蚀，其对形成泥石流固体径流的补给也占有重要位置。其基本的调查、测定和分析方法与沟掌以上山坡集水区相同；但以其分散直接进入沟道（即无向沟掌集中的地形条件）就有其特殊之处，如在沟道不同位置绝对高程仍常在变化；尤其在频繁发生泥石流的沟道变化更大，相对而言坡面则处于稳定状态。以其对坡面固体径流补给关系很大，就要进一步根据坡面临空状态、基岩岩层的倾斜走向、层次关系、沟道两侧基岩临空面、不透水层的岩性、存在位置及其泥化性质等进行补充测定和分析，图示如图 28-1。

进行此项补充的目的在于确定坡面固体径流物质补给强度（Sq）。

28.4.2　Sq4 级的判定和补充调查测定

只有当固体径流物质分析，确定近期曾有一次以上泥石流的固体径流物质，其来源与主支沟两岸坡面。进而坡面固体径流物质补给强度 Sq > 2 时，就还要进一步对涉及的坡面做更详细的节理、裂隙、断层的调查和测定。本来从地学上看，节理、裂隙和断层，原属分异很大的基本概念，不应混为一谈；只因从预测泥石流的主要需要，在于"大块性"的细碎程度、位移和受力条件及其稳定性，近期活动，缝隙的连同范围，填充物质的来源和受力状态，水和空气数量和变换流通特点，作为进一步预测 Sq 的依据。

习惯上原始的岩石是胶结在一起的整体，没有缝隙的，但在成岩过程中总受外力的影响，尤其是地球表面的岩石受外力的影响更大。就形成多种多样的缝隙，当岩石间的缝隙中

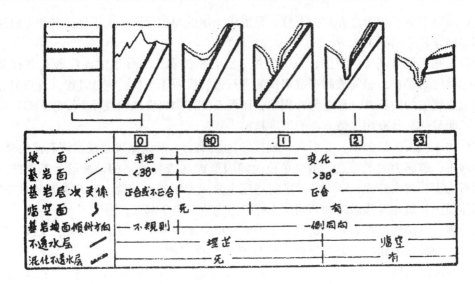

图 28-1　坡面固体径流补给强度分级综合图

充填着岩性相同的风化产物时，则是原生填充物，一般都有程度不同的换质岩层伴生，可资佐证。即或是化学溶蚀为主的石灰岩质，在其缝隙中填充的是石灰岩中难被溶解的残渣——土状物资，但在母岩表面仍可发现很薄的换质层。

　　而且岩石的缝隙中母岩以外的物质填充时，是内营力形成的缝隙，主要形成于倾斜、褶皱、断裂作用，是以原生缝隙为先导而涉及深层的纵横贯通大规模的次生缝隙。属于倾斜或褶皱性质的，向斜部分是承压缝隙，常不明显或缝隙规模较小；而背斜部分则是张性缝隙，规模较大而明显。除原生填充外，有比例较大而且复杂多样的次生填充物质。当岩层发生断裂，进而形成大小规模不等的断层时都将造成明显的断裂带，是即断裂缝隙。断裂缝隙局部受力变化很大，受压和张性的分布无一定规律，其填充物主要来自涉及的全部母岩；但常有一定的错位现象。通体机械磨碎作用突出，即使有不透水层存在，一旦形成断裂缝隙时，其透水性亦显著增强。张性缝隙和断裂缝隙中次生充填物中，透水空隙为黏土填满后就消失其透水性能。可见，山体基岩中的不透水层的存在是截断下渗水继续下渗透的障碍，而张性和断裂缝隙所组成的网络恰是与不透水层相拮抗的疏导下渗水分渗入山体层的通路。

　　当 Sq > 2 时，就要对涉及坡面上的张性缝隙和断裂缝隙作补充调查和测定。

　　当 Sq = 2 时，要做复查。再一次判别不透水层临空面的渗出水层上下是否"泥化"，要做到判断正确。在不仅不透水层临空而且不透水层确有"泥化"的征兆时，就要慎重详细地作补查、补测和分析研究工作。其主要内容如下：

　　(1) 调查破面上可见岩体的张性或断裂缝隙，仔细分析次生填充物的来源和种类，实测原结构填充物的容重和黏土含量，目的在于了解渗速和滑落面的泥化；

　　(2) 坡地整体上有较多的"活"缝隙；山体有充分发育明显的排水网络；在基岩的临空面上，已明显见有切断不透水层的断裂缝隙；有远较不透水层渗出水为大的"空山水"（富氧型裂隙浅层泉水）；符合其中一项的，仍可作 Sq2 处理。

　　最后要对"活"缝隙动态作出正确的判断，这不仅可用于主支沟道两侧的坡面，也适用于沟掌以上集水区的坡面。有少数在沟掌以上漏斗形集水区内发生大规模重力侵蚀引起的泥石流，常是规模和强度突出的泥石流。工作是在 Sq′ > 2 的坡地上，注意"活"缝隙（尤

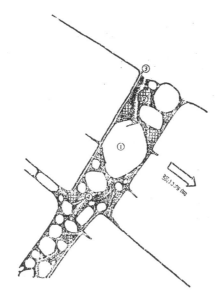

图 28 - 2　张性活缝隙断面图

其是横断坡面方向的），测定时要十分警惕次生填充物与缝隙两侧是否有新的张力窄缝，以及生长贯通填充物和缝隙间的根系有否被拉直或拉断的迹象。进而由分水线顺坡向下注意地表是否有横向张性"活"缝隙的出现。这两项实属新构造运动的范畴，也正是预测重力侵蚀强度最大的物证；同时也正是预测重力侵蚀和泥石的物动态的依据。

　　重力侵蚀发生和运动过程虽然是从瞬时的"坠石"到极端缓慢的"地匍行"。但就一般而言，崩塌和滑坡的运动时间，更小于泥石流。但积蓄触发所需的时间很长。1983 年 3 月 7 日发生在甘肃省东乡县果园公社宗罗大队的洒勒山大滑坡，从始到终运动的时间只有 1 分钟，但在发生前一年就在山顶附近出现了东西向的裂缝（张力活缝隙），宽 5～6cm，并逐渐扩大。发生前 4 天，即 3 月 3 日，裂缝加宽到 60cm 左右，并发生山鸣。5 日裂缝最宽处已达 1m。7 日下午才发生滑坡。从构造地质的基础知识来探讨，某处出现张力，必然在相应部位出现压力，即有"张"必有"压"，重力侵蚀发生在山坡陡峭的部位，而其停止堆积多在山麓和沟道较平缓的地方。当其发生部位出现张力，则其堆积部位则相应出现挤压力。所以，一旦在分水线以下发现新的张性活缝隙后，向下应在平行部位还有新的张性活缝隙，但长宽深均较小；依次可发现数列，但规模越来越小，但在下部则无新的张性活缝隙。果然如此，则很容易预测出补给泥石流固体径流的体积和级配等。将具有新的张性活缝隙为依据，划定 Sq 为 4 级，就完成了坡面重力侵蚀固体径流物质补给强度的预测工作。

28.5　泥石流沟道和次生泥石流的预测

28.5.1　预测的基础

　　从泥石流预测的要求上看，沟道系数（C）只能表达预见沟道的总体条件。除雏形泥石流外，泥石流都是在二级以上的沟系中形成的。就普查确定为 C_3，C_2，即确有强超饱和、超饱和泥石流发生潜在危险的沟道，要作重点复查。就确定的每一条沟道，由其与主流交汇处，新生的堆积物开始，逆流而上，复查印证，直抵分水岭；当其与普查结果无误时，由分水岭开始，以能形成固体径流物质超抱和状态为主线，由分水岭开始向下到一级支沟的合流点，首先查看是否有残留堆积物，一般数量不多，测最大残留石砾长（bmax），顺沟而下，将会遇到第一片堆积数量较多的残存土沙石砾堆积物，如表层已有"漆面"而无细土沙，是老残积物，属安全。如表面泥土混在，则是新崩塌物，要查其源；如来自坡面重力侵蚀，则坡脚应有土石圆锥，或其残迹可寻。一般，从第4第5级支沟，即使底坡小于23°，也已开始具有明显的流路；超高于流路的淤积，即应视为"地垒"的雏形；其上游必定有相应的侵蚀区，其下端应是浅、深凹地。

坡面从微地形来分析，绝大部分是由凹凸相间小地形组成；用卫片、航片、大比例尺地形图作基础，取得上述必需的数据，可以计算出以沟掌为单位集水面积内的：

绝对最大固体径流供应量 QMAXS（吨）

最大固体径流供应量 Qmaxs（吨）

按常规手段工作量还很大，如果能制定程序用图像处理技术将会取得简化，迅速和提高质量的实效。

沟道调查从面积上看只占全集水区的很小一部分，上有很大面积的山坡，泥石流中的大量固体径流物质的来源，归根结底绝大部分来自大面积的山坡。山坡应包括在习惯上被称为漏斗状集水区。虽然一直到现在泥石流的起点（时间上开始爆发点）和泥石流发生后在外部形态上反映的最上游点，即泥石流的顶点，亦即京郊山区惯用的所谓的"龙拨头"，是否一致尚无实测记录为证；但调查表明在山坡上发生的绝大部分属于重力侵蚀，很少数也仅限雏形泥石流。从而，由静态上说明，重力侵蚀、混合侵蚀和山洪侵蚀是三种具有侵蚀营力属于本质上不同的作用而形成；但从动态和内在联系上研究，重力侵蚀的后果，才是形成固体径流超饱和（即重力和流体冲力相结合的混合侵蚀）状态的泥石流的先决条件。而当一部分土体物质沉积或泥石流为水稀释，不足以维持固体径流超饱和状态后，则势必转为山洪。因而，在泥石流预测工作中山坡的调查测定和分析工作的主要内容，应是重力侵蚀，雏形泥石流和集水凹地坡面固体径流补给强度（Sq）。

泥石流堆积扇的形成是调查沟道总体在过去发生泥石流的综合指标，残留着丰富的信息，是预测泥石流的重点研究对象。首先是区别古代和现代的堆积扇，古代泥石流堆积扇的主要标志，是泥石流堆积扇表面具有完整的成土过程，除从槽探可证外，着生于表层的树木残迹也可印证。预测工作主要是现代的堆积扇。一般现代形成的泥石流堆积扇也常不是由一次泥石流形成的。应该根据调查、槽探残存树木，取得分层（分期）堆积状态、岩性组成、孔隙填充物质、分层表面坡度及表面平滑度、堆积顶点位置、水路乱流性质、粒径级配、平均最大粒径及其排列方向、砾石磨圆度和分选作用等；进一步求出各次泥石流发生堆积的年度和数量。其中发生年度要与气象记录、群众回忆和木本植物生长特征（年轮、伤残等）相印证。

习惯上常将泥石流沟道作模式分区，即侵蚀区（即称产沙区、流过区或通过区）和沉积区（或堆积区）。但除雏形泥石流外，侵蚀、流过和沉积根据纵、横断面条件，尤其是侵蚀基准的制约，常是交替恢复多次出现。在横断面是峡谷型时，常促成阻塞型地垒堆积；此类地垒的迎流面堆积比降较大，其相对稳定性决定于阻塞固体物质的内摩擦阻力，尤其是底部的阻力。

当横断面变宽，或纵断面变缓时，流速突然变小，势将引起固体过流物质的淤积，形成减速型地垒堆积。

减速型地垒相对稳定性较大，但应充分注意潜流的影响。还有形成在曲流一侧的曲流超高型地垒，其特点是纵断面多不正常，一般是稳定堆积。

在泥石流发生过的沟道还要调查各地垒间流过区（无作用区）的 bmax. tanα 和洪痕。

要详细确切的调查，可辅之以必要的槽探，确定泥石流沟道中的侵蚀基准。

并要对坚固程度进行判定。虽然个别实例一次泥石流对基岩的侵蚀可达 4m，但相对坚固的侵蚀基准毕竟是在纵向侵蚀的限制基础。

取得以上材料和数据后，用图示方法综合表示泥石流沟道的基本特征是可取的。其模式如下图：

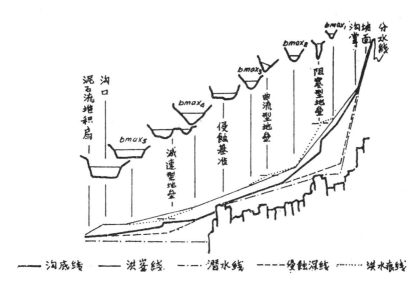

图 28 - 3　泥石流沟道潜在危险强度综合分析图

以此为基础就可以进行动态跟踪了。

28.6　泥石流的动态跟踪的监测预报[*]

（1）根据已发生过泥石流的降水过程、洪水过程、固体径流物质补充和堆积过程，用对比分析方法，在分析泥石流潜在危险强度的基础上，确定再次发生泥石流时的发生部位、流经途径，用前述的图示方法，可以分别作成系列图。

（2）实践证明发生过泥石流的沟道和集水区，也不是所有主要沟系和坡面都会暴发泥石流。没有发生泥石流潜在危险的沟道和坡面，不仅无危险而且供应山洪对泥石流的发展反而起稀释和破坏作用。从而预测泥石流动态分析就成为问题的关键所在。

＊　本部分由关君蔚、王礼先、张洪江、解明曙、崔鹏、张中、王栋、宋吉红、关伯元、杨玉明、罗在燃、王梨完成。

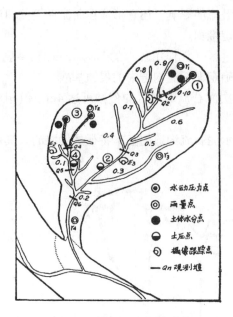

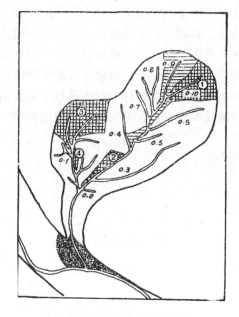

图 28-4　泥石流预报监测配置图　　　　　　图 28-5　泥石流动态预测图

图 28-4 中泥石流沟道由主沟及 9 条支沟组成。前次泥石流发生于 0~9 支沟，涉及 0~5 支沟以上，主沟两岸坡面，在沟道中残留 3 个地垒，出沟口堆积在泥石流堆积扇。经泥石流潜在危险强度分析：支沟 0~2、0~3、0~4、0~5、0~6、0~7 和 0~8 等均属无危险沟道。仅是主沟源头和主沟左岸 0~1 至 0~3 间坡面以及 0~1 支沟上部两个二级支沟及其合流后右岸部分山坡都属有发生潜在危险的面积。

（3）如果把主沟源头发生的次生泥石流定为（1），主沟左岸补给到引起的原生泥石流定（2），0~1 支沟上部两个二级支沟发生泥石流为（3），0~1 支沟右岸补给引起的原生泥石流为（4）；于是动态分析首先就要根据（1）（2）（3）（4）的潜在危险强度，预测其暴发在时间上的顺序。例如：由（1）开始发生次生的雏形泥石流，因沟道补给固体径流物质，已为前次泥石流侵蚀而去，流出过程又受 0~8、0~7、0~6 和 0~5 支沟洪水补给稀释，不易维持超饱和状态，形成整个沟道的泥石流。但如先在（2）开始发生原生崩塌雏形泥石流，堆积并阻塞主沟沟道；根据沙砾块石分析计算阻塞高度，0~1 合流点以上主沟大面积集水区所形成谷固体径流物质（Q），被阻积所产生动水压力，冲破阻塞则能形延时很短，烈度不大的次生泥石流。

（4）由上可见，在时序上的先后排列不同，其所造成的后果相差悬殊；即以此例按多种排列方式，这是在泥石流预报工作的主要内容。其中采用：（4-3），（2），（1）的时序，相隔时间甚短的方式、推断泥石流的固体径流总量（Q'max）。并除以饱和状态的固体径流量（q'），而：

$$Q'/q' = Tmax（sec）$$

式中：Tmax——预测泥石流作用最大时限（sec），是补充印证烈度的数据。

28.6.1　泥石流堆积扇的预测和 Mg' 的确定

泥石流预测的阐述是由堆积扇开始溯源而上，最后又回到堆积扇的预报。如果能付出一定的时间和精力，就几条泥石流沟取得预测的实践经验之后，相信会对综合反映泥石流发生和发展历史残迹的堆积扇，蕴蓄的信息有深入一步的理解和认识；必然促使做进一步的补偿和辅助工作，导致探索的深入和提高。

（1）核实最近暴发过的一次泥石流在堆积扇上的堆积范围（面积）和数量（m³），据以落实已取得全集水区内各项材料和数据。再一次根据岩性、沙砾块石的特点及其他树木残体、"文物"等固体运动物质，验证泥石流发生的起点、流经路线；固体径流物质的补充和中途堆积状况，进行土砂收支平衡定量工作。

（2）随工作的深入就会发现，泥石流堆积扇除按暴发先后具有水平方向成层覆盖的特点；这是基于泥石流的频繁改变流路的特点，这也是基于泥石流基本性质所决定的。因为泥石流不仅在空间上只限于水文网的最初几级支沟，在泥石流堆积扇以下水文网环节，以其均不能维持固体径流超饱和状态，而只能是山洪。从泥石流引起泥石流发生到形成堆积扇的全部运动过程中，从时间上看，尤其是降雨引起的泥石流，受雨型的影响，泥石流也仅占山洪持续时中很小一个时段。一次泥石流发生后，在堆积扇上的沉积集中在原有流路，常以两岸超高沉积为特点，促使改变流路，后期山洪常刷深新流路，生产常总结为"先淤后冲"。再一次发生泥石流有能将流路淤平，形成更新一代的流路。一般泥石流常不是年年发生的，流路的改变也远非山洪的冲力所能建造，其结果能在堆积扇上水路底部有水平成层，粒级较小，分选作用良好的冲积层。而为泥石流淤积的原水路多只限上游一段，在其下段常以维持原状，其上由种子繁殖的树木的年轮数，常能以 1~2 年偏小的误差，判断淤塞改道泥石流发生的年代，与气象记录和访问相印证，可以上溯数次甚至十数次泥石流发生的确切年代。

（3）仅可能在 1/5000~1/2000 大比例实测地形图上，按前例④③②①的 Qmax 单侧改道为准，表面坡度 13°勾出两侧覆盖范围作为一级危险区（用红色表示），然后在按全沟的 Qmax 为准表面坡度 13°勾出全堆积扇上覆盖范围，作为第二级危险区（用土色表示）。将第二级危险区的表面坡度改为 4°，涉及的面积则为第三级危险区（用黄色表示）。顺沟口而上将涉及沟道和坡面的相应范围连成正体，都转绘到 1:5 万的地形面或航片上，附记上必要的数量和特点则成为泥石流预测综合成果图。

28.6.5 泥石流灾害预测综合分级

预测泥石流的目的，在于防治泥石流对生产建设的危害。泥石流预测综合成果完成后，再深入一步，根据已掌握的预测的材料和数据，就可以分析出定量性质的损失和后果，这才是预测泥石流的目的。

$$T = f(F. E. R. C)$$

式中：T——泥石流潜在危险强度

C——见 28.3.4 沟道系数 C 的说明

R——见表 28-2，28-3。

表 28-4 沟道外形特征预见分级表

项目 \ 分级特点	0	1	2
集水区凹地坡度	<23°	>23°	>23°
水流状态	狭长的单一或互生叶脉状，矩形单测汇流状	漏斗形辐射状，圆形，网状	漏斗形圆形复式辐射状。
泥石流分区	不明显	明显	侵蚀区，沉积区明显流过区侵蚀沉积交替
侵蚀基准	侵蚀区有	侵蚀区无流过区有	流过区有或无
纵断曲线	流过区 <8°	流过区 >8°~13°	凹型圆滑曲线 23°—16°—13°—8°
横断面特点	曲流显著沟道开阔两岸平缓	平直·少植被	平直少植被·沟口堆积明显
地垒和泥石流堆积扇	沟道宽狭与沉积相关不明显	沟道宽狭与沉积侵蚀相关密切	沟道宽狭，地垒和纵断坡度相关密切
沟道外形条件 R	R_0	R_1	R_2

相同潜在危险强度的泥石流暴发之后所造成的危害是悬殊不同的。例如在人迹罕至的边远山区暴发的泥石流，也未尝不可暂缓治理；而在山区城镇暴发的泥石流，不仅摧毁生产建设成果而且危及生活安全，就必须投入力量迅速防治。所以泥石流潜在危险强度预测的综合成果，必须和造成灾害的社会经济损失结合在一起，才是泥石流预测的综合结果。

如按数量级的概念，初步可以分为四级：

一级：泥石流暴发后将引起生命的伤亡；城镇、铁道、干线公路、公矿企业和重点建设的破坏，短时间内难于恢复的；

二级：泥石流暴发后将引起生活条件的破坏；生产条件的彻底破坏，难于在3~5年内恢复的；

三级：泥石流爆发后对生产条件有一定的破坏，能在3~5年恢复的；

四级：泥石流爆发后对生产条件有一定的影响，当年可以恢复的。

上表中"潜在危险强度分级"一栏，是指泥石流潜在危险强度预测分级，与第一级中所述泥石流潜在危险强度预见分级（T），有质量级上的不同；是 T 的深入发展，也是本节预测工作的综合成果。而在上表灾害强度预测分级一栏，则是指预测泥石流发生后，将造成的人身安全和经济损失。其内容涉及更广而且富于变化，是决定对策的主要方面，应根据时间·地点·条件和有关部门共同研究决定；表中分级则属定性性质的依据。

以上就是泥石流预测的主要内容，实践结果将表明山地丘陵是由数目极多的集水区（或沟道）所组成，有发生泥石流危险的集水区（或道）的并不多，其中潜在危险强度可达一级或二级的为数更少，而一级或二级强度的泥石流，能酿成生命伤亡、城镇、铁路、干线公路、重点建设的破坏的则更寥寥无几，何况泥石流的发生和发展不仅限于集水区（或沟道）的一部分面积。尽管当前我国经济基础尚不丰足，集中力量，依靠实实在在科学的技术，认真因害设防，是可以防治泥石流灾害的。

根据泥石流综合预测分级建议：

Ⅰ级：由国家投资治理；

Ⅱ级：国家投资，但劳力由受害区域负担；

Ⅲ级：由受害区域治理，国家适当补助；

Ⅳ级：按现行水土保持工作处理。

28.7　几点说明和建议

泥石流是水土流失的一种形式。但与一般水土流失形式有本质上的不同，不仅在于突然发生，作用时间短，破坏力大，常造成毁灭性灾害；而且也正是在山区水土流失发展到极为严重阶段的具体综合反映。现代泥石流的发生和经济建设的发展具有一定的相互关系。解放前的陇海铁路全线 1000 多公里，天水到宝鸡这段"盲肠"始终是心腹之患；兰青、宝成、成昆等线，甚至原属东北林区的凤上支线等也都和泥石流发生了紧密联系；进藏铁路泥石流也是日程上重要问题之一。利子依达沟泥石流将（原 442 次）客车推进大渡河中，应该是值得吸取的惨痛教训。公路的建筑标准低于铁道，虽修复容易，但涉及数量面积更大。在云南东川公路的老干沟泥石流，不仅公路本身屡遭破坏，而且也常助纣为虐，形成铁路的隐患。铁路、公路不仅是我国社会主义建设的命脉，而且随改革政策和旅游事业的开展，其重要性更为突出（早在日本明治维新开始之后富士山登山公路上，二子山下泥石流的坠石砸死瑞典皇太子的国际教训实应吸取）。联想到首都山区解放后曾屡次受到泥石流的袭击，最近一次是 1982 年 8 月 5 日凌晨 3 时在北京市密云县大城子公社汗峪沟泥石流，在几分钟内造成伤亡 23 人的惨重后果。

加之当前工矿建设的发展，矿渣矸石随意处理，人为大量补给固体径流物质，已开始出现人工泥石流的特殊种类。工业集中建设和城镇的扩建已进入预测的第三级、第二级，甚至第一级危险区，应引起有关各部门的警惕和重视。因此提出以下建议。

（1）基于防治泥石流需要以集水区为单位，集中力量，因害设防进行综合治理，尤其是要以规格较高标准的具体措施，要求打开部门间的界限（例如铁路、公路、灌渠只限于沿线路两侧土地使用所有权范围以内，水库则仅限库区周围，城镇和旅游地区仅限于中心区等）。建议按预测危险所造成的损失，分担治理。并将分担的预测、预报和治理费用纳入各个专项建设费用中。

（2）总结过去的教训。几十多年来我国在城乡工农交通等建设方面，无疑是取得了宏伟的就。但也不可否认，限于旧社会的基础，绝大部分是依靠投入大量体力劳动的密集劳动所建成。将分散的劳动力大量集中劳动，集中在小面积的土地，用较长（几年甚至长期）时间密集劳动，生活上能源的供应，绝大部分是就地取材。实质上是集中破坏建设地区的山地，促进水土流失和泥石流的发生。至于借重点建设之名，漫天要价勒索和低价派购梢柴、笆箔、木材等，属于破坏建设对象地区自然植被的行动，造成泥石流暴发的恶果；也将通过预测工作取得人证物证和科学的证明予以严惩。尤其是毁林开荒，超量过伐，在山区不考虑水土流失，甚至泥石流暴发所进行的各项生产事业 以及修路不管边坡处理，切土不考虑坡面临空，开矿不考虑弃矸废渣，城乡建设不靠虑"三废"污染；工厂及其他重点建设不考虑泥石流危险区，甚至建在一级危险区等，在山区都是违犯现行政策法律和违背科学的行动，都将通过预测查明应负法律和技术责任。认真总结自食恶果和自作自受的教训，不仅有利于理解恩格斯早在 100 年前指出的"受到自然的惩罚"的滋味，而更重要的是我国现代化建设的发展将会更迅速扩展到山区、生态条件的脆弱地带；而且根据最近研究成果表明，祖国各地的名山、风景秀丽的旅游区绝大部分分布在地质构造的破碎脆弱地带；稍不注意，促使泥石流的暴发，其灾害的强度将千百倍于过去。"亡羊补牢"，化教训为经验，不要使我们一时一事的"无知"，留给儿孙几代来偿还。

在人类出现之后，就开始为锻炼和思考如何生存和延续后代，只有符合于生态自我恢复能力较大的地区，才促使人类逐渐昌盛。躲开冰雪渥寒之地，也躲开交通困难的深山峡谷，而选定林区的边缘，水草丰美，平坦有水而又不受洪水为灾的地方；文化科学的发展也由此开始。逐步，人口的增加，文化科学的发展，才迫强人类逐步向环境条件比较严酷的地方探索和发展。例如学会用火，则向寒冷地区发展一步；学会驯养动物就向草原发展一步等。因此在高山陡坡易于形成泥石流，生态条件脆弱的地方，不论生产和生活的需要或文化科学发展上都是最后探索和开发的地区。从世界上看对泥石流科学的探索和研究，也是最近百多年开始的。

我国山区面积广大，泥石流的分布和类型又极为复杂；虽然力求把多年来学习的心得说明清楚，但不论从人类发展的历史长河，还是从当代科学的浩瀚海洋来看，其短暂和渺小是非常清楚的。在探索过程中，多次遇到从不同分野、不同管理部门提出归口问题；当前科学的发展早已进入交叉、边缘和系统方向发展，殷切希望摒弃历史上科学研究人为分工的局限，共同解决我国泥石流的治理、预测、预报问题。因而，解决问题的设想和企图，在中国共产党的领导下，十几亿人口进行社会主义现代化建设的征途中，愿意就这个问题，以供探讨和提高，有利于建设宏伟的事业，这也是学者的责任和义务。即使如此，也局限于思想和业务水平，难免存在错误和不足，希望在批评中提高。

第 29 章　农林院校教育改革的探索

29.1　前　言

地球基本上是个以南北为轴旋转的球体，原无所谓东西。肇始于 16 世纪意大利的欧洲文艺复兴（Renaissance），促使其周边各国先后冲破陈腐的宗教牢笼，在原有各民族传统的基础上获得自由，向往于民主的前途，促进了科学的发展。

在欧洲文艺复兴以后，生产有很大发展，其特点，主要以非生物为主的提炼加工工业方面，实质上是工业技术革命。由于工业技术革命的需要，促进了数学、物理学、化学、天文学和地理学等基础学科的长足发展；而在生物科学方面，基于人类的需要，只在医药和农产品加工方面有所进展而已。尽管如此，确实推动社会的发展取得划时代的进步；工业、机械和电的成就，形成了以工业革命为基础的西方文明。正因如此，近百多年来，向西方学习，在科学研究方面，数、理（指物理）、化、天、地、生；人类和包括林业、畜牧事业在内的农业都属生物学部敬陪末座。在教育方面理、工、医、农，更突出明确指定是倒数第一。事实可证主要以无生物为主的提炼加工的工业方面，实质上是工业技术革命；对包括人类在内的生物和农业，有所忽视和扭曲，实不足为怪。缅忆我国革命的艰辛历程，几度难关，都靠坚实的工农联盟得以克服，并取得进展。尤其是 20 年来祖国的面貌发生了翻天覆地的变化；"三农"问题的提出，平地一声春雷，震聋发聩；教育的振兴，科学的进步，起到了奠基和促进作用。尤其突出表现在我国林业教育经过半个多世纪实践的考验，不仅北京、南京和东北三所综合性林业大学，屹立到今天，林业专科和职业院校分布在全国各地，为举世所瞩目。展望未来，进一步巩固已取得的成就，谋求更上一层楼；痛感要巧于从学制改革、稳定发展和推陈出新等三个方面求得进一步的提高！

29.2　学制改革

我 4 周岁为与哥哥伴读，共同进入私塾；9 岁以同等学力转入高小一年级，10 岁考入初中，13 岁初中毕业，考入高中读理科，14 岁恰逢"九一八"事变，只能转入职业高中学采矿冶金；又因体弱，改学园艺；考取公费留学日本，改学林科。24 岁毕业，取得"技术士"学位回国。实实在在，认真念了 8 年书，16 年都玩过去了，其中确有两次，经一年的努力，从全班的倒第一，考得全班第一名！只愿以自己的亲身实践说明，人在青年精力充沛时的巨大潜力；用以证明：7 周岁上学，小学 6 年，13 岁毕业；中学 6 年，19 岁毕业；大学 4 年，23 岁毕业，取得学士学位。继续读硕士研究生，3 年，26 岁取得硕士学位；再读博士研究生，3 年，29 岁取得博士学位。男性 60 岁退休，只能工作 31 年；女性只能工作 26 年，两相平均 28.5 年。这一现行学制必须改革！

每个人从出生到长大，多大才算成年的大人（成年人）？

我认为：7 岁上学，小学和中学年 11 年，18 岁毕业长成大人。我国仍处于社会主义初级阶段，职业发展以培养能工巧匠为核心的中学更有利于过渡……

建议6周岁上学，小学6年，12岁毕业；中学5年，17岁毕业；大学4年，21岁毕业；攻读硕士3年；攻读博士2年，26岁取得博士学位。男女同酬同工，都可以为国家工作34年。

29.3 稳定发展

得读《数字中国——中国非保密性数字读本》（光明日报出版社，2002）中，有一篇："教育失衡问题"，所谓失衡就意味着不稳定。

"首先是受片面强调'正规'学历的影响，普通高校在校学生数量相对于中等学校速度过快，研究生相对于高校大学生增长过快。1980~1998年，高校在校学生增加了2倍；研究生增加了8倍。中等学校在校生仅增29%（其中普通中学反而有所减少），学生分布失衡。其次是普通高校中，经济学科在校学生占总在校学生数的比重：1980年为3.2%，1998年高达14.9%，仅次于工科，而急需的农科、医科和师范人才连年下降；表现为学科结构失衡。再次是非外语高校本科生为300学时，硕士生为200学时博士生为150学时，加上课外用于学外语的时间，约占总学习时间的20%~30%，接近外语专业了！随之而来的是教师配置、财力分配和招生模式失衡和课时分布失衡。"

这篇文章使我深受启迪，人民得受普及教育应是基础的基础。很明显，如果我们现有12亿人民都具有高中毕业的文化水平，我们的综合国力，将充沛提高到如何程度，可以想见。这并不是脱离实际的良好愿望，2002出生的娃娃，2019年将从高中毕业的同时达到成年；普通中学不应减少，也许基于我受职业教育的感染，认为各类职业教育更应大量增加。培养出大量具有高超熟练操作的能工巧匠，不仅是祖国的需要，也是人类可持续稳定发展的需要。选拔其中的一部分，进一步培养提高，使我想起张光斗老学长的名言："不会施工，怎么能会设计？"教育的目的，就在于传承文明、在世代更替的过程中，不仅求得个人和家庭生活质量的稳定和提高，在当前更要对我国的综合国力有所增强，在可见的未来，还应对人类的可持续发展作出贡献。以人为本，涉及生命、生物、生态和环境的科学，"一方水土养一方生物；这一方水土和这一方生物养这一方人"。就此，各省区、市、县、旗甚至乡镇，应有独具特色的大专职业院校；职业教育，就更有它的优越性。

2002年5月，我国云南省迪庆藏族自治州的中甸县，改名为"香格里拉"。香格里拉是英国作家詹姆斯·希尔顿的小说《消失的地平线》中描写的想像中的人间天堂。香格里拉发音只有用中甸地区的方言才有其意思：心中的太阳和月亮；听起来就是"香格里拉"。中甸地处长江上游，金沙江三面环绕，幽深的溪谷、高峭的山脉和绒毯般的绿草原；古代西藏文化和生活习惯，一直被原汁原味地保存下来，还有本省最大的藏传佛教寺庙松赞林寺。原中甸县政府所在地海拔已是3387m，远方的高山海拔已超5000m。过去主要靠采伐森林，1998年已被停止。1977年秋由丽江过中甸查丽江云杉、高山栎原始林，得在极缓坡C2上找到高50米、B.H.D大于1m的标准木。继续前进达小中甸，时已进入山区，约定上山访问其林旺丹所在的朝阳大队；大队已派其林旺丹的接班人（一位20来岁秀气姑娘）来接。当我表示爬也要爬到大队时，她看了看我，笑指身旁的背篓说："不用爬，我下来就是要揩你上去的"！我很为难，她倒开朗："北京送来的发电机，比你重多了，都背上去了，你放心好了。"人背人，我还是放不下这个心，坐谈了两小时，取消了上山的打算。美国2002年9月2日的华盛顿邮报报道："（中国）政府最近已开始懂得，在世界的许多人看来，西藏的生活是他们感到好奇的根源；换句话说，这是一种珍贵的商品。"

29.4　原始创新问题

江泽民同志指出："一个没有创新能力的民族，难以屹立于世界先进民族之林。"据我的理解，应是要求在百尺竿头，再进一步；传承文明，推陈出新，不等于无中生有，也不等于天上可以掉下馅饼来！最近看到张其瑶的文章《原始创新为何如此少？》（见科学时报2002.12.12 日 A1 版），深受启迪，先得我心；一针见血地指出是应试教育扼杀了创新精神！

科学研究的目的是为了发现自然规律，创造现时尚不存在的新事物，而不是为了获奖。按照国际 21 世纪教育委员会的归纳：21 世纪教育的四大支柱是学会求知＋学会做事＋学会共处＋学会做人；培养生活能力、自学和思维能力、团队精神、交际能力和灵活性等。20世纪 90 年代举世在探索教育改革，我国教育传统，一向注意书本知识……从小、中学到大学培养的都是"贝多芬"（"背多分"的谐音，即会背书，考试就可多得分）。学校成为培养单一化、标准化和批量化工具的教育工厂"。其结果是："轰轰烈烈讲素质教育，扎扎实实干应试教育"＝学校抓素质教育，家庭抓应试教育＝白天搞素质教育，晚上搞应试教育。

该文作者引用路甬祥院长的说法："目前我国科技工作大多仍属于跟踪方式。"多年以来，更多的强调引进国外的先进技术和设备，国内自主开发不受重视，经济建设对科学技术的依靠并没有充分得到体现。60 年前标榜技术立国（实际上是拿来主义）的日本是前车之鉴，而我却深受其毒；几年前，得读被誉为混沌论之父的洛伦兹（E. N. Lorenz）的《混沌的本质》，书中曾尖锐的指出："在上一世纪中期有一段较长时期，混沌论处于低迷徘徊状态：该领域的学术带头人，也有相应的责任，有意或无意的引导和影响下一代年轻人，去深入研究已知问题，是得到赏识和奖励的保险和速成的方法。研究新问题是有一定风险，但却有大量未被发现的领域，常被忽略！"我国科技部前部长徐冠华院士在他仍当部长时说："我国原始创新不足的原因是多方面的，其中，在指导思想上值得注意的问题是，产业和高技术发展中，我们主要立足于跟踪当前的国际先进水平，习惯作外国人已经作过的工作，因为这些工作成功的把握比较大。我们对科研成果的评价，最低也是国内先进水平，再就是国际先进、国际领先水平，几乎没有遇到过哪个项目失败，这本身就不符合科学技术探索的客观规律。"

张其瑶的这篇文章，主要是针对基础科学，在其内容中明确指出："原始性创新意味着在研究开发方面，特别是在基础研究和高技术研究。"其实，在生命、生物、生态系统和环境科学研究上就更应如此，以其在量化管理的误区上更为突出，愿作一点补充。在我国，对科研人员的评审、管理、考核机制极其简单，只看发表多少篇论文而不问质量；这直接和工资、住房、养老等待遇问题挂钩最高可达 36 项。中国人的智慧举世公认，而缺少一种鼓励创新的机制已成为中国整体实力落后的重要原因。当前流行的热点，从宏观上一提，就是人要飞上太阳；从微观上一提就是克隆；无疑这些研究是很重要，国家要投入必需的人力和物力，展开应有的研究工作。当前我国更迫切需要的科学研究，却多属"中观"性质的衣食住行和生活环境的安全问题。即使在酒足饭饱之后，科学研究也应面向"三个代表"的急需，起码在量化管理上，应将生命、生物、生态系统和环境问题摆在首位。今年 10 月 10 日美国纽约时报："……诺贝尔的和平奖授予环境保护学者旺加里、马塔伊，……此间（指在美国）也有一些著名人士认为，全球都关注中东战争、恐怖主义和核扩散的时刻，这样做就淡化这个著名奖项应有的意义。"10 月 9 日挪威邮晚报"人们可以问'植树与和平有什么关系？答案可以从亚马孙、海地、中国和非洲找到，这些地方的滥伐森林，土壤沙化和气候变化现象；改变了数千万人的生活条件，导致饥荒和贫困，并引发民众与国家之间的紧张关系。"诺贝尔奖金委员会 10 月 8 日说，他们正在将这一奖项的范围扩大，承认环境保护也是重大的国际问题。

　　结论是：历史经验证明，科技成果是人才和周围环境相互作用的产物，环境指得是一个较好的科研机体，较高的学术起点，较丰富的研究积累，较自由的学术气氛和较充足的研究设备、资料等，这些都是当前可以办到的。

第 30 章　我国的林业和林学

——试论绿色革命*

30.1　前　言

人类登上地球历史的舞台，和其他动物相同，在亲人哺育爱护之中长大成人，而后就要靠自己取得食物养活自己和亲人。朦胧之中，就形成包括农林牧副渔在内的广义的农业。进一步推敲，探摘可食的植物叶茎果实和捕捞浅水鱼虾在先，驯养家畜、耕种五谷杂粮应在人类掌握用火之后。因此，人类对野生动植物，尤其是木本多年生树木（林）的探索在先，而驯养野生动植物（农、牧）在后；对有用植物，尤其是粮食、蔬菜和果实的培育和动物的饲养都取得日新月异的发展，以致森林和木本植物的培育就更多的要靠农学上已取得的成就。

我国位于亚洲东部，较早地掌握农耕技术，促使步入以农立国的封建社会，创建过古代的东方文明。同时也促使听天由命、闭关锁国，导致 20 世纪初仍维持半封建、在洋枪洋炮武装到牙齿的列强环视下的半殖民地的积弱的旧社会。早在清末民初，有识之士就深知，奋发图强必须忍辱负重，向当时的列强 - 英德法美日学习现代科学，谋求祖国振兴之路；终于借鉴苏联十月革命的胜利，中国共产党前仆后继，历尽艰辛，在内忧外患之中，历经千灾万难，建立新中国。对林业事业来说，建国伊始立即成立林业部（林垦部），是举世的创举！

新中国成立后，在继续学习德、美、日的基础上，又得以全面深入学习苏联的林业科学，我有幸参与了协助苏联专家普列奥布拉仁斯基的工作多年，曾亲自陪他由东北林区开始，常住北京对华北地区有较多的了解；又远去西北黄土高原，过上海直抵广东电白沿海的地区了解实际情况。这位曾参加过苏联"十月革命"的老专家由衷地指出："中国和苏联都是世界上的大国，但各自的具体情况和特点显著不同，在林学和林业方面就更突出，从根本上讲要靠你们自己探索，研究和创新来完成。"出自内心的善意期望，终身难忘。

1949 年 10 月 1 日成立新中国，19 日成立林垦部，由林学界爱国人士梁希老学长任部长。1950 年 2 月 28 日～3 月 9 日在北京召开了第一次全国林业会议，会后梁老以耄耋之年，亲赴西北靠徒步和骑小毛驴考察陕甘宁老解放区，回京后写下"志愿黄河流碧水，愿将赤地变青山""新中国的林人，也是新中国的艺人"等以鼓舞多代林业工作者；更重要的是制定了新中国首次的林业建设方针"封山、育林，荒山造林，四旁植树，营造防护林"。梁老仙逝后，盲目学苏联，碰壁后又兼学美德日，将近半个世纪，我们是在近百年来锐意学习外国林业和外国林学，付出高额的代价换来的惨痛教训。实践又一次证明：只能靠自己的探索、研究来解决我国的林业和林学问题。直到 20 世纪 70 年代末期，改革开放一声惊雷，

---

*　本文作者还有张洪江、宋吉红、关博源、杨玉明、罗在燃、王梨。

"绿色革命"首先取得原林业部高德占部长的支持,"科技兴林"早于"科教兴国"半年提上了议事日程。

30.2 我国林业和林学的基础

具有我国特色的林业和林学是有它的历史、社会和科学基础的。综观人类社会发展的历史过程,掌握用火,得以熟食,确促使人类进化迈入一个新阶段。在宇宙和自然的发展历史长河中,怎么会出现人类?到今天仍是众说纷纭。早在战国时期的屈原,《天问》"遂古之初,谁传道之;上下未形,何由考之?"北京西山南麓周口店"北京人"遗迹的发现,是珍贵的现代科学物证;经断代是在50万年前,可证在我国人类掌握用火,当更早于此。"北京人"的祖先应来自黄河以南,只有掌握用火之后,人类才敢于穴居。

黄帝的出现,当在"北京人"之后,应在尧舜之前;汉族的起源很晚,自古以来,自认是炎黄的后代,既有炎族的子女,也有黄族的儿孙。古代的传说,在涿鹿之野的一场大战,炎帝战败,怒撞不周山而亡;在当时战胜者的黄帝并没把炎帝的子孙当成奴隶,统称之为"炎黄子孙",不仅有进步意义;炎前黄后,一视同仁的思想,更属难能可贵;应是我国史前的杰出社会学家。迄今桥山脚下的黄帝陵,仍是海内外华裔公认的问祖寻根的所在,而备受崇敬。我是满族,虽早已汉化,对上述传说感触尤深,因工作关系,多次拜谒过黄陵。几千年来,中华民族经历过难以缕述的改朝换代,天灾人祸,使原来的"芜芜周原",成了今天到处是千沟万壑的荒凉面貌。唯独黄帝陵的周边,不仅是古柏森森,而且多代柏林同堂,更喜新柏仍在不断茁壮孳生。这是古老东方文明的骄傲,更是由多民族融和而形成的中华民族的骄傲!

殷周以前,虽已习惯于封建的皇帝可以假天子之名,独居万人之上,但对文化人和所谓奇技异能者,尚未出现官大压死人的现象;"达则兼济天下,穷则独善其身",隐士和宰相都受到人的尊重;直到周朝定鼎之后,伯夷、叔齐耻食周薇也未被处分。开创出古老的东方文明,导致孙中山先生创建的民主革命,在其遗嘱中,第一句就明确提出:"大道之行也,天下为公。"这个"道"就是东方思维的具体体现。

30.3 我国历史上的林学

认真探索人类出现后的历史进程,掌握用火之前,更悠长的岁月,是以采摘食物,维持生活和繁育后代的。对自然和环境的探索,能否生食的果实、蘑菇和鱼虾等就远早于人类创始栽培农作物。就此,两河流域的巴比伦古国掌握农耕技术稍早于中国,但从遗留迄今的文字记载,我国则更为丰富。

从文字记载上,对我国古代林业历史言之颇详。我国战国(即纪元前475~220)原西北农学院老院长,生前曾被毛主席称之为:"辛辛苦苦独树一帜"的辛树帜老学长,用一生的精力,著成的《禹贡新解》,就夏商周包括林业在内的广义的农业,提出禹贡九州示意图,坚持"禹平水土",反对神化大禹治水的实事求是学风。并再次证实了我国早在万年前,仍处于奴隶社会就已奠定了"以农立国,食为民天"。井田制就是靠科学向自然索取食物的杰出成就。

表 31-1　禹贡等五书所记薮泽表

禹贡	职方	有始	地形	释地	今地及现状
豬野					宁夏与甘肃间之白亭海，一名鱼海子。
	弦蒲（雍）				今涸，在陕西陇县西。
	杨纡（冀）	阳华（秦）	阳纡（秦）	杨陓（秦）	说不同，大约在陕西华阴县东，泽已不存。
大陆（冀）		大陆（晋）	大陆（晋）	大陆（晋）	古泽甚广，今淤断为二，北曰宁晋，南曰大陆。今大陆泽在河北任县东北。
		钜鹿（赵）	钜鹿（赵）		既大陆，河北钜鹿县在今大陆泽之东，宁晋泊之南。
	昭余祁（并）	大昭（燕）	昭余（燕）	昭余祁（燕）	今名邬城泊，时涸时溢，在山西祁县、平遥、介休县界。
				焦護（周）	说不同，大约既山西阳城县西之濩泽，今深阔仅盈丈。
雷夏（兖）					今涸，在山东濮县东南。
大野（徐）	大野（况兖）		大野（鲁）		元末为河水所决，遂涸，在山东巨野县北。
海滨（青）		海隅（齐）	海隅（齐）	海隅（齐）	既山东海边一带，一说申池，在山东临淄县西。
	貕养（幽）				今涸，在山东莱阳县东。
孟豬（豫）	望诸（青）	孟诸（宋）	孟诸（宋）	孟诸（宋）	今涸，在河南商丘县东北。
菏泽（豫）					今涸，在山东菏泽县。
荥播（豫）	荥（豫）				自西汉后塞为平地。在河南荥泽县治南。
	圃田（豫）	圃田（梁）	圃田（郑）	圃田（郑）	今涸，略有遗址，在河南中牟县西。
彭蠡（扬）					今江西鄱阳湖。
震泽（扬）					
	具区（扬）	具区（吴）	具区（越）	具区（吴越之间）	今江浙间之太湖。
	王湖（扬）				
云梦	云梦（荆）	云梦（楚）	云梦（楚）		今湖北东南部及湖南北部之湖泊之总名。今湖北安陆县南有云梦县。

禹平治水土，尽力乎沟洫，老百姓得到实效，才被转颂世代不忘。随社会进程的发展，我国在以五谷杂粮为主食的基础上，步入封建社会。辛老长我一代，但同是在儒学影响下的旧知识分子，在逆境孜孜以求，完成《禹贡新解》独具见地的专著，对我国古代历史进程中，诸多肺腑之言，深受感染。

30.4　东方思维和延安精神

东方思维产生于古老的东方文明，其特点是：

（1）"以农立国，食为民天"（大于 2000 年），长期深入民心；是人类靠科学向自然索取食物的杰出成就。

（2）渔樵耕读（温饱＋学习），琴棋书画（艺术＋娱乐）；一派田园风光；

（3）"非我者莫取"，"知足者常乐"，"勤俭持家，够用就行"；

（4）对儿孙后代自愿负责到死，甘愿为后代的幸福，承担所有苦难；

（5）中华民族经受长期、残酷的天灾人祸的考验和锻炼，对自然和社会具有极大的韧性和坚毅的性格，同时也具有容忍和开阔的胸怀；尤其是不仅能坚持在一般被认为生态脆弱、不宜于人类居住的地区，不仅能进行生产，而且可以繁育后代！

（6）保护自然，保护、改善土地和湖泊（大于 2500 年）。

东方思维突出表现在承认人类是自然的产物，是人对生物和环境的探索巧于向自然作有限的索取。是世界上最早而且历史最长，以生物为中心的古代文明。20 世纪 30 年代，一批为大多数人谋利益的中国共产党人经过长征到达陕北延安，在极其艰苦的条件下，"自己动手，丰衣足食"，通过自己的努力，对外反抗日本帝国主义的侵略，对内反对国内党反动派的反动统治。不仅为人类作出过贡献，而且经受了长期天灾人祸的考验和锻炼，进一步发展成为艰苦奋斗自力更生的"延安精神"，创造出一个新中国。近半个世纪，又历经国际风云的变幻，迄今仍屹立在东方；虽仍属发展中国家，用不足全球 9% 的耕地，养活了占世界 22% 的人口并向小康迈进！靠的就是东方思维和延安精神。就此，对我国的可持续发展和人类的未来，也应引起深思。

30.5　欧洲的文艺复兴、工业革命和美国后起之秀

在欧洲文艺复兴以后，生产有很大发展，其特点主要表现在，以无生物为主的提炼加工的工业方面，实质上是工业技术革命。由于工业技术革命的需要，促进了数学、物理学、化学、天文学和地理学等基础学科的长足发展；而在生物科学方面，基于人类的需要，只在医药和农产品加工方面有所进展而已。尽管如此，确实推动社会的发展取得划时代的进步；工业、机械和电的成就，形成了以工业革命为基础的西方文明；"德先生（民主）"和"赛先生（科学）"开始风靡于世界。基于认真和求是的科学精神，又限于一个人精力有限；导致分工越来越细，不自觉地钻入"象牙之塔"。19 世纪后叶已有所察觉；但积习难破，20 世纪初就已成为科学上的热点问题……

事实俱在，数学、物理学、化学；天文学、地理学和生物学等基础学科的长足发展，虽主要基于工业的需要；但身受自然环境控制的生物，尤其是人类更深受其益。早期孟德尔关于遗传和突变、法布尔关于昆虫的本能、达尔文物种进化等都取得划时代的发展。更为突出的是 1944 年理论物理学家薛定谔提出生物具有"负熵"的假说，在他的《生命是什么？——活细胞的物理面貌》一书出版之后，激起了科学界的新浪潮。

科学发展到今天，世界上每个角落都在变化；信息社会早已超越了东方和西方。美国哈佛大学教授加尔布雷思（J. K. Calbraith）和前苏联的经济学家 S·梅尼希科夫（以分析西方国家社会经济的知名学者）在 1986 年共同出版了《资本主义社会主义和平共处》一书，其结论是："……只有和平共处，别无他路。"其实早在 1969 年莫斯科大学教授黑梅叶尔等人就已证明了"旅客同船"数学模型公式，所谓"旅客同船"，是指上船的人各有不同的目的，但乘船到彼岸则是共同的目的，而每一个人又都不能把船划到彼岸；用我们的语言来表达，就必须同舟共济。黑梅叶尔教授的学生 H·莫伊谢耶夫（H. Moeceev）听过老师讲完这个定理之后，除将地球比喻成航船，人类就是同船的旅客，尽管在旅客之间，存在着这样和那样矛盾和冲突；但人类的未来，是约束同船旅客切身利益的共同指数—坚实的必要性—为核心；于是就可以把人类的未来纳入"旅客同船"数学模型的轨道；进而促成世界各国人民只能和平共存的数学理论基础。这在数学上是合理的，就应用技术科学上看，对人力的量

化分析也是可行的；只是忽略了人类的社会因素，从而被束置高阁。

美国是后起之秀，对科技的进步功不可没，科学的发展和进步是人类的共同财富，但如何来接受和使用这笔共同的财富，却取决于时代、社会、国家、地区、因人而异的。主要在于一方面是则是学科带头人的导向，潜移默化，影响年轻科学工作者趋向于去解决或完善一个已知的问题；而缺乏研究全新问题的激情。后起之秀的美国抢占了这方面的超前优势！当前仍风靡于世的《控制论》是美国的维纳的名著。

在维纳生前，尤其是创建控制论的初期，也是挣扎于冷嘲热讽，甚至几度成为被围攻的对象，但他善于取攻击他所依据的研究成果，而为他所用。实践证明，不仅在机械、工业生产和运行上发挥出无可非议的实效，更在二次大战和卫星上天上立下了汗马功劳，才取得举世公认。让我们更为怀念的，是他已在功成名就之后，作为从事科学的人，在他晚年离世之前，该书再版之时，不但书名未变，而内容依旧侧重于如何将控制论用于生物，尤其是动物（animal）和人类的领域。

科学发展到今天，继续深入去探索，仍属至要的同时，早已从多方面提出过交叉科学、边缘科学和系统科学的研究就。尽管我们在探索生态系统，对系统科学有所偏爱，但毕竟长期从事应用技术科学，又受科学常是来自生产的需习惯思维。学习了周光召学长的论著，得到启发，即使是来自生产需要的科学，一旦形成就要指导生产，而且要超前指导生产。从而首先要正确认识自己，用生态系统的语言来说，就是个体在群体和生态系统中的层位（niche）。但正确完整如实认识自己是不容易的。例如本人就是医生，有病反而要找别的医生来看病和治病。在生物，尤其是人，是由许多细胞有序组成的，有生命的有机综合体，不仅病人自己不清楚自己，医生也是人，他也不能弄清楚他自己，更弄不清楚病人。这恰似："如果一个接近实际而没有系统内在随机性的模型仍然具有貌似随机的行为，就可以称这个真实物理系统是混沌的"。（E·N·洛伦兹）每个人也都将如此，都将靠自己的主观能动性，更要勇于承受千灾万难，稳步求成，由生到死，多次循环；个人一生，只能前进若干步；人类总体，也难登顶。个人的一生，也只有不懈的攀登，在攀登中逐步认识自己；活到老，学到老，改造到老。

所以科学发展到今天，必定要面向明确具体的目标，靠相应有关各学科的专家，经过接触、争论、竞争、碰撞、砥砺和磨合；在这一过程中，就每个参与的专家来说常是磨难大于舒畅，但只有如此才能求得科学融合的大舒畅，才能形成有序地专家集体。

30.6 风水是地学的灵魂

在上述辛树帜《禹贡新争》原书 219 页（注 1）："阴阳家与农学家的关系，我曾在'易传的分析'中论述过。"我没看过辛老这篇原著。近年得读王其亨主编的《风水理论研究》，就散见于《禹贡新解》有关的论述和读书心得，略记一二。在我国地理原是风水的别名，亦被称为地学。（引自："风水典故考略"史箴）

风水理论虽然不乏迷信内容，但"风水理论实际是涉及地理学、气象学、景观学、生态学、城市建筑学等的一项综合的自然科学。"由于风水注重人与自然的有机联系及交互感应，因而注重人与自然种种关系的总体把握，即整体思维，虽然往往有失粗略，却不乏天才直觉。例如风水之注重水、风、土、气，种种有关论述以致其模式化的表达形式，同当代科学注重地球生物圈中水循环、大气循环、土壤岩石圈及动物植被等生态关系以及一些重要概念或理论的模式表达相比较，就往往表现出惊人的一致。

目前正值我国大倡改革开放，这所谓"现代风水"，也有沸扬之势，泥沙俱下，鱼龙混杂。对此，古人常有"达者玩之，愚者信之"之说，今之达者应对其内涵予以重新审视，扬其合理精华，弃其迷信糟粕。

"地理之道，山水而已。"山是静态的，也是相对稳定，不易用人力改变的；所以应是风水的基础。而水是动态变化，又是可见的；所以水为风水之重：

（1）水与生态环境，即所谓"地气"，"生气"息息相关；

（2）可载舟，亦可覆舟；交通、设防之要；

（3）防止水土流失、山崩、滑坡、泥石流，河道乱流善徙和沥涝洪水之灾。

30.7   我经历的新中国的林业

1949 年 1 月 31 日北京解放，百废待兴，老友王林、单锡五（后党内右派困死在官厅林场），刘大汉和曹裕民（山西省林业厅总工程师）等人前后到北京；都曾告我体现党中央和诸多老领导、老将军的主张要建立林业部；我在当时并不理解。原以为是他们一厢情愿，或鼓舞我的借口。就在 1950 年 10 月 19 日国家批准成立"林垦部"，林业与"农业"在内政上并肩作战，在国际上也是创新之举。1951 年 2 月 28 日～3 月 9 日召开了第一次全国林业会议。此时我已经到当时的河北农学院森林系教书，河北省杨秀峰主席兼任我们的院长，动员我们到老解放区建设工作。并促成 1950 年 12 月前政务院发布了《加强老革命根据地工作的指示》，全国老少边穷大部分山沙地区都得到以工代赈的补助，在风沙地区，则从冀西沙荒和永定河下游沙荒开始，并以官厅水库的兴建为中心，得以亲自从河北省坝上的沽源开始，基本上走完了海河流域；1951 年 2 月召开了第二次全国林业工作会议，首次提出全国林业的建设方针："封山、育林，荒山造林，四傍植树和营造防护林。"得善用可能机遇，踏遍古冀州的山山水水，感受到过去所学大有用武之地。1952 年春参加前华北局和内蒙古自治区共同组织的五省区防护林建设的考察工作，同年秋结束后回河北农学院始悉因工作需要定调北京。其实在 1951 年暑假，就曾带领河北农学院应届毕业班的毕业设计到妙峰山林场的金山沟实习，此次得长期久住在华北植物区系的核心地段，结合大比例尺地形图的测定，前后多期学生共同学习和探索的结果，《华北松橡混交林区的立地条件和造林类型的研究》和普及本《荒山造林》同时发表。并得在林业部公开做了专题报告，不仅亲自参与北京市同时也和河北林科所，就河北省的森林植物分区、立地条件和造林类型进行了几次全省林业规划设计补充深入。被聘为中国科学院原沈阳林业土壤研究所兼职（不兼薪）研究员。立即和当时的副研究员邓廷秀、省厅的费喜亮工程师、省林科所共同完成了以辽宁省森林植物分区、立地条件和造林类型的研究为基础的全省林业规划设计。如上在榆林的西北防沙林场建成在先，又值当时的东北（也联合内蒙古）行政委员会为主提出并公布了东北西部内蒙古东部防护林建设的规划和实施计划，继之于后；当时的华北行政委员会于 1952 年夏组织了由王全茂和郝景盛研究员带队的华北、内蒙古五省区防护林考察和规划工作，我参与了这项工作并于 11 月 26 日完成。后察哈尔省和平原省撤销，便成了三省区，但东起东北西部、内蒙古自治区、华北北部和西北直抵新疆，我国半干旱、干旱缺林和少林地区，依靠现代科学的新成就，营造防护林，已成为我国的迫切需要！

1978 年在国务院批准三北防护林体系建设工程时，就强调指出："我国西北、华北和东北西部，风沙危害和水土流失十分严重，木料、燃料、肥料饲料俱缺，农业生产低而不稳。大力种树种草，特别是有计划地营造带、片、网相结合的防护林体系，是改变这一地区农牧业生产条件的一项战略措施。"这最后一句是在当时总结国内外自古以来的实践经验和科学成果：20 年来，几代人在旧社会留给我们的老少边穷、缺林少林的干旱山沙地区，创造出延安、榆林、赤峰、吉县和朝阳等初步步入山川秀美的县市，来之不易。进而和更多的市县组成的"三北"整体，也取得喜人的变化，自应受到珍视。缅忆在起步之初，有幸曾参与其事，并得在开始几期的研讨班上和来自区内的局市盟县旗的领导和同行重点讨论过："有计划地营造带、片、网相结合的防护林体系，是改变这一地区农牧业生产条件的一项战略措施。"

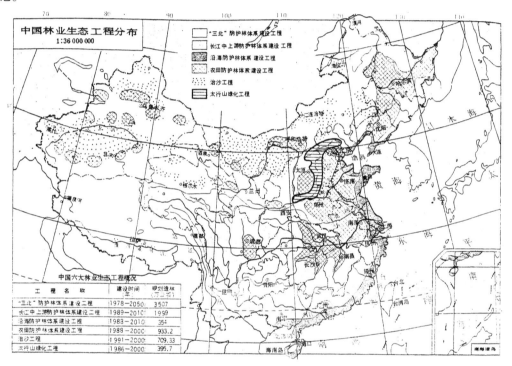

图 30-1　中国林业生态工程示意图（据中国自然地理图集，1998）

到 20 世纪 90 年代初，平原绿化、京津周围防护林体系建设工程，长江中上游防护林体系建设工程和沿海防护林体系建设工程相继启动。这在经济发达的国家和地区都难于大规模有计划进行和坚持的生态工程，在我国尤其是从最困难的"三北"防护林体系建设工程起步后十多年，不仅没影响粮食生产和畜牧事业的发展，反而取得了相应的以林促牧、以牧支农、农林牧综合发展的实效。凡在认真建设的地方，人们已经生活工作在绿荫环绕之中，荒山秃岭风沙逼人的荒凉面貌，都已取得应有的改善。这个奇迹的出现不仅为举世所关注，也应引起我们的珍视和深思！我们认为在最困难的条件下开始起步，是要经过长期的阵痛，但却是研究成果可靠性的标志。其规律是在极为困难的条件下，可以谋求成功；在较好的条件下，就更易于成功。我们的突出的失误，主要在于局限于广义的农业内部之间的关系（实际上也可以认为是生态系的范围内），而忽略了与工业、城市、宣传教育、文化艺术、生活休养旅游和医疗保健卫生等方面的关系。

　　新中国建国以来经过半个多世纪，举国上下克服重重困难，并也曾虚心认真学习过前苏联以及德、日、英、法等国家，形成以生产木材及其副产品为核心的林业。实践证明，这种做法脱离了我国建国立即成立林业部的初衷。

30.8　新中国的林学

　　1942 年应当时北京大学农学院森林系主任白埰教授亲访之约，应聘为兼职副教授，主讲森林理水砂防工学（近似于山沙地区灾害防治工程），兼讲多门课程。1949 年夏应聘于前河北农学院森林系讲师、副教授主讲同样内容，即面向我国水冲土跑、风沙干旱的防治工程，但课程改称为中国水土保持学。

　　1950 年新中国成立后，华北山区稍得喘息之际，不幸 8 月 1～3 日连续阴雨，4 日黎明，原属河北省宛平县的清水河流域，又遭受特大暴雨袭击，导致清水河军下以上，以斋堂、清水为中心，南北山多处暴发泥石流，死伤多人，水冲沙压，彻底绝产耕地面积 2.3 万亩。我曾被约参加原华北局、林垦部和河北省前后三次调查，研究确定"田寺东沟泥石流"作为以工代赈重点治理对象，迄今已经 3 次暴雨考验，安然无恙，满沟杨柳早已多次间伐供用，由当时的绿化指挥部吕指挥支持的落叶松林已进入壮龄阶段，认真封育形成的针阔混交林，初步装点了祖国的秀美山川。缅忆建国初期由林垦部和河北省组建的斋堂、陈庄、怀安、万全和承德（均属河北省境）的水土保持站，在上一世纪几代科技工作者，几经变化，克服困难，坚持工做到离、退、老、死，我们不应忘记他们。党中央在河北省老建屏县西柏坡时，就已确定全国解放后建都北京。从而在新中国建立伊始，为保首都安全，党中央毛主席号召："根治海河"，决定兴建官厅水库。

　　1952 年深秋调入北京林学院后，直接在王林同志和老学长殷良弼的领导下，继续从事荒山荒地造林探索的同时，被指定参与北京市绿化建设和海河流域水土保持工作。1953 年初受水利部委托主持和海委共同承担，并组织应届毕业学生参加，完成了官厅以下三家店以上（于约 1500km²）水土保持调查规划任务。直接参与了官厅水库兴建工作，筹建官厅林场并与前林业部规划设计院共同完成重点造林任务。同年和 1954 两年基本上从河北省坝上的沽源（桑干河源）开始，徒步走完了桑干河、东西南三条洋河和风光秀美的妫水河。1954 年春朱总司令借选军营营地之便，亲到大觉寺视察教学活动，面瞩加强老少边穷，尤其是山区建设工作。同年北京林学院也被厘定从面向华北地区扩展到兼顾华北、西北地区，又值水土保持已被定为全国农林大专院系重点专业课，我院也被指定培养主讲教师，相继报到的有河南、山东、湖南、南京、广西、陕西等院校。除参与在校教学活动外，利用暑假克服困难和我院任课教师同赴西北黄土高原和风沙地区，经西安过铜川、黄陵，到延安，急赴榆林，共同做好芹河乡的防沙治沙发展生产规划，开会通过后，转赴绥德到韭园沟现场学习离陕，转去甘肃天水水土保持实验站，到大柳树沟试验区及吕二沟（天水二乡），认真共同学习两天后，承担了天水一乡和三乡的水土保持的规划设计，经现地审查通过后，回京，结业返回各自学校后，均成为骨干教师或部门领导。

　　1955 年 10 月在北京召开了全国第一次水土保持工作会议，会上建立了全国水土保持委员会，办公室设在当时老钱局的农业部内。1957 年末开过全国第 2 次水土保持工作会议后，1958 年初由国务院指定北京林学院筹建水土保持专业，面向全国培养科技人才；1960 年在我国（也是在世界上）第一批水土保持工程师走上工作岗位。受原高教部委托 1956 年正式继续培养师资研究生，1957 年后协助前苏联专家共同培养学位研究生。1965 年冬主编的水土保持原理，包括文稿、图表和照片经审察、复核通过，交当时的中国林业出版社出版发行。不幸原稿遗失。

待至 1975 年得蒋德祺、辛树帜和赵士洴等老学长的劝慰鼓舞下，由当年暑假开始寄居西北农学院图书馆内，重写水土保持原理，成为蒋德祺主编的"水土保持概论"的理论基础部分，正式出版发行。1981 年黄河水利委员会在山西离石举办水土保持研讨班，试讲新编《水土保持原理》，并承印发讲义。1982 年 7 月在承德召开了华北、东北地区水土保持科学技术讨论会；总算把 1962 年由北京林学院主持的国家重点课题；"华北山地利用和水土保持的研究"作个交代。并以此为基础，在全国农业资源展览会的土地资源部分中，主持了"山区建设和水土保持"（图片展览），成为农业展览馆纳入长期保存部分，并曾在日本展出。迟到 8 月在山东泰安国家教委召开第二届博士点的审评：要求较为严格，是属少数重点补缺性质的。因我曾被误认为林学的'叛逆'，第一届评审没我，事后曾提过意见；这次安慰性的让我参加；到会后始知，先要评学科。这次会议经过努力，中国的水土保持学科体系已经建立起来了，并得到了相关部门的认可。一脉相承，中国的林学，虽也要生产木材和生产相应的林副产品，而更突出是保护和改善老少边穷，尤其是生态脆弱的山沙地区的生产和生活条件。建国初期水土保持工作原设在农业部，1957 年改设于水利部，这是国家政府的行政分工；不仅与基础科学的分科关系不多；即使对应用科学也只限于两套不同分类系统的横向联系。建国后经过半个多世纪的探索，开始纳入系统工程的科学轨道。

早在 1955 年我国召开第一次全国水土保持会议上，就和当时与会的几位老学长共同提出过建立水土保持学会的建议，但未被列入议事事日程。以后虽经多次反复提出，终未落实。1985 年夏由中国科学院在陕西武功的西北水土保持研究所筹备成立中国水土保持学会，因不符合全国代表大会的规定未被批准。同年冬突得全国科协许可由北京申请的通知，限于时间仓促，取得北京林业大学的同意提出申请，在第一次全国代表大会上，由衷作了《水土保持工作者之家》述怀报告。同年承担的国家重点攻关科研项目"宁夏西吉县的实践证明西北黄土高原五年可以扭转恶性循环"被誉为"把精彩的论文写在大地上"，刊登在北京日报 1985 年 12 月 9 日一版。12 月 12 日在山东省水土保持学会成立，会上得接受当时仍为山东省领导姜春云同志的接见。同年水土保持学科被评为国家重点学科。

1966 年 4 月初即到京西清水河蹲点；6 月 1 日由院派来一辆大卡车，下来几个学生，不容分说，装上我用的资料文件，标本仪器和行李；被两个学生，以"押解"的形象，回院闹革命。1969 年 11 月 28 日被押解为第一批，乘第一次专列火车直奔昆明，换卡车拖往新平，衷牢山南的新一林场，西南的原始林区，内心激动，但不敢流露：开始分配给我的工作是为修路队伍烧开水，自愿参加重体力劳动的采伐队，实质上是想在我国满洲森林植物区系-阿穆尔森林植物区系－日本全国森林植物区系－中国北方的森林植物区系的已有基础上，步入我国西南森林植物区系的新天地，等于又上一次大学。老师是在我教过的学生控制下，新一场多次被评为模范的彝族先进采伐队，收获奇多。1970 年 5 月集中搬到丽江，1972 年夏搬下关，因云南省革委同意在下关办云南林学院，秋 11 月建立起教育革命实践小分队，得由丽江直上小中甸（即今天的香格里拉），亲过怀念已久丽江云杉 $H > 50m$ 的丰产林地以及沿途的天然林区，突出的是乔木大材的高山栎，其生长远优于 1991 年以后亲自调查的甘南白龙江上游的高山栎天然林。1973 年旧历春节前，和孙立达、和积建去西双版纳，又一次得有机会按自己的想法组织这次科研活动。更大的收获实更在初步将我国西南林区从旱季较为明显的热带雨林，一直到另一寒极的高寒冰川雪地的，极为初步，但属总体的景观面貌。同年春搬昆明郊区安宁县楸木园。11 月沿原来面向全国招生的级别，录取来自全国的第一届工农兵学员，来院报到，来自全国各省的新生，包括云南农大热林系的学生在内，都愿意面向全国，假"以生产带教学"的机会，以到北方选教学实习基地为名，到北方作准备工作。工作地点设在河北省新乐县的南化林场；教学基地在河北正定县、山西河曲县和陕北。

　　1973 和 1974 两年全国招收的大部分学员来自北方，我得以开始南北两栖，拉练教学，前后四年，师生百余人；迄今我们都在怀念和感激。就在如此困难的条件下培养出来的这一阶段的毕业同学，不仅成为我院以至提升到林业大学的骨干，更都成为毕业后分配工作单位的一代骨干力量。

　　1975 年夏奉当时在农林部还当畜牧总局长的罗玉川的命令，两去河西，目的是抢救沦落在甘肃河西大批原林业部和林业建设兵团的干部人才，第一次去就被面告有利于恢复林业部，但还不能一步到位，先以扩大西北防护林林业建设范围，在西北找个地方（最好在西安），先建立一个部属的分支机构（即后来在银川建立的"三北局"），把这部分人才集中起来。我确实下了工夫，从兰州开始，当时省厅仍在瘫痪状态，只能靠早期毕业同学串联了解，用一个多月，从兰州，过天水，进入河西，深入祁连山，出林家大院的嘉峪关，直抵敦煌。直接和间接到找散落到河西一带的林业技术人员 20 余人。首次由金张掖银武威的沙海大绿洲进入祁连山林区，恍如大西北的总体面貌，尽收眼底；如果说气候干旱和半干旱地区（按地带性的语言，相当于沙漠和沙地；就景观的语言，则相当于荒漠和半荒漠），在这一地区能有自然林区的出现，是基于随地面高度的增加，气温有规律明显降低，降水量也有相应增多，其结果气候趋向寒温带发展，出现以云冷杉为主的暗针叶林，就应是理所当然的自然规律。所以，北起大兴安岭西部林区，过锡林浩特、林西的平地松林，河北围场塞罕坝，沿大青山、乌拉山、贺兰山、狼山、过景泰的一条山与兰州北部山地，就与河西走廊南山的冷龙岭相接。西出敦煌过柳园、星星峡，进入哈密，其北山俗称火焰山，是博格达山的东端，已是天山的余脉，向西直抵国境与哈萨克斯坦为邻；其中的高寒山地，面积大小不一，但络绎不绝均有以云冷杉为主的暗针叶林分布，终年不断的会有潺潺的清流，哺育其下的沙漠和戈壁。从严而论，我国确属干旱的沙漠戈壁地区，只限甘肃民勤以西，新疆叶尔羌河下游，即叶城以东的塔里木盆地（塔克拉玛干沙漠及其周边的浅山丘陵）；所以，我国西北不宜简单地划为"风沙地区"，应该正视科学，厘定为："西北山沙地区"，其下可分为："干旱山沙地区"和"较为干旱山沙地区（或半干旱山沙地区）"。回到北京单独向当时还是畜牧局长罗老汇报，就散落在河西的林业技术人员，找到 20 余人后，努力就祁连山林区，应作为水源涵养林来经营的重要性，通俗化到祁连山的原始森林是一条青龙、巴丹吉林沙漠是一条黄龙，只有将"祁连山水源涵养林"经营好，营造防沙固沙林锁住黄龙，进而营造护田林网，才能保住金张掖银武威年年丰收的这条大绿龙。罗老耐心地听完我的汇报后，很无奈地说了一句，要是只为这 20 多人，也不会让你去跑一趟了……但又怕我这个"书呆子"接受不了，于是亲昵称我为"老夫子"说："老夫子，你说的三龙治河西的大道理全对，但是没有大批的技术骨干实现不了！"接着他又说："窝在河西的技术干部要有二三百人才差不多！老夫子，麻烦你再跑一趟。"见我面有难色，接着他解释："这次只让你给李登瀛书记带去一封信，你去只是替我把我们的意图当面说清楚……"我仍很固执地要求顺便再去祁连山。他笑着表态说："去几次都行，我见到你们的院长书记替你打招呼。"第二次去很顺利，见到当时的李登瀛书记，听我说明来意后，他笑着说："你能找到 20 多就不容易！这回我替你办……"并让秘书安排住处。我忙插话说要上祁连山，于是安排次日就去祁连山。夏，我正在陕北为再次正规招生作准备工作，突得知恢复了林业部，迁回和平里；并在山西运城开全国林业会议，我如期赶到会场，见到管会务的是扬德兴高工，县里容量不大，来开会的人又远超计划，带我去见梁昌武部长，他说："既已来了，只好设法给他安排住处……"我抢着说："不用，我住资料室……"扬总接着："可以，我知道他就是为资料来的"！就是这样厚着脸皮，不请自到参与许多生物、生态、农林牧副渔的多样有关的生产和学术会议。从 1967 年到 1977 年积累下来的大量的文献都在说明，即使在工资照发，不许工作的"革命气氛"中，宁可承担有被扣上"逍遥派"帽子的危险，仍愿凭良心作好所承担的本职工作。这也正是我国科学技术人员的特点，尽管这些资料的原作者多已退休或离世，仍愿保留作为这一时段的物证。

30.9　国际上提出的绿色革命和我国的绿色革命

早在上一世纪 60 年代，当时的联合国秘书长吴丹（U. Thant），一位虔诚的佛教徒，基于杂交水稻的成功，曾经说过："……将是一场根本性质的革命变革——也许是最富于革命精神的人们从未经历过的一场变革。这一场变革意味着什么呢？在朦胧中显示的是'绿色革命'。"如果说杂交水稻是前奏曲；生物生产事业的革命，今天的中国，已揭开朦胧的面纱，显示出她矫健的面貌。

（1）全球的可持续发展共认。近年来备受关注的"可持续发展（sustainable development）"实指全球和全人类的今天和未来的命运。但在当前仍有国家、民族和地区的存在，只能以此为基础；不危害于全球和人类的未来，在全社会或其他国家、地区和民族的同意、承诺、容忍和支持下，可由研讨本国（或民族、地区）的可持续发展开始起步。1992 年召开的世界环境发展大会，就可持续发展取得了共识。但其实现，因各国具体条件不同，但都有这样或那样困难；其中发展中国家就更为突出。

（2）我国的绿色革命实践。实践已经证明，即使在我国当时经济条件尚不丰足，地少人多，环境失调，风沙干旱，水土流失严重的土地上，坚持和努力，仍可以取得粮食生产和多种经营同步，治穷和致富同步，生产建设和改善环境同步实现的成效。在人类历史上创建起的农业和文明的故乡；包括人类在内涉及生物整体的大变革，称之为揭开朦胧面纱的"绿色革命"，早已超前起步在祖国的大地上了。

早在帝俄末期和前苏联初倡导的在护田林网的保护下的草田轮制，其后发展成为斯大林改造自然计划；此时恰值中国革命最艰巨的时段；老友王林黄枢等人也能在老解放区的晋北，"天下十三省大营总风筒"的桑干河畔大营村，和当地老百姓在一起营造出我国第一片具有现代科学基础的护田林网！随西北老区的巩固和发展，1948 年西北行政委员会在陕北榆林建立了防沙林场，以生物科学为基础的农林牧等生产事业的应用技术科学，相互之间具有密切难于分割的内在联系，并受自然环境的影响和制约；需要一门综合性极强，融合有关各部门和各学科的新科学；进而在我国全国各地均已取得实效。

1977 年就开始酝酿建立"三北"防护林建设工程。1978 年在国务院批准这项建设工程强调指出："我国西北、华北和东北西部，风沙危害和水土流失十分严重，木料、燃料、肥料饲料俱缺，农业生产低而不稳。大力种树种草，特别是有计划地营造带、片、网相结合的的防护林体系，是改变这一地区农牧业生产条件的一项战略措施。"并受原林业部委托举办了五期高级研讨班，和来自区内的局市盟县旗领导和同行们反复讨论，编写出我国防护林的林种和体系，作为研讨班的核心教材印行。可见，"三北"防护林体系建设工程的提出是具有其历史、生产实践和科学基础。

1978年初，中央批准了东北西部、华北北部和西北（简称"三北"）防护林体系建设工程，并在西安召开了成立大会。我全力以赴参与这项涉及九省区的宏伟工作；也正因其"宏伟"，一开始就引起国内外的关注和议论纷纭。而国际上，更为敏感；人民日报上曾用"绿色长城"来形容这一宏伟事业。当时英国泰晤士报的副主编亲来我国新华社专访此事，经林业部指定要我去接待。我如实将实际情况，简要说明后，他明确地指出，像这样大规模绿化工程，经济发达的国家也难作成，意在指出我们无此实力。我只能用婉转的方式说："我们的国歌里，有一句'把我们的血肉，筑成我们新的长城！'只要这个绿色长城能在我们8亿人民（当时习惯用语）的心里，就一定能实现。"他多少受到感动，其后在国际舆论上一直帮我们宣传这一工程。在国内更因向全国人民代表大会汇报时，准备工作不理想，开始就承受多方指责和压力。但我们认为取得国家批准，确实来之不易；引起多方责难，只能从实践中逐步解决。从1979年到1983年就"三北"范围内的县领导和高级工程技术人，就办过五期培训研讨班，共计培养842人。直到1985年4月，由宋平同志主持的"三北"防护林体系建设工程领导小组第三次会议后，第一期工程验收落实；才基本上取得国内外的公认。

20世纪90年代初，平原绿化、京津周围防护林体系建设工程、长江中上游防护林体系建设工程和沿海防护林体系建设工程相继起动；这在经济发达的国家或地区都难于大规模，有计划进行和坚持的生态工程，竟在我国，尤其是从最困难的"三北"地区开始建设防护林体系工程，起步后十多年，不仅没影响粮食生产和畜牧事业的发展，反而取得了相应的"以林促牧，以牧支农"的实效。凡在认真建设的地方，人们已经生活和工作在绿荫环绕之中，荒山秃岭、风沙逼人的荒凉面貌，都已取得应有的改善；这一奇迹的出现不仅为举世所瞩目，更应引起我们的珍视和深思。我们认为：在最困难的条件下开始起步，是要经过长期的阵痛，但却是研究成果可靠性的标志。其规律是在极为困难的条件下，可以谋求成功；在较好的条件下，就更易于成功。平原绿化和长江中上游防护林体系建设工程，取得迅速优质的实效就是证明。

1978年3月初参加全国科学大会。深感此次全国科学大会的召开，实证祖国前途光明，但消除后遗症和干扰尚需时日，正和早春天气相似，乍暖还寒。1979年十一届三中全会后，3月2~15日由共产主义青年团中央、原林业部又在延安召开了全国青年造林大会，会前印发了我写的《水土保持林》。国务院副总理王任重到会作了重要讲话，4日登宝塔山造了纪念林。1980年冬在延安蹲点，得电话通知要在兰州西固的宁卧庄开全国农业现代化会议；会议上我因坚持灌木的重要性，无林少林地区要恢复植物覆被，最初明确提出要草灌乔相结合；受国际上的习惯势力的制约，受命改成乔灌草相结合。在会上发表：《发展燃料林是实现农业现代化的关键》一文而一炮而中的；会上决定黄土区一个县归北京林学院主持。

就在宋平同志亲自主持在石家庄河北宾馆召开的"三北"防护林体系建设工程领导小

组第三次会议上，祁连山水源涵养林的重要性得得会议的初步重视；促进了山西省"人祖山（尧山）"吉县浠水河水源涵养林研究基地上马。出乎意料之外的，是我们在多年探索中形成的水土流失的含义是土地生产力的损失和破坏。与国际上经多年反复讨论，厘定的荒漠化（desertification）的含义，殊途同归，不谋而合，因此深慰于心。长江中上游防护林体系建设和水土保持工作纳入国家的议事日程；诸多生态林业工程相继起步；防沙治沙和沙产业异军突起；尤其是防治荒漠化已成为全球和人类可持续发展的基础和保障。形势迫使水土保持学科体系必然向水土保持和荒漠化方向扩展已成定局。1985 年 6 月 4 日晚，并未经我国前林业部申报，中国"三北"防护林体系建设工程却在联合国环境规划署获联合国环境保护奖。

1988 年 4 月国家计委在成都召开了"长江中上游防护林体系建设"审议会议。缅忆起 1982 年涉及四川、江西和湖南三省的大水灾，我认为那应是长江的一次特大水灾。而据长江办公室派出引导我们调查的两位学长却告诉我们只能作为四川省级的特大洪灾。其实赣南兴国的平江成灾也很严重，长冈乡水土保持实验站作为长办的重点，全县也成为防护林体系的试点县。经前后两个月的调查，得到当时四川省领导（谭启龙、杨汝岱）的重视，尤其是重庆市林业局杨局长主动提出要营造重庆市的防护林体系，在此基础上曾正式提出长江中游防护林体系建设工程的建议，上报到中央国务院（当时是万里同志主持工作），因经费问题未批。但已引起长江中上游各省和长江办公室的重视，进而又恰逢淮河洪水冲毁板桥水库的惨痛教训，由前国家计委牵头组织有关单位到现场经深入细致的调查研究，在成都召开了"长江中上游防护林体系建设审议会议"讨论后，纳入国家的议事日程，在质量和速度上都成为我国几大防护林体系建设工程中的后起之秀。但这毫不意味着栽几棵树，随便造几片林，就能惠风和畅，细雨及时，根除风沙尘暴和洪涝灾害。只在减免自然灾害到一定程度而已。如以"三北"防护林体系建设工程为例，兴建至今已经 20 多年，首都北京仍不时受到风沙尘暴和山洪暴发之害；但与建国前相比较，春季外出上街，必须携带蒙头盖脸的"头巾"，今天基本上不再必要，尤其是雨季再遇特大暴雨，虽仍会有山洪暴发，不会再遭灾死人！同年对我国的绿色革命和东方思维有了较为系统的感知，整理出《关于"生态农业"的探讨——兼论东方思维和绿色革命》一文，纳入农业部能源环保司主编《生态农业学术讨论会论文集》。

1993 年 6 月因在湖北省兴山就泥石流预报的鉴定多用了一天，又限当时的交通条件，以至于耽误了从开始筹备就参与原林业部主持的"91.5.5 大尘暴"考察和对策探索工作，赶到兰州后得知此项考察已近后期，得原甘肃省林业厅的特别关照，特派当时治沙办的高级工程师陪我，星夜赶赴山丹，沿途重点考察补课，得稍深入，当晚始与大队在武威会合，次日考察沙地动物园和银武威后同返兰州。此次"91.5.5 大尘暴"来势凶猛，抵中卫戛然而止；实与建国以来，尤其是"三北"防护林体系建设工程以来，宁夏、陕北取得较为全面系统的初步成就的现实证明。即使在受其袭击严重的河西走廊，凡是经过整治之处，也都取得相应明显的实效；相对而言，操之过急，逆天行事，遭到自然的惩罚，也比比皆是。经过讨论，一致认为极为干旱的荒漠和半荒漠地区，巧于利用极为珍稀的淡水资源，可以造成"金张掖、银武威"等沙漠中的"绿洲"，常被誉为："塞外江南"，但要注意只是鼓舞人心之词，地在"塞外"，不在江南！即使按高标准完成"三北"防护林体系建设工程，节约用水，人工绿洲的面积和质量都会有所提高，但终非东北的三江平原，黄淮海平原，更不能成为江南鱼米之乡。此次"尘暴"、未越沙坡头，并不意味今后东亚尘暴的绝迹。

正确对待"三北"防护林体系建设工程的建成及其补充提高，只能靠科学在可能范围内，改善和提高我国西北干旱和半干旱地区生产生活条件而已。

1993 年在兰州召开全国第一次治沙会。会后被约到陕北榆林主持了治沙典型县的正规鉴定。对陕北榆林，我很熟悉，因为我亲历了自 1951 年陕北榆林和内蒙古伊克召盟飞机播种多次参与以榆林为中心的风沙治理和生产建设工作。如果说榆林东沙是西北干旱风沙地区劳动人民历史经验的结晶；西沙的治理，则是解放以来半个多世纪，在党的领导下，取得"沙退人进"，改天换地，旧貌换新颜的变化！从红军到达陕北后，半个多世纪，历任县委领导和老地委书记王彦成等，尽管他们的工作作风和性格各不相同，在抗日战争最艰苦的岁月，他们和陕北人民对我国革命都作出过杰出的贡献；"自力更生，艰苦奋斗"实起源于靖边实践的经验总结，当时的县委书记就是首届林垦部的副部长惠中权同志，虽然他们前后纷纷谢世，我们应该怀念和记住他们。同年原董智勇副部长克服重重困难在榆林成立了治沙暨沙产业学会。1994 年就沙地治理普查监测的地块落实外业结束后，小住银川"三北局"新建的招待所，晚浴后突然休克，尝试一次生死滋味，幸而自动苏醒，不幸耳聋。

1995 年 5 月被评为中国工程院院士。1996 年参加赤峰全国第二次治沙会议。同年 4 月 8 日~5 月 1 日参与中国工程院组织的西南资源金三角四川考察部分。5 月 25~29 日陪中央电视台《东方之子》去甘肃河西走廊摄制工作录像。9 月 8~15 日新疆塔克拉玛干大沙漠"沙漠油田基地环境观测与防沙绿化"先导试验研究成果鉴定。2000 年台湾之行，丰收而归。2001 年中国科协在长春市开学术年会。故地重游，人景皆非，感慨万分，顿悟人生。天地者万物之逆旅，光阴者百代之过客！2002 年 6 月以耄耋之年，被评为全国治沙标兵。2002 年 9 月 28 日温家宝同志接见"林业战略研究"部分领导和专家。

2003 年 4 月末，正值非典高潮时期，因需再去陕北，恰值水利部领导去延安，急托同行，晚一日飞抵西安，得乘汽车去延安，沿途未见放牧羊群，询及省水土保持局陪送我的同行，也是我校早期毕业的同学，笑答："羊已圈养多年，早已放弃游牧积习！"凭车窗远望秃赭的黄土丘陵，均无近期牲畜蹬踩遗迹，满布暗色"胶面"，就是明证！据云："远离公路的山区，偶有零星牧放羊只可见。"待抵延安，得见现省、市林业局老友新知，尤其是现正在市林业局工作的两位学友，彻底解决了早在 1951 年对老少边穷地区建设提出的"羊（山羊）为林让路，林为牧开源"的理想。经半个多世纪的辛勤实践，已在包括吴旗、富县在内的现延安市初步实现。以垂朽之年，得以亲历此沧桑变化，心情激动！

2004 年按虚岁已步入 87 岁，在"战略研究"年终座谈会上，提出退耕还林系在我国初次试行，能落实上报面积的 50% 以上，就应予以鼓励，符合于事后多点验收的结果。多次引起国际上的关注，曾被质问过：近多年来中国城乡建设突飞猛进，导致原有就不多的耕地，又被占用过多；倡导退耕还林，岂不自相矛盾？实际上正是我国在林业科学上的创新之举，两者并存，毫无疑问。这是归属于我国创新的科学产权，对外应属"无可奉告"。

30.10 希望和建议

工作到 1995 年春，78 周岁时我才正式退休。同年 5 月又被评为中国工程院院士，虽迟至 7 月始得到通知，也深感突然。闭门休整半年多，翌年始全力投入新建立的中国工程院工作。中国工程院的特点，就是各学部跨纳学科范围较广，我所在的学部就包括广义的农业和资源、环境、轻纺、皮革等在一起，尽管彼此并不熟悉，而共聚论事，相互启发，共同开阔了视野，提高了工作水平。但自然规律所限，年老迟钝；恰在此时（1998 年）被厘定为资深院士，得到了解脱。海阔天空，畅所欲言，也畅所欲为；老有所用，废物利用，变废为宝也应属科学创新。愿就当前构建和谐社会中遇到的一些热点问题提点希望和建议。科学各学科的相互的融和，已不仅限于基础科学、材料科学、技术科学和应用科学之间的融和，也要和社会经济科学相融和；进而还要突破原始科学（science）的牢笼，要和文化、教育和艺术相融和！20 世纪人类的实践证明，宣言一百多年的"民主"和"自由"，已无法自圆其说；21 世纪，科学、经济与艺术相融合，已是大势所趋；必将引导我国的林业和林学步入一个新阶段！

从我们在生态脆弱的老少边穷地区，从事于生物生产和防治减免灾害的实践过程中，也是由"因地制宜，因害设防"的静态开始；逐步进入"顺势力导，趁时求成"的动态阶段；而驱使我们敢于班门弄斧，提出"生态控制系统工程"，实基于痛感面临的挑战；既紧迫而又艰巨，只能靠现代科学的精粹和新的起点出发，才能谋得"巧取智胜，妙在超前"。就我们献身于科学教育的人，实践证明，勤奋是主观能动性具体化的生长点，从而积累形成的智慧和灵感的敏锐性，才能抓住机遇，有所创新。

新中国成立后我们这 2～3 代人都可以走出几小步；跨世纪青年，必定青出于蓝，应是不可抗拒的必然规律。我国的林业事业是一项势在必行的、祖国改天换地的宏伟事业，只能靠全国上下各族人民，尤其是尚处于滞后困扰中的老少边穷的农村和农民；如何才能把他（她）们的主观能动性具体的调动出来？正如前述，必须靠全国的各级政府，面对"一方水土养一方人"的生物生产和生态环境方面的自然规律的现实条件下，我的切身体会，在我国就生物生产和生态环境方面，能就地取材把他（她）们的主观能动性具体的调动出来，他（她）们世代积累形成的智慧和灵感敏锐性的财富是无穷无尽的；进一步再和知识能力较高的科学技术人员融和在一起，就没有克服不了的困难，也没有作不成的事业。如果说我的一生在科学上有点滴的成就，是我更多的是汲取和依靠了他（她）们世代积累形成的智慧和灵感敏锐性的财富。作为回报，愿意帮助西部生态环境脆弱地区土生土长的"永久牌"的新型骨干力量；不仅是我国的希望所在，也必定成为 21 世纪人类的希望所在。

源于东方思维指导下以诗情画意为动力的绿色革命，早已在中国起步。20 多年来，京津周围、平原绿化护田林网、长江中上游和沿海等五大防护林体系建设工程相继按计划实施，全国各地，尤其是西部生态脆弱的老少边穷的山沙旱碱地区，都已取得相应的实效；再进一步，能将全国各大江河水源地区的现有林区和在旧社会遭受惨痛破坏的次生林和荒山秃岭，用已经掌握的科学技术建成高效的水源涵养用材林；再配合直入海面汀线以下沿海防护林体系建设工程的实施，2020 年举世处于后工业社会，我国将以诗情画意为动力，具有非常创造性理想，以绿色革命的崭新面貌展现于世界。这与空气污染，控制二氧化碳排放，需要诸多国家和地区合作不同，各大江河的绝大部分水源地区和沿海都属我国所有，因而只要上下齐心，就能事在必成。

第31章 留念青藏高原

31.1 香格里拉在那里?

香格里拉在藏语中,原意是"心中的岁月"。自从小说家詹姆士(James Hilton)在其《失去的地平线》(*Lost Horizon*)一书中用于描写"人间仙境"或"世外桃园"后,半个多世纪以来,举世追寻香格里拉究竟在那里。我国已经确定原云南省的中甸县为香格里拉市,我认为中甸只是香格里拉的东大门,其中心应在我国西藏南部珠穆朗玛峰"圣山"和"圣水"(疑是当雄县的纳木错)。基于气候分布集中的多样性,促成生态、景观变幻多彩。所以,香格里拉的中心虽在我国,其整体涉及欧亚大陆,应是全人类社会共有的,赖以维护持续稳定、变幻多彩的根据地!我经常宣称自己一生跑遍了全国,只是没去过西藏自治区。西藏全区面积约123km²,约占国土陆地面积的13%;我去过青海省,土地面积72万多km²,只是在西宁附近转了几天;青藏高原虽只是两个省区,共占陆地面积195万多km²,即占全国陆地面积20%多,约1/5。2005年共有人口804万,只占全国13亿的6.18%。西藏基于历史的原因是在改革开放以后才开始起步。即使青海省是长江黄河之源,建国以来,涉及长江、黄河的流域规划、西部建设等多方面的重点工作,比起内蒙古自治区、甘肃和云南、贵州、四川等省区,有一定差距。因此在今天正视青藏高原应是问题的关键所在。

31.2 基 础

青藏高原是世界最高的高原,高原原面海拔4500~5000m,高原上的山地海拔多在6000m以上,喜马拉雅山脉的珠穆朗玛峰是举世最高峰(经2005年我国实测为8844.43米,过去文献记载仍多用8848.13m),成为地球的第三极。青藏地区从第三纪末,由北向南依次脱离海浸,最终在始新世中期以后才全部成为陆地。但是,成为今天的"世界屋脊",是最近200~300万年以来的强烈抬升所形成。

青藏高原在上新世末海拔高度不过1000m左右,由上新世末期前开始快速上升,250万年前达海拔近2000m;迄今将近400万年,大面积大幅度抬升到4000m以上,成为举世无双的高度(张荣祖)。从南到北高原上升的幅度无显著差别,上升具有明显的整体性,并伴有差异性升降运动,形成断块山、断陷盆地和谷地等。青藏高原的上升以上新世末期、早更新世末期、中更新世末期和晚更新世以来最为显著,具有时间上的明显阶段性(刘炎昭)。

青海省地处青藏高原东北部,昆仑山横贯全省中部,由西向东分支可可西里山、巴颜喀拉山、阿玛尼卿山等,全省最高点在昆仑山主峰新青峰(布喀达坂峰),拔海6860m,最低点在民和下川口1650m。青海南部玉树和果洛一带构成了青南高原的主体,玉树州又常被誉为名山之宗、江河之源;也被誉为牦牛之地和歌舞之乡。

青海南部俗称"江河源地区"。不仅长江、黄河发源于此,而且长江上游大支流雅砻江、大渡河,黄河上游的洮河、大夏河,尤其是东南亚最大的国际河流湄公河的上游澜沧江也发源于青海南部。

青海南部高原地势高平均海拔大于 4000m。大部分地段至今还基本上保留着原始、纯真的自然面貌。省南界唐古拉山、西北有阿尔金山，东北接祁连山。众山之间，湖泊和盆地亦多，其中青海湖最为突出，且有鸟岛；水面面积大于 $1km^2$ 的淡水湖 151 个，咸水湖 85 个，盐湖 30 个。盆地则以柴达木盆地最大（85 万 km^2），青海湖盆地、共和盆地、可可西里盆地和哈拉湖盆地等。

属典型大陆性高原气候冬寒夏凉，无霜期只有 30 ~ 90 天，年平均降水量 250 ~ 350mm，年平均气温只有 -5℃ ~ +8℃；充分利用土壤融冻水分，促成一季小麦丰收的有利条件。春季回暖晚，且多沙暴。也正因典型大陆性高原气候的影响下，年平均降水量不多，但水资源极为丰富，水资源总量 636 亿多 m^3，河流年平均径流量 620 多亿 m^3，浅层地下水径流量 133 亿 m^3，可开采量 12 多亿 m^3。也正因是高原，水能资源突出丰足，理论输出蕴藏 2160 多 kW。已建水电站 20 多座，龙羊峡水电站规模最大。进而来自太阳的热能源也很突出，年日照时数 2300 ~ 3600 小时，为全国各省之冠。此外全省处于三类风能利用区。

青海地区最早的居民是羌人，在新石器和青铜时代之交，属游牧民族，文化发展独立并不落后于中原文明。夏商时期羌人开始定居青海东部，开始从事农耕，西汉末年设"西海郡"，西海也以"青海"得名。羌人并在青海建立了吐谷浑政权，通过青海道与中原地区联络；其后直到唐朝松赞干布兴起，并一统青藏高原后，文成公主就是沿着这条唐蕃古道（青海道）入藏的。

梦达自然保护区——从青海省循化县东行 20km，在昆仑山的支脉西倾山的北坡，黄河南岸。这里地势高峻，海拔 1700 ~ 4100m 雨量充沛。被称为青海的西双版纳，实是一处罕见的天然植物园。尤其迷人之处，在山腰有一座"天池"，水面面积 266 多 hm^2，山川秀美，风景如画。

日月山名扬历史，不仅因山川秀美，更因文成公主经此进藏的一段佳话。其实自古以来就是通往西藏必经之地。早在北魏（518 年）僧人宋云就是取道此路去往天竺的。古代的唐蕃古道和后来的青藏公路都是经日月山口进藏的。

由青海入藏有两条路，其一是经格尔木公路、铁路，其二是唐蕃古道：由西安出发，过天水、临洮至临夏，在炳灵寺过黄河，进入青海，过西宁、玛多、玉树、昌都、林芝、工步江达到拉萨。即文成公主进藏线。

从青海进入西藏已建成的公路和新建的铁路都要经过唐古拉山口，海拔 5231m，是举世最高位的公路和铁路。

再南行跨越昆仑山。昆仑山西起帕米尔高原向东延伸到川北西部，长达 2500km，跨越昆仑山选定的昆仑山口距格尔木 160km。昆仑山近来又成为道教昆仑派的发源地，寻主归宗，开始形成新的旅游景点。玉珠峰经年银装素裹，不冻泉昼夜喷流；过纳赤台下公路顺昆仑河前进，终点可见西王母的瑶池，东西长 12000m，南北宽 5000m，湖水最深处 107m。玉珠峰和西王母的瑶池，是传说中最古老的圣山和圣湖。

四川、西藏公路历史悠久，内地起点在原西康省的雅安。雅安划归四川后，始延伸至成都，改称川藏公路。分南北两路，南路称"官道"，北路称"商道"，亦称牦牛道，沿途内容更丰富多彩。318 国道全长 2413km 为全国之冠。

西藏自治区地处我国西南，与印度、尼泊尔和不丹为邻；是青藏高原的西部，全区面积约 123 万 km^2。人口（1949 年）约 127 万，（1952 年）115 万，（1999 年）245 万，（2005

年）270万。青海省地处我国西北，属青藏高原东部；全省面积72万多 km²。人口（1949
年）148万，（1956年）205万，（1999年）470万，（2005年）534万。

西藏自治区与青海省同属独特的高原气候，西藏习惯上常被分为藏北、藏东和山南。气
压低，空气稀薄，水的沸点仅到84~87℃；藏北高原年平均温度仅达摄氏－2℃，藏南谷地
8℃，藏东南10℃左右。全年干湿季分明，大部分地区6~9月份集中了全年降雨量的80~
90%。气候类型复杂，区域差别大，垂直变化显著。"一山有四季，十里不同天"的气候，
应是突出的特点。

以泽当为中心，冈底斯山和念青唐古拉山以南地区为山南地区。雅砻河入雅鲁藏布江处
为泽当县所在地。贡不日山是泽当县老城区西部相接，被群众称之为神山。山腰有一岩洞，
被称为猴子洞，传说有一神猴，受戒被佛收为门徒，一日，岩山的罗刹女前来勾引，神猴不
从；魔女要挟要与妖魔鬼怪为伴，涂害生灵！神猴权衡利弊，请示佛祖，菩萨批准与魔女结
为夫妇，短短几代，子孙众多，菩萨又教会它们种地、说话……就变成人类了！尽管掺杂着
迷信的传说，表达的原始朴素的物种进化思想，还是应该珍视的。

雍布拉康是在泽当县南9km碉堡式建筑始建于公元前100年。传说公元前200多年开始
的吐蕃王朝建立之后，这里一直是部落首领的居住地，历经32代，在28代时，佛教开始
传入。

第一代圣山圣湖，位于普兰县东北35km。玛旁雍错（圣湖）——举世最高的淡水湖，
湖面广达412km，连同其西侧的拉昂错，均为历史最早的佛教胜地。圣山在圣湖北方的冈底
斯山脉的主峰冈仁波齐峰（6638m）。

玛旁雍错（圣湖）和羊卓雍错、纳木错被称为西藏的三大圣湖。羊卓雍错（藏意为天
鹅之湖，简称"羊湖"，在藏南冈巴拉山和与卡诺拉山之间，湖面海4446m，水面面积近
700km²，水深30~40m；是喜马拉雅山北麓最大的内陆湖。水源来自四周雪山，不能外泄，
但能自我维持低浓度咸水湖，一奇也。由日喀则去羊湖必经5030m的冈巴拉山口，一过山
口就能看见羊湖和远处的宁金抗桑峰（汉译为夜叉神住在的高贵的雪山），又是一处名副其
实的圣山和圣湖。

定日、当代的圣山脚下的一个县。珠穆朗玛峰在定日县的正南方。绒布寺，珠峰大本
营。去看珠峰时可在扎西宗吃饭，过错拉山口时可看到珠峰和其他三座大于8000m的雪山并
列。亚东沟已步入喜玛拉雅山脉面向印度洋的南坡——花团锦簇的亚东沟。

然乌湖是由四川进藏去察隅必经之地，湖边有然乌村，湖面面积22km²，淡水，海拔
3850m，湖西南有冈日嘎布雪山，南有阿扎贡拉冰川；是又一处典型性的圣山和圣湖，现然
乌村已被规划成度假村，也应是大香格里拉的组成部分。

波密，藏语"祖先"，坐落在扎木镇，拔海仅为2900m，位于雅鲁藏布江东岸。气候温
和，产珠峰茶；周围为冰川雪山环绕，其中卡饮冰川为我国最大的海洋性冰川，长19km，
面积达90km²，盛产冬虫夏草和天麻，风景秀美，有世外桃园、西藏瑞士美称。距县城建局
2km有岗乡自然保护区，云杉林龄大于300年高可达50m以上。

林芝地处雅江中游，平均海拔3000m左右。林芝的巴结乡有巨柏林，尼洋河口东侧帮
纳村巨桑，高7.04m，胸径3.3m，传文成公主手植。

苯日神山和"巴松错"，又是一组圣山和圣湖！巴松错湖面高程3538m，长约12km，湖
中有岛，风景奇特。苯日湖畔有男女生殖器的木相，一奇也。羊八井温泉位于当雄之间，墨

脱和雅鲁藏布峡谷大转弯……

西藏西部以昆仑山脉为界，与新疆相邻。唐古拉山脉又是西藏和青海的分界。因而，在西藏冈底斯山脉以北、直抵昆仑山之间，在唐古拉山脉以西习惯上称之为藏北地区；这一大片海拔高度大于 4000m 的高原，也包括青海的可可西里地区，基本上是内流河流域，纯属自然界在青藏高原上人迹罕至的原始寒漠。

31.3　建　议

31.3.1　全人类社会的根据地

2002 年 9 月在南非约翰内斯堡举行的第二届"世界环境与发展大会"再一次强调了山区发展的重要性，重申了山区对世界可持续发展的重大意义和作用。当时朱镕基总理代表我国政府重申我国可持续发展的立场，并承诺应尽的国际义务。肇源于欧洲文艺复兴，科学和工业的突破，促使人类社会的前所未有地发展。但人类社会社会步入 21 世纪，人类实践和掌握的科学证明，非生物资源及生物残遗石油煤气的疯狂开采和使用，不仅是有限自然资源的浪费，而且对后代儿孙贻害无穷。所以青藏高原不仅是我国江河水源，和 20 世纪掠夺式工矿发展的污染轻微的土地，也应是尼泊尔、不丹、印度、缅甸、越南 以及亚欧大陆，甚至是全人类社会唯一残存原始自然面貌的土地。

31.3.2　由那里起步

1991 年中秋节，结合原林业部就广西沿海防护林体系考察回北京，恰值前林业部长杨钟转任国家扶贫办主任之邀，再去广西沿海进行扶贫考察。行前老领导殷切嘱咐，扶贫一定要落实到贫困的农民身上，不能被县乡挪作它用，我很同意。考察后，商讨回京汇报，我很困惑地发言："富县的事儿不能办，而富民的事儿又办不成！"当时得老领导的启迪，记忆犹新；"修通公路，普及电视。既利民，也利县！"并且解释说："普及电视不只是看演义闹剧，也让看到大寨郭风莲怎么卖核桃露，拉萨藏民在集市上卖酥油茶（年代已远，表达原意）。

我国早在汉唐时期，对祖国的西南视为畏途。所谓陇东天水过四川广元，即跨越西秦岭，就已感"关山难越"；再想进入"天府之国"的成都，就像李白说的"蜀道之难，难于上青天"！我在上 20 世纪 70～80 年代，有条件多次徘徊、彳亍于这条"长征"的革命大道。

关于人类的"极乐世界"，发源于东方的汉族也认同在西方、在高处，通称为"天堂"。我国高处的湖水多被称为"天池"，藏族则称"圣水"。而道教对"人世"的多灾多难，却选定在四川省的酆（丰）都县为鬼城，十八层地狱却被选定在一座小山上。《西游记》虽是一篇神话小说，但在中国的唐朝派玄奘和尚去西方取佛经是确有其事的。我是满族，居住朝阳，而以西为贵。进藏铁路的修通，是青藏高原天大的喜事，也是中国还在发展中国家的现阶段为世界人类整体作出的实际贡献！

31.3.3　靠旅游和特产起家

什么是旅游（tour tourism）？2004 年夏天在山西太原市由国家和山西省环保局主持开过一次国际学术研讨会，我曾提出应对旅游有个正确的认识。不能一提到旅游就等于游手好闲，停留在玩耍上；导至"tourist bureau"本应被译为旅游服务单位，在我国曾被译为旅行社多年，于是迫使英文 tour = travel。名不正则言不顺，人类虽自封为"万物之灵"，但能把"游"和读书等同起来，确属出类拔萃。早在几千年前的中国就已总结出，读万卷书和行万里路（＝旅游 tourism）同等重要。在当前，从学以致用而言，就更重要。我就在这次会议上首次提出：香格里拉是全人类绿色革命的根据地的设想。

"安居乐业"是人之常情。我于 1939 年对北京一见倾心，决心在未来要定居北京。"人各有志，存异求同，总要有个家，作个根据地，应是共同的愿望。天堂和天国谁也不知道在那里？找个靠山依水，左环右抱的卧牛之地，作为安家立业的根据地。从当代科学上推敲，从上一世纪举世工业的突飞猛进，突出制造出几个畸形规模巨大污染不可恢复的经济发达国家和地区，实是人类自取灭亡之路。我国西部群山叠嶂，关山难越，蜀道已难于上天，遑论云贵青藏！尽管如此，华夏人民诸多兄弟民族，在公认不宜人类安适生活的崇山峻岭之中，生儿育女，延续到今天，并为人类总体保留下除南北两极外连片大到几百万平方公里，很少受现代工业污染的为人类持续发展的根据地。香格里拉就在中甸，林芝更优于中甸。"人间的天堂"，在 22 世纪可能就在圣山（珠穆朗玛峰和圣水之间。作为中国人一生最少要看一次首都北京天安门，也要亲身游历一次青藏高原）。这只是个基础，面向 21 世纪、全球已有 60 多亿人口，发挥当代科学的新成就，将会把这块人类社会的根据地，维护得更加美好。

生物资源的丰富，也将是全人类可再生、能永续利用的宝贵财富。作为起步，驮盐队主要分布在藏北那曲地区、阿里地区和日喀则地区，自古以来牧民和农区、集镇物资交流的历史传统。青海天然可赛过玛瑙翡翠的岩盐晶体，雕琢而成的盘碗，集欣赏、用器和调味材料于一体；只此湖盐一项，和全面发展真正的旅游事业，就应保证 500 多万人的温饱，向小康迈进。

31.4　逐步实现和完善面向世界为人类整体服务的根据地

尽管夕阳无限好，我已来日无多；为了有助于后代人思考，逆向提出一二有危险的设想，愿在今后几代英才的批驳中实现青出于蓝必然的自然规律。例如是否可在高寒的内流河，选定相应的小流域，作好防护措施，在不适合于人类生活和工作的土地，即"废地"，作为我国运存垃圾废物之用；进一步加工利用，使之"变废为宝"！也应该是科学上的创新。

31.5　结　语

建国以来西南地区公路建设已有一定基础，青藏高原公路已可周游其主要城市。航空运输也已通达主要城市。切盼再修一条铁路复线，提出如下路线供参考：可循文成公主嫁藏过四川省甘孜、德格入藏。另一条是茶马古道，实质上是云南进西藏的滇藏公路，，建议铁路选线起自昆明过大理、丽江、香格里拉市，进入西藏，经察隅、波密、拉萨和日喀则。向西可与由新疆进西藏公路，西北起新疆维吾尔自治区的叶城，顺叶城上昆仑山，过麻扎再沿和田河的喀拉喀什河溯源而上过泉水沟进藏。进藏后过班公湖，到噶尔分南北两线，南线入雅鲁藏布江，北线仍在原始荒漠的高原上奔驰。向南经江孜过亚东可达印度、锡金和不丹。并善于提高由新疆入藏公路的利用效率；组成航空、铁路、公路相结合的交通网，青藏高原将能成为后起之秀，和祖国各地同步发展，为世界和人类社会作出独特的贡献。愿以这些实际行动，在自己的国土上表达我国对全世界人类社会实现的承诺，这是我们应尽的义务。但也殷切希望我国的左邻右舍以及举世各国共同维护这块宝地，装点得更加美好，留给举世的儿孙后代。

著者留言

一、上一世纪我亲自经历的社会历史进程

20 世纪 50 年代初期，面对旧社会留给新中国的荒山川荒废面貌；"林牧矛盾"是当时老少边穷的山沙地区急需解决的迫切问题。解决的办法，应该是："羊为林让路，林为牧开源"。基于口齿不清，表达能力偏颇，曾误导局部地区领导下令枪毙山羊，甚至将山羊赶入深山老林去喂豺狼。我有幸在 2003 年年中亲去延安，不仅沿途未见牧放羊群，在延安的旧友新知，尤其是两位早期我院毕业的学友，畅叙大延安包括原富县和吴旗，以圈养舍饲为中心，求得以林促牧，以牧支农，农林牧三位一体的实效。2005 年参与了内蒙古自治区以草原兴发为实体的学术研讨会。在现实的启发和教育下，在总结会上，就我国农牧交错地带的大农业发展，冒昧提出："和稀泥模式。"所谓和稀泥模式是指在管理包括人类社会在内的生物生产事业，要在政府和农民之外还必须有一个经济实体，才能有实效的展开工作。这恰如拌搅混凝土一样，只将水泥、沙子和石砾混合在一起不行，必须加上水而且要强力搅拌，相互碰撞得体无完肤才行，领导看准时机拍板定案。这应是针对包括人类社会和生物生产事业的复杂多样的大系统工程，也恰是各级领导应该掌握的艺术技巧的管理科学。这一设想出乎意外的为自治区主持这次会议的女领导所接受。

联想到上一世纪 80 年代舆论界以光明日报为中心曾提出长江有变成第二条黄河的讨论，实质上长江是长江，黄河是黄河，两者无可比性，只是借喻之词。其实单从经济建设上看，黄河再从河南决口，全国经济建设仍可自我补偿；而万一长江出事，则难于自我补偿，势将推迟祖国建设步伐！此次提出的多份材料中，都能说明这一结论。进而江南雨水丰沛，被誉为鱼米之乡，耗水颇多。当地谚云："两天不下雨小旱，三天不下雨大旱，四天不下雨完蛋！"尤其是在湿热气候的蒸熬下，所形成的"红色沙漠"，早在 20 世纪初期，就被国际友人在惊叹之余，称之为"地球上的火星景象"。此次"崩岗"不仅被排上重点议事日程，治理取得的成就，都有相应的反映。

我校在 1969 年被迫搬迁云南，我家被指定插队落户在新平林一场。1970 年被小范围集中到丽江，1972 年春节集中到下关，但仍分散居住在当地农民家中。当时干沟电站已经建成，得与李时荣学弟从寻甸源头开始，顺泥石流危害突出的东川支线，小江流域进行了全面普查。并有幸博得东川矿务局的重视，由孙总工程师，绰号孙猴子沿老矿区泥石流工作站出发，顺流而上，至梅树台，由门前沟溯源而上，晴天满坡泻流不止，过分水岭，绕行一段，又顺多照沟急行而下，泻流崩塌，络绎不绝；可谓自然奇观尽收眼底。于是利用当时冶金部恰达东川支线跨部门拨款 8000 元，就在蒋家沟口导流大坝之下的矿区泥石流治理工作站，开始了综合治理的试点工作。1974 年导流大坝又一次被冲毁，工作站整体淤埋在泥石流形成的新沙坝，而综合治理栽植的小桐子、芦苇和杨柳树，仍苗壮生长至今，便是物证。面对

现实，我已开始察觉到，祖国西南是举世唯一的崇山峻岭，复杂多样的岩溶地貌和广泛范围泥石流频繁发生的地区。

我出生于九十年前，又僻居东北，自幼习惯于 16 周岁，就长大成人。恰逢这一年哥哥病死，老母文盲，我被逼成一家之主。痛感旧社会这一老皇历，必需废弃，因为当前和今后人生的节奏，早已更丰富多采了。

二、人的一生要重新划分阶段

每个人，从出生到长大，多大才算成年的大人？从体力上看 18 周岁，但从智力上看，还必须有一段学习阶段。曾建议 6 周岁上学，小学 6 年，12 岁毕业；中学 5 年，17 岁毕业；大学 4 年，21 岁毕业；攻读硕士 3 年，攻读博士 2 年，26 岁取得博士学位。男女同工同酬，都可以为国家工作 34 年。

人民得受普及教育应是基础的基础。很明显，如果我们现有 12 亿人民都具有高中毕业的文化水平，我们的综合国力，将提高到何种程度！这并不是脱离实际的良好愿望，普通中学不应减少。也许基于我受职业教育的感染，认为各类职业教育更应大量增加。培养出大量具有高超熟练操作技术的能工巧匠，不仅是祖国的需要，也是人类可持续稳定发展的需要。选拔其中的一部分，进一步培养提高，使我想起张光斗老学长的的名言："不会施工，怎么能会设计？"教育的目的，就在于传承文明。在世代更替的过程中，不仅求得个人和家庭生活质量的稳定和提高，在当前更要对我国的综合国力有所增强，在可见的未来，还应对人类的可持续发展作出贡献。以人为本，涉及生命、生物、生态和环境的科学，"一方水土养一方生物；这一方水土和这一方生物养这一方人"。就此，各省区、市、县、旗，甚至乡镇，都可建立独具特色的大专职业院校。职业教育，就更有它的优越性。

缅忆起裴丽生老学长生前主持老区建设委员会，仍屈居于西单孤立的一小片待搬迁的旧式小院时，突然打电话给我，说有小事相商。我当即奉命前往，见面后立即受到责问："老区建设委员会，从一开始就只有你一个非党员参加，是谁推荐的？我只好笑着解释了一下。他又笑着问我："那为什么我提老有所为，而你公开反对，坚持要用老有所用呢？"我抢着接下去："废物利用变废为宝也是创新。"惹得他哈哈大笑。为防年青一代有所顾忌，共同商定，一不推荐人，二不决定事，尽量少要钱。裴老仙逝后，这一既是老有所为又是老有所用的指导思想在 2004 年被授予（农林）老教授协会第二批科技兴国贡献的大奖，得以稍慰裴老在天之灵，也为老有所养提供了新的内容。

20 世纪 80 年代曾出现过一部引人共鸣的《人到中年》的电影，充分反映了当时在男女平等的幌子下女人的苦难处境。社会发展到今天，尤其是信息以几何级数的形式膨胀，无情地倾泻到当代的中年男女身上，致使一些老年病提前出现到中年。科学的对策只能是年轻化！因此就人的一生而言，四十要欢五十打蔫是违背科学的，坚持做好现职工作到五十多岁，把现职工作让给更年轻的一代。现代医学的进步，正常人的寿命，当过百岁，六十开始才是要欢之年，应该从五六十岁分界，前半生个人应属于环境、人类、社会国家和家庭的我，至此应感无愧于心；其后退居二线三线以至于八线，都等于国家社会人类和环境对我的家庭和我的补偿。恰是人的一生只此一段，得以随心所欲畅所欲为的黄金时代。容或过去工作积劳成疾，恰可全力以赴求医治病。也可以全力齐家，使老有所养，长幼有序，致力于和睦家庭。既可以继续承担单纯的教学工作，更可以专心于研究工作，也可以凭自己的一技之长，参与或兴办一个经济实体，取得合法的收益。

促使我再一次回顾，在 1969 年原北京林学院奉命搬迁云南时，水土保持专业已被取消。1974 年由中央按原有专业统一招生，全国各地纷纷到云南报到，才恢复水土保持专业。在当时，得此难得的良好机遇，竭尽全力投入恢复水土保持专业的心情，是可以理解的。但我已 57 周岁，已经没有足够旺盛的精力负担教学行政工作。设如在当时能体会到这一点，将水土保持教研室主任让给当时还是常务副主任的高志义同志，我就能专心集中于水土保持原理和后来的生态控制系统工程的教学和科学研究工作。果真如此，起码我能够像我到今天仍能基本上背诵我亲自编著过的《水土保持学》《水土保持原理》一样，也能在 15 年前交出一部层次鲜明、系统完整的《生态控制系统工程》。这是否只是良好的愿望呢？历史经验证明，科技成果是人才和周围环境相互作用的产物，环境指的是一个较好的科研机构，较高的学术起点，较丰富的研究积累，较自由的学术气氛和较充足研究设备、资料等，这些都是当前可以办到的（这句结论是前科技部部长徐冠华说的）。

正因如此，虽为时已晚，但我还是要将这些时间跨度很长的、各时期的文章结集交付出版。如果本书对今后的年轻几代有所帮助，应归功于过去多年来，老农业出版社和农林分家后的中国林业出版社的支持和帮助，才得以实现。在此表示由衷的感谢！

关君蔚

2007 年 8 月

学习体会

奉先生之命，写学习体会，实感心力不足，诚惶诚恐，不得不将体会写就如下。

作为恢复高考后的第一届（77 届）北京林业大学水土保持专业的学生，从进入校门的第一天起有幸成为关先生的学生，三十年来无时不刻不是在关先生的指导下工作和学习。有机会提前拜读恩师大作《生态控制系统工程》，欣喜万分，虽然已不只一次亲耳聆听关先生关于生态控制系统工程的学术报告，这次又系统学习了恩师的著作，关先生深邃的学术创造力和洞察力，深入浅出联系实际的学风，深深吸引着我如饥似渴地学习这本承载着关先生光辉学术思想的著作。

读着先生的著作，我不时因书中的精彩篇章而停顿下来。先生的思想指引着我，令我的思绪变得丰富与深刻。

中国的水土保持事业是关先生等老一辈学者开拓和发展起来的，先于国外好些年，无疑是中国的"专利"，也属中国对世界的重要贡献之一。美国等发达国家也仅是"后起之秀"。水土保持从无到有，从随机的散点试验到全面生态环境建设的展开，无不倾注了先生的心血和汗水。

然而，纵观水土保持的发展历程，一直缺乏一套系统的理论体系做指导，现有的理论也仅是从实践中逐渐总结出来的经验，不能作为理论依据。水土保持是一项系统工程，需要从系统科学的角度入手，来揭示和阐述人与自然和谐相处的奥秘。

《生态控制系统工程》创建了生态控制系统工程（CESE）体系和基于东方思维的理论框架，并创造性地提出生态控制系统工程文字模型和关氏模式，使抽象的理论和公式变得生动活泼；结合水土保持综合治理，防护林体系建设工程和防沙治沙工程等国家重大生态建设工程，艺术地应用了生态控制系统工程原理，提出了全新的生态工程建设指导思想。

无疑，这是一本真正意义上的水土保持理论专论。

读罢此书，虽不能融会贯通先生书中所述精髓，但深感此书对于水土保持事业的理论指导意义之大，该书将成为指导我国甚至世界的水土保持发展的重大理论依据。

关先生睿智的学术思想，远不是三十年就能学到的，作为他的学生，我只有向先生学习、学习、再学习！

北京林业大学水土保持学院院长

余新晓　教授

2007 年 8 月

《生态控制系统工程》后记

  关君蔚先生是我国水土保持学科的奠基人之一，中国工程院资深院士。新中国成立后，关君蔚先生一直从事水土保持的教学和科研工作，逐步创建了具有当代中国特色的水土保持学科体系，为我国水土保持学科的建立和发展作出了卓越贡献。

  关君蔚先生常说，水土流失最严重的地方，是生活条件最艰苦和工作环境最恶劣的地方，也是最需要搞水土保持的地方。由于他酷爱水土保持事业，所以生活条件的艰苦未能使他退缩，工作环境的恶劣未能使他畏惧。60余年的科研生涯中，他踏遍了除西藏以外的祖国山山水水，积累了相当丰富的实践经验，取得了丰硕的理论成果。他明确指出，水土保持必须与生产建设相结合，坚持发展生产和水土保持互相促进，坚持水土保持生态效益、经济效益和社会效益同步实现。他首次提出，"山有多高、林有多高、有林才有水"的科学论断，许多结论已被实践证明是正确的。深入基层、注重实践、讲究时效，是他最大的特点，也应该是我们每一位水保人的特点。

  关君蔚先生几十年如一日，始终保持教师本色。他虽然年事已高，但依然为研究生讲授《水土保持原理》提高课和生态控制系统工程学两门课程。更难能可贵的是，学生专门为他准备的椅子他从来不坐，学生特意给他准备的茶水他从来不喝。他说："站着讲课习惯了，坐着讲课讲不出来。"他教了几十年的书、讲了几十年的课，现如今每次上课前，都要先给他的研究生试讲，不断改进授课内容和方法，力求做到完美，让学生尽可能多、尽可能快地学到知识。在研究生培养上，他提倡学以致用，要求他的研究生在论文选题上，要有针对性、实效性和时效性；他提倡学术交流，要求他的研究生定期交流学习体会和研究进展，进而相互启发、相互促进。

  关君蔚先生时刻关注国家的生态安全，积极进言献策。2006年初，他从外电获悉，菲律宾发生了特大泥石流，损失惨重。他焦急万分，挥笔疾书，向国务院有关领导人建言。他写道："泥石流是在山区突然发生，具有极其强的破坏力，能造成毁灭性灾害，也是我国的心腹之患。在北方，首都北京就在泥石流包围之中……建议责成首都水务局和园林绿化局务必于今年雨季前深入检查山区各区县的预防体系和设施，提前为2008年奥运会的顺利进行打好基础。"这是每一位中国公民应有的职责，这是每一位中国共产党员应有的职责，这是每一位中国水保人应有的职责！

  年届九十，壮心不已。关君蔚先生的又一巨著——《生态控制系统工程》问世，这本巨著浸透了他毕生的心血和汗水；同时，这本巨著也将激励着新一代水保人为实现绿水长流、青山永驻的理想而努力奋斗！

北京林业大学水土保持学院党总支书记

庞有祝

2007年8月

参考文献

［1］（J. B. 唐纳斯．植物与侵蚀：过程和环境，New York . Brisbane. Toronto singapore. 1940）J. B. Thorness. VEGETATION AND EROSION：processes and environments，New York . Brisbane. Toronto singapore，1940

［2］河田杰．森林生态学讲义．养贤堂发行，1940

［3］日本学术振兴会．耕地防风林关研究．科学实验研究报告．NO8，1952

［4］北京林学院科学研究部．科学研究集刊．北京林业大学印刷厂，1957

［5］关君蔚．荒山造林．北京：中国林业出版社，1958

［6］北京林学院下放队．人民公社园林化规划设计．北京：中国林业出版社，1959

［7］北京林学院森林改良土壤教研组．水土保持学．北京：农业出版社，1961

［8］中国林学会．林业科学．北京：科学出版社，1962

［9］辛树帜．禹贡新解．北京：农业出版社，1964

［10］日本林业技术学会．林业百科全书．丸善株式会社，1971

［11］工程地质手册编写组．工程地质手册．北京：中国建筑工业出版社，1976

［12］北海道治山协会．北海道民有林治山事业 30 年史．北海道治山协会，1978

［13］武居有恒．崩塌泥石流预测及对策．鹿岛出版社，1979

［14］水利部黄河水利委员会．水土保持汇编（第一集）．水利部黄河水委员会翻印，1979.8

［15］高见宽．关水文环境．鹿岛出版社，1980

［16］中国科学院冰川冻土研究所．中国冰川．上海：上海科学技术出版社，1980

［17］北京大学地质系．西藏地热．北京：科学出版社，1981

［18］张荣祖，郑度，杨勤业．西藏自然地理．北京：科学出版社，1982

［19］山口伊佐夫．流域管理计划．水利科学研究所，1982

［20］华农．农业科学家的故事．天津：天津人民出版社，1982

［21］北京林学院林业史研究室．林业市园林史论文集第一集，1982.2

［22］M. A. Armstrong. 基础拓扑学．北京：北京大学出版社，1983

［23］金观涛，华国凡．控制论和科学方法论．北京：科学普及出版社，1983

［24］山西省林业厅宣传部．山西林业画刊 第三期．山西省林业厅，1984

［25］全国农业资源区划馆．土地资源．见：《全国农业资源区划管理》资料，1984

［26］全国农业资源区划馆．一个独特的人工生态系统．见：《全国农业资源区划管理》资料，1984

［27］全国农业资源区划馆．农业生产的社会经济条件．见：《全国农业资源区划管理》资料 1984

［28］全国农业资源区划馆．生物资源（六）．见：《全国农业资源区划管理》资料，1984

［29］全国农业资源区划馆．生物资源（三）．见：《全国农业资源区划管理》资料，1984

［30］全国农业资源区划馆．气候资源．见：《全国农业资源区划管理》资料，1984

［31］全国农业资源区划馆．生物资源（一）．见：《全国农业资源区划管理》资料，1984

［32］全国农业资源区划馆．生物资源（二）．见：《全国农业资源区划管理》资料，1984

［33］全国农业资源区划馆．生物资源（四）．见：《全国农业资源区划管理》资料，1984

［34］全国农业资源区划馆．生物资源（五）．见：《全国农业资源区划管理》资料，1984

［35］全国农业资源区划馆．资源概述．见：《全国农业资源区划管理》资料，1984

［36］全国农业资源区划馆．水资源．见：《全国农业资源区划管理》资料，1984

［37］全国农业资源区划馆．农业区划．见：《全国农业资源区划管理》资料，1984

［38］北京林学院学报编辑室．北京林学院学报．北京林学院印刷厂，1984.6

［39］C. Gibbs. International workshop on watershed management in Hindo kvsh－himalaya region，1985

［40］Anis Ahmad Dani and J. Gabriel Campbell. International workshop on watershed management in Hindo kvsh－－himalaya region，1985

［41］李文华．西藏森林．北京：科学出版社，1985

［42］日本农林水产交流会．四川、云南治山治水．见：日中农交治山治水技术交流会代表团访中报告，1985.7

［43］山口伊佐夫．灾害管理．地球社，1987

［44］全国治水沙防协会．沙防便览．建设省和川局沙防部，1987

［45］国务院大兴安岭灾区恢复生产重建家园领导小组专家组．大兴安岭特大火灾区恢复森林资源和生态环境考察报告汇编．北京：中国林业出版社，1987

［46］山东水土保持学会编辑部．山东水土保持．见：山东水土保持刊，1988

［47］中国水土保持学会，长江水土保持局．举国上下共论长江．北京林业大学印刷厂，1989

［48］林业部西北华北东北防护林建设局．绿色长城在崛起．北京：大地出版社，1989

［49］李文华．西南重工业发展与布局．北京：科学出版社，1990

［50］荒漠生态系统研究专集．干旱区研究第七卷．中科院新疆生物土壤沙漠，1990

［51］朱为方．西南矿产资源优势与开发战略．北京：中国科学技术出版社，1991

［52］傅绶宁．川滇黔接壤地区资源开发与生产布局．北京：科学出版社，1991

［53］万国江，浦汉昕．西南经济发展的环境战略研究．北京：科学出版社，1991

［54］罗德富，吴积善．西南自然灾害及其防治对策．北京：科学出版社，1991

［55］黄文秀．西南畜牧业资源开发与基地建设．北京：科学出版社，1991

［56］姚建华．桂东南区域资源开发与生产布局．北京：科学出版社，1991

［57］杨冠雄．西南旅游资源开发与布局．北京：中国科学技术出版社，1991

［58］程鸿，孙尚志．西南区域发展．北京：中国科学技术出版社，1991

［59］中华人民共和国地质矿业部．中国地质灾害预防治．北京：地质出版社，1991

［60］Qu Geping．ENVIRONMENTAL MANAGEMENT IN CHINA．Beijing：China Environmental Science Press，1991

［61］中国林学会．长江中上游防护林建设论文集．北京：中国林业出版社，1991

［62］中国科学技术协会学会工作部．中国科学技术协会第四次全国代表大会．见：学术活动论文汇编，1991.5

［63］中国林科院情报所．森林与全球生态环境．见：科技报系列，1992

［64］北京林业大学校史编辑部．北京林业大学校史．北京：中国林业出版社，1992

［65］中国老区建设促进会．资料选编．北京，1993

［66］密云县水土保持工作站．密云县密云水库上游水土保持地理信息系统的建设与应用研究，1993

［67］中国科学院新疆生态土壤沙漠研究所．关于新疆沙漠治理基本方针和重点治理区的建议，1993.9

［68］庄逢甘，刘恕．学科发展与科技进步．北京：中国科学技术出版社，1994

［69］中国水利百科全书编辑委员会．中国现代水利人物志．北京：水利电力出版社，1994

［70］朱安国，林昌虎．山区水土流失因素综合研究．贵阳：贵州科技出版社，1994

［71］冢本良则．森林水文学．文永堂出版，1995

［72］高得占．走有中国特色的林业建设道路．北京：中国林业出版社，1995

［73］中国治沙暨沙业学会．中国治沙暨沙业学会论文集．北京：北京师范大学出版社，1995

［74］郑威，陈述彭．资源遥感纲要．北京：中国科学技术出版社，1995

［75］刘式适，式达，谭道．非线性大气动力学．北京：国防工业出版社，1996

［76］Paola Mairota. John. B. Thornes and Niohola Geeson. Atlas of Mediterranean Environments in Europe. TOHN WILEY & SONS, 1996

［77］中国石油天然气总公司塔里木石油勘探开发指挥部．塔里木沙漠石油公路．北京：石油工业出版社，1996

［78］中国人民共和国林业部防治荒漠化办公室．联合国关于在发生严重干旱和荒漠化的国家特别是在非洲防治荒漠化的公约．中国人民共和国林业部防治荒漠化办公室，1996

［79］关君蔚．水土保持原理．北京：中国林业出版社，1996

［80］赵展．满族文化与宗教研究．沈阳：辽宁民族出版社，1997

［81］施昆山．林业部科学技术委员会 第十卷 第五期．世界林业研究，1997

［82］［美］E·N·洛伦兹．混沌的本质．北京：气象出版社，1997

［83］尼葛洛庞帝．数字化生存．海口：海南出版社，1997

［84］孙九林．中国农业资源与生态环境电子图册．见：国家“九五”科技攻关项目成果之一 1997.9

［85］王 鑫．太空看台湾．大地地理出版事业股份有限公司，1998

［86］［美］刘易斯·托马斯．水母与蜗牛．长沙：湖南科学技术出版社，1998

［87］裴新澍．生物进化控制论．北京：科学出版社，1998

［88］中国科学研究所．面向21世纪的林业．北京：中国农业科技出版社，1998

［89］中国科学院 水利部成都山地灾害与环境研究所．西藏泥石流与环境．成都：成都科技大学出版社，1999

［90］康平．最忆是赣南．北京：解放军文艺出版社，1999

［91］王鑫．台湾的地形景观．度假出版社有限公司，1999

［92］岩波文库．昆虫记＜一＞．新村出版，2000

［93］岩波文库．昆虫记＜二＞．新村出版，2000

［94］岩波文库．昆虫记＜三＞．新村出版，2000

［95］岩波文库．昆虫记＜四＞．新村出版，2000

［96］曲格平．梦想与期待．北京：中国环境科学出版社，2000

［97］Ma Ainai. 地理科学与地理信息科学论．武汉：武汉出版社，2000

［98］延安地区林业志编撰委员会．延安地区林业志．太原：山西人民出版社，2000

［99］王其亨．风水理论研究．天津：天津大学出版社，2000

［100］朱斌．科学对社会的影响．中国科学院科技政策与管理科学研究所，2000

［101］中国地图出版社编辑．中国自然地理图集．北京：中国地图出版社，2000

［102］许国志．系统科学．上海：上海科技教育出版社，2000

［103］中国科学技术学会．探讨现代化的道路与方法．见：科技导报2001 第一期，2001

［104］中国气功科学杂志社．中国气功科学精华本．中国气功科学杂志，2001.1

［105］林少雯．红土上的春天．中华水土保持学会，2001.3

［106］中日生态环境保护与21世纪的森林经营管理国际学会研讨会．论文摘要集．中国西安2001.5

［107］周鸿．人类生态学．北京：高等教育出版社，2001

［108］程裕淇，陈忠实．走进沙漠．沈阳：沈阳出版社，2002

［109］中国可持续发展林业战略研究秘书处．大纲细目．见：中国可持续发展林业战略研究2002.1

［110］石家星．中国旅游地图册．北京：中国地图出版社，2002

［111］周生贤．中国林业的历史性转变．北京：中国林业出版社，2002

［112］中国草原协会，中国畜牧业协会，中国农协会．全国农区草业发展研讨会论文集．山西省农业厅，2002.8

［113］古今农业编辑部．古今农业 2003 第一期．古今农业杂志社，2003

［114］王惠南．GPS 导航原理与应用．北京：科学出版社，2003

［115］中国治沙暨沙业学会．中国治沙暨沙产业的研究．北京：石油工业出版社，2003

［116］慈龙骏．中国的荒漠化及其防治．北京：高等教育出版社，2004

［117］刘秉正 彭建华．非线性力学．北京：高等教育出版社，2004

［118］总参谋部测绘局．世界地图集．北京：星球地图出版社，2004

［119］姜春云．中国生态演变与治理方略．北京：中国农业出版社，2004

［120］姜汉侨，段昌群，杨树华，王崇文，苏文华．植物生态学．北京：高等教育出版社，2004

［121］朱显谟．土壤学与水土保持．西安：陕西人民出版社，2004

［122］中华人民共和国科学技术部．中国科学技术发展．北京：科学技术文献出版社，2005

［123］曹凤英．西藏行系知书．广州：广东旅游出版社，2005

［124］冯端，冯少彤．溯源探幽熵的世界．北京：科学出版社，2005

［125］于禄，郝柏林，陈晓松．边缘奇迹 相变和临界现象．北京：科学出版社，2005

［126］陈皮，江永涛．青海行知书．广州：广东旅游出版社，2006

［127］倪成君，屈建军，李贺青，贾挺平．东南沿海国防设施海岸风沙危害防治研究成果汇报，2006.11

［128］中国水土保持协会．文件汇编．见：中国水土保持大会第三次全国会员代表大会，2006

［129］刘于鹤．北京林业发展论坛论文集．北京：中国农业出版社，2007

［130］卢增澜，卢宁．循环型清洁农业的理论与实践．见：科学发展观、生态农业技术、科教

［131］Профессор Н. И. СУС. эрозия почвы И БоръБА С НЕю.（ЛЕСОМЕЛИОРАТИВНЫЕ МЕРОПРИЯТИЯ） государСТВЕННОЕ ИзДАТЕЛЪСТВО СЕЛЪСЯОхОзяиственнон литературы Мосява，1949

［132］МОСЯОВСЯАЯ ПЛОДОВО ЯГОДНАЯ ОПВЫТНАЯ СТАНЦИЯ МИНИСТЕРСТВА СЕЛЪСЯОГО хОЗЯИСТВА РСФСР. СОРТАПЛОДОВЫФ ЯГОДНЫхКУЛЪТУР ДЛЯ СРЕДНЕЙ ПОЛОСЫ ЕВРОПЕЙСКОЙ ЧАСТИ С С С Р. государАрствеНОЕ ИЗДАТЕЛЪСТВО СЕЛЪСЯОхозяйственной ЛИтерАтуры Мосява，1951

［133］Г. Г. САМОЙЛОвИч. ПРИМЕНЕНИЕ АВИАЦ ИИ ИАэРОФОТОСЪЕМКИ В ЛЕСНОМ ФОЗЯИСТВЕ. ГОСЛЕСЪуМИзДАТ，1953

［134］А. С. ЯОзМЕНЯО. ОСНОВЫ ПРОТИВОЭРОЗИОННОЙ МЕАИОРАЦИИ Госубарсмвенное пббамепъсмво сепвскохобяц ппмерамуры Москва，1954.

［135］П. С. ПОГРЕЪНЯК Действителъный член АН уССР ОСНОВЫ ЛЕСНОЙ ТИПОЛОГИИ ИЗДАТЕЛЪСТВО АКАДЕМИИ НАуК уКРАИИСКОЙ ССР КИЕВ，1955.

［136］Д Д ЛАВРИНЕНКОю А. М. ЪЛОРОВСКИЙ А. К. ВОВАЛЕВСКИЙ ТИПЫ ЛЕСНЫФ КуЛЪТуР ДЛЯ уКРАИНЫ. ИЗДАТЕЛЪСТВО АКАДЕМИИ НАуК уКРАИНСКОЙ ССР КИЕВ，1956

［137］ЭРОЗИЯ ПОЧВ И ЪОРЪБА С НЕЮ. ПоДреДакцией αокмора сепвскохозяцсмвенных наук профессора С. С. СОБОЛЕВА. Госубарсмвенное цзбамепвсмво сепвскохозяцсмвенноц ипмерамуры Москва，1957

［138］А. А. МоЛЧАНОВ. ГИДРОЛОГИЧЕСКАЯ РОЛЪ ЛЕСА ИЗДАТЕЛЪСТВО АКАЕМИИ НАуК СССР МОСКВА，1960